中国气象灾害大典

辽 宁 卷

主　　编　温克刚
本卷主编　李　波
　　　　　孟庆楠

气象出版社

图书在版编目（CIP）数据

中国气象灾害大典．辽宁卷/《中国气象灾害大典》编委会编．—北京：气象出版社，2005.4

ISBN 7-5029-3947-4

Ⅰ．中…　Ⅱ．中…　Ⅲ．①气象灾害-气象资料-中国②气象灾害-气象资料-辽宁省　Ⅳ．P468.2

中国版本图书馆CIP数据核字（2005）第029822号

出 版 者：气象出版社
地　　址：北京市海淀区中关村南大街46号
邮　　编：100081
电　　话：总编室　010-68407112　发行部　010-62175925
网　　址：http://cmp.cma.gov.cn
E－mail：qxcbs@263.net
责任编辑：王存忠
终　　审：毛耀顺　陈云峰
封面设计：刘　扬
责任技编：都　平
责任校对：杨泽彬
印　　刷：北京智力达印刷有限公司
装　　订：北京恒智彩印有限公司
发 行 者：气象出版社
开　　本：787mm×1092mm　1/16
印　　张：20.75
插　　页：11
字　　数：487千字
版　　次：2005年5月第1版
印　　次：2005年5月第1次印刷
印　　数：1—3000
定　　价：80.00元

ISBN 7-5029-3947-4/P·1415

ISBN 7-5029-3947-4

9 787502 939472 >

《中国气象灾害大典》编委会

主　　任： 温克刚（兼主编）

副 主 任： 李　黄　毛耀顺　阮水根　丁一汇　朱祥瑞

委　　员：（按姓氏笔画排列）

于新文　王存忠　孙　健

许小峰　李泽椿　李维京

沈国权　周曙光　倪允琪

裘国庆　董超华　韩通武

《中国气象灾害大典》编辑部

主　　任： 毛耀顺（兼副主编）

副 主 任： 王存忠　朱祥瑞　李维京

特约编辑： 江彦文　陈少峰

《中国气象灾害大典·辽宁卷》编委会

主　　任：李　波　孟庆楠

成　　员：孙义德　齐荣国　王雪晶
许君强　王奉安　曲晓波
陈月娥　陈希壮　李学立
李光亮

《中国气象灾害大典·辽宁卷》编写组

主　　编：李　波　孟庆楠

副 主 编：孙义德　徐凤莉　陈月娥

编 写 组：徐凤莉　赵春雨　韩玺山
陈月娥　宋　军　刘　岩
赵　旭

执行编辑：韩玺山

总　　序

我国是一个季风气候特点显著的国家。季风气候有利的方面是：气候类型多样，气候资源丰富，世界上绝大多数动植物类型都能在我国生存繁衍，从而为大农业（农林牧副渔）的发展提供了宝贵的种质资源。但是，季风气候不利方面是：它的不稳定性又使我国成为气象灾害频繁发生的国家。干旱、洪涝、台风、寒潮以及冰雹、龙卷、高温酷暑、低温冷害等对国民经济和人民生命财产安全造成严重危害，此类灾害所带来的损失约占所有自然灾害的70％，随着经济不断发展，气象灾害造成损失的绝对值越来越大。20世纪90年代全球重大气象灾害造成的损失比50年代高出10倍。我国每年因气象灾害造成的经济损失占GDP的3％～6％。天气气候的变化，气象灾害的发生是客观存在。中国几千年的文明史就是认识自然，掌握天气变化规律，与气象灾害作斗争，推动生产力向前发展的历史。早在原始社会时期，人类就学会了在各种天气气候条件下生存的本领，在殷商时期的甲骨文中就有关于气象灾害的记载，在2000多年前，黄河流域一带形成了反映季节与农事活动关系的“二十四节气”。随着生产力的发展，人类为了取得生产的主动权，更加关心天气气候的变化，在生产实践中逐渐加深了对气象变化规律的认识，学会了在复杂变化的天气气候条件下生产、生活，逐步积累了预防抵御气象灾害的经验，从而推动了气象科学的发展。气象科学的发展离不开劳动人民的实践与智慧。

随着现代科技水平的提高与全球化趋势的发展，气候变化和气象灾害问题受到世界各国的普遍关注。由于人类对自然认识的局限性以及社会经济和科技发展水平等诸多原因，从总体上说，今后相当长的时期内气象灾害对国民经济和人民生命财产安全带来的危害仍然是难以完全避免的。但是，只要我们在规划国民经济、社会发展时坚持可持续发展的观点，依靠科技进步，充分重视气象灾害所带来的影响，加强对气象灾害规律的研究和监测预报，立足于趋利避害，增强防灾抗灾意识，克服侥幸心理，树立长期作战的思想，人类必将在防御减轻并最终战胜气象灾害的斗争中不断前进！

编纂《中国气象灾害大典》（以下简称《大典》）正是在这样的背景下经过长期酝酿而付诸实施的。编纂《大典》旨在全面反映我国几千年来发生过的气象灾害以及劳动人民与其斗争的历史，总结历史经验，承上启下，继往开来，服务当代，有益后世。编纂《大典》既是气象文化建设的内在要求，也是社会主义精神文明建设系统工程的组成部分。《大典》把实用性放在第一位，以现代资料为重点，由近及远，详今略古，立足气象行业，面向全社会。

《大典》的问世将有助于提高全民族对气象灾害的忧患意识，加深对气象工作在经济、社会发展中的地位和作用的认识，为各级党政领导规划经济、社会发展和组织防灾减灾提供科学依据。《大典》收集了大量宝贵而详实的资料，不仅可以为气象科研人员研究气候变化特别是短期气候预测提供基础性资料，同时也为其他学科的专家学者从事社会、经济、军事、科技、文化诸多领域的研究提供历史证据，为后人搜集整理我国劳动人民与自然作斗争的史料奠定基础。

编纂《大典》按照“大统一，小灵活”的原则，整体上分卷、章、节、目四级。全书编成若干卷，每卷单独成册，综合卷为全国性气象灾害的综述、评价；地方卷为各地具体灾害的“概述”与个例的辑录，分地区单独成卷。章按气象灾害种类划分，每卷设章数量按各地灾害种类发生的多少与频繁程度而定；节按年代划分，每章设节的多少按资料密集程度而定。章节的设定地方卷有一定的灵活性。章节之前分别撰写“绪论”和“概述”。条目是《大典》内容的基本单元，每个条目包括：灾害出现时间、地点，灾情（气象要素、造成的危害），防灾减灾措施等，编排按时间先后列出。

《大典》既是历代劳动人民的贡献积累，也是当代气象工作者集体智慧的结晶。编纂者虽然尽了很大的努力，但不足与疏漏仍在所难免，恳请读者批评指正。

《中国气象灾害大典》编委会

2005 年 3 月 23 日

凡　　例

一、《中国气象灾害大典・辽宁卷》主要集纳对辽宁省影响较大的气象灾害事例及其对国民经济和社会发展影响的评述。列入本卷的内容均是由气象原因直接或间接（次生）引发的灾害。如洪涝、干旱、冰雹、大风、寒潮风雪、雷暴、龙卷、飑线、低温冷害等直接灾害，或者风暴潮、海冰、赤潮、泥石流、大气污染事件等次生灾害。

二、本卷时间计限按照中国史学界的最新界定，即1839年前为古代，1840—1949年为近代，1949年10月1日中华人民共和国成立后为现代。本卷现代部分截至2000年。

三、资料取舍。由于古代、近代、现代资料详略不一，本着“古宽今严”的原则，对古代资料原则上凡有记载的均予收集；现代资料则严格筛选、仔细校核后采用。

四、地域范围。对不同历史时期行政区划内事物的记述，均按当时行政区划界定；一般泛指称辽宁地区。

五、纪年。本卷采用横分门类，以时为序的编年体。清代以前采用朝代年号纪年，中华民国和东北沦陷时期采用民国纪年，以上均括注公元纪年，中华人民共和国成立后采用公元纪年。

六、本卷所用数字，除规定或习惯用中文数字者外，一律用阿拉伯数字；计量单位统一用汉语名称，不用符号。例如，米、平方米不用m、m^2，米/秒不用m/s等。中华人民共和国建国以前的计量单位维持历史资料原貌；建国以后的计量单位采用GB 3100—1993《国际单位制及其应用》，但个别计量单位在第一次出现时采用加注的方式处理，如亩、寸。

七、资料来源。本卷资料来源为有关史志文献、档案材料、统计资料等，除特殊情况外，一般不注明出处。

1985 年辽河洪水，盘锦市被淹没

1985 年辽宁东部因连降暴雨发生山洪，沈丹乙线铁路受灾

1995 年沈丹线 16 公里处
桥被洪水冲毁

1995 年沈吉线铁路 106 公里处
路基被洪水冲毁

1995 年因洪水辽阳市区被淹没

1995 年太平湾水电站防洪堤决口，生活区被洪水冲淹

1995 年朝阳市凌源三十家子粮食储备库粮仓倒塌情况

1995 年辽河油田被洪水冲淹

1995 年铁岭县公路桥被洪水冲毁

1995 年新宾县下营子镇中学校舍被冲毁

1995 年沈阳气象台值班员坚守岗位，施放探空气球

1995 年解放军某部官兵在辽中县抢险

1995 年电业职工抢修被洪水冲毁的供电线路

1995 年干部群众奋勇抢险

1995 年茨榆坨采油厂职工涉水开动油井恢复生产

1995 年铁岭县汎河粮库灾后清理现场

1985年7月凤城袁家沟发生泥石流，左图为袁家沟小学14间教室被毁，右图为小学教室内被淤泥填满，房屋全垮

1985年凤城陶李村民房被泥石流淹没

1985年凤城袁家沟村民刘国志5间砖瓦房被冲毁，死亡3人

1989年凤城东汤镇陶李村被泥石流冲下的石块

1989年凤城东汤镇最大一条泥石流底部堆积了大量石块和杂物

1986 年 7 月 23 日凤城县红旗镇四家子村，村民夏洪财 3 间房屋被泥石流冲毁，其子女 2 人被压死，15 岁女儿夏喜娟尸体在苇席中找到

1989 年凤城县东汤镇陶李村发生泥石流，村民尹树发 6 间砖瓦房被毁，倒房压死 1 人

1986 年袁家沟小学后山被泥石流冲刷，沟深 3.5 米，带下的巨大石块

1986 年袁家沟泥石流把 5 户村民房屋淹没

1986 年泥石流把袁家沟小学建筑全部冲毁

2000 年因干旱大石桥市大面积水田龟裂

2000 年因干旱铁岭县大面积水田龟裂

2000 年义县果树因旱干枯死亡

2000 年义县地下水位严重下降，无法正常灌溉

2000 年建平县农村饮水困难，农民排队等水

2000 年凌源市大面积成林因旱死亡

2000年建平县因旱大面积耕地无法播种

2000年阜新县大面积旱田干旱，缺苗断垄

2000年兴城市因旱干枯的小麦

2000年建昌县因旱干枯的玉米

2000年营口市老边区鱼池干涸

2000年营口市老边区蟹池干涸

1972 年第三号台风在大连登陆，风浪把渔船冲上岸，民宅被撞

1972 年大连受 3 号台风影响，渔船被冲到山崖，受损严重

1972 年因 3 号台风影响，大连港防波堤被风浪毁坏

1972 年因 3 号台风影响，大连地区受损渔船近千艘

1985 年 9 号台风刮断
大连市内高压电杆

1985 年 9 号台风折断岫岩县雅河乡玉米

1995 年 9 月大连市区受台风暴雨影响，树木被毁

1985 年 9 月大连市受台风影响，市区出现涝灾

1995 年 9 月大连市区受台风暴雨影响，出现渍涝

1971 年海城市降雹，52 小时后，残留的雹粒直径平均为 2~3 厘米，最大为 5 厘米

1987 年 7 月绥中县白梨被冰雹打坏

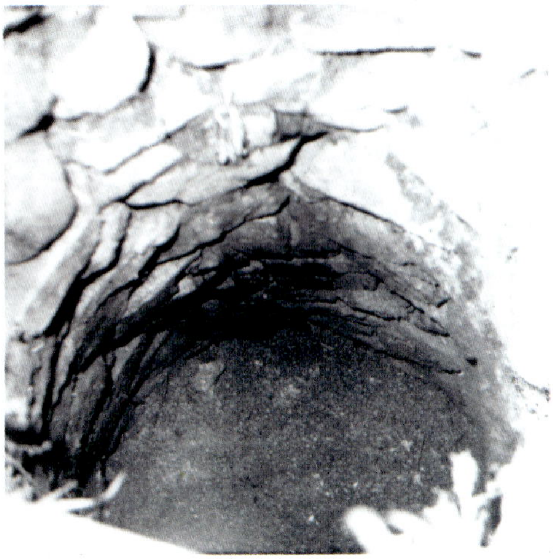

1971 年海城市降雹，52 小时后，井内存有的雹粒

1987 年 7 月，绥中县冰雹

1984 年 5 月，本溪市区下冰雹，大似鸡蛋，小似卫生球

1983 年 9 月 24 日绥中县发生龙卷风，几十间民宅夷为平地

一民房的房梁被扔出 300 米外的山沟里

3.5 吨渡槽被龙卷风卷起 10 米高后被扔到十几米之外

百余间民房被毁

灾区的树木按顺时针方向被刮倒

一农民看见龙卷风来临，便把门窗关闭，结果造成压力差，致使屋顶及门窗全部毁坏

1993 年 7 月 14 日，在鞍山市南方出现闪电，当时云地相接

1991 年 9 月 18 日绥中气象站西南方向 20 公里处出现强对流天气，降冰雹并有雷暴，造成严重灾害

1963 年沈阳东陵大明楼因雷击失火，建筑全被烧毁，左图为火灾现场，右图为两年后重建的大明楼

1992 年 1 月 4 日复县瓦房店东岗公路因大雪造成雪阻，在 50 公里长路段上，发生雪阻百余处

用推土机推出的通道

1990 年辽东湾荷叶冰、流冰

1990 年渤海发生严重冰封，冰上为斑海豹幼仔

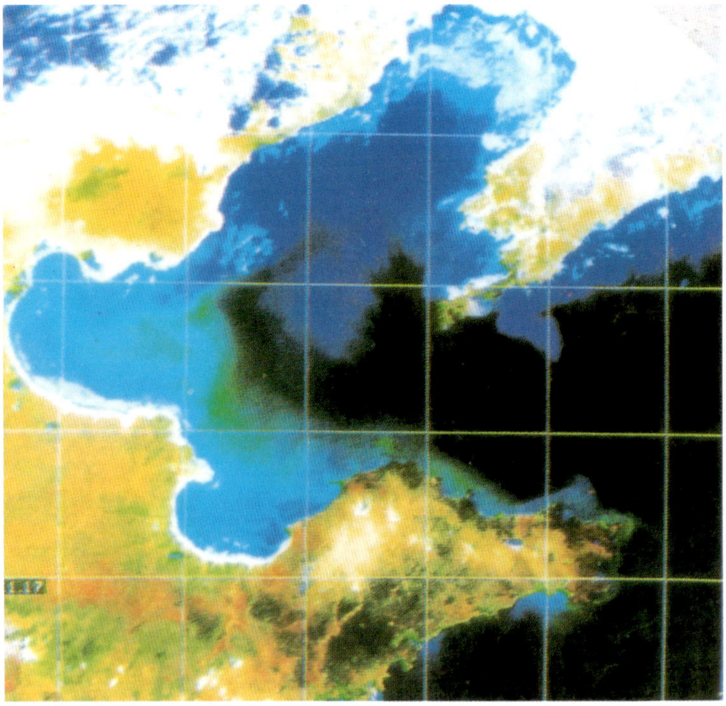

1987 年 1 月 17 日渤海海冰卫星图像（引自龚家龙 1992 年）

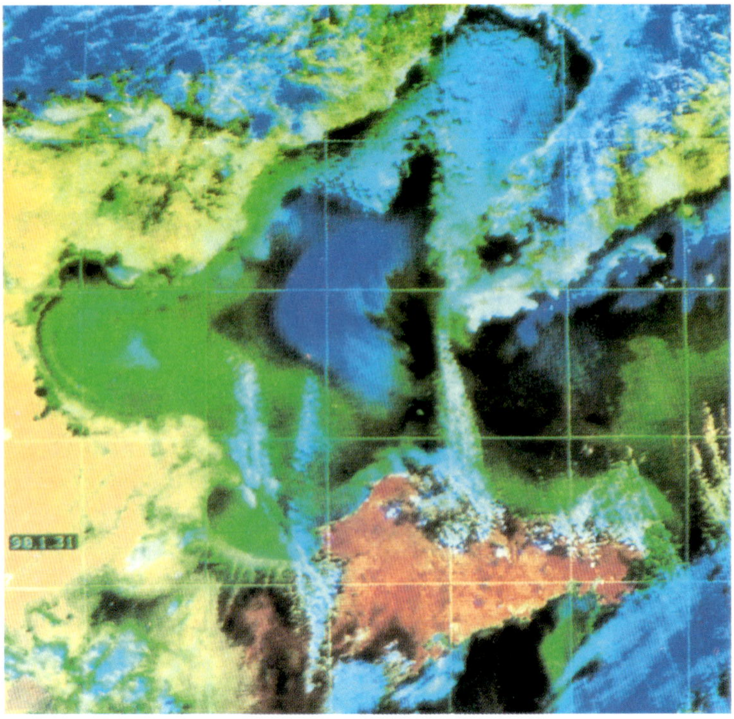

1990 年 1 月 31 日渤海海冰卫星图像（引自龚家龙 1992 年）

1995 年 8 月 21 日绥中芷锚湾码头外侧海域出现大面积赤潮（航拍）

1995 年 8 月 21 日绥中芷锚湾码头东南出现严重赤潮（航拍）

1998 年 9 月 22 日辽东湾出现赤潮

1998 年 9 月 22 日辽东湾葫芦岛海域发生大面积赤潮（航拍）

1980年本溪市大气污染照片（早7时）

1980年本溪市大气污染航空遥测实况

1980年本溪市大气污染实况照片（早7时）

目　　录

绪　论

一

辽宁省位于中国东北地区的南部，地处东经118°50′～125°47′，北纬38°43′～43°29′。东西端直线距离约550千米，南北端直线距离约530千米。东北与吉林省接壤，西北与内蒙古自治区为邻，西南与河北省毗连，东南以鸭绿江为界与朝鲜民主主义人民共和国相望，南临黄海和渤海，与山东半岛成犄角之势。全省陆地总面积为14.75万平方千米，约占全国总面积的1.5%。海岸线西起老龙头，东到鸭绿江口，全长2920千米，占全国海岸线总长的12%。沿海有506个近海岛屿，岛岸线长达700千米，分别占全国8%和5%。

省内山地丘陵居多，并集中分布在东、西两侧，约占全省总面积的2/3；中部为广阔的辽河平原，约占全省总面积的1/3。东部和西部山地丘陵海拔一般约500米，只有少数山峰在千米以上。中部辽河平原以北地区多属漫岗丘陵；平原南部地势低洼，海拔约50米。

由于辽宁省地处欧亚大陆东岸，属大陆性季风气候区，具有中纬度西风带气候特色。其主要气候特点即：四季分明，春秋季短，雨热同季，寒冷期长，日照丰富，东湿西干，平原风大。按冷暖程度划分，沈阳以南，本溪、岫岩、庄河一线以西以及朝阳、喀左以东地区，为南温气候带；其外围地区为中温气候带。按干湿程度划分，除辽宁西部山地和西北风沙区属于亚干旱气候区外，其他地区均属湿润和亚湿润气候区。

全省年平均气温在5～10℃之间，自沿海向内陆递减。高值区在辽东半岛南端，低值区在东北部的新宾、清原一带，南北最大温差达5.7℃。气温年变化呈单峰型。1月温度最低，全省在－17.1～－4.2℃之间，日平均气温低于0℃的寒冷期达100～145天。7月温度最高，全省在22～24.6℃之间。年极端最高气温，全省在33～42℃之间；年极端最低气温，全省在－41～－19℃之间。

全省年平均降水量在500～1000毫米之间，由东南向西北递减。降水最大中心在鸭绿江下游宽甸地区，达1145毫米。西北部老建平最少，年降水量不足460毫米。降水量主要集中在夏季（6～8月），占全年总降水量的60%～75%。各季主要降水特点是：春季回暖迅速，风大少雨；夏季雨量充沛，高温潮湿；秋季气温速降，雨量骤减；冬季寒冷漫长，雨雪稀少。

全省太阳总辐射量在4187～8374兆焦/平方米，除新宾附近地区外，都在4187兆焦/平方米以上，辐射资源丰富。分布趋势由西向东递减，年内变化呈单峰型，5月最多，12月最少。全省各地日照时数2270～2990小时，东部山地在2400小时以下，辽东半岛及辽河平原以西地区在2600～2900小时之间。全省日照百分率为51%～67%，东部山区在55%以下，西北部在65%以上，其他各地在55%～60%之间。日照时数最多月出现5月和9月，分别在280小时和250小时左右。全省日照充足，太阳辐射强，不仅能满足农作物对光的需求，而且还有开发利用潜力。

二

辽宁特殊的地理、地形和气候条件，使之成为全国气象灾害频繁且严重的省份之一。春季辽西有“十春九旱”之称，夏季暴雨常引起洪涝和山洪泥石流，春秋季大风、冰雹和霜冻以及夏季的低温冷害，冬季寒潮、大风雪等灾害性天气，常常危害国计民生，给国家和人民的生命财产带来重大的损失。据历史资料统计，建国以来全省发生各种气象灾害185次。其中不同范围的水灾40次，旱灾35次，风雹灾69次，病虫灾27次，霜冻14次。仅1985年全省洪涝灾害造成的经济损失就达47亿元。在辽宁所发生的自然灾害中，气象灾害出现次数最多，危害最严重。

辽宁气象灾害，大致可分为气候灾害和天气灾害两大类，这种划分方法主要从结合生产实际和便于应用的角度出发。气候灾害时间较长，具有异常气候的性质，包括干旱、洪涝、低温冷害等。天气灾害包括：大风、冰雹、雷暴、飑线、龙卷风、寒潮风雪等。

气象灾害依其对辽宁国计民生影响的大小排列顺序大致是：暴雨洪涝、干旱、低温冷害和霜冻、风雹、寒潮、大风雪等。

另外，由于气象灾害带来的次生灾害在辽宁地区也时有发生，如由暴雨引发的泥石流，由持续暴雨后的高温天气诱发的赤潮，由降水冲刷形成的酸雨等。这些新灾种的出现对生态环境的可持续发展都将产生一定的影响，应引起足够的重视。

辽宁气象灾害主要有如下特点：一是种类多。根据气象灾害成因，依出现的天气现象（系统）可划分为17种，加上由此诱发的灾害，可达数十种以上。二是范围广。辽宁气象灾害表现在3个方面：在时间分布上，一年四季都有灾害发生，如春季的晚霜冻、大风，夏季的暴雨洪涝，秋季的早霜冻及冻害，冬季的寒潮、暴风雪等。在空间分布上，辽宁的东西南北中部均有气象灾害发生；在危害面上，工业、农业、交通等各行各业及人民生命财产无不受到气象灾害的直接或间接影响。三是连锁反应显著。辽宁的某些气象灾害往往会引发、加重或抑制其他自然灾害。如暴雨先是引发山洪，随之产生泥石流，冲毁堤岸、淹没村庄。辽宁东南部的大洋河和鸭绿江等发生洪水时，还会因海水倒灌而水位猛增。风暴海啸一方面冲垮海堤、潮闸，另一方面以海潮顶托使江河洪水更加浩大。当台风或温带气旋袭击辽东、辽南时，在陆地上依次发生暴雨、山洪、江河洪水，在海上依次发生的大风、海啸、海潮顶托，都是环环相扣，互为因果，相继发生的，所以称为暴雨洪水灾害链。此种灾害在中国北方都是最典型的。四是群发性突出。由局地地形、地貌和中小尺度天气系统共同影响而发生的带有局地性的强对流天气，包括雪暴、冰雹及其伴随的大风和飑线、龙卷风等天气，其个体范围不大，有时是单个发生，而更常见的是数种相伴出现，严重时一齐袭来，但时间先后顺序不定，无因果关系，不构成灾害链，而是一种群发性明显的灾害群。五是频率高。辽宁气象灾害虽有不同的年际变化，但每年都会发生几种灾害，暴雨、冰雹、大风灾害等年年都有发生。1949 年以来，区域性的暴雨洪涝灾害共出现 26 次，其发生频率达 65%。如包括各种范围的洪涝灾害可达 194 次，平均一年出现近 4 次，有的年份更多。而范围大的低温冷害年出现 5 次及以上的年份，其发生频率为 12%，平均 8 年发生 1 次。六是灾情严重。据对辽东山区 80 年代前期资料的估算，气象灾害所造成的巨大损失，仅对农业的影响，年平均可减产 15%。此外，辽宁气象灾害还具有旱涝交叉出现，旱年中有涝的特点。辽东山区 1958 年 5～7 月雨水稀少，旱情严重，而到 8 月 3～5 日丹东等地区又出现了特大暴雨，造成严重的洪涝灾害。

三

对自然灾害所造成人民生命财产损失，历代都采取相应的赈济措施。特别是中华人民共和国成立后，党和政府十分重视自然灾害救济，每遇自然灾害，都采取各种有力措施，帮助恢复生产，重建家园。由于党的救灾工作方针、政策与国家政治、经济发展的条件相适应并得以全面落实，因而有效地战胜灾害造成的困难，顺利渡过灾荒。基本上做到灾民有饭吃、有衣穿、有房住、有柴烧，不因灾荒大批外流，不因治疗不及时病死人，人心稳定，社会安定。有些灾区灾后重建，狠抓生产和建设，还出现减产不减收，减产增收的新局面。

对救灾工作的管理，各个历史时期采用不同的体制。清代灾荒赈济前期由户部掌理，光绪年间改革官制后，由民政部掌管。重大赈灾事项由皇帝亲批。民国、伪满时期的灾荒赈济，在地方统由省民政部门掌管。遇有重大灾荒，政府设专门救灾机构，督同地方各团体、各有关机关举办赈务。

中华人民共和国成立后，救灾工作由民政部门主管，每遇大的灾荒，各级政府都建立生产救灾委员会，统一领导救灾工作。

查灾报灾是做好自然灾害救济的前提条件。其作用在于通报情况、传递信息、请求救援等。查灾报灾主要是查报灾害种类、发生时间、地点、范围，对人民群众生命财产造成的危害和损失等。

清廷为及时掌握灾情，规定勘灾办法：（1）州县地方遭灾，该督抚一面题报情形，一面派委员会同州县速到实地确查，将遭灾分数按区域村庄填写，由该管道员复核加结，然后由督抚上报。（2）遇有重大灾害，督抚轻骑简从亲往灾区实地勘查，交行赈恤事宜上报。

民国时期对勘查灾歉做出的规定：（1）旱虫各灾由渐而成，应由县长随时实地勘查，至迟不得逾 10 日。风雹水灾及其他急灾，立时实地勘查，迟不逾 3 日。（2）省政府接到呈报后，立即呈报国民政府并咨内政、财政两部备案，同时饬令民政厅，令县复查灾情，审定遭灾分数，造具区村地亩应蠲缓数目，造具清册，由民政厅复核加结，咨送财政厅核明会报省政府，转咨内政、财政两部审核会呈国民政府核示。

中华人民共和国成立后，在灾区建立查灾、报灾、计灾制度。每当自然灾害发生时，各级民政部门协同有关部门了解自然灾害发生发展情况，及时准确掌握灾情，向党政领导及上级民政部门报告。

查灾：包括工农业生产减收数量及幅度，国家、集体、个人财产损失数值，成灾人口，缺粮和救济人口，所需返销粮数，救灾款数以及划定轻重灾等级。

报灾：根据1952年内务部查灾报灾及灾情统计工作的通知，各地普遍建立健全灾情报告制度。一般1年正式向上级民政部门报告两次灾情。报灾时间：每季农作物收获后，根据该季收成作一次全面灾情报告。每年农业季节结束后，根据全年农作物歉收程度于秋季做1次灾情报告。次年1月报送全年定灾报告。特大自然灾害在24小时内报告上级政府和主管部门，并速报中央。重大自然灾害在48小时内报告上级政府和主管部门，并速报省级政府。报灾内容：包括发灾时间、地点、范围，国家、集体、个人生命财产损失，农作物受灾面积，成灾面积，受灾人口，成灾人口，因灾引起的社会渡荒有利、不利条件等。

晚清、民国时期，在发灾、成灾后，当局无偿向灾民散放粮食、衣物和散碎银钱。旧时代以“恩赐”的观点，和少数绅商“施舍”的做法，并不能解决灾害给人们带来的各种困难。中华人民共和国成立后，党和政府及时提出“生产救灾”的方针，改变“单纯救济”的做法。对灾民无法克服的困难，国家和集体投入大量的物力和财力，给予口粮、住房、穿衣、医疗等方面救济，使灾民生活得到较好的保障，为恢复生产，重建家园创造了条件。

中华人民共和国成立后，救济对象和救济标准，主要依据灾情轻重和困难程度来确定，使有限的救济款真正发到需要救济的人身上。1985年洪涝灾害后，国家除向灾区拨发大量救济款外，中共辽宁省委、省政府和省救灾办公室先后召开5次救灾工作会议，对灾民生活安排做了部署。辽宁省民政厅、财政厅还制定了《救灾款物发放使用几项暂行规定》，对救济对象、标准、方法、手续制度，做了明确规定。

四

随着各种自然灾害的频繁发生，抗御自然灾害已成为世界各国面临的一个迫切而又严峻的问题。对此已引起各国领导人和科学家的广泛关注，在许多国家的倡导和积极推动下，1987年第42届联合国大会通过了169号决议，确定把20世纪最后10年，即1990—2000年定为“国际减轻自然灾害十年”，其目的是通过一致的国际行动，减轻自然灾害给人类带来的危害。

新中国成立以来，各级政府十分重视气象灾害的监测预报与防御工作，将其纳入国民经济和社会发展计划。1989年我国正式成立了中国国际减灾十年委员会，指导、协调我国的减灾活动。辽宁省委、省政府高度重视气象灾害的预报和防御工作，并采取了许多行之有效的措施。实践表明，如果我们能够及时准确地作出预报和警报，并采取积极有效的防御措施就会减少或避免气象灾害造成的损失。因此，加强气象科学研究和业务现代化建设，努力提高灾害性天气的监测预报能力，加强气象防灾减灾服务体系建设，增强社会防御气象灾害意识，提高社会防御气象灾害的能力是十分重要的。

加强气象现代化建设，提高灾害性天气的监测预警能力。为了提高监测预报能力，气象部门要进一步加快气象现代化建设，抓好地面观测技术装备的更新换代和推广使用，努力提高地面观测现代化水平；建设以新一代多普勒天气雷达为主体的天气雷达监测网，进一步提高对降水，特别是暴雨、热带气旋、强对流等灾害性天气的监测和预警，建设由极轨和静止两个气象卫星组成的气象卫星监测网，加强对自然灾害和生态环境的监测。通过推进大气监测自动化系统建设，逐步建立常规和遥感遥测等综合手段组成的密度适宜、布局合理的地面监测网和高空气象探测网，全面提高对天气、气候灾害的监测能力。

要加快预报预测业务服务现代化建设。加强灾害性天气预报和短期气候预测系统的现代化建设。开展城市环境气象监测预警系统、区域中尺度灾害性天气监测预警系统、农业气象科技及工程服务系统、主要江河流域暴雨洪涝监测预警系统、人工影响局部天气工程服务系统以及重点工程建设气象保障服务系统等建设，全面提高灾害性天气的预报服务水平。

综合进行科学研究。充分利用先进科学技术，加强气象灾害的科学研究，不断揭示各种气象灾害的成因和发展规律，建立并完善灾害信息系统。需要多学科联合攻关，协同作战，综合进行灾害监测、预报和防御方法研究，从根本上提高对灾害性天气的预报和预警能力，为人类抗御灾害提供技术支持。在辽宁地区需要进行以下重要的研究：

1. 重大气象灾害的研究。主要联合研究暴雨、泥石流、洪水等依次发生的灾害链和雷暴、冰雹、大风等灾害群的分布、发展规律，及其监测、预报技术。深化对灾害群和灾害链的认识，填补知识的空白，提高预测能力和水平，为防灾、抗灾提供信息保证。

2. 联合开展气象灾害的评估方法和标准的研究。建立灾情调查评估业务系统，为客观地评估灾害损失闯出一条新路子。

3. 联合开展生态环境减灾作用的研究。通过实地对比观测资料的分析，研究森林植被对保土、缓解径流、保护水资源的作用，同时，研究大气降水转为水资源的测算方法，并准确地估算水资源的状况。

4. 开展云水资源的开发研究，包括人工防雹、增雨试验研究。人工增雨是开发利用云水资源，缓解本省水资源紧缺的有效途径。据估算，在本省由降水云系降落到地面的自然降水，只占全省云水资源的20%，尚有80%的云水资源有待进一步开发。可见，人工影响天气的研究是非常必要的。主要研究内容包括：防雹、降雨作业天气条件的研究；人工影响局部天气的效果检验和经济效益评估方法；云水资源开发技术研究。

5. 开展减灾兴农保障工程的联合研究。主要包括：农业灾害规律及预测预报研究；农业灾害防治方法的研究；农业灾害情报立体动态监测系统，农业气象灾害情报资料信息传输系统，农业气象灾害警报、服务系统，农业气候开发等研究。

6. 开展卫星遥感应用研究。应用卫星遥感资料开展对森林防火、远洋捕捞、洪涝监测、作物产量、气候资源调查等方面的应用技术研究。

加强防灾减灾建设。本着预防为主、防抗结合的方针，搞好植树造林、水土保持、江河治理、农田水利建设，以增强防御自然灾害的能力。根据辽宁地区暴雨多、雨量大、降雨强度大，对生态环境具有较大破坏性的特点，应把生态环境工程建设作为减灾的战略性工作抓好抓实。

据有关研究，良好的生态环境，由于地表植被好，对土壤有多方面的保护功能，能够蓄水，缓解山洪暴发和泥石流的发生。例如，成片的森林草地可以截留一次降水的20%～30%；林中植被落叶和草丛可以减弱地表水流速，分散径流，使地表水渗入土层，涵养水源。一般林地可拦蓄一次降水量的40%左右；只要有1厘米以上厚度的落叶层，地表径流可能减少到相当于裸地的10%。当然，这是一个综合值，不同地形、坡度及降水状况，其影响和作用也不同。森林、地表植被的蓄水作用很显著，有关原始森林的记载中写道："林中落叶常积数尺许，泉水雨水到此，皆不能流，尽为泥泽，人行甚难。"遗憾的是辽宁省原始森林破坏极为严重。据论证，"中长铁路以东，包括丹东、本溪、抚顺三市所辖各县及庄河、西丰县及铁岭、辽阳、海城、营口、盖县等的东部丘陵地带，在19世纪及其前期，还基本是原始森林景象"，但从19世纪初，森林资源屡遭破坏，"解放后境内除高山、远山和背岗深谷处尚有较少量的红松以外，原始森林已不复存在"。森林的破坏，加重了气象灾害。植被破坏使泥石流的发生越来越严重，而泥石流又加速了植被的破坏，甚至形成千谷石海，从这个角度上可以说形成一种恶性循环。因此，要把生态环境建设作为战略任务。

生态环境减灾作用的大小与植被覆盖面关系甚大。据分析，山区的森林覆盖率高于60%时，才具有明显的涵养水流与保持水土作用。而辽宁省东部山区的森林覆盖率，现在只有42.7%，有的地方可能还达不到这个数字，可见生态环境建设的艰巨性和长期性。

加强气象宣传，提高全社会防灾减灾意识。减轻天气、气候极端事件的危害，是一项复杂的系统工程，包括监测、预报、防御、抗灾、救援等许多环节，不仅需要建立防灾减灾体系和法律保障体系，协调全社会的行动，而且需要社会公众树立气象意识、气候环境保护意识和防灾减灾意识。为此，气象部门一定要高度重视宣传工作，充分利用各种场合和媒体，加强天气、气候灾害知识的普及教育，提高全社会防灾减灾意识，促进广大公众和社会团体积极参与到防灾减灾工作中。通过多部门的联合和全社会的协调行动，把天气、气候灾害带来的危害降低到最低限度。

第一章 暴雨洪涝

第一节 概 述

辽宁省的洪涝灾害主要是由暴雨形成的。暴雨导致江河泛滥、山区发生山洪泥石流、水库或其他挡水建筑物失事，以及沿海地区由于强烈的大气扰动所引起的海面风暴潮差所造成的灾害均属于洪涝灾害。

洪涝灾害是大自然与人类活动互相制约和相互影响的产物，是由自然和社会两个因素构成的。在远古时代，现在叫做辽宁的这块土地尚无人烟，降多大强度的暴雨，发生多大的洪水，也不会造成灾害。随着人类的发展，进入春秋战国时期，燕（河北）、赵（山西）、齐（山东）等地的人群纷纷迁移到浑河、太子河以及辽河水系繁衍生息，进行水土资源开发，促进了辽宁大地社会经济的发展，随着时间的推移，视野的开阔，认识的提高，人们的活动愈来愈集中在生活方便，有利于定居和各种生产活动的江河沿岸，尤其是水资源丰沛的大中河流中下游地带。辽宁省著名古城——襄平（辽阳）、沈州（沈阳）、宁远（兴城）、义州（义县）、银州（铁岭）以及安东（丹东）等城镇都是先后在沿江、沿河地带建立和发展起来的。但是，从洪涝角度看，人群集中居住在沿江、沿河地带，也就进入了洪水暴发区、多发区，人们的生活和财产受到了洪水的威胁破坏，从而产生了灾害。人们的生命被夺去，财产被毁坏，正常的社会秩序被扰乱，反映在人们的心里和思想上，便形成了在特定环境条件下低水平的洪涝意识。随着人们生产规模的扩大，财产的积累，洪水损失越来越严重，越来越大，引起了人们的重视和社会的关注，促进了洪灾意识的提高，逐渐有了洪灾的文字记载。

从公元221年，三国时期魏明帝开始有灾情记载以来，到2000年已有1780年的历史，这期间各朝各代的灾情记载虽不够完整。但仍记录有200多年发生洪灾的事实。晚清以后，灾情记载较为完整。从1840年到新中国成立前夕的1948年的108年间，辽宁省发生洪灾的年份有39年，平均每3年1次。其中大灾21年，平均每5年1次；特大灾5年，平均每22年1次。这个记载，比较客观地反映了辽宁洪灾发生的频次。中华人民共和国成立以来，洪灾频次相对有所增加。1949—2000年的51年间，全省发生洪灾的年份有30年，平均每2年发生1次。其中大灾11年，平均每4年1次；特大灾5年，平均每10年1次。详见表1.1。

表 1.1　历代洪水灾害统计表

年代＼项目	起止年份	统计年数	洪灾年数	多年平均	大灾统计		特大灾统计	
					年　数	平　均	年　数	平　均
三国至新中国	237—1990	1753	202	9				
三国至晚清	237—1839	1602	122	13				
晚清至新中国期间	1840—1990	150	65	2.3	30	5	9	17
晚清至建国前	1840—1948	108	39	3	21	5	5	22
新中国	1949—2000	51	30	2	11	4	5	10

注：此表摘自《辽宁水旱灾害》。

一、暴雨

辽宁是中国北方暴雨的多发区，在夏季易发生暴雨洪涝、山洪泥石流等灾害。特别是丹东地区发生暴雨及特大暴雨的机会最多，如 1962 年宽甸黑沟 24 小时降水为 657 毫米，在全国排第 7 位。

1. 暴雨分布

辽宁暴雨的分布，自东南向西北，自沿海向内陆减少。根据气象资料统计，各地年平均暴雨日数 1～5 天，丹东地区最多在 4～5 天。有两个暴雨中心，一个在东南部鸭绿江下游的宽甸，年平均达 5 天，有的年份多达 8～9 天；另一个中心在辽河河谷、渤海沿岸的营口地区以及锦州地区沿海各县，年平均为 2～3 天。朝阳地区北票和建平北部暴雨最少，年平均不足 1 天。

暴雨集中出现在 6～9 月，尤以 7～8 月为最多，占暴雨总日数的 60%以上。丹东、营口、大连等地最早出现在 3 月，大连最晚在 12 月也曾出现过暴雨。

2. 大暴雨和特大暴雨

(1) 大（特大）暴雨日数及其分布　1958—1979 年，辽宁共出现 315 个大暴雨日，平均每年出现 14.3 日，1969 年最多达 22 日，1958 年、1968 年和 1972 年最少为 8 日。共出现特大暴雨 51 日，平均每年出现 2.3 日，最多年为 5 日。此外，平均一年有近一日大于 300 毫米的特强暴雨见表 1.2。

大暴雨最早出现在 1969 年 4 月 20 日，地点是东沟、岫岩、庄河、新金 4 个县，中心在东沟铁甲，日雨量为 149 毫米；1967 年 4 月 29 日出现在台安、辽阳、本溪和新宾 4 个县，中心在本溪清河城，日雨量为 181 毫米；1983 年 4 月 25 日又出现一次，中心分别在锦州、丹东地区，岫岩雨量最大为 126 毫米。大暴雨最晚出现在 6 至 9 月上旬，尤以 7 月中旬至 8 月中旬最多，占总次数的 68.8%。特大暴雨出现在 6 月中旬至 9 月上旬，其中 7 月中旬至 8 月中旬最多，占总次数的 75%。

大暴雨日数分布与暴雨日数分布相似，也是东南多、西北少。也存在两个中心，最大一个中心在宽甸，22 年计有 36 天；其次在绥中西部，22 年计有 23 天。

表 1.2　1958—1979 年辽宁省大暴雨日数

年份	降水量（毫米）				年份	降水量（毫米）			
	≥100	≥200	≥300	≥400		≥100	≥200	≥300	≥400
1958	8	3	2	1	1970	12			
1959	20	4	2	1	1971	16	2	1	1
1960	16	4	1	1	1972	8	1		
1961	18	3	1	1	1973	15	5	1	
1962	18	5	4	2	1974	16	3	2	
1963	12	3	1	1	1975	15	3		
1964	22	1			1976	9			
1965	10	1			1977	16	5	2	
1966	15	1			1978	15	2		
1967	15	1			1979	18	2	1	
1968	8	1			合　计	315	51	18	8
1969	13	1			年平均	14.3	2.3	0.8	0.4

（2）*大暴雨分类*　根据大暴雨出现的范围大小，分为区域、局部和局地大暴雨三大类。区域大暴雨，其覆盖面积大于 7500 平方千米，这类降水危害范围及程度最大，如 1960 年和 1962 年；局部大暴雨，其覆盖面积在 1000～7500 平方千米之间，这类降水只是范围小一些，对局部地区的危害程度并不亚于区域性大暴雨，如 1975 年 8 月 31 日夜间鞍山特大暴雨，造成鞍钢停产数日；局地大暴雨，其覆盖面积小于 1000 平方千米，这类降水在小范围地区也可造成严重灾害，有时伴有冰雹、龙卷风，如 1978 年 7 月 11 日锦西缸窑岭 1 小时雨量达 185.6 毫米，居全省之冠，在不到 2 小时内降雨 236 毫米，这次过程，从朝阳、锦州到营口地区都遭了雹灾。

（3）*各类大暴雨分布地带*　根据大暴雨中心分布，把辽宁划分为西北、中、东南三大片，西北片包括朝阳、锦州、阜新地区和盘山、新民、康平、法库和铁岭县；东南片包括大连、丹东地区和桓仁县；其余都属中片。各片出现的大暴雨日数，西北片占 16 日，东南片占 17 日。辽西和辽南出现机会相等，但东南片的局部和局地大暴雨明显多于西北片。

（4）*大暴雨强度等级区分布*　根据各地年平均降水量、出现大暴雨日数以及 24 小时降水量极值等三项指标，用 K—均值法计算结果，辽宁大暴雨可划分为强、中、弱 3 个强度等级区。Ⅰ级为特强级，出现在丹东地区，主要在宽甸。Ⅱ级为强级，大部分也出现在丹东地区及辽西走廊南部的小块地区。Ⅲ级为次强级，出现在丹东、本溪地区、辽阳东至东南部山区、大连北部山区及辽西走廊的中部。Ⅳ级为中等地区，一般出现在辽东半岛南端、营口、海城地区、沈阳及抚顺东南山区、铁岭南部及锦州以南地区。Ⅴ级为大暴雨出现日少数区，且强度偏弱，包括朝阳、阜新、锦州北部等区。

3. 暴雨极值

辽宁暴雨极值在全国占有一定名次（各时段最大降水量见表 1.3）。1 小时最大降水量

185.6毫米，出现在1978年7月11日锦西缸窑岭，仅次于1979年6月11日广东澄海东溪口的245.1毫米和1975年8月5日河南泌阳老君的198.5毫米。24小时最大降水量为657.9毫米，出现在1962年7月27日安东地区宽甸县黑沟公社，居全国第8位。24小时降水量大于400毫米的出现站数名列全国第7位。

表1.3　各时段最大降水量

项　目	1小时	3小时	6小时	12小时	24小时	2日	3日
降水量（毫米）	185.6	297.0	395.0	643.9	657.9	792.0	794.0
出现时间	1978.7.11	1971.9.2	1981.7.27	1962.7.27	1962.7.27	1962.8.7～8	1962.8.6～8
发生地点	锦西缸窑岭	庄河永记	新金西菲	宽甸黑沟	宽甸黑沟	宽甸黑沟	宽甸黑沟

4. 暴雨成因

致洪暴雨的天气成因，可概括为以下几个方面的特征：

（1）*副高偏北偏西活动及增强稳定的环流背景。*在致洪暴雨过程前1～3天，西太平洋副高有一次明显的西伸北进活动，使副高脊线达30°N以北，中心在30～40°N、125～140°E区域，形成副高偏北径向发展稳定的环流形势。

（2）*低纬天气系统北上，形成暖湿气流输送通道。*副高的偏北活动，受其后部的偏南气流引导，有利于热带气旋、低涡等低纬天气系统北上，在其右前方与副高后部之间形成东南或西南低空急流与高温高湿区相配合的暖湿气流输送通道，把来自热带海洋上的大量暖湿空气源源不断地向北方输送，为暴雨提供充沛的水汽和能量的输送条件。

（3）*中、低纬天气系统的相互作用，形成耦合天气系统。*致洪暴雨的主要影响天气系统有热带气旋、温带气旋和冷锋，这些天气系统是在中、低纬天气系统的相互作用下，获得再生发展，引起有效的和潜在的位势不稳定能量的大量释放，从而导致大暴雨和特大暴雨的形成。中、低纬天气系统的相互作用形成耦合天气系统有以下3种：

①低空急流及其前方的暖切变与西风带的弱冷空气或冷锋耦合，产生锋生作用，加强锋上的辐合垂直运动。

②热带气旋（低压）与西风槽冷空气耦合，使热带低压变性发展为半热带气旋和温带气旋。

③西南低涡与西风槽冷空气耦合，导致江淮气旋或黄河气旋的发生和发展。

（4）*充足的环境物理条件。*致洪暴雨与一般暴雨所不同的本质特征，必须具备充沛的水汽、大量的潜在而有效的位势不稳定能量和强烈的垂直运动等环境物理条件。

此外，千山山脉和辽西丘陵山地及其山间河谷的喇叭口地形，对于降水的辐合抬升增幅作用也是辽宁致洪暴雨形成的重要因素。

二、洪涝

1. 水灾

根据水灾造成的农田成灾面积、房屋倒塌和死亡人数计算出的水灾度，可以划分为大水年、小水年、局部水灾年、局地水灾年和基本无水灾年等5个等级，水灾度分级见表1.4。

表 1.4 水灾等级和灾情（1949—1985 年）

等级	灾度	年数	成灾面积（万亩*）		倒房（万间）		死亡人数（人）	
			幅度	平均	幅度	平均	幅度	平均
大水	>2.0	4	630～1320	911	12.0～18.5	14.3	230～3805	1526
小水	0.7～2.0	12	100～630	338	1～10	5	100～900	293
局部水	0.2～0.6	9	50～400	153	0.4～2.0	1	20～163	75
局地水	0.1～0.2	7	10～100	52	0.1～0.5	0.2	1～50	10
无水	<0.1	4	<21	16	0	0	0	0

（1）大水年　水灾度大于 2.0 为大水年，有 1951、1953、1960、1985、1995 年等 5 年。平均 10 年发生 1 次。年平均农田成灾面积为 911 万亩，一般均在 630 万亩以上，最多的是 1985 年，达 1320 多万亩。年平均倒塌房屋为 14.3 万间，一般均在 12 万间以上，最多是 1960 年，达 18.5 万间。年平均死亡人数为 1526 人，1951 年最多达 3805 人，1985 年最少为 230 人。

（2）小水年　水灾度 0.7～2.0 为小水年，有 1954、1958、1959、1962、1963、1964、1969、1971、1975、1977、1981、1984 年共 12 年，平均 3 年发生 1 次。农田成灾面积为 100～630 万亩，年平均农田成灾面积为 338 万亩。年平均倒塌房屋为 5 万间，一般为 1～10 万间。年平均死亡人数为 293 人，一般为 100～900 人。

（3）局部水灾年　水灾度 0.2～0.6 为局部水灾年，有 1950、1955、1956、1957、1961、1973、1974、1979、1985 年共 9 年，平均 4 年发生 1 次。这些年多为偏旱年，只有局部水灾发生。年平均农田成灾面积为 153 万亩，一般为 50～400 万亩。年平均倒塌房屋 1 万间，一般为 0.4～2.0 万间。年平均死亡人数为 75 人，一般为 20～163 人。

（4）局地水灾年　水灾度 0.1～0.2 为局地水灾年，有 1952、1965、1966、1967、1970、1978、1983 年共 7 年。平均 5 年发生 1 次，这些年多为少雨干旱年，只有局地水灾发生。年平均农田成灾面积为 52 万亩，一般为 10～100 万亩。年平均倒塌房屋为 0.2 万间，一般为 0.5 万间以下。年平均死亡人数为 10 人，一般不超过 50 人。

（5）基本无水灾年　水灾度小于 0.1 为基本无水灾年，有 1968、1972、1976、1980 年共 4 年。平均 10 年出现 1 次，这些年都为大旱年。年平均水灾成灾面积仅为 16 万亩。一般不超过 21 万亩，基本没有出现房屋倒塌和人员死亡。

2. 洪涝灾害

按照每次暴雨过程造成农田受灾面积的大小，可以划分为区域性（百万平方千米以上）、局部性（数十万平方千米）、局地性（10 万平方千米以下）3 个等级；按照发生的季节不同，又可分为春涝（4～5 月）、夏涝（6～8 月）和秋涝（9～10 月）。

（1）年际变化　建国以来，辽宁共发生各种范围的洪涝灾害 194 次，平均每年出现 5 次。其中区域性洪涝灾害 26 次，局部性洪涝 41 次，局地性洪涝 127 次。出现区域性和局部性洪涝最多的年份是 1985 年为 5 次，是著名的大水年，局地性洪涝最多是 1983 年达

* 注：旧市制单位，1 亩 = 666.$\dot{6}$ 平方米。1 公顷 = 15 亩。

10次，没有出现洪涝灾害的年份有1968年和1972年，均是大旱年。

(2) 季节分布　绝大多数洪涝灾害都发生在夏季，1949—1985年达179次，占总次数的92.3%。春季和秋季出现洪涝灾害很少，分别占总次数的3.6%和4.1%，而且多为局地性洪涝灾害，见表1.5。

表1.5　1949—1985年各季出现暴雨洪涝次数及百分率

季节	区域	局部	局地	合计	
				次数	百分率（%）
春季（4～5月）	0	1	6	7	3.6
夏季（6～8月）	25	39	115	179	92.3
秋季（9～10月）	1	1	6	8	4.1
合计	26	41	127	194	100

①区域性洪涝　以8月最多，共出现15次，占区域性洪涝总次数26次的57.7%。最早出现在1979年6月25日的丹东地区，最晚出现在1956年9月5日的辽河中下游地区。

②局部性洪涝　以7月和8月最多，共出现28次，均占局部洪涝总次数41次的68.2%，最早出现在1983年4月26日岫岩，最晚出现在1971年9月2日庄河县。

③局地性洪涝　以7月最多，达48次，占局地性洪涝总次数127次的37.8%，最早出现在1969年4月20日丹东市五龙背，最晚出现在1970年10月23日锦县田家店。

(3) 地区分布

①区域性洪涝　按全省六大河流水系分布情况统计，辽河流域最多，共发生10次；辽西沿海诸河流域最少，仅发生1次；大小凌河、辽东半岛、浑太及鸭绿江等流域均发生4～5次。

②局部性洪涝　按市（地）分布统计，丹东地区最多，达21次；其次是大连和锦州地区，均出现8次；其他地区出现3～7次。

③局地性洪涝　按县（市区）分布统计，喀左县出现次数最多，达16次；其次是宽甸和瓦房店均为10次。其分布特点是山地多于平原，与区域性洪涝的分布特点恰恰相反。

3. 特大暴雨洪涝灾害

1951—2000年，辽宁共发生特大暴雨洪涝灾害12次，平均4～5年出现1次，都出现在7月中旬至8月中旬的盛夏季节里，由区域性大暴雨和局部特大暴雨影响所致。其特点是降水范围广、强度大、持续时间长、灾情严重。在这12次暴雨过程中，雨量达100毫米以上的大暴雨笼罩面积都在1万平方千米以上，其中“60.8”（60指1960年，8指8月，下同）、“59.7”和“84.8”、“85.8”、“95.8”大暴雨达3万平方千米以上。这12次暴雨中心都出现200毫米以上的特大暴雨，其中，“51.8”、“58.8”、“59.7”、“60.8”、“81.7”5次暴雨中心均达400毫米以上。暴雨过程持续时间为2～3天或以上。

辽宁各水系流域均有大洪水发生，辽西的大小凌河和渤海西北岸，辽河、浑太流域，鸭绿江和辽东半岛，各地区分别有3～4次大暴雨洪水发生，每个地域平均10年发生一次。各次洪水受灾农田面积均在百万亩以上，“60.8”多达2461万亩；倒塌房屋为几万到十几万间，“60.8”最多达19.5万间；死亡人数为几百到几千人，“51.8”最多达3809人；造成直接经济损失均在亿元以上，“85.8”最多达40多亿元。特大暴雨洪水的灾害损失是相当严重的。

三、山洪泥石流

山洪泥石流是辽宁省山区较常见的一种自然灾害。辽宁山地、丘陵分布于省内东部与西部，约占全省总面积的2/3。山脉多呈东北至西南走向，其南侧的喇叭口地形与夏季东南季风正交，有利于局地强对流性集中暴雨的强烈发展。由于山石多年风化、泥石体松动，遇有特强暴雨，易暴发山洪泥石流。因此，辽宁的山洪泥石流具有分布集中、暴发频繁、危害严重等特点。

1. 山洪泥石流的年际变化

1950—2000年，辽宁共发生山洪泥石流（含山洪、滑坡、泥石流）80次，平均每年1.6次。以80年代前半期最多，达25次，平均每年5次；70年代最少，仅9次，平均1年不到1次。

山洪最早发生在5月25日（1967年），最晚发生在9月15日（1954年），主要集中发生在6～8月，占91.7%。滑坡最早发生在4月25日（1983年），最晚发生在8月14日（1954年），集中发生在6月下旬至8月中旬，占84.6%。泥石流最早发生在6月25日（1979年），最晚发生在8月28日（1964年），集中发生在盛夏7～8月，占96.6%，见表1.6。

表1.6　1950—2000年山洪泥石流出现次数

项　目	4月	5月	6月			7月			8月			9月	合　计
	下旬	下旬	上旬	中旬	下旬	上旬	中旬	下旬	上旬	中旬	下旬	中旬	
山　洪		1	3	2	3	3	2	6	1		2	1	24
滑　坡	2				1	2	3	1	1	3			13
泥石流					1		4	9	8	4	3		29
合　计	2	1	3	2	5	5	9	16	10	7	5	1	66

2. 山洪泥石流和地区分布

（1）山洪地区分布　山洪多发生在辽东山区和辽西丘陵山地，辽河平原地区很少出现。有3个多发区，最多的在辽西的朝阳地区，中心在喀左县达6次；其次是丹东地区，中心在凤城县和宽甸县，发生4～5次；第三是抚顺地区发生4次。

（2）泥石流地区分布　泥石流（包括滑坡）主要发生在辽东山区的东南部和辽东半岛山区，而辽西和辽中平原地区很少发生。丹东北部山区为泥石流多发区，中心在宽甸县和凤城县，分别达18次和17次，平均2年多即可发生1次；其次是丹东市区和岫岩县，分别发生过7次和6次，平均6～7年发生1次；其他地区只发生过1～3次。

3. 山洪泥石流与诱发暴雨

山洪泥石流常常是在有利的地形、地质、地貌环境条件下，直接由特强集中暴雨诱发形成的（以下简称诱发暴雨）。

（1）*泥石流与长历时暴雨* 在辽东山区的东南部山区和辽东半岛山区出现较重和严重的山洪泥石流灾害17次，其诱发暴雨中有14次24小时最大降水量均在300毫米以上（称为特强暴雨），占82%；有3次24小时最大降水量为200～300毫米（特大暴雨），占18%。此外，在10次较轻滑坡中，诱发暴雨有7次大暴雨（大于100毫米）和2次特大暴雨，占90%，只有一次为特强暴雨。表明较重和严重的山洪泥石流灾害，主要是由特强暴雨的诱发而形成的。在较轻的滑坡现象中，绝大多数是大暴雨和特大暴雨影响所致。

（2）*山洪泥石流与短历时暴雨* 山洪泥石流不一定在1次长历时暴雨过程结束之后才发生，而往往在长历时暴雨过程中，由于短历时强集中暴雨的诱发而形成。从1981年7月27日08时至28日08时，辽南老帽山区马屯水文站逐时和3小时雨量的时间演变中可以看出，27日08时到22时，虽然累积的雨量已达120毫米，此时并未出现山洪泥石流现象。28日在两次短时强雨峰后，出现了较严重的山洪泥石流。这表明山洪泥石流暴发与短时强集中暴雨的诱发作用更密切。

4. 山洪泥石流灾害

根据气象部门灾情记载，1950—1985年有28次山洪、8次滑坡和20次泥石流统计结果，见表1.7，泥石流所造成的灾害最重，平均每次受灾农田32.4万亩，倒塌房屋4816间，死亡121人；其次是滑坡，平均每次受灾农田18.7万亩，倒塌房屋210间，死亡9人；第三是山洪，平均每次受灾农田11.8万亩，倒塌房屋458间，死亡8人。最严重的一次山洪泥石流灾害，发生在1981年7月27日夜间辽南老帽山，受灾农田达101.1万亩、果树61.1万株，倒塌房屋2.4万间，冲毁民房1.5万间，死亡669人，重伤639人，冲走大牲畜0.2万头，中长铁路辽南段停运8天，经济损失达5.4亿元。

表1.7 1950—1985年山洪、滑坡、泥石流灾情比较

项目	次数	死亡（人）	平均每次死亡（人）	受灾农田（万亩）	平均每次灾田（万亩）	毁房（间）	平均每次毁房（间）
山洪	28	214	8	330.2	11.8	12815	457
滑坡	8	74	9	149.1	18.6	1681	210
泥石流	20	2424	121	648.6	32.4	96313	4816

泥石流突然暴发，导致损失惨重，泥石流灾害虽然范围小、受灾面积不大，但暴发突然，往往造成毁灭性破坏。辽宁东部、西部山区，尤其是千山山脉东南坡的岫岩、凤城、宽甸以及老帽山地区，遇有大强度暴雨，最易引起泥石流暴发，形成灾害（见表1.8）。据不完全调查统计，1951—1990年期间，辽宁省泥石流灾害经济损失按当年价，累计达4.19亿元之多。从新中国成立初期的1950—1980年代，各年代的经济损失不断上升。1950年代0.12亿元，1960年代0.36亿元，1970年代为0.77亿元，1980年代达3.42亿元，比1950年代增加近28倍，十分惊人。

表 1.8 辽宁省泥石流灾情统计简表

灾情 年月	受灾主要县、乡	主要灾情简述						经济损失（亿元）	
		灾害点数（处）	死亡人数	倒塌房屋（间）	受灾农田（万公顷）	毁坏桥涵水土（处）	铁路停运（天）	当年价	年代累计
1951.8	岫岩	1110	3		0.01			0.05	0.12
1956.7	岫岩	1650	10		0.05			0.07	
1960.8	岫岩、宽甸、凤城	10400	179	1888	0.36			0.15	
1962.8	岫岩	1011	10	1133	0.16			0.10	
1964.8	丹东市郊区、岫岩		6		0.01			0.06	0.36
1969.8	锦西县张相及北票县西官营子		50	80	0.02	10		0.05	
1973	岫岩		8	1049	0.02	39		0.10	
1977.8	宽甸、建昌、绥中		80	2113	0.82	133		0.25	0.77
1979.6	宽甸县八河川等	2400	35	2648	0.10	144	30	0.42	
1981.7	新金、复县、盖县	18500	664	18000	0.86	900		1.24	
1982.8	凤城			54	320	0.51	24	6	
1984.8	建昌、喀左、建平						冲毁30处	0.08	
1985.7	丹东市郊及凤城	11000	44	4008	0.27	36	16	0.76	
1986.7	凤城四家子等3个镇乡	917	2	43	0.02	17		0.02	3.42
1987	凤城5个乡、宽甸1个乡、岫岩1个乡	14855	53	3174	0.20	186		0.42	
1989.7	岫岩、凤城等大营子35个乡	4333	30	1616	0.09			0.40	
合 计								4.19	

注：①经济损失不包括铁路损失。②此表摘自《辽宁水旱灾害》。

第二节 古代（公元221—1839年）暴雨洪涝

三国 魏黄初二年（公元221年） 六月，辽东连阴雨三十余日，平地水深数尺。司马懿军攻辽东，三军恐慌。

三国 魏景初元年（公元237年） 秋，七月，连雨十日，辽水（今辽河）大涨。

三国 魏景初二年（公元238年） 秋，七月，大霖雨，辽水暴涨，雨月余不止，平地水数尺。又加战乱，耗尽，人相食，死者甚多。

北齐　天保八年（公元557年）　营州（今朝阳市）螽、涝损田。

唐　贞观十八年（公元644年）　秋，七月，辽水泛涨。张俭军为水所阻。

辽　咸雍十年（公元1074年）　时，辽东雨水伤稼，北枢密院大发濒河丁壮，以完堤防。

金　天辅五年（公元1121年）　秋，七月，咸州（今开原）连雨，太祖罢亲征。

金　天会十年（公元1132年）　夏，四月，鸭绿江（今鸭绿江）混同江（今浑江）暴涨。边民受灾甚众。金太宗完颜晟“命赈戍边户”。

金　大定元年（公元1161年）　东梁河（今太子河）涨溢，暴至东京（今辽阳市）城下，水与城等，决女墙石罅中流入城，湍激如涌，城中人惶骇。

元　至元五年（公元1268年）　冬，十二月，北京（今锦州、朝阳地区属北京路）大水，免今年田租。

元　至元十三年（公元1276年）　沈州（今沈阳市）水。

元　至元十七年（公元1280年）　秋，八月，北京水。九月，婆娑府（古楼乡）等处大霖雨，水溢农田。

元　至元十八年（公元1281年）　春，二月，广宁（今北镇县），懿州（今阜新蒙古族自治县东北塔营子城），盖州（今盖县）水，免今年租税之半。

元　至元二十四年（公元1287年）　秋，九月，婆娑府（今丹东市九连城）大霖雨，鸭绿江水溢，没民田，以海运粮五万石赈之。是岁，铁岭大水。

元　至元三十一年（公元1294年）　十月，以辽阳行省（治所今辽阳市）所属九处大水，民饥，或起为“盗贼”，命赈恤之。十二月，以辽阳（路治在今辽阳市），沈阳（路治在今沈阳市）两路饥，移江华岛存米赈之。

元　元贞元年（公元1295年）　夏，六月，以咸平府（治今开原县）水灾伤稼，免赋税，以高丽米赈之。秋，七月，辽东大水。八月，赈辽阳民被水者粮两月。

元　大德元年（公元1297年）　辽阳、沈阳、广宁（路治在今北镇北）、金（今金县）、复（今复县复州城）州水。

元 大德二年（公元1298年） 赈金、复州屯田军粮二月。

元 大德五年（公元1301年） 秋，七月，大宁路（今锦州、朝阳地区庆大宁路）水，以粮千石赈之。

元 大德七年（公元1303年） 夏，六月，辽阳、沈阳、大宁路水；咸平府水，坏田庐，溺死人。辽东雨水毁田舍，死多人。

元 延祐四年（公元1317年） 夏，四月，盖州雨水，害稼。

元 延祐六年（公元1319年） 夏，六月，辽阳、沈阳、广宁路水、咸平府水。

元 延祐七年（公元1320年） 夏，五月，以沈阳路水，害稼，弛山河之禁。

元 至治元年（公元1321年） 秋，七月，辽阳路、咸平府大水，辽东大水。

元 至治二年（公元1322年） 秋，九月，大宁路水，伤稼。

元 泰定二年（公元1325年） 春，三月，咸平府清河，冠河合流，失故道，坏堤堰，敕蒙古军千人及民丁修之。

元 泰定三年（公元1326年） 夏，六月，大宁路属县水，蠲其租。冬，十月，沈阳、辽阳、大宁等路及金、复州水，民饥，赈钞五万锭。十一月，锦州（今锦州市）水溢，坏田千顷，漂死者百人，人给钞一锭。十二月，瑞州（今绥中县前卫）大水，坏民田五千五百顷，漂民舍八百余所，溺死者百五十人，人给钞一锭。

元 泰定四年（公元1327年） 秋，七月，辽河溢。

元 致和元年（公元1328年） 夏，四月，广宁路大水。六月，咸平府大水。

元 至顺元年（公元1330年） 秋，闰七月，大宁路水。

元 元统二年（公元1334年） 夏，六月，大宁、广宁、辽阳、沈阳等路及懿州（今阜新蒙古族自治县塔营子城）、咸平府水、旱、虫灾，大饥，以钞二万锭，遣官赈之。

明 洪武十年（公元1377年） 秋，七月，北平（今朝阳地区明初属北平府）等八府大水，坏城垣。

明 永乐十三年（公元1415年） 秋，七月，金州卫（今大连市金州区）绵雨，伤田稼。冬，十二月，巡按御史贾节言：定辽等卫，山水泛溢，淹没田一千八百七十余顷。

明　永乐十四年（公元1416年）　秋，七月，辽东淫雨弥旬，辽河（今辽河）、太子河（今太子河）水溢，浸没城垣屯堡。

明　宣德九年（公元1434年）　秋，八月，定辽等五卫（定辽中，左，前，后卫均治辽阳，定辽右卫治今凤城县）大雨水，渰没田禾。

明　宣德十年（公元1435年）　春，正月，勘实宣德九年被水，旱处，尽蠲免粮税及屯田子粒，缺食贫民给米粮赈济。

明　景泰二年（公元1451年）　夏，铁岭、广宁、三万淫雨，河堤冲决，伤害禾稼。秋，八月，自在州（治所在今辽阳市）牛庄驿（今海城市牛庄）至广宁（卫治在今北镇县）高平驿（今盘山县东北高升），近因雨水上涨，桥梁，途路，仓库，墩台多坏。

明　景泰三年（公元1452年）　秋，九月，辽东各府州县多水、旱。冬，十二月，巡抚辽东左副都御史李纯奏：辽东今岁田亩多被灾伤，米价腾涌。

明　成化三年（公元1467年）　夏秋间，沈阳（卫治在今沈阳市）等卫河水猛涨溢。

明　成化四年（公元1468年）　辽东禾穑不登，米价踊贵，军士缺食。

明　成化十三年（公元1477年）　秋，八月，辽东水灾，淹死人口，免灾粮。

明　成化十四年（公元1478年）　夏，四月，以水灾，免定辽左等卫秋粮。冬，十二月，以水灾，免沈阳等四卫秋粮。

明　成化十五年（公元1479年）　春，二月，以辽东各卫、所水灾，免折细粮一十二万一百石有奇。

明　成化十八年（公元1482年）　夏，六月，以辽东连年水、旱，复运银十万于辽东。冬，十一月，以水灾，免定辽左等二十五卫（辽东都司置二十五卫，二州）屯粮共六万七千二百四十余石。

明　弘治三年（公元1490年）　辽东水灾，开原尤甚。

明　弘治四年（公元1491年）　春，正月，水，赈辽东，免三万等卫弘治三年屯粮有差。

明 弘治五年（公元 1492 年） 春，正月，以水灾，免广宁前屯（卫治今绥中县前卫）等卫弘治四年屯田子粒有差，辽东大水。

明 弘治七年（公元 1494 年） 夏，五月以后，义州（卫治在今义县）等卫，淫雨连绵，淹没禾稼。六月中，雷电大风，骤雨如注，平地水深三尺余，城厢公廨及民房类皆倾坏。

明 弘治八年（公元 1495 年） 夏，四月，以水灾，免广宁左屯（卫治在今锦州市）等十五卫弘治七年屯粮有差。

明 弘治九年（公元 1496 年） 夏，四月，以灾伤，免定辽左、右等十一卫及苑马寺等处弘治八年秋粮有差。

明 弘治十四年（公元 1501 年） 夏，六月，锦、义二州及广宁大雨如注，坏城垣，仓库，桥梁，淹没田禾，人民多被压死者。冬，十一月，以水灾，免义州等卫、所粮草子粒有差。

明 正德元年（公元 1506 年） 秋，七月，辽阳大水，平地水深丈余。冬，十月，以水灾，免定辽左等卫、所屯粮有差。

明 正德二年（公元 1507 年） 冬，十二月，以水灾，减免定辽左等二十五卫、所屯粮有差。

明 正德十五年（公元 1520 年） 冬，十月，水灾，免三万等卫，铁岭中左等所屯田子粒之半，辽东水。

明 正德十六年（公元 1521 年） 秋，七月，汤站堡（今凤城县汤山城）大水决城。

明 嘉靖二年（公元 1523 年） 秋，八月，金、复、海等州大雨，水暴发，决城堡，坏仓库，廨宇，庐舍，民溺死者二三百人，牲畜无算。

明 嘉靖九年（公元 1530 年） 秋，七月，辽东大水，平地深三尺。冬，十月，以灾伤，免辽东各卫、所屯粮有差。

明 嘉靖十年（公元 1531 年） 八月，辽东水灾，免灾粮。

明 嘉靖十四年（公元 1535 年） 夏，四月至六月，辽东大雨不止，河流泛涨，平地水深数尺余，禾尽没。秋，九月，以灾伤，免辽东各卫、所屯粮有差。

明　嘉靖十六年（公元1537年）　夏，六月，开原、铁岭、宁远等处大水，坏庐舍，有人畜溺死，禾稼淹没。

明　嘉靖十八年（公元1539年）　春二月，赈辽东水灾。

明　嘉靖二十五年（公元1548年）　是岁，定辽等卫水灾。

明　嘉靖三十五年（公元1556年）　是岁，广宁、宁远等卫水灾。

明　嘉靖三十六年（公元1557年）　夏，六月，辽东淫雨连月，大水，禾尽没，城垣倾圮。冬，十二月，以水灾，免广宁、海州、宁远、定辽、东宁、沈阳、盖州、义州、复州、三万、辽海、金州诸卫税粮有差。许入关籴买，发太仓银五万两赈辽东。

明　嘉靖三十七年（公元1558年）　辽阳大水，边墙坍塌。

明　嘉靖三十八年（公元1559年）　秋，辽东大雨，复生黑鼠遍地，伤稼殆尽，为有年未遇之灾。免灾粮，赈牛、种。冬，十月，以灾伤，免定辽、广宁等二十五卫、所屯粮有差。

明　嘉靖四十二年（公元1563年）　调定辽，宁远，海州卫军夫，修路河，三个月工竣。

明　嘉靖四十五年（公元1566年）　冬，十月，以水灾，免定辽等十九卫屯粮有差。

明　隆庆元年（公元1567年）　夏五月至秋七月，辽东淫雨不止，坏城垣，禾稼。八月，辽东物价腾贵，斗米银至二钱。

明　隆庆三年（公元1569年）　夏，五月，经理屯田都御史庞尚鹏奏：开辽东沟洫。

明　万历十四年（公元1586年）　秋，九月，以辽东灾伤，发银五万两，遣使赈灾。冬，十二月，辽东雨、水、风、虫相继为灾，免粮有差。

明　万历三十二年（公元1604年）　绥中大水，灾。

明　万历四十一年（公元1613年）　辽东大水。

明　天启六年（公元1626年）　辽东淫雨，坏山海关内外城垣，军民伤者甚众。

明　崇祯五年（公元1632年）　夏，六月，沈阳大水骤发，各处近水田禾淹没者半，禾间有为虫食。沈阳南关外民舍淹没颇多。

明 崇祯十一年（公元1638年） 绥中县大水。

明 崇德六年（公元1641年） 秋，八月，清都察院奏，夹河六屯沈阳南每被水涝者，由于水道之壅。

清 顺治七年（公元1650年） 是年，大水，太子河水溢，庐舍有漂没者。

清 顺治十年（公元1653年） 绥中大水，饥。

清 顺治十一年（公元1654年） 绥中县大水，饥。

清 康熙二年（公元1663年） 夏，绥中大水。

清 康熙三十二年（公元1693年） 辽阳水灾，禾稼不登。

清 康熙三十九年（公元1696年） 绥中县大水。

清 康熙四十五年（公元1706年） 绥中县大水。

清 雍正十三年（公元1735年） 夏，六月，山水泛发，漫溢福陵（今东陵）石堤。

清 乾隆二年（公元1737年） 秋，闰九月，奉天将军疏报：小清河驿（开原县南）被水，冲塌民房，沙压站丁地亩。冬，十一月，以水灾，蠲免锦州，宁远州（今兴城县）额赋。

清 乾隆三年（公元1738年） 是年，奉天地方山水骤发，河水泛溢，福陵石堤土坝被水冲刷。

清 乾隆七年（公元1742年） 秋，辽阳、牛庄（今海城市牛庄）、广宁等处被水。冬，十一月，以水灾，停征承德（今沈阳市）、辽阳、海城、锦县（今锦州市）、广宁五州县额赋。十二月，加赈承德、辽阳、海城、锦县、宁远五州县水灾饥民。

清 乾隆十一年（公元1746年） 夏，六月，阴雨连绵，河水涨发，田禾被淹，庐舍塌坍。承德、海城、盖平（今盖县）、辽阳，复州（今复县复州城）、宁海（今金县）、锦县、宁远、广宁、义州（今义县）等十一州县被水，惟广宁地低灾重。岫岩、风城大雨连锦，发水灾，旗民的粮从宽。九月，奉天将军达勒当阿奏请：派员查勘新开河，鹞鹰河，派协办大学士高斌，往奉天勘估河道。

清　乾隆十五年（公元 1750 年）　冬，十二月，以水灾，蠲缓辽阳、广宁、岫岩、铁岭、凤凰等七城额赋有差。加赈承德、辽阳、铁岭、开原、锦县、广宁等六州县饥民。

清　乾隆十九年（公元 1754 年）　奉天所属州县，秋雨过多，间被水涝，高阜尚属有秋。

清　乾隆二十年（公元 1755 年）　夏，五月，以水灾，缓征承德、辽阳、海城、铁岭、开原、锦县、广宁等七州县额赋兼赈饥民。

清　乾隆三十年（公元 1765 年）　是年，盛京各驿被水成灾。盛京驿、旧边（亦称老边，今新民县老边）、句骊河（即巨流河，今新民县巨流河）、白旗堡（今新民县红旗）、二道井（今黑山县二道）、十三山（今锦县十三山站）、广宁（今北镇县广宁镇）、小黑山（今黑山县）、开原、法库、严千户屯（今法库严千户）、噶布喇村（今抚顺西葛布街）、萨尔浒（今抚顺萨尔浒城）等十三驿水灾、旱灾。

清　乾隆三十三年（公元 1768 年）　是年，承德、辽阳、海城、广宁四州县被水。

清　乾隆四十二年（公元 1777 年）　冬，十一月，命盛京将军弘晌，查勘广宁一带鹞鹰河、新开河等河流情形。

清　乾隆四十三年（公元 1778 年）　春，正月，弘晌奏：今查新开、鹞鹰二河无下流之患，毋庸挑浚。

清　乾隆四十六年（公元 1781 年）　盛京官庄、凤凰城驿（今凤城县）、雪里站（今凤城县薛礼站）、通远堡（今凤城通远堡）、巨流河、白旗堡、二道境（即二道井）、小黑山等驿被水。

清　乾隆四十七年（公元 1782 年）　秋，九月，免承德等五厅县水灾额赋。

清　乾隆五十三年（公元 1788 年）　夏六月至秋七月，奉天等处，澍雨屡降，广宁等七城被水成灾，五六分不等。岫岩、风城大水。是年，绥中大水，饥。

清　乾隆五十四年（公元 1789 年）　春，三月，复赈广宁、承德、辽阳、开原、海城、凤凰城、牛庄等七城灾。春夏之间，奉天境内雨水复多，低洼田地又多被水。四月，免广宁、凤凰二城属上年水灾赋额。冬，十一月，盛京等五城，连年被灾，免所有盛京、辽阳、广宁、岫岩、复州兵丁借粮。是年，盛京、广宁、辽阳、凤凰等四城，水灾。

清　乾隆五十五年（公元 1790 年）　夏，六月，因雨较大，大凌河河水漫溢，锦州九关台旗民房屋被水。秋，七月，赈朝阳水灾。冬，十二月，赈恤凤凰城、雪里站、通远堡、沙河站（今锦西市沙河营）、东关（今绥中县东关站）、宁远六驿水灾站丁，并锦、义、海城等三州县水灾贫民。

清　乾隆五十七年（公元 1792 年）　绥中大水，饥。

清　乾隆五十八年（公元 1793 年）　秋，福陵西马石桥被水冲陷。

清　嘉庆三年（公元 1798 年）　冬，十月，赈承德、辽阳、海城、铁岭、开原、广宁六州县被水灾民。

清　嘉庆六年（公元 1801 年）　夏，绥中阴雨连旬。

清　嘉庆七年（公元 1802 年）　冬，十月，赈广宁、牛庄、白旗堡、小黑山、辽阳、巨流河、承德等处水灾。

清　嘉庆十一年（公元 1806 年）　秋，七月，抚恤承德、广宁、辽阳、海城、盖平五州县被水旗民，并给房屋修缮费。是年，兴京山水漫溢。绥中大水，秋，歉收。

清　嘉庆十三年（公元 1808 年）　秋，八月，给锦、义二州被水旗民一月口粮，凤成被水。

清　嘉庆十五年（公元 1810 年）　兴京（今新宾县永陵镇）山水漫溢。岫岩等地水灾歉收，百姓流离。

清　嘉庆二十三年（公元 1818 年）　凤城大水。

清　嘉庆二十四年（公元 1819 年）　冬，十二月，松筠奏请：盛京柳河沟一带地势低洼，筹办开浚。允之。岫岩洪灾，水冲沙压地甚多。

清　嘉庆二十五年（公元 1820 年）　秋，八月，贷彰武台边门（今新民县彰武台边门）等处，被淹兵丁一年钱粮，给房屋修缮费、埋葬银，并贷巨流河等处，灾民一月口粮。

清　道光元年（公元 1821 年）　春，二月，以水灾，赈盛京、巨流河、白旗堡、二道境、小黑山、广宁、高桥（今锦县高桥镇）七驿站丁。冬，十月，给凤凰城、岫岩、牛庄、巨流河、白旗堡等处被水旗民一月口粮。

清　道光二年（公元 1822 年）　秋，九月，贷给广宁县水灾口粮。凤城水灾。

清　道光三年（公元1823年）　春，正月，赈小黑山、白旗堡水灾。冬，十月，贷锦州旗民水灾一月口粮。

清　道光六年（公元1826年）　春，正月，以水灾，赈中前所（今绥中县前所）等旗民。贷宁远州旗民籽种口粮仓谷。冬，十一月，蠲缓牛庄等处水灾粮租。

清　道光七年（公元1827年）　秋，七月，辽阳大水。给奉天、锦州二府县水灾旗民口粮。锦州、义州、广宁三地区因大雨陡发，共淹死二百一十五人，每名给埋葬银三两，共六百四十五两。冬，十月，给广宁县被水站丁口粮。

清　道光八年（公元1828年）　冬，十月，贷广宁等处水灾旗民口粮。

清　道光十二年（公元1832年）　夏，开原水，城西南隅墙圮数丈，压死者十余人。

清　道光十三年（公元1833年）　风城，安东秋禾被水淹。

清　道光十四年（公元1834年）　秋，七月，盛京地方山水陡发。八月，赈盖平、海城、兴京三处水灾，并房屋修费。九月，赈新民等四厅州县水灾。安东县水灾淹死四百一十五人。

清　道光十五年（公元1835年）　是年，辽阳西北水灾。风城等地水灾。

清　道光十六年（公元1836年）　春，正月，给广宁等处水灾旗民口粮。秋，九月，赈白旗堡等处灾民。赈济镇人大口三万四千二百七十六口，小口三千三百一十四口，民人大口一万六千七百五十七口，小口六千九百五十九口，赈银二百六十八两，米五千六百石。

第三节　近代（公元1840—1948年）暴雨洪涝

清　道光二十年（公元1840年）　大小凌河泛滥成灾。大凌河身由北往南改向东流入海。复州河泛滥成灾。

清　道光二十一年（公元1841年）　承德（今沈阳）、辽阳、海城、盖平、广宁（今北镇）、岫岩、新民、锦县、宁远（今兴城）等州厅县和昭陵等处被水灾。被灾旗民大口四十七万七千九百人，小口一十九万七千四百人，给银米赈济，蠲免田赋。岫岩境内，饥民群起，冲进衙署，要粮要赈，通判弃官出逃。奉天府派员赴岫，放赈救灾，事渐息。

清　道光二十二年（公元 1842 年）　赈辽阳六州县上年被灾灾民，蠲缓辽阳等六州县被灾新旧额赋。

清　道光二十四年（公元 1844 年）　金州、岫岩、复州、新民厅、辽阳州、海城、盖平、锦县、宁远县被灾歉收。给奉天、锦州八州县口粮，蠲新旧额赋。其中：岫岩被灾大口一十六万五千八百口，小口五万三千五百口，赈济米七万零二百石。复州被灾大口一十三万四千二百口，小口五万二千二百口，赈济米二万五千四百石。

清　道光二十五年（公元 1845 年）　辽阳大水，缓征被灾粮赋。八月四日台风在大东沟登陆，袭击安东全区。

清　道光二十六年（公元 1846 年）　开原、昌图因清寇河溢，汇于南支流。铁岭水大，东门外可乘船。辽阳十七州县大水。七月二十一日夜，安东降暴雨，彻夜未停。由于先已连雨数日，沿江各区均已涨水。航务局组织六十只船救灾。八月二十一日台风袭击鸭绿江左岸。赈奉天、锦州、凤凰城、岫岩旗民口粮。蠲辽阳十三州县新旧额赋。

清　道光二十九年（公元 1849 年）　开原秋大风雨，连日不止，损禾苗大半。义县大凌河暴涨为灾，小凌河亦暴涨。锦州等八州县大水。赈奉天、锦州旗民口粮。蠲缓奉、锦等十厅州县及牛庄、白旗堡、巨流河各旗界被水地亩钱粮租赋有差。

清　咸丰元年（公元 1851 年）　五月，奉天、辽阳九州县水灾。蠲免民欠银米，免兵丁借支口粮。

清　咸丰二年（公元 1852 年）　辽阳等十二州县水灾。蠲缓辽阳九州县被水旗地租赋，贷辽阳、牛庄旗户一月口粮。

清　咸丰三年（公元 1853 年）　奉天水灾。免被灾州县额赋。

清　咸丰五年（公元 1855 年）　朝阳水灾。

清　咸丰六年（公元 1856 年）　夏，开原大雨，河水泛涨，平地水深尺余，冲没田禾，坏庐舍，人畜漂溺。奉天、牛庄、白旗堡被水灾。

清　咸丰九年（公元 1859 年）　奉天、海城县水灾。清廷谕抚恤灾民。

清　咸丰十一年（公元 1861 年）　辽河大水，下游右岸冷家口门（今近河口唐家窝堡）溃堤决口。朝阳水灾。坏房屋六百四十间，清廷谕给房屋修费银妥为安置抚恤。

清　同治元年（公元 1862 年）　夏，开原、宁远、辽阳等七厅州县大水。

清　同治三年（公元 1864 年）　庄河水灾淹没庐舍，牛庄、海城、凤凰城被淹。

清　同治四年（公元 1865 年）　盛京水灾。贷盛京、凤凰城旗民籽种、口粮。

清　同治五年（公元 1866 年）　五月，新民等一十二厅州县大水。蠲被水诸地本年额赋有差。

清　同治六年（公元 1867 年）　开原等处秋水，牛庄等处秋涝。缓征奉天、开原、牛庄、白旗堡被淹地旗民额赋。

清　同治七年（公元 1868 年）　兴京（今新宾）九月永陵、草仓河决口，泛滥成灾。

清　同治九年（公元 1870 年）　辽河水溢，辽阳等城界居住庄头四十二座，所种地亩被灾。庄河等处七月大水，平地水深丈余。凤凰城、兴京八月水灾。蠲缓旗民地本年钱粮。辽阳被灾旗人赈米六千八百零六石。

清　同治十年（公元 1871 年）　六月，盛京大水。复州、辽阳、凤凰城、盖平、岫岩等处被水成灾，赈米四万七千石，赈银六千八百零二两。

清　同治十一年（公元 1872 年）　七月，锦州、锦县、绥中等处凌河涨溢为灾。奉天被水成灾，凌河涨溢，水灾冲倒旗民房间，淹毙人口，抚恤奉天被水灾民。

清　同治十二年（公元 1873 年）　盛京、旧边、巨流河、白旗堡、二道境、小黑山、广宁、高桥、十里河等九驿被灾。辽阳、海城、盖平、复州、金州、岫岩、新民田禾被水成灾。辽阳界内三十五座庄头被灾。以上各灾被灾旗人大口一万四千八百口，小口一千三百六十四口，被灾民人大口五十六万九千七百口，小口一十六万六千九百口。共赈米一十七万三千石，赈银二万一千六百两。下年春季发生严重春荒。盛京户都发赈银二十九万两，进行急赈。

清　同治十三年（公元 1874 年）　三月，因上年遭受范围较大水灾，辽阳、海城、盖平、复州、金州、岫岩、新民等地境内大饥。且各处有聚众乞令，分粮抢粮等事出现。盛京户部发银两赈济，饬令弹压散放，毋滋生事端。清廷著户部给予拨赈银二十九万两。

清　光绪四年（公元 1878 年）　秋间奉天、新民、广宁、凤凰城、岫岩、昌图、牛庄、盖平、开原、复县、海城、安东（东沟）等地田禾被淹，奉天冲倒民房六千余间，淹死人七千余名。十月赈奉天灾民。

清　光绪五年（公元 1879 年）　安东河水涨发，漫溢两岸被淹，广宁河水漫溢成灾；

新民、岫岩、盖平、复州、海城大水，淹死人口，冲倒房屋；碧流河大水，灾情险恶，下游水顶房檐。奉天旗民站丁地课，赈口粮。

清　光绪七年（公元 1881 年）　昌图大雨水，糜子厂河溢，风化雨雹大如卵。

清　光绪八年（公元 1882 年）　彰武等州水灾。

清　光绪九年（公元 1883 年）　赤峰大雨七昼夜，英金河暴涨，约有三丈深。河水在北岸到了龙头山根，南岸到了蜘蛛山半腰，洪水进入头道街。康平阴雨连绵，辽河发水为灾。

清　光绪十年（公元 1884 年）　四月，安东淫雨不止。五月二十六，凤城暴雨，河水涨溢，禾稼被淹。七月二十四日台风袭击沿海。九月，凤城县发生水灾。凤凰城界连降大雨，河水涨发，旗人承种册地被淹歉收。被灾旗人大口一万四千五百口，小口五百八十三口。

清　光绪十一年（公元 1885 年）　奉天，大水。铁岭，粮船集北门外，东抵东山，西抵西山，红岸嘴汪洋无际。六月十六至二十四，安东连降大雨、暴雨，河水猛涨出槽，田禾被冲压。九月七日，台风正面袭击凤城、安东。九日安东、宽甸大风暴雨成灾，鸭绿江水泛滥。安东县署及巡检署房屋多被冲毁。云爱河、下尖等处水冲沙压耕地一万余亩。市内商民受灾者众多。广宁、岫岩、凤凰城各旗界东边所属宽甸县被水成灾。旗人被灾大口三十四万八千六百口，小口五万二千四百口，民人被灾大口八千九百八十七口，小口五千二百三十五口。赈米四万零三百石，赈银一万两。蠲免民人站丁田赋。

清　光绪十二年（公元 1886 年）　辽河、巨流河、大凌河等河流连日大雨，河流盛涨山洪暴发，平地水深数尺，辽阳、安东、锦县、海城、广宁、新民、岫岩、金州、凤凰城、开原、复州、黑山、朝阳等处被水灾，田禾淹没，人口伤毙。清廷谕内务府拨银一万三千四百两，仓米四万八千二百石赈凤凰城、广宁受灾旗民。发仓设粥厂赈牛庄、田庄台被灾旗民。

清　光绪十四年（公元 1888 年）　八月初，辽河以东、以南近八万平方千米的广大地区，大雨滂沱，奔腾暴注，七个昼夜雨不停。浑河、太子河、鸭绿江以及辽河（主要是西辽河来水）、大洋河、碧流河、大清河等水系同时泛滥。其中中部地区几百里汪洋，视如大海。承德（沈阳）、兴京（新宾）、辽阳、安东、岫岩、营口、海城、盖平（盖州）、金州（瓦房店）等州县以及牛庄、桓仁等地，洪水铺天盖地，横流千里，都成泽国；禾稼颗粒无存，房屋墙壁、上盖均无存，人畜房器漂没无计，为百年所未的巨灾。八月初的一天夜里，兴京瞬间天昏地暗，山水骤注，大水冲进民房，财物一扫而光，永陵街尤甚。浑河中游的承德大堤被冲毁，城东南一带水深数丈，火药局、库全部漂没；城外漫堤决口甚多，众多村屯被吞没。沿河地区水深约四五尺多。太子河辽阳沿河一带，水深五六尺多，城内水深齐腰，正在施工中的太子河铁桥被冲坏。鸭绿江水猛涨，安东街巷平均水深二三丈，房屋倒塌十分之七八，官民皆避水于元宝山上。盖平城墙冲塌数处，新金碧流河中游一带水漫炕沿，人都上山。这次水灾，全省60%以上田禾淹没，颗粒无收，饥饿，疫病接踵而来；“流民逾数十万众”，淹毙万余众，十室九空，疫病流行，流离失所，承德城内，数千人聚集在乞求粮食，拖走“路倒”（无家可归饥饿致死者）数百俱，空前浩劫。翌年春季青黄不接，发生大饥荒，人食树皮糠秕，流离讨要，饿死无数，哀鸿遍野。清廷谕将军庆裕办理急赈，动用仓米三十三万石，发赈银一万四千五百两。对灾重地方被灾旗民照发一个月口米；由官绅筹款设粥厂多处，并收养老弱废疾贫民；责令外省停止在奉省采买粮米，并蠲免旗民灾地钱粮。

清　光绪十五年（公元1889年）　盘山，洪水继至，为害至烈，在泛滥后为排泻集水，由唐家窝棚附近，开一新河经盘山入海。上年水灾，人民流离，饥荒严重，饿死无计数。辽河及滨、柴、汎、清、柳等河两岸被水歉收。劝捐银米赈济灾民，统领左宝贵发大麦种并以工代赈。

清　光绪十六年（公元1890年）　六月，阴雨连绵，锡伯河、英金河水进入赤峰头道街和三道街西屯。七月十九日 义县大雨，凌河涨溢，冲毁西北城垣数处。广宁、开原大水，没田苗，坏庐舍，人漂死。

清　光绪十八年（公元1892年）　辽河、柴、清、柳河泛滥。开原等十二州县被灾。清廷命拨京仓米四万石，免三旗伍田四成。朝阳、建昌、赤峰、平泉等州县由于上年旱灾，又加兵乱民众大饥，死人甚多。事后清廷谕天津筹赈局放赈银一十四万多两，棉衣一万一千五百套。其中拨朝阳、建昌县赈银七万七千多两，棉衣六千五百套。

清　光绪十九年（公元1893年）　七月十五日台风在朝鲜北部登陆。安东降暴雨，鸭绿江涨水。太子河水溢，辽阳水灾，赈饥民，暂缓灾区额赋。

清　光绪二十年（公元1894年）　七月，绥中雨不止伤禾。

是年，黑山大水伤禾稼，小船可由田庄台至县城南门外。辽中阴雨连绵，辽河上下开决口十数，庐舍荡裂民其为无。新民、盘山水灾。锦县、黑山、宁远雨不止，伤禾。新民秋后饥荒严重，江苏义赈局严作霖携款赈济。七月二日台风经上海、烟台到安东登陆，狂风暴雨。

清　光绪二十一年（公元1895年）　奉天境内水灾。蠲免灾地额赋有差。安东、岫岩、凤城、宽凤等县，六月霍乱流行，死人无数，又遭兵焚。

清　光绪二十二年（公元1896年）　七月二十四日台风袭击辽东半岛。安东大雨滂沱，江水暴涨，海水侵入街市。大东沟等地倒房无数。八月，大东沟、小寺等地发生风暴海啸，海水侵溢，淹毙人民、倒塌房屋无数。三旗伍田水灾，拨仓米赈济灾民，蠲缓课赋。

清　光绪二十三年（公元 1897 年）　安东、新民等十二厅州县大水，同江水泛滥，沿江田禾淹没。电报局遭水毁后，移换地址。

清　光绪二十四年（公元 1898 年）　辽河流域阴雨，沿岸遭灾，七月又逢烈风暴雨灾歉，广宁水灾。

清　光绪二十六年（公元 1900 年）　安东、辽阳、辽中七月水灾。蠲缓钱粮。

清　光绪二十七年（公元 1901 年）　太子河发生大水，辽阳西北两路大水。

清　光绪二十九年（公元 1903 年）　西丰七月连雨，八月二十八日狂雨倾盆，河水骤涨，水势狂猛异常，水深数尺至丈余，四面城倒塌长达六百七十三丈。八月二十二日台风袭击辽东半岛。九月二日台风在安东登陆，袭击各县。安东、兴京、锦州由常平仓出借米二千五百石，赈银二万五千两。免新民、锦县、广宁、海城占用地粮钱。

清　光绪三十年（公元 1904 年）　八月十八日台风袭击鸭绿江左岸，各地狂风暴雨为灾。辽河水溢，奉省灾民云集，又加日俄战争战乱，人民流离，颠连困苦。清廷谕令户部发帑银三十万两，以赈灾黎，并蠲缓田赋。

清　光绪三十一年（公元 1905 年）　五、六月间，安东、汤池子、铜矿岭两牌淫雨连绵，受灾农田四万二千亩。为救济日俄战争后的难民，劝绅衿士民出资捐赈。从光绪三十一年六月到光绪三十三年四月各方面捐赈银二百四十四万多两。

清　光绪三十二年（公元 1906 年）　四月十四日，辽河河水因风洼涨堤坝被冲，旗各地被淹。五月十五日连日大雨，辽西诸河涨发，田禾被灾。蒙旗地民免地租酌量蠲免。

清　光绪三十三年（公元 1907 年）　六月本溪湖阴雨多日，河水泛滥，安奉铁路桥梁被水冲坏。七月十八日鸭绿江涨水。八月十八日江水又涨，安东泥水满街。二十九至三十日连日涨溢，全街几成泽国。江上放流木筏约万余筏。奉省灾歉，经请准本年以前民欠钱粮并缓征各款全部豁免。共免除征人丁银六万一千八百多两，年征银一万八千多两。

清　光绪三十四年（公元 1908 年）　七月十九日起，连日暴雨，鸭绿江水猛涨六尺。七月二十至二十六日及八月二十一日多次连降暴雨，江水盛涨，木筏流失三十余联。

清　宣统元年（公元 1909 年）　四月三十日暴雨冲毁安奉铁路数英里，五月二日始通车。七月八日起，淫雨连绵，鸭绿江水上涨。七月二十一日江水猛涨，安东的东尖头、牛市、永安街等处院屋进水三尺。二十八日连降暴雨，加上海潮顶托，半夜江水猛涨五六尺至三丈余，沿江小屋全部淹没，个别仅露屋脊，万众呼号逃避，争先恐后，街市半数为水淹没，毁房二千余所。通济桥被水冲毁。安奉铁路冲毁多处，一月时间不能修复。七月二十七日新民、辽阳等十七府州多受水灾，太子河泛滥，冲坏铁路桥梁九百尺，电杆电线均被水流失。七月阴雨连旬，山洪暴发，京奉铁路冲坏桥梁堤坝多处，平均水深数尺。铁岭柴、辽河溢，柴河北大桥被冲折两股，各处水上小桥，多被水冲折。是年沈阳，雨水连绵，浑河泛滥跨河大桥冲开，桥浮漂而去，两岸禾稼庐舍均遭淹，为近数年来未曾有。八月二日台风袭击安东。大雨水灾历时最久，延至八月九日方止。物资损失计白银二十二万余两。由奉省拨银千两，赈米千石。蠲缓奉天、新民等十七府州县及各城旗界被灾地亩地方钱粮租税有差。房间酌予抚恤银。

清　宣统二年（公元1910年）　四月二十五日降暴雨，鸭绿江水陡涨。新民，辽河大水，八月二十二、二十六、三十一日降水，九月十八日、二十一日又复溢出相继被淹，柳河水涨入府署。八月二十八日连日阴雨酿成安奉铁路五龙背以东蹋方，车出轨，伤七人。奉天大水，省民政司派员分往灾区办理急赈。奉省拨发新民仓储红粮七百余石，支小银元四千元，就地购米一百二十石。同时设粥厂二十余处，急救灾民三万余人。铁岭募红粮二千石，辽阳筹措赈银近四万两急救灾民。

清　宣统三年（公元1911年）　辽河中下游及其支流—清河、柴河、柳河，大雨倾盆，冲毁河堤，尤以巨流河一带最严重，京奉铁路停运，受灾人口四十二万人。奉天北部沿河平地水深约三尺；辽中、台安、盘山县到处停船。奉天上千人丧生，灾民遍野；浑河、太子河大雨倾盆，两昼夜未息，南满、安奉欣路中断，下游灾情严重，辽阳西部全部大水，平地积水七八尺深，比宣统二年更重。安东地区七月中旬，阴雨绵绵。十五日台风袭击黄海北部，及到朝鲜。十九日狂风暴雨，鸭绿江江水涌涨，自后潮沟至中富街十余里尽成泽国，各署局多被淹没，即将建成的鸭绿江铁桥被冲断，沿江木筏漂没六百余张，有两个乡农田成灾近二万三千余亩，一千七百余亩颗粒无收。九月六日台风袭击黄海北部及北朝鲜，小寺海水泛涨。至十二日暴雨连绵，安奉铁路奉城段桥梁均被冲毁。奉省民政司派员分往灾区办理急赈。辽阳将通米折豆价银近四万两备作赈济。铁岭募红粮二千石，新民设粥厂二十余处，赈济灾民三万余口。

民国　元年（公元1912年）　六月一日，数日来遇狂风、暴雨、冰雹，灾及丹东全境，损毁禾苗。柞蚕损失近50%。

七月二十五日弱台风袭击黄海北部。

八月二十二日台风袭击安东。

辽河泛滥，新民、辽阳、开原、铁岭、辽中水灾。海城西河决口，淹四十余屯。辽阳饥荒，募集赈款设粥厂赈济。新民贷款万元散放籽种，开原邑绅捐款放粮。银行贷与省西南六城灾民。铁岭灾民也向银行贷款。

民国　二年（公元1913年）　七月二十九日东辽河泛滥，损伤禾稼十之三四。西辽河水势涨发，沿河一带平地水深三四尺不等，冲毁房屋不计其数。铁岭附近柴、辽两河河水平槽，街市竟日流水不止，房屋墙倒塌很多，年秋开原水灾，登沙河水灾。国民政府拨赈银一十五万两。

民国 三年（公元 1914 年） 六月十九日西丰大雨如注，山水暴发，冲地十万亩，死亡四百余人，房屋七百余间。

七月二日安东降暴雨，江水陡涨丈余，江边居民恐慌。春夏之交大旱，处处求雨，至此全市各县旱象解除。

七月二十日，奉天，近阴雨连绵，平地水深数尺。二十一日下午之雨为害尤甚，城东八家子、小三家子、八里堡一带，忽然之间竟成泽国，共计被水淹没之地三百余顷，又有木厂放下之木排三百多节，亦为大水所冲散，并溺死撑排人二十余名，其状之惨不堪过目，其余遭灾之处，尚未详悉，俟访再志，入伏以来连日大雨，河流水沟莫不充盈，昨二十一日下午天际里云骤起，俄而雨降如注。约之数小时之久，犹复点滴未已。低下之街住户之院落一时因宣泄不及积水盈尺，泥房平房惧倾覆，大南边门地势较各处为低而浑河之水又泛滥横决，水由地上行该边门门洞口为水所弥漫至边门外附近之村屯倒坏房屋，冲毁菜园不可胜计，且闻被水淹毙之人此亦五六名，苦旱之余又遭水灾此诚吾奉人此之不幸也。万泉河畔每届夏令，游人云集，藉以纳凉，近日大雨如注水势暴涨，所有茶社、酒店尽被水淹，两道木桥均为乌有，在该地营业痛不疾首，额以怨天由之不佑也。

七月二十日，下午之大雨安东铁路线损坏两处，火车、电信均已不通，而抚顺铁路线亦各处被水冲坏，火车不能行驶，据知二十一日下午之雨，较二十日大甚，浑河出水一丈六尺，沿岸一带居民房屋尽被水淹。冲毁倒塌比比皆是。至人畜伤之不可胜数，为状之惨，有不堪言语形容者扶顺线之苏家屯，抚安站间被水损坏最甚者，约计四英里，其他各处亦多损坏，开通尚待时日，至千金寨之新旧市街悉为水淹，堆矿坑尚无恙耳。若安东线亦各处为雨水所损害急行火车，及其他两次列车，尚在本溪湖停驶，正在派工修整此线，大约本日即可开通云。

七月二十日抚顺大雨连绵，各川渠尽行增涨，二十日午后二时大雨如注，亘数时之久，山水骤发，新旧两市街之家屋悉为水浸，呼救之声惨不忍闻，炭坑中各事务员旋即鸣笛、报警、召集消防队土木会员从事救援。警务员、守备队及消防队闻警即至严查各处以备意外，于夜间十时雨时少息，水势少减，不期至夜半一时，倾盆大雨复至，旧市街元町，新町二处受害最剧，其他华街家屋之塌坏者尤为不鲜，皆至铁道线路上避难，抚顺线路之被雨冲坏者自深井堡至李石寨以及李石寨至抚顺间，各破坏数十里之遥。汽车因之停止，各站员迅速修整至二十二日可望行驶，此次大雨降后，浑河之水忽增涨一丈二尺，泛滥各处，日下降雨犹未少息，恐不免复有增涨之虞炭坑，虽幸无恙，然线路因冲坏运转，殊为困难，杨柏堡炭坑之汽罐已为水浸机械少动，障碍二十一日所出石炭之分量较前减少一半云。

抚顺市内受灾严重，阴雨连绵已将半日，二十日下午大雨倾盆，经三时之久，河水瀑涨，平地水深五尺，有奇，波浪汹涌，全埠街道均被淹没，永恒塌倒约数余户，人死亡，压毙及溺毙者不可胜计，触目伤心，状甚悲惨。维新照像馆、济生堂、触目泉各市房坍坏之际，其货物随波逐浪飘然而去，该铺中人惟有倾视，浩叹而已。

七月二十九日台风袭击朝鲜中部及北部，安东下暴雨。

八月三十日至九月十一日，全省大部地区又连雨近半月。九月九日台风在大连登陆，袭击辽东半岛，到十日至十一日下大暴雨，安东雨量一百三十八点四毫米，鸭绿江涨水丈余，时属秋令，此种水灾为人们所未料及。沙河镇以上，燕窝等处，木排六七百张，均被冲散，漂流而下；排上之人多被淹死，损失颇巨。

九月盘山、彰武连日大雨，地河、柳河两处河水滂溢，冲四十六村屯，九万五千余亩地。奉省自拨小洋二万三千元赈济。

民国　四年（公元 1915 年）　五月九日大暴雨，安东日雨量一百三十点八毫米。

六月新民阴雨，河水大涨，柳河决口，县街冲倒民房三分之一，府署一概倒塌。昌图、辽河水势暴涨，龙王庙西被冲开，决口长十里，宽十五里。

七月九日起，安东连阴雨至月末，江水暴发，沿江洪涝，远处内涝，受灾农田十三万多亩。十三日凤城大雨，河水暴涨，冲死丛姓居民九岁小孩。二十一日降大暴雨，安奉线火车受阻，鸭绿江水上涨，江沿及后潮沟一代商民迁移避水。二十三日大暴雨，凤城鸡冠山铁路冲毁，城南街石桥一座、车站附近木桥二座均被冲毁，房屋倒塌压伤一人。安东大水，平地水深四五尺，木排漂失，伤人甚多，商家货物浸湿，损失颇巨。人民颠沛流离。二十九日晚，安东、凤城大雨暴作，淫雨不止，各处树木吹折甚多，重则连根拔起，轻则本枝腰折，大田作物全部倒伏。

八月二十五日台风在安东登陆，全境遭袭击。

入秋后，辽河、浑河、太子河、大小凌河泛滥。奉天省有二十余县受灾，新民被淹一百三十余村屯，淹死人口不计其数，辽阳灾民六万余口，锦县房舍粮食漂没净尽，有十七万多人流往外地寻食乞讨。颠连困苦，饿殍载道。国民政府拨大洋三万元，大总统捐三千元，赈给灾民。邑绅农商劝募捐赈。

民国　五年（公元 1916 年）　辽阳、海城、台安、开原凶荒，省银行贷款二百万元并蠲缓钱粮。新民、昌图、开原、辽中、台安、盘山、辽阳、锦县部分村屯受水灾。奉省自拨赈小洋一万二千元。

民国　六年（公元 1917 年）　六、七月天旱，安东、凤城四乡农民求雨无灵。七月十一至十四日，日夜连降大暴雨，沿江沿海低洼地带尽成泽国。十五日午后七时，安东居民纷纷弃家避水。旱涝相间。岗埠之地又遭虫灾，受灾农田十四万多亩。

七月锦县大雨倾盆三昼夜，大、小凌河出槽，冲坏铁路数处。

八月九日铁岭大雨如注，辽、柴两河水势暴涨，两岸泛溢，一片汪洋，死亡百余人。

是年开原柴河大水，泛滥溃决，水高及丈。

锦州城环城水深三尺，西南两关尤甚，受灾五十五万九千亩。

奉天省长公署通令各属扣薪助赈。国民政府拨赈大洋二万元，小洋一万四千六百元，捐小洋四千元。

民国　七年（公元 1918 年）　七月下旬辽中阴雨连绵，八月二日又下大雨如注，浑、太两河水涨，平均水深丈余。

七月三十一日辽阳大雨倾盆如注，八月一日山洪暴涨，来势过猛，高出太子河河身一丈，沿岸一里之内禾稼被淹。

八月一日后沈阳连日阴雨，浑河涨溢，东、南、西三路共淹近二百村。

八月初海城连日大雨，水势暴发，辽河水涨九尺，所有堤坝到处冲决，淹四百余村，水灾之重是从来没有。

八月一日至四日新滨大雨如注，山洪河涨，水势极为猛烈，此次河水之大为数年仅见。

九月二十七日安东（今丹东）三区地方雷雨大作，自上午九时至下午三时，汤山城街平地水深六尺，房屋倒塌甚多，禾稼冲毁十分之七。龙泉河水暴涨，深丈余，龙泉湾、轻水湖、营台子三牌禾稼损失尤重。

沈阳、辽中、新民、辽阳、台安等县洪水成灾。淹死人口、牲畜无数。国民政府拨大洋一万元赈济灾民。并蠲免亩捐。

民国　八年（公元 1919 年）　五月十日特大暴雨，安东日雨量二百八十一点九毫米。街道水深五六尺不等。四乡雨水平地横流，不归河道。大沙河、六道沟等处河水暴涨，镇安桥（木桥）全部冲去。八道沟石桥、六道沟大桥也被冲毁，木排冲走数十张。四道沟、后潮沟房屋倒塌甚多。七道沟有父女四人逃命，淹死三人。永安街水深三四尺，各商号院内水深五六尺。乡间田地水冲沙压，垅沟变迁，种粒漂没。受灾农田计四十三万亩。

八月二十七日 安东突降大暴雨，又呈涝象。

九月四日台风袭击安东。

十月五日大暴雨，安东日雨量一百一十九点四毫米。

安东（今丹东）五月连日阴雨，街道水深五六尺，田地成泽国。

七月，庄河大雨，平地水深数尺。新民，新武水灾。浙江义赈会来新民施济红粮、冬衣。

民国　九年（公元 1920 年）　七月十三日辽中雨水连绵，坝堤决口两处，禾稼淹涝，秋收无望。

七月抚顺天忽暴雨，河水陡涨，沿河两岸地亩房间多被冲没。桓仁水灾尤甚。

民国　十年（公元 1921 年）　西辽河涨水，辽源（双辽县）、通辽水溢漫流。黑山、北镇、法库大雨成灾，建平东西长二百里，南北宽二十余里受水灾。开原县公署扣薪助赈，知事等官员共扣二百八十元，赈灾。

安东沿海发生海啸，浩大水势，横亘数十里，堤防被冲毁，房屋多有倒塌。

民国　十一年（公元 1922 年）　七月十七日大暴雨，安东日雨量一百三十五点九毫米，堤溃决，冲毁道路，淹没禾稼。街市洪水横流，后潮沟、权衡市场、东兴桥、菜市街一带水深二三尺。

八月四日至二十三日，安东连阴雨二十日，农田受灾甚重。期间十五日、十八日两次大暴雨，县前街及后潮沟等地一片汪洋。

九月二日大暴雨，安东日雨量一百五十点六毫米，至三日晚始停。菜市街、通江街、崇建街等处一片汪洋。三日晚风浪甚大，大沙河帆船互相撞毁甚多。

台安内涝，新民、彰武、辽中、康平、凌源水灾。凌源秋螟虫遍地，晚禾穗秸皆尽。

民国　十二年（公元 1923 年）　三月十七日降暴雨，安东市内雨量八十一毫米，积雪融化，江冰未开，水无所容，又值海潮顶托。初二晨，洪水骤涨，泛滥成灾，商家找房货物损失无数。

七月，沈阳大洪水，深五点五尺。

七月十一日至十二日盘山大雨，河暴涨，淹田二十五万二千亩。

八月十日绥中忽降大雨连绵三昼夜，势如倾盆，水深约丈余。

八月十至十三日辽阳，暴雨不止，山洪暴发。

八月十一日至十三日彰武，大雨倾盆连绵三昼夜，平地水深五尺。

八月十一日至十三日昌图，大雨连绵，雨水泛滥，尽成泽国，临岸禾稼尽没。

八月十一日至十三日沈阳，天降豪雨，阴雨两昼夜。

八月十一日至十三日营口，连降大雨，营口县四乡田禾被淹。

开原，入伏来雨极勤，八月十日大雨滂沱十昼夜，街路尽成泽国。

本溪，八月阴雨连绵，山出瀑布，田成泽国，房屋多数倒塌，太子河水涨丈余。

抚顺，八月雨水连绵，九月大雨倾盆，沈抚公路冲坏。

铁岭，阴雨连绵，河水骤涨，淹没土地无数。

八月九日至十一日大雨，大沙河陡涨，冲毁船只甚多，船民淹毙数十人。十三日台风在安东登陆，全境遭袭击。暴雨倾注，风急浪涌，酿成海啸。八月初以来降暴雨数次，江水早已上涨，加上此日大潮，沿江一带水深数丈。除中富街及县前街，其余街巷均以舟行。民房倒塌七千四百间，人民危急万分。乘船抢救，有凿穿房顶而出者，有从窗中救出者，计三千余人。无家可归者七千余人，死四百余人。日、朝侨难民七百八十五人。损失大船三十三艘，尖船五十八只，敞口船一百六十四只，死水手六人。农田受淹六万一千多亩。铁路为水所毁，安奉线火车停开。

八月十一至十二日，天降豪雨。浑河、蒲河、新开河水位暴涨，浑河最大流量每秒七千六百立方米，堤坊溃决，水势浩大，省城触处皆是水。据资料记载，沈阳站、北市场、南关、小河沿、小西门、东边门外以及平安里等处一片汪洋，皇寺一带水深六十厘米至一百三十厘米。南站小楼子一带户户被淹，冲倒房屋三千余处，淹死八九十人，灾状极为惨恻。大东门外兵工厂被水所袭，损失甚巨。纺织厂院里水深二三尺。市内交通、通讯中断，公路、铁路停运。城郊四乡百余村屯被冲，淹地十万余亩。

奉天八月降豪雨两昼夜，沈阳、辽阳、台安等十三个县遭大水灾。奉省赈安东、台安、营口小洋一万七千元。辽阳蠲缓本年额赋。

民国　十三年（公元 1924 年）　七月锦县阴雨连日近半月，禾被浸没多半月，七月十八日大凌河暴发河水泛滥。

朝阳大雨倾盆，沿城外房屋无存，三家堡村全部冲走，淹死四十余人。

台安、康平等九个县风雨成灾。海城入伏后旱灾。黑山雹灾。奉天省长公署两次赈给台安小洋一万三千元办粥厂。募集赈小洋一万四千九百元。

民国 十四年（公元 1925 年） 八月十二日台风袭击朝鲜北部，安东下大暴雨，由旱转涝。鸭绿江涨水二十尺，江岸民房三百余户被淹。后潮沟、东市场等处水深三四尺，往来行船。

康平、台安水灾。辽阳、彰武旱。奉省拨小洋二万七千九百元赈济灾民。

民国 十五年（公元 1926 年） 六月二十九日，岫岩乡民因亢旱抬龙王四处求雨。下午雷雨大作，沟满濠平，雨中夹雹，大如鸡蛋，田苗毁坏甚多。

九月七日降大暴雨，安东日雨量一百零五点七毫米，兼暴风突起，禾稼多被刮倒。各地减产一半以上，一些农户秋收无望。

盘山、台安河水陡涨，漫堤成灾。

民国 十六年（公元 1927 年） 七月十六日至十八日连降大暴雨，安东三日雨量二百四十点五毫米。江左岸雨量更大，冲毁铁路。鸭绿江水猛涨十五尺，江岸有房屋均被冲毁。新建江堤防水无效。居民恃堤无备，见堤开，仓惶逃往天后宫。警厅派船救出千余人。沙河镇驿（车站）附近，日本守备队士兵将中国工人三人击入水中毙命。水灾后发生时疫，又半月无雨。

民国 十七年（公元 1928 年） 三月二日夜间降大雨，安东雨量二十点三毫米。冬雪多，近日天暖，冰雪融化，街巷水深三尺，淹一百七十户。大孤山等地也降大雨。三月二十二日鸭绿江“武开河”，较往年晚一个月。此日上午，大潮顶托，冰块错杂流下，势如奔马，声震山岳。

七月二十三日至二十七日连降暴雨。二十三日午后四时，安东暴雨三小时，七道沟山水涌下，县前街、四道桥、三道桥一带数百家住户受水害。大孤山河水暴涨，汽车停运。

八月二十六日宽甸风暴，大雨倾盆，二更后狂风暴起，翻屋揭瓦，拔倒老树，禾谷倒伏。二十七日至二十九日安东暴雨，又值大潮，鸭绿江水涌入街市，镇安桥及坝外水深二三尺不等，幸有堤坝防水。宽甸沿江禾稼淹没，大洋河及孤山西大石桥河暴涨出岸，淹没农田。

九月九日台风在孤山附近登陆，袭击全境。

康平、庄河水灾。台安、本溪洼地被淹。

民国 十八年（公元 1929 年） 是年夏季，雨量往岁充足至本月六日拂晓，滂沱大雨淋淳足以，沈阳市内及附郭各地无不满坑满谷。洼下之区已成泽国，不谓省垣积水未消，而浑河狂波，复更泛滥至，以致七日午前凡在浑河以北、东自东三家子起，沿兵工厂小河沿大南边门、五里河及小南边门东洼坑迄南市场水堤及十里码头一带以上均遭极大水灾，可称从来未有。此外，北宁路沿线及南满路沿线亦被水害影响交通，兹将各地水灾状况分说如下：辽宁东泛水至马三家子，北宁路两铁桥为水冲毁，高山子平地水深五尺。浑河大波入兵工厂，防水土堤一时俱被冲毁，东三家子全村尽没，房舍倒者三百间，淹死十余人。

省政府据各属呈报此次被灾，淹田之数目，浑河其六十四村，被淹田地七万五千三百余亩，新台子八村被淹田三千零六十一亩云。

大连八月十三日夜至十四日早骤降豪雨，为近年所罕见，水势泛滥各处，永恒倒塌极多，浸水之房屋，日本人十三户，华人四百七十九户，被害者日本人五十六人，华人二千二百八十五人。

营口五、六、七区八棵树大房身，石佛寺等处，平地水深二尺有余，西北一带均成泽国。

岫岩、辽阳、水大成灾。

七月中旬多雨，安东、庄河间之道路泥泞，汽车停运。二十五日宽甸长甸河口江水暴涨数丈，沿江房舍被水所毁，惨不忍睹。岫岩山崩水涌，一、二、六、七、八等五区等大水淹死男女八十五人，冲毁土地一万一千多亩，沙压三千三百多亩，倒房五百一十七间，死大牲畜一百二十二头。多日后，黄土坎大洋河西岸钓螃蟹者发现滥泥中尸体数具，据查是此次岫岩关门山崩冲出二十余户的尸体。

七月至八月太子河洪水猛涨，辽阳高丽门外上游河堤决口五处，下游决口一处。辽中县境内阴雨连绵，境内大小河堤溃决三十九处，淹地近六十七万亩。台安县亦受水灾。岫岩县山崩水涌，淹死八十五人。朝阳、锦县、黑山山洪暴发，平地水深七八尺，两岸房屋倒塌。锦县灾民四万余人，黑山人畜之死，不计其数。

民国　十九年（公元1930年）　七月十七日，沈海路草市至山城镇间，因迩来连日阴雨，积水横溢，致该路线一带发生障碍，迄至昨日尚未修复，停止运输云。

自十三日以来，阴雨绵绵，或大或微，或等或断，日夜连不止。四乡河套及浑河沿岸之水势，经数日之霪雨，均呈泛滥形势，几乎溢出河沿。尔近农民惶惶不安又据路界确息，白旗堡新民饶阳河一带因山水瀑发，势极汹汹，淹没农田千余亩，沈海路英额门、草市、山城镇等路段，此外如南满沿线各处均有发生大水之处。今早至九时，虽止雨，但仍阴云四布，毫无放晴气象，若再一、二日连绵不晴。省垣近郊恐成水患，对此直接或间接受霪霖影响者比比皆是。兹志一般如下：一倒房：省市商民、住户之永恒固年久失修或因工程不坚，经连日降雨，多有坍塌。一涨水，因春后雨少，浑河积水甚浅，且有多处露底，近来竟水涨水三尺有余，东流雨水之大亦可想见。一瓜果农田怕旱，瓜菜怕涝，因为天然产物之自然不便。若公园前，早已一片汪洋，水深二尺，其他各街巷，无不泥水淋淋，因而代步之马车、洋车逐乘扒高抬其价，电车因定价之故，营业因之顿云。

风城近数日来霪雨连长，河水泛滥，南河之水，风浪起伏，水势澎湃，已涨有丈余，若再阴雨不止，恐酿成水灾云。

大连十六日碧流河泛滥，三百户浸水，貔子窝地方因大雨为灾，各地农作物、家屋、树木、桥梁等被害非浅。城子疃因碧流河汛滥，浸水家屋计达三百户之多，至中洲水田，堤坊殆为水没，金福路各地冲坏多处，日下列车不通。

连日霪霪，到处发生水灾。十九日晴曦乍现，人心大慰，乃未几，即阴云四合，雨下如注，至今天气犹无恢复希望。据此间观测所长云，前几日袭满韩一带飓风，其后渐向山东东北方向进行，惟鄂霍次克海上有相当强力之高压，将向日本海北部伸涨，扩大其势，结果北上至沈阳北西方之飓风，不易迁动，从而天气亦难确定，想飓风：一因北上至满洲之高纬度。二来被高气压抑制移动，即当渐次失势，先在辽东半岛之时呈七百五十八密里之强力堆积，渐衰弱为七百五十密里，然此两三日因气压无甚变动，故势渐次消减，顷者日本冲绳方面另发生一飓风似无延至满洲方面之势力。

七月二十三日以来绥中阴雨连绵迄不晴止，兼之狂风助虐，渐已成灾，大土田苗未及耕耘，即被淹倒，倘再不止，即秋收又绝望矣。

西丰县自月之十日起霪雨连绵，并未放晴，至十五日早六钟，河水暴涨，南门外沿河一带住民二百余家，房屋全被水淹，存者无几，牲畜食物均随水冲去。内柴姓一家因无从迅跑，房倒死于内者四人，又某姓伤人数口，当时避难者孩哭娘叫，惨不忍闻……。此次水灾南门外为最重，开丰汽车路冲坏，断绝交通……。

七月以来，新民雨水连绵，遍地积水甚深，忽于月之十六日大雨如注，继续三日至十八日午后放晴，大街小巷房倒屋塌，又兼柳河水及小河子水均皆泛滥，窜入东街，将铁路冲坏数处，此次雨灾，人民损失颇巨，诚民所之巨灾云。

七月二十五日台安县五厄境使柳河流域之区，现该河（水沟河）涨水甚大，业已外溢，由黑山七台子至台安境魏家窝卜约三十余里，平地水深数尺，望如泽国，行人阻断，通打虎山之邮件已延隔数日云。

八月四日北镇阴云密布，大雨如注，连降五日方止。维洪石拉子山笑黑水瀑涨，冲去安堡、西头房地数百间。中和烧锅，被水冲去红粮一百余石，淹死商民四十余口，又北乡四堡子河水大涨，冲走乡民一百七十三名，沿河行人断绝，情形极惨。

锦县三、四日之大雨致成水灾，交通断绝，火车不通，大小凌河被水冲刷，由上源流下之树株等物，排滞桥下，致桥梁冲击湾折，东西火车不能，河中电杆被水冲断，各路基电杆被冲倒，因之电话、电报亦均不通。

绥中本邑地处干原，河流甚少，从无水灾，一般居民地为福地，不料本月三、四二日洪水为灾，竟演空前惨剧，城内水深数尺，东门洞水深丈余，南门洞水深四尺，西门洞水深五尺，房倒屋塌，人畜死亡，诚为空前未有之大灾。

十七县水灾，急报范围也扩大，绥中、锦县、盘山、新民，据北镇、义县、锦西三县报灾甚重。

八月，大凌河、小凌河、六股河、绕阳河以及辽河右侧支流—柳河、秀水河、养息牧河等发生罕见的洪水灾害。受灾面积达六万三千平方千米，约占全省总面积的百分之四十四以上。据历史档案和当时报刊登载：绥中、兴城、锦西、锦县、义县、北镇、北票、彰武、阜新、新民、铁岭、康平、辽中、台安、盘山、昌图、西丰等十七个县受灾，尤以绥中、锦县、新民、盘山、台安、义县、北镇、辽中、彰武、黑山十个县为最重。其中义县靠山屯、夏兴堡一带遭受到毁灭性破坏。在西南、东北向长六七百里，宽二三百里的范围内一片汪洋，人们淹溺，田庐冲毁，死亡漂泊，荡析流离，交通断绝，浩劫奇灾，前所未有。据民国十九年十月五日《京报》刊载：对上述十个县的不完全统计，冲毁地亩十七万四千公顷，倒塌房屋十万九千间（仅此项损失现洋四百万元）、待赈难民四十五万四千人，淹死三千五百七十二人。其中绥中县淹死二千人，盘山县淹死一千人。

八月三日夜间，绥中山水暴发，海内潮生，河水泛滥。夜间十时许，转瞬间大水即由城东门闯进城内，越街横流，一夜间城内水深数尺，城内及城外四五里以内，悉成泽国，一时人心大乱。城内商铺、住户，均急忙堵门，水势越来越高，逃避无及，房倒压死者、被水淹死者，数不胜数。西关至车站水深丈余，由西门至头台子，街旁市房全被冲没，死者百余人。

锦县三日午后一时，大雨倾盆，凌河水势骤涨，盈斜溢坎，街巷成渠。四日下午二时许，河水较平时高出一丈五六尺，平地水深五六尺，不但城外溺水者啼号，而城内居民亦皆惶惧。城内塌倒房屋三千一百三十二间，其中东关最重，塌倒一千一百一十间，城墙塌裂二十五处。城外大凌河沿岸四十余村被淹没。小凌河沿岸各村均在水中，村民避居房顶呼救，灾情奇重。

八月四日午后，绕阳河突然涨水，直入白旗堡大街，平地水深数尺，淹没百余村，居民均在房顶食宿，房屋倒塌无数，淹死甚多，逃命者数日不能举火，老弱啼饥之声惨不忍闻。

洪水过后，辽中灾民，食树皮、树叶，间有食草者，也有数日不食者。人畜尸体，房屋建筑，尽浮水流，漂泊无踪。北镇街市零乱，甚为惨然。街巷尸骸腐烂、臭气蒸薰，恐灾民不死于水，亦死于饥饿或疫瘟也。

北宁线（北平至辽宁）铁路空前水灾。八月四日上午，大虎山至通辽支线首先被冲；下午北宁干线白旗堡路基轨道冲毁，交通完全断绝。双羊店至锦县，女儿河至陈家屯，白旗堡至绕阳河等处均被水冲淹没，轨道冲失，近桥水冲沉陷多段，电讯不通。水势最深处，电杆全淹没。据天津《庸报》八月六日报道：北宁线白旗堡火车站被水淹，路员大为恐慌，附近住房、农田被水冲洗一清，溺死人畜无数。车站月台地势较高，奔聚避水者众多，只闻均是呼父寻母、呼儿唤女之声，悲啼哀号之音，闻而酸鼻；汹涌洪水立波而至，尸体随波逐浪之状，不忍卒睹。

灾后国民政府虽进行赈济，由于层层扣剥，发到灾民手中的赈款无几，灾民乞讨求食，卖妻弃子，流离载道。劳动力激减，土地荒废。同年十月二十一日辽宁省政府向国民政府上报六个灾县平地面积六百多万亩，撂荒地占四成。

辽西遭洪涝灾害，辽宁省政府及受灾各县采取急救办法：一、经辽宁省政府委员会议定，由民政厅组织水灾急赈会向各方劝募款，并先由省库拨款五万元，采购粮食分投急赈。从八月十六日至九月十六日，分三批发放急救粮一万三千石，赈灾款一万三千元，煤炭一百二十吨，木柴一万七千五百千克，衣物六万二千件。二、就地购粮急赈。锦县灾后电请拨赈，省准许将锦县存的谷款八千元先行办理急赈。之后省又拨现洋六千元，就地购粮赈济。三、电托邻县施以救助。四、设立粥锅。这次水灾国民政府和地方共拨赈洋八十九万元（其中包括外省捐大洋十三万元）。

民国　二十年（公元 1931 年）　三月二十一日柳河暴涨，河堤溃决，闵家村等十几个村，长百二十余里汪洋无际，春耕无望。

六月二十六日辽河夜雨倾盆，桑墩子、丈河子等地受害不小。

七月开原大雨迭降，沿河受害匪浅。

七月十八日新民大雨如注，柳河下游被淹。

八月九日辽阳属八区连日大雨，至十二日晨，浑太两河水势暴涨，太子河东岸大台村南决口数雨十丈，十几村尽在泽国之中。

八月十九日台风袭击鸭绿江左岸。二十六至二十七日降大暴雨，安东日雨量二百二十一毫米。街市洪流，江水猛涨丈余，木排、艚船多被冲翻。县署将各堤、闸口一律堵塞，致使后街一带积水不能下泻。堤外沿江路面水深二三尺不等。镇安桥一带水深丈余。燕窝一带尽成泽国。被淹者三百余户，避难者五百余人。船夫三十余人失踪。四乡农田秋收无望。

为接济春耕省府贷给灾区赈洋二十六万元。又拨新民、盘山、锦县、台安、绥中冬赈粮三万多石。收本省捐款四十三万五千元。收外省捐款：黑龙江省大洋六万，吉林大洋十万，上海现洋一万，热河现洋一千元，交通银行现洋五万元。另收捐煤三百六十吨。将分发各灾区。

民国　二十一年（公元 1932 年）　七月以来因连日阴雨，辽西多处成泽国外，奉山铁路之大虎山高山子地带之轨道因山洪暴发加上雨水之助虐，业将路基及铁轨淹没尺许，附近的村屯，田禾多被冲淹。

七月开原一带大水为灾，实二十多年来所未有，罹灾者约计五十余名。

七月十八日降大雨，叆河、草河、鸭绿江涨水。

八月二十八至二十九日台风在孤山、庄河间登陆，袭击全境。安东大风暴雨，江水上涨。市内及东坎子一带一片汪洋。大沙河木排冲散百余张，帆船沉没四十五只，死人甚多。

奉天、新民、辽中部分地区水灾。义县雹灾。伪满当局两次拨奉天省内帑金九万元。奉省自拨义捐金三十万元。

民国　二十三年（公元 1934 年）　七月，海城、营口、庄河、宽甸、兴京、开原、铁岭、法库、新民、辽中、盘山、锦县等五十个县。雨水连绵，以至各县河水暴涨泛滥成灾，秋收绝望，房屋被浸倒毁，灾民现状极惨。辽中为辽、浑、柳、太子各河水涝，倾辽河之水，一昼夜间暴涨一丈二尺，河两岸均被淹没。

七月二十六日下午六时台安降暴雨至次日五时方止，平地积水甚深，县道淹没，省受灾总面积近七百六十三万亩。

七月以来，安东连续淫雨不止。十日江水大涨，采木公司各种设备全毁于水。凤城入夏连雨四十日，多次发水。七月三十一日城北草河泛涨，顾家堡被水所毁。

八月十八日特大暴雨，安东日雨量四百八十四点六毫米，大沙河洪水泛滥，公安街水深二丈，死一千余人，为安东空前浩劫。其中，沙河蓄水池及沙河口沟水源地决溃，洪水冲毁大片房屋，溺死二百余人，失踪五百余人，伤者无数。全市供水，安奉铁路及电信均已不通，六万居民用水由新义州运来。安奉铁路沙河镇至蛤蟆塘之间冲毁二处，蛤蟆塘至老古沟之间冲失桥梁一座，冲毁桥台、路盘及筑堤多处，老古沟至五龙背之间冲失桥梁一座，冲毁路盘、路床、筑堤八处，五龙背至汤山城之间路线损坏很多，倒电杆十余根。客货列车货物损失二亿元以上。镇安桥虽改为石基铁桥，又再次被水冲毁，桥上二十多人惨遭灭顶。土坝决口，洪水冲入市内。东坎子、后潮沟一带水及房顶。大沙河二百余只船及所载粮食全被冲走。马市、燕窝等地木排及船只损失更大。市内倒房九百一十三间，浸水一万多间，毁桥梁二十二座、国道一百六十二公尺、县道六点二九千米。毁船六百五十八只、木排八十四联。红十字会埋尸四百余具，设难民收容所二十四处。

奉天省五十四个县受灾，灾民二十五万人，被淹房屋近三万间，被灾土地七千零三十万亩。次春又发生饥荒。本溪县有七个区四十五个村无食。草根树皮食尽，饥民乞讨盈途，饿死甚多。灾民扶老携幼密集高阜以避水势。经伪满商务会、红十字会、同善社等慈善团体，分设收容所十余处、设粥厂四至五处，进行临时救济。各慈善团体还驾船分头施舍白面饼、火勺、馒头等食品，每日两次。这一年伪满当局从帑金支出五十六万多元，粮食二万二千六百石，以赈济灾民。

民国　二十四年（公元 1935 年）　七月二十七日至二十九日沈阳、抚顺、辽阳、营口、铁岭、本溪、新民、海城、辽中、兴京、清原、西丰、康平等十七县出现洪涝。此次洪水由浑、太两河流域大雨所致，七月二十七日起，连降三日，二十八日一天海城降水量一百七十八点二毫米，本溪一百三十七点五毫米，兴京一百二十四点二毫米，清原一百二十二毫米。两河洪水到达三叉河后，遂成极大之洪流，致河川泛滥，田苗房屋被淹没者颇为众多，水灾面积之广为历来所未有，当时沈阳水位纪录（七月三十一日）水深五点七公尺，被淹面积达三千多亩。

七月底，浑河干支流连降大雨。三十日夜间浑河乌民屯堤防溃决，南站首先被淹，水流漫溢，莲花寺也相继决口，奉天（沈阳）城外周围水灾惨重，西埠大堤南水深二点八公尺；大小南边门外二点七公尺；大东门以南二点六公尺；东南三公尺；大北边门外和东北医院周围三公尺；小河沿四公尺。皇姑屯一片汪洋，死者一千人以上。城南堤外被水困的村民，纷纷登屋待援，无人援助相救。潘建台、沈旦堡、四方台、牛居、茨榆坨、肖寨门等一带平地水深二公尺多。二万三千三百人受灾，倒塌房屋一千四百三十五间，漫水面积四万公顷。

七月以来，连日阴雨，辽沈一片汪洋泽国，滔天洪流告警致各地频感雨水之过后而尤，以各地河水频涨不已，近以更因昼夜倾盆大雨，乃有浑河出槽之患，致省垣近郊县境东南北三方面，均被水灾。同时与省垣毗连之小河沿，南关慈恩寺、南市场之南大坎，大西边门迤南北关之大北边门里中学堂地带，均皆浸水，市政公署为讨论治水、防水工作起见。特于三十日上午时在市署楼上约集各方代表，开防水紧急会议……。据当日十一时作之报告，水势均渐低减，但收容之难民已达四千余人。

安东：地方鸭江水势七月三十日午前十时，涨至二丈二尺五寸*，示民国十三年以来之最高纪录，因此沙河镇驿前堤防发生裂痕，大沙河安东税关附近堤防仅余五寸，而雨依然不减，危险时时迫切，满洲街浸水家室达八百户，难民达三千六百人。

沈阳、抚顺、安东等十七县水灾。沈阳淹死千人以上。伪满奉天省公署拨救灾贷款二百万元赈贷灾民，春借秋还。拨伪国币一万八千元。免除灾区田赋。

民国　二十五年（公元 1936 年）　七月中旬开始，连日阴雨，鸭绿江水上涨。二十一至二十二日大暴雨，鸭绿江水暴涨，满江浊水漂浮房屋、树木，冲散木排值二十余万元。安奉铁路高丽门、张家卜间冲毁桥梁两座，崩山四处，一百一十二次货车倾覆。凤城站至县署桥梁冲失，南干河桥被冲走。二十四日，夹信子三百户灾民被水困。毛甸子、凤城间道路堵塞。宽甸一区倒房，压死六人。大沙河倾覆、流失小船五十余只，死船夫十余

* 市制单位，1 寸 = 3.$\dot{3}$ 厘米

人。镇安桥下五百公尺堤防决溃，满州街三百余户被淹。二十九日满州街北部水位越堤，决口，洪水涌入市区，七成房屋受水浸。

一月伪满安东省民政厅分配上年被灾各县赈款三万三千四百元。辽河流域泛滥，辽中、新民、辽阳水灾，阜新、开原、海城春夏连旱。沈阳县境内虫雹灾。

民国　二十六年（公元1937年）　沈阳、辽中、海城、台安、盘山、新民、营口、锦县、义县、北镇等县出现大涝。八月上旬及下旬两次洪水，浑河、太子河、辽河中下游沿岸受灾甚巨，在南部各县有二万平方千米一片汪洋，历时甚久。八月上旬大、小凌河流域受暴雨袭击，从锦州、义县开始，全境泛滥损失甚巨。

八月一日暴雨，安奉铁路通远堡、林家台间冲毁二百公尺。三日，鸭绿江涨水，安东江岸房屋进水，木排流失甚多。六日，江水涨至江岸铁道下，岸边房屋全部被水浸没，六道沟房屋被水浸四十余户。七日十时半，满州街堤坝决溃，洪水涌入市内，淹房一万余户，居民三万人向元宝山、镇江山、附属地避水，死六十余人。上游发水，江上浮尸漂流，惨不忍睹。凤城发生五十年来最大水灾，县城南市场全部以及电灯公司至南街齐家胡同、县署、西城翰墨街至南门，全城三分之二浸入水中。城南大石桥冲断。进水二千五百户，流失三百五十户，毁坏四百四十户，死十人。大洋河泛滥，龙王庙四百余户房屋全被冲走，死三百余人。全镇淹没，逃生者寥寥。焦石桥冲失房屋二百户，死三十四人。黄土坎冲失二百户。各处道路、桥梁冲失，损失三百余万元。禾稼、柞蚕受害无算。

八月锦州自四日午后四时许降落之雨，一直下至五日晨尚不息止，因之锦州一带各处，虽无被害，但新市街并商业区域之大马路一带，因放水路设施不完善，道路濁水溜溜，化为大河，永恒被水浸淹，亦可达相当之多数，在南关国人一名溺死，甚至在大马路上漂流该尸。昨消防队，赤十字病院救护班等出动极力救助。

奉天省垣自入伏以来，天气异常干旱，迄未降雨，致而气候闷热，不意八月四日午后，阴云四布，气压低，于晚十时许，即大雨滂沱，撤夜不止。以迄今于翌五日，仍行续降不息。致而市内各关地带由于下水道不利，莫不积水盈尺，就中年久失修之房屋，相继倒塌者为数亦极众多，甚稍轻微而渗漏者亦行不少。下水道由于水流过急，因而冲毁坍塌，陷于不通者甚多。奉天市公署为便利一般通到之车马、行人计、遂由该署令所属卫生员夫等一律动员实行导雨排水工作，同时更以毗到界之运河水位，亦有相当之澎涨，为先期有所预防，以免肇生水患现在与沈阳县署方面连络商洽中，一方派遣员夫前往浑河沿从事监察中，以期临时处理。

八月六日沈阳县之四、五、七区因地势较洼，又处于浑河之沿岸故当日夏日霪雨连绵之际，农民之田地多被水害，自本月四日午后九时许，降雨以来至五日午后八时许仍未停止奉市附部浑河之水势突敕平素，濁涨四尺，有余该县之四、五等区之田地已被水甚重。各当区急电请县当局救急办法，该县除电令村民修堤防止，并讨论根本防止水害之工作云。

浑河暴涨，每小时涨三十五厘米，自四日夕刻降落之雨至五日，仍未息止，因之郊外浑河水瀑涨水已，至五日午后三时，涨水约一点五米，平均每小时涨二十五厘米，奉天地方事务所现与抚顺地方事务所互相连络，努力防止危险云。

昨晚（四日）以来豪雨骤然而至，南满一带以改各线铁路，发生故障。四日安奉线并京义线蒙水灾不通。

民国　二十七年（公元 1938 年）　七月十二至十三日安东下大暴雨，安奉铁路高丽门、汤山城间水深一尺，火车停驶。

八月十二日省长率人于元宝山天后宫求雨。十三日，台风袭击辽东半岛。

九月九日午后时，安东降暴雨冰雹约一小时，雹大者如指盖。水稻、荞麦、白菜被打毁，铁甲、房身、双岭等地重灾地约千亩。

沈阳、新民、海城水灾，淹死田女七十余人。

民国　二十八年（公元 1939 年）　九月初大暴雨，一至三日台风袭击辽东半岛，安东雨量一百六十毫米，受灾严重。

建平被淹地四百一十九亩，死亡二十三人，死畜三十三头。巴林右旗大水，连四十天，损失房屋占半数以上。

民国　二十九年（公元 1940 年）　六月兴城，锦州大水。

十一月五日下暴雨，安东日雨量七十一点五毫米，成灾。

民国　三十年（公元 1941 年）　开原、铁岭连日暴雨，河水泛滥，平均水深二米，禾稼被害，远望一片汪洋，尽成泽国。台安、黑山上游河水暴涨，下游阻塞，河水外溢，平均水深数尺。

七月十二日台风在鸭绿江口登陆，袭击全境。七月二十四日台风在孤山登陆，袭击全境。

承德（沈阳）、辽阳、广宁（北镇），岫岩等九州、厅、县，因水灾歉收，被灾旗民大口近四十八万人，小口近二十万人。岫岩境内饥民群起，冲进衙署，要粮要赈，通判弃官出逃。奉天府派员前往放赈。盛京户部给辽阳六州县灾民粮米赈济，并蠲缓田赋。

民国　三十一年（公元 1942 年）　七月安东、庄河、辽阳连日暴雨。太子河泛滥，浸至辽阳市区。

七月二十六日台风袭击鸭绿江左岸，造成水灾。

八月十五日台风在大东沟登陆，袭击全境。

十月一日大雷雨，狂风吹折电线，宽甸县杨木川电死人。

民国　三十二年（公元 1943 年）　七月十二日台风袭击大连及安东全境，形成水灾。

八月一日台风在鸭绿江登陆，袭击安东全境，造成严重水灾。

民国　三十四年（公元 1945 年）　开原、辽阳七月水灾，安东山洪暴发，成灾。

民国　三十五年（公元 1946 年）　安东六月水灾。盘山、新民、台安、黑山、辽中、海城、本溪等二十八个县水灾。国民党政府拨救济补助费东北流通券九百六十万元，辽宁本省下拨九十三万元。

民国　三十六年（公元 1947 年）　安东夏季多次发生洪灾。凤灌铁路线官家站东五百公尺处，铁路被冲毁，大部枕木被埋入泥沙。

一月拨冬令救济东北流通券一万八千五百元。八月海城、辽阳、黑山、新民、辽中、台安、营口（市）、黑山、铁岭、盖平、本溪等十一个市县水灾。灾民一百五十万人。国民党救济总署计发救济粮三千五百吨，棉衣一百万套。

民国　三十七年（公元 1948 年）　营口、盘山、辽阳、海城、台安、新金、庄河水灾。又加国民党军队骚扰，这些地区发生大饥荒，灾民一百六十八万九千人，饿死五千二百三十六人。解放后人民政府给予急赈。

第四节　现代（公元 1949—2000 年）暴雨洪涝

1949 年　4 月，凌源老哈河河水暴涨，损失严重。

7～8 月，全省大部分地区连阴雨 40 多天。7 月 26～31 日受台风影响辽东降暴雨，河水猛涨，大小凌河、辽河等中小河流泛滥成灾。受灾农田 48.1 万亩，损坏房屋 30 万间，成灾人口 154.9 万人，因灾死亡 542 人。其中 7 月 26～31 日旅大地区受灾 27.1 万亩，损坏房屋 34 万间，损坏大小船只 298 只，死 54 人。27 日丹东死 93 人，凤城烟草受灾只剩 4 分年成。

1950 年　7 月中旬，辽东地区、辽阳、海城、辽中、盘山、台安及黑山县部分地区连降暴雨。13～14 日丹东降特大暴雨，雨量达 377 毫米。鸭绿江、太子河、浑河均发洪水，决口多处。中旬以后部分地区连续降雨，有的地方降雨近半个月。辽东水灾面积（毁地）3.9 万亩。12 日抚顺市郊东洲河堤被冲毁。海城受灾面积 0.1 万亩。辽阳受灾农田面积 30 万亩，灾民 10 万人。辽西水灾面积 14.8 万亩。全省受灾面积 114.2 万亩，倒房 1.9 万间，伤亡 53 人。

8 月 13～14 日，丹东市受台风影响，丹东降特大暴雨，梨树沟雨量 304 毫米，鸭绿江涨水。丹东至宽甸间，梨树沟等地山体滑坡。

1951 年　7 月 13 日，凤城县降暴雨，凤城县一面山附近铁路被泥石流冲毁 550 米，其他山区有滑坡。

8 月 2 日，宽甸县罗圈夹降暴雨，3 日本溪太子河发生大水灾。罗圈夹山体滑坡，灌水等地出现泥石流，灌水有 123 户农民受灾。本溪淹地 2.5 万亩，倒房 489 间，冲走大牲畜 13 头，死 8 人。

8 月 13～16 日，辽东山区及辽阳、营口、海城等市县受蒙古低压冷锋影响，辽东降暴雨和特大暴雨 3 天。暴雨中心在西丰，雨量达 440 毫米；14 日通江口雨量为 246 毫米。过程雨量大于 100 毫米，覆盖面积为 1.8 万平方千米；大于 200 毫米，覆盖面积为 1.45

万平方千米，辽东为百年未见的大洪涝灾害。山洪暴发，清河、柴河、汎河、洋河、太子河、浑江、叆河、鸭绿江、大洋河普遍发大水。全省受灾面积561.5万亩，死亡3809人，损坏房屋16.6万间。其中辽东山区受灾面积176万亩，死3603人（其中西丰死669人，开原死2774人），冲走大牲畜1879头，毁房5.5万间，清原至斗虎屯铁路被冲毁。全县受灾面积4.2万亩，新宾县洪水淹旱田0.8万亩。丹东市近郊及宽甸县发生泥石流。

1952年　7月6～7日，宽甸、桓仁、新宾、本溪县降大暴雨。富尔江、浑江、太子河洪水泛滥成灾。

7月24～25日，宽甸县降大暴雨。冲毁灌水车站12～35千米区间的路基，护坡、涵洞被冲毁多处，其中35千米处路基被泥石流冲塌，12千米处护坡被冲毁，24千米处涵洞淤满泥砂。

8月27～29日，新民、彰武、黑山、法库、铁岭、昌图、开原、阜新等县降大暴雨，昌图降雹大如拳。新民县受灾24万亩，彰武县受灾6.9万亩，黑山县受灾1万亩，法库县高粱被刮倒20%～30%，昌图县6个村降雹。

8月，辽东山区连降大雨。受灾面积11.2万亩，毁房4911间，冲走牲畜145头，死44人。

1953年　6月2～4日，桓仁县连降大雨，河水暴涨。

6月8日，丹东、宽甸、辽阳、清原、桓仁、岫岩、庄河、新金、北票、朝阳、凌源、台安、盘山、铁岭、开原等县市降暴雨后转连阴雨，河流水位上涨。朝阳暴雨如注，河水出槽，平地积水3尺。共淹地4.5万亩。其中朝阳县受灾面积0.12万亩，凌源受灾面积2.8万亩。

7月中旬至8月中旬丹东、岫岩、凤城、宽甸、桓仁、清原、新宾、抚顺、辽阳、海城、营口等23个县市的大小河流涨水，辽河、大清河、巨流河等漫堤决口，泛滥成灾。其中丹东、大连部分地区、辽河平原等连日降雨，大于100毫米，覆盖面积4.2万平方千米。西丰县凉水泉19日雨量为273.7毫米，日雨量353.3毫米，山洪暴发，漫堤决口。主要降水过程：7月13～14、29日；8月16～23日等。全省农田受灾面积832万亩。其中较重的有辽中、台安、盘山、开原、铁岭、新民等6县，淹地500多万亩，受灾人口80万，倒房2800间，淹死69人。台安、盘山、昌图、法库的部分地区平地积水4～5尺。辽阳、海城、营口县受灾人口约15万人，受灾面积150多万亩，倒房4.6万间。

7月13～15日，丹东市部分县凤城、岫岩、宽甸降大暴雨、凤城降特大暴雨，雨量259毫米，13～14日凤城、岫岩、丹东、宽甸山洪暴发。全市受灾农田20万亩，死3人。15日丹东市内淹房4000多间，倒房100余间。

7月29日，清原、新宾县及抚顺市区降大暴雨，洪水成灾。清原冲毁农田1万亩、公路70多千米、桥梁75座、房屋78间，斗虎屯至英额门区间铁路冲毁多处，停车4天。新宾县冲毁南杂木至木奇公路桥涵21座，受灾农田1万亩。抚顺市区部分民宅、工厂被淹，龙凤矿大井口遭水淹。

1954年　6月22～25日，凌源降暴雨，22日喀左遭雹雨灾。凌源县水灾严重，冲淤地0.13万亩。喀左水冲雹打地5.5万亩。

8月21～23日、25～26日，宽甸、凤城、岫岩、东沟、丹东、桓仁、本溪、新宾、台安、黑山、新民、铁岭等全省42个县市，富尔江、浑江洪水泛滥，鸭绿江出槽。凤城、宽甸县降特大暴雨，宽甸县雨量为294毫米。21～23日以鸭绿江为暴雨中心。25～26日以浑河、太子河为暴雨中心。连降暴雨，使河水齐涨，超过保证水位。大部分民堤漫顶成灾，外水又加重内涝。25～26日台风在东沟登陆，辽东各县普降大至暴雨，抚顺降大暴雨，日雨量为134毫米，浑河水位上涨。全省42个县受灾。成灾面积1174.8万亩，重灾面积578.2万亩，倒房4.5万间，冲走0.4万间，成灾人口230.6万，死63人。个别地区积水长达2个月。23日宽甸多处发生泥石流，淹没沿河农田。21～23日桓仁、本溪受灾农田3.4万亩，倒房164间，死5人。21～23日新宾洪水冲毁和睦村、唐家村等公路多处，共计2.5千米。25～26日抚顺欧家屯河堤被冲塌370米，砂石厂、榆树堡、北后屯等险工地段堤身2/3被冲开。

9月14～15日，本溪和抚顺地区受台风影响降暴雨。抚顺近郊降大暴雨，日雨量达136.1毫米。洪水冲农田4.9万亩。

1955年　6月15日，凌源县、建平县发生洪涝灾。凌源县水冲地240亩，建平县水冲地459亩。

7月15～18日，辽东大部分地区，共26个县，15～16日受台风倒槽影响，17～18日受台风影响，辽东的丹东地区和新宾、桓仁连降暴雨、大暴雨。太子河、浑江决口多处，低洼地积水。山洪是近年所没有的。丹东雨量为153毫米，岫岩雨量为132毫米。7月中旬全省26个县受灾面积189万亩。其中河堤决口成灾32.3万亩，山洪毁地54.8万亩，内涝101.9万亩，倒房544间，死12人。很多农作物被淹或没顶。15～18日新宾、木奇淹地0.7万亩。永陵冲毁公路106米。7月下旬新民内涝农田4.4万亩。辽中内涝农田6.3万亩。

1956年　6月6～14日，法库、铁岭、沈阳、喀左、建平、朝阳、绥中、昌图、康平、宽甸、新宾等20个县遭受不同程度水灾，7～9日建平、喀左连降暴雨，同时降雹。山洪暴发，冲坏房屋247间，冲失粮食0.3万千克，死2人。雹打水冲农田5万亩。喀左冲毁房屋164间，死30人，伤55人。毁种农田3万亩，冲走大小树木0.2万余株。6、7、12、14日铁岭、法库、辽中、新民、沈阳倒房2164间，死6人，损失粮食0.3万千克，冲毁农田0.2万亩。喀左、昌图、宽甸等县19个乡雹灾面积34.6万亩，毁种5.8万亩，水冲沙压0.3万亩，淹地2.8万亩。6～9日昌图县4天连降急雨，辽河、招苏河水位上涨。昌图水淹地1.6万亩，有0.1万亩需毁种。

7月上半月，建平县、喀左县降暴雨。建平县19个乡水冲农田3.9万亩，冲毁房屋283间。

7月21～25日，昌图、康平、西丰县18日以来阴雨连绵，昌图21和25日降大雨，康平24日降雨量53.5毫米。昌图两次大雨，县内小河都出槽，冲毁农田52.1万亩，倒房1274间。康平受灾土地35.7万亩，冲毁房屋1.0万多间。西丰、清河、柴河等地河水出槽。

7月，下旬鞍山市浑河、太子河水位上涨，淹地0.6万亩。

9月4～5日，盘山、辽中、庄河、新金、台安、沈阳、海城、辽阳等市县受台风影响沿海及辽河下游平原降特大暴雨，造成严重内涝。据辽中、盘山、台安、庄河、锦县统计受灾农田面积为66万亩，全省20个市县受灾。其中康平、彰武、喀左、建平、台安、辽阳等县较重。全省成灾面积329.8万亩，其中水灾271.7万亩，成灾人口65万人，死亡104人。倒塌房屋0.7万间。

1957年　6月22日，盖县、营口市遭大雨，盖县降雨1.5小时，降雹1小时，雹大的如茶碗，小的如鸡蛋黄。盖县雨后河水出槽，3个乡受灾1万亩，其中0.1万亩被洪水冲毁。龙王庙乡山洪暴发土地冲成大小无数深沟。雹打苹果7.5万千克，柞蚕受灾70把（占30%），其中50把无收成。营口3个乡受灾面积1.8万亩（占耕地面积的20%），有285亩棉花打坏30%。

7月20日，新民县连阴雨，河水上涨。20个乡土地内涝面积4.1万亩。玉米、棉花、大豆、高粱地普遍积水，低洼地水深2尺，平地没垄顶。

7～8月，辽河流域及沿海各县出现连阴雨，27日丹东降暴雨。8月21～22日受台风影响，鸭绿江流域连降暴雨，碾子沟雨量180毫米，7月27～30日绥中两次降暴雨冰雹，灾情严重。

1958年　8月3～6日，丹东地区、海城、辽阳县受江淮气旋影响，辽宁南部、东南部降暴雨，鸭绿江流域及辽阳、海城一带降特大暴雨。丹东市区降雨716毫米，为近50年所未有。过程雨量大于100毫米，覆盖面积2万平方千米。4日暴雨中心在丹东的荒沟。4日丹东市为414毫米，宽甸为318毫米，5日丹东为136毫米，宽甸为93.4毫米。荒沟洪峰流量11000米^3/秒，梨树沟为6600米^3/秒。

8月9日，海城暴雨，淹地3.3万亩。

8月10日，辽阳市暴雨，沙河决口淹地0.4万亩。

1959年　7月16～17日，辽东山区出现特大暴雨，16日黑沟雨量336.0毫米，荒沟雨量380.6毫米。16～17日荒沟雨量470毫米。17日宽甸南部山区有滑坡、山洪暴发。本溪淹农田1.6万亩，死4人，冲走大牲畜34头、粮食2.3万千克，毁水利工程1376处。

7月19～25日，庄河、绥中县及辽西大部、丹东地区大雨，庄河县降大暴雨（本站雨量95毫米），持续5天。20～21日辽西暴雨中心在绥中秋子沟，雨量达437毫米。大于100毫米雨量覆盖面积达3.6万平方千米，水库平均雨量均在200～300毫米。绥中县四大水库决口，六股河决口，沈大线火车中断，出现百年不遇的灾害。庄河山洪暴发，全县受灾面积1.4万亩，成灾0.6万亩。由于六股河决口，使绥中县城内低洼处及火车站全部被洪水淹没，桥梁冲毁，铁道折断，交通阻塞6天。绥中被困群众2万多人，水库下游的村庄有的整个被水淹没，淹没农田数十万亩。兴城县22个村庄被洪水围困，淹地227.7万亩。宽甸太平哨0.1万多亩农田被淹。桓仁县淹地8.9万亩。台安县淹地1.4万亩。

7月末～8月，初绥中、兴城、盘山、朝阳、新民、法库、建昌、义县等全省43个县128个乡大雨，29日下午铁岭90分钟雨量140毫米，积水深度2～4尺。绥中雨量为470

毫米，9个水库决口。30日丹东、抚顺遭暴雨袭击。全省农田受灾面积332.6万亩，占总耕地面积的70%。其中水灾面积263.3万亩，成灾人口6.7万，死843人，倒房0.4万间，死牲畜0.2万头。新民7月25～31日内涝31.7万亩，铁岭29日淹地1.3万亩。抚顺南杂木7月30日冲走煤100多吨，进口磷矿粉2000吨，木材16立方米。淹地324亩。苇子岭死1人。建昌7月下旬冲毁10万亩、幼树2.5万棵。盘山7月以来受灾农田20%。法库8月1日淹地10.5万亩。黑山7月31日至8月6日淹地34.5万亩。

8月17日，康平县暴雨，水淹地183.9万亩，绝收农田74.4万亩。

8月，旅大市及彰武县、海城县暴雨成灾。彰武水灾面积310.7万亩，海城受灾农田7.9万亩，水深1尺以上的有1.2万亩。旅大因雨大冲毁4个方塘。

1960年 6月8～14日，桓仁县暴雨。富尔江水势汹猛，受灾面积5.2万亩。

6月18日，朝阳地区半小时降55毫米。冲毁承德铁路100米，民房225间，农田受灾面积7万余亩，市内大部分地区被淹，可耕地被冲6000～7000亩，大水冲走3人。

7月29日至8月4日，丹东、本溪、抚顺、铁岭等7个市22个县的586个乡发生暴雨。7月28～29日、8月3～5日两次受高空槽和台风的共同影响，全省大部分地区降暴雨，暴雨中心在丹东、抚顺、本溪。全省大于100毫米雨量覆盖面积为3.8万平方千米，大于200毫米雨量覆盖面积为1.8万平方千米。这次天气过程降雨强度之大，范围之广，持续时间之长是历史罕见的。7月29日至8月4日铁岭鸡冠山降大暴雨，雨量为374毫米。8月1～5日抚顺雨量为383毫米，1～4日为329毫米。本溪为375毫米，丹东为390毫米，个别地方雨量在400毫米以上，造成山洪暴发，3～5日丹东地区出现泥石流。8月1日暴雨中心在抚顺，7小时雨量为185.7毫米，8月4日暴雨中心在抚顺、本溪、鞍山、丹东等地，日降雨量为200～300毫米。由于雨量大而集中，太子河、浑河、鸭绿江等水位猛涨，最高洪峰超过1888年的最大洪峰流量。鸭绿江高于警戒水位2米，比历史最高水位高0.6米，下游洪峰流量达25000米^3/秒。浑河洪峰流量18000米^3/秒。太子河在本溪水位超过历史水位5米多。海上或沿海地区29日出现7～8级大风，海上为12级。这次暴雨过程使全省成灾农田面积2461万亩，粮食减产20亿千克，成灾人口397万人，死亡1625人。冲坏大小水利工程10232处（座）。330多个厂矿因水灾影响钢铁产量减少20万吨，原煤减产200万吨，发电量减少20万千瓦左右，铁路路基冲毁136处，沈吉、沈鞍、长大、辽西、凤上、田西、金城线铁路先后停车。县级以上公路冲毁80条4000余千米。冲毁公路大桥18座、中小桥涵655座。大潮上岸，船只损失很多，部分农作物倒伏。财政损失是近百年罕见的。3～5日丹东地区发生泥石流。特大洪水淹耕地210万亩，成灾100余万亩。水冲农田18万亩，倒房2.25万间，死583人。冲毁水利5760处，冲毁铁路、公路桥93座、路基44段86.5千米，交通中断一个半月。其中宽甸县冲走和倒塌房屋0.34万间，冲走粮食2万多千克，受水灾面积12.2万亩，冲走冲坏大小水利工程1883处。冲走木材1.2万立方米，死130人。全县有18处工厂受灾，损失价值20.2万元，10处商店受损价值29万元。冲毁公路、铁路桥梁93处，长达1265千米。冲毁路基42段，长达119千米。冲断电话线长达475千米，总之损失超过历史上任何一年。铁岭的汎河、柴河河水出槽，淹地33.8万亩。抚顺大小河流普遍涨水，市区东洲河大桥及污水灌渠14处主要被冲毁；清原县山洪暴发，成灾面积16.3万亩；新宾县城积水到胸部，全县冲毁耕地14.7万亩，死14人，冲走大牲畜126头。本溪全市淹没农田32.3万亩，毁房1.6万间，死1064人。冲毁铁路路基近百千米、公路200多千米；公路、铁路全部停运。8月5日桓仁县山洪暴发，11万亩农田被淹。长海县风力12级，大海潮上岸，船只损失严重。皮口大风暴雨使95%的农作物倒伏，60%叶片受害，刮倒树木很多。

8月25日，昌图县遭到暴雨、大风灾害。农田冲刷严重，短时大风使高杆作物倒伏，叶片100%被撕裂。

1961年　7月2日、13～14日、8月10～12日，宽甸、凤城县特大暴雨。宽甸东郊、南郊和凤城南郊多处局地山体滑坡，总计死64人，倒房1058间，农田受灾面积24.5万亩。

7月23日，大连市旅顺口区，11～15时降雨量198～210毫米，大水冲入市区，伴有6～7级大风。低洼地和街道积水1米左右深。

7月24日，义县暴雨并伴有7～8级大风，农田受灾面积3.7万亩。

7月21～25日，岫岩、丹东、宽甸、东沟等市县暴风雨，造成内涝。

8月4日，清原县日最大降雨量为185.2毫米。冲毁土地0.3万亩。

8月23日，海城县雨量130毫米。部分大豆倒伏。

1962年　5月25日，凌源县暴雨，受灾大田作物1.1万亩，冲毁园田作物472亩，冲倒房屋27间，冲毁灌区2处，苗圃、仓库等9处，淹粮0.75万千克，冲走化肥260千克。

6月5～6日，锦县连降大雨，一般雨量在100毫米以上，个别地方由于降雨时间长，雨量集中，不少地区河水上涨。部分农田受灾，水冲沙压淹地0.3万亩，需补种0.1万多亩。

7月8～10日，金县、新金、庄河、旅顺等县区、义县、锦西县，8日降暴雨，雨量在100毫米以上。复县风力10～11级。遭暴雨、大风、冰雹灾害。淹地3.1万亩，倒塌房屋786间，其中庄河最重。复县5个乡受灾，刮倒苹果树0.3万棵，刮掉苹果115万千克，刮倒李子树0.1万棵。粮食减产70万千克，两县受灾农田10万多亩，损坏房屋867间。其中锦西受灾农田4.2万亩，沙压地2.5万亩、毁种1万多亩，补种1.5万亩。雹灾0.2万亩。

7月18～19日，建平、凌源、朝阳、建昌和兴城县暴雨同时伴有7～8级大风。5县共刮倒庄稼67.8万亩。19日由于雨急朝阳县大平房段水漫铁路，路基被冲毁，火车停运7小时。兴城县受灾农田1.1万亩。

7月19～26日，朝阳市连阴雨。26日上午9～10时雨量为72.8毫米，大凌河河水泛滥。19～26日雨量为200毫米。冲毁不少房屋。

7月下旬，营口市连续3次大雨，雨量为150～200毫米。由于雨量大而集中，低洼地内涝，成灾农田面积为6.1万亩。

7月24～28日，丹东、沈阳、营口、锦州、阜新、朝阳市降雨，27日丹东地区降特大暴雨，毛甸子雨量646毫米。黑沟12～18时雨量386毫米。大于100毫米的覆盖面积6.4万平方千米；大于200毫米面积达1.2万平方千米。暴雨中心在朝阳，雨量为401毫米。河水出槽，泛滥成灾。7月27日宽甸多处发生泥石流。凤城、宽甸两县受灾农田1.3万亩，倒塌房屋28间，铁路冲断几处，货车停运一天。朝阳、锦州、营口、沈阳受灾农田达431万亩。倒塌房屋几百间。冲走淹死牲畜几千头。锦县26日夜间10点多钟因受朝阳暴雨影响，大凌河水位猛涨，数处决口，造成较大灾害。兴城县24～25日受灾农田0.1万多亩。彰武县25～26日全县过水面积36万亩，积水面积15万亩，农田绝收6.5万亩。倒塌房屋7663间、畜舍3114间、仓库656间。死7人，伤10人。两座水库决口，8个塘坝决口，河堤决口28处。

7月，全省总受灾面积2053万亩，成灾1405万亩。其中水灾面积735.8万亩，粮食减产8.35亿千克，成灾人口442.5万，死亡452人。倒塌房屋10.6万间，死亡大牲畜0.3万头。

8月上旬，丹东、沈阳、旅大、营口等市降雨，丹东地区8月6日6时至8日9时连续降雨51小时，平均雨量在300毫米以上。梨树沟、凤城、草河、宽甸荒沟等地雨量均在400毫米以上。其中6～8日暴雨中心在毛甸子，雨量为794毫米，6日8时至7日8时为141.6毫米，7日8时至8日8时为158.9毫米。由于雨大，面积广，持续时间长，致使大小河流的水位上涨，大小洋河、碧流河先后发生洪水，辽河下游也发生水灾（凤城7日20时至8日20时，雨量256.6毫米，8日20至9日20时，雨量152.6毫米）。全省受灾农田面积172万亩，其中重灾77.5万亩，倒塌房屋5.3万多间。其中丹东、台安县较重。丹东市有25个村屯被洪水包围（丹东县的龙王庙，九连城最重，龙王庙有0.4万多人被水包围，九连城水深1米）。全市7月27日，8月6～8日两次台风暴雨共倒房404间，死25人。农田受灾面积79万亩。其中重灾玉米12.5万亩（减产30%～50%），轻灾43.5万亩（减产10%以上）。宽甸县8月6～8日发生泥石流。成灾农田面积72万亩，倒房404间，死亡大牲畜90头，死亡25人（与7月27日合计灾情）。其中7～8日冲毁农田54.3万亩，粮食减产271.5万千克，倒塌房屋129间。凤城县24个乡有15个乡受灾，面积为0.7万亩，倒塌房屋268间，死伤7人。公路损失较重，凤城至大堡，凤城至红旗不通车。岫岩县平地积水2～3尺深。台安县有25.8万亩地积水平均深1～3尺。旅大市、新金县、庄河县大小河流水位普遍上涨。朱家限子、张店、九龙、于甸、大成5个水库溢洪，冲毁塘坝2处，河堤决口735处。36个乡淹地10万亩，重灾4万多亩，冲倒各种房屋0.3万间，死4人，伤2人。其中城子坦受灾1.6万亩，损失粮食220多万千克。

8月18～19日，宽甸、岫岩、新金县大暴雨，19日宽甸日雨量为196毫米。宽甸县冲毁农田2.6万亩，粮食减产128.5万千克，房屋倒塌3间。8月7～8日和19日两次冲毁路基69处长7千米、桥梁5处、涵洞40处，死5人。岫岩县因上游大暴雨冲跨大洋桥，中断南北交通。新金县33个乡场有21个受灾。受灾农田面积达13.7万亩，其中重灾10.5万亩，减产粮食921万千克。倒塌各种房0.4万间，冲毁塘坝15座，塘坝决口2062处，伤3人。

1963年 7月中下旬，全省部分地区连降暴雨，其中朝阳、锦县、新民、北票、盘山、台安、丹东等县受灾严重。7月中旬以来，16～18日，19～21日连降大雨至暴雨，大小凌河，六股河、柳河、饶阳河部分堤段决口，泛滥成灾。我省东部、南部和中部地区水多积涝成灾。大于100毫米的雨量覆盖面积为23万平方千米。其中7月18日暴雨中心在鸭绿江和黄海沿岸。19～20日暴雨中心在锦州、朝阳一带。22日、23日雨量中心在柳河和大凌河。全省有578个乡受灾，面积达900多万亩，其中水灾面积668.5万亩。倒塌房屋11.7万间，受灾人口130万，死139人，伤294人。沈山线中断停车7天，锦承、凤上、金城、溪田线曾中断停车。

7月15日，旅顺口区降大暴雨，平均雨量170毫米，最大雨量为200毫米。全区大田受灾农田面积为0.4万亩，损失均在9成以上。倒塌房屋100余间，共损失价值32万元。

7月15～22日，复县降暴雨。受灾农田面积12.9万亩，其中水灾9.8万亩，风雹灾1.3万亩；7月22～23日山洪水淹死3人。

7月16～18日、19～21日，丹东地区大暴雨中心在鸭绿江。全部受灾农田面积47万亩，死17人。其中岫岩七一水库、东风水库发生险情，东沟县洪水包围龙王庙乡，凤城县刮倒玉米20万亩。

7月16日，北镇县部分农作物和树木被冲倒，部分茎杆被打坏，个别需毁种。义县7个乡受灾，占耕地面积的66%。新民县柳河决口8处，绕阳河决口2处，县城被洪水包围，局部水深达4米左右，受灾农田面积70万亩，受灾人口达8万。辽阳市7个乡有22万亩农田遭雨风雹灾害，其中内涝11万亩。

7月18日，锦州市暴雨，浸水面积达7.5平方千米，其中因排水口倒灌，致使锦州纺织厂、印染厂、矿山机械厂等企业被淹，水深1.5米左右，西关太和街一带住宅、工厂全被洪水包围。城区14条街、121个企业、11842户受灾，死亡46人，火车中断74小时，另外，郊区淹没57平方千米，西郊机场进水。柳河堤防溃决后，洪水包围新民县城，冲毁高台山车站57.62号铁桥，绕阳河也决口多处。

7月19～20日，朝阳县大雨，建昌县六家子一日最大雨量达428.8毫米，三日雨量552.0毫米。40个乡全部受灾。其中18个乡受灾较重，受灾农田面积有93.7万亩，绝收1.1万亩。全县毁房8.5万间。

7月18～20日，锦州市连阴雨，20日绥中县降大暴雨，引起内涝。绥中全县27个乡8.1万人受灾，淹地7.2万亩，无收成1.4万亩。淹房0.3万间，倒房735间。死2人。冲走冲倒树木0.2万棵。锦县19个乡受灾人口12万，受灾农田面积42万亩。其中内涝15万亩，死3人。损坏房屋957间，死亡大牲畜0.3万头。

1964年 7月下旬至8月中旬，丹东地区、桓仁、盖县、旅顺口、复县、抚顺县等地，7月21日、26～30日，8月3～4日、6～7日、12～14日5次暴雨过程。其中7月26～30日暴雨中心在辽河、大凌河、六股河流域。部分雨量都在150～200毫米，抚顺市郊官家水库和建昌要路沟一带达240毫米，桓仁山洪暴发，出现几年来少见的洪水。双台河、运粮河、南沙河等13条中小河流出槽漫溢。浑河、大凌河下游堤坊先后决口两处，外套堤大部分溃堤。辽中、台安、盘山、新民、黑山、辽阳、海城、营口等地低洼地区积水成灾。全省14个县200多个乡受灾，内涝农田面积800多万亩，倒塌房屋1万间。锦承、高新、大郑和新义等4条铁路曾一度中断。

7月21日，抚顺县暴雨引起山洪暴发。台儿山水库第2次垮坝，冲毁沈吉铁路路基200米。

7月26～30日，复县南部、东南部雨量为137～160毫米。水冲沙压庄稼11.7万亩，其中绝收4.0万亩；内涝1.9万亩，重灾8.1万亩。淹房0.3万间，倒房338间，倒仓库72间。冲坏果树0.4万株，冲倒116株，冲走147株。

7月29日，旅顺口区雨量118.9毫米，毁田200亩，重灾减产面积50%，冲走民房62间。

7月，盖县连续5天雨量为171.6毫米，29日降雨量116.7毫米。大清河、熊岳河、碧流河泛滥，涝洼地成灾，面积为137.6万亩，绝收42.0万亩。桓仁县八里甸子雨量为231毫米，山洪暴发，出现几年来少见的洪水。鞍山、营口、沈阳、辽阳市灾情严重，辽阳县塘马寨、海城县的温香一片汪洋。营口县高坎和旗口公社大田作物全部涝死。辽中、新民、台安等县50%以上农田积水内涝。

8月6～7日，阜新3个公社积水成灾。受灾农田面积2.5万亩，其中减产50%的有120亩。

8月，抚顺市、本溪市暴雨中心在太子河上游，南孤山子雨量为244毫米，浑河、太子河出现几年少见的洪水。浑河决口。清原县冲毁农田5万亩。新宾县淹没农田，断绝交通。冲毁公路桥涵4座，房屋进水206间。本溪县受灾农田5.3万亩，冲毁桥涵4座，206间房屋进水。

8月10日，海城县暴雨，温香乡被水淹。

8月13～14日，铁岭、辽中县暴雨，汎河、辽河下游河水出槽，铁岭13～14日降雨量169毫米。铁岭农田受灾面积44.9万亩，其中重灾23.7万亩。辽中受灾农田74.1万亩，个别公社水深1尺，交通隔绝，倒房519间。

8月27～30日，丹东地区、辽中、西丰、昌图、开原等地降暴雨。丹东梨树沟雨量为511毫米，30日西丰雨量为155.8毫米。于家房日雨量165毫米。丹东地区啸山多处，凤城最重，受灾农田面积18万亩。五龙背、汤山城、凤城等地冲毁铁路33处，死36人，沈丹线停车1天，倒房428间。

8月29～30日，铁岭、西丰、开原、昌图等地降大暴雨，辽河、清河又出现洪峰，使前期涝灾进一步恶化。西丰因降特大暴雨河床改道。西丰县镇内部分民房倒塌，死亡2人，毁坏部分庄稼。

8月27～29日，辽中县降暴雨，暴雨中心在于家房，日降雨量为165毫米。高粱严重倒伏，使前汛期涝灾进一步恶化。

1965年 6月14～16日，喀左县3日雨量218毫米，水库垮坝。冲淤耕地0.5万亩，冲坏工程350座，塌房1295间，死3人。

6月25日，建平县暴雨历时1个半小时，大营子河套发水三米多深。4个村庄稼、林木和部分农田水利遭严重破坏，冲地0.2万亩。

7月17日，抚顺市区内50分钟降雨量为80.4毫米，降雨强度为历史所罕见。有些工矿生产受影响，1100多户民房内进水，冲毁郊区部分公路、桥涵，交通停运半天，民房倒塌，个别人被水冲走或受伤。

8月1～2日，锦县上游北镇、义县降雨量大，出现山洪。本站1日晨至2日夜降雨量111.0毫米。冲淹地2.1万亩，其中农田绝收0.2万亩，倒房28户，被山洪冲走2人，防洪排灌工程决口2处。凤城县赛马降特大暴雨。

8月10日，康平县降大暴雨，低洼地区内涝。

8月14～16日，喀左县降大暴雨，3天雨量218毫米，大小凌河发大水。冲毁两岸房屋、农田。李杖子水库垮坝，全县交通中断。

1966年 7月27～29日，法库、复县、新金县出现暴雨，29日法库雨量80.3毫米，个别地方在100毫米以上，风力6～7级。27日普兰店雨量127毫米，风力11级。复县得利寺27日雨量153.8毫米，同时伴有9～10级大风。法库玉米受风灾面积1.7万亩。普兰店河堤决口达790多处，沙压农田719亩，玉米倒伏。复县16.5万亩农田过水，积水2.8万亩，刮掉苹果1500吨，倒房1200间（含畜舍），死1人。

8月8～9日，昌图县大暴雨。2天雨量84.6毫米，双开公社100毫米。造成严重水灾，淹8个村屯，死6人。

8月29日，新宾、昌图、清原、凤城等县暴雨，浑河上游南杂木山洪下泻河水暴涨，出现百年不遇特大洪水。冲毁农田0.2万亩、铁路桥2座，使铁路中断，公路阻塞，毁民房10间，冲走煤炭653吨，焦炭580吨，汽油42桶。

1967年 4月29日至6月27日，全省部分地区出现暴雨，局部地区水灾面积58.7万亩，毁房2178间，死亡大牲畜154头。

4月28～30日，抚顺、本溪、丹东地区暴雨，抚顺市县雨量70～80毫米，马圈公社为150毫米左右。本溪地区山洪暴发，水土大量滑坡，淤塞河道，水库垮坝。本溪地区毁地1.4万亩，倒房27间，死3人。29日新宾马圈子山洪暴发，白菜沟小型水库垮坝，死10人。毁种地0.3万亩，水淹地0.6万亩，冲毁水利工程103项。

6月11日，法库县大暴雨。三面船公社山洪暴发，淹死3人。

6月26～27日，锦县特大暴雨，大凌河、新庄、双羊、东花等公社14小时降雨294毫米，相当于年平均雨量的50%，超过历史同期降雨量的4.5倍。受灾农田面积127.2万亩，梯田被冲毁。水库决口2个，干渠决口3条32处，死2人，倒塌房屋553间。

1969年 4月20日，丹东市大暴雨。五龙背双岭河堤被冲开。

7月27日，庄河县横道河3小时降雨量120毫米，山洪暴发。

8月21日，锦县降暴雨，水势大于1932年和1949年。县内诸河泛滥，五里河上游寺儿堡河水出槽。铁路桥被冲断，部分农田被淹。锦西县灾情最重，五里河镇被洪水围困3个多小时，死亡24人；南票右广角专线铁路冲断。盘锦、辽中、新民县及辽河下游普降暴雨，河水泛滥。降暴雨后，加上前几次土壤水分饱和，旱田低洼地区发生内涝，部分套堤决口造成水灾，淹没部分农田。

1970年 7月19～20日，丹东地区大暴雨，凤城那家堡子降雨量295毫米。凤城县南部发生泥石流，丹东地区个别地方山洪暴发，又值天文大潮，东沟沿海地带被淹。沈阳、丹东、营口、盘锦地区水灾面积90多万亩，其中沈阳受灾面积48万亩，盘锦25万亩，营口15万亩。

1971 年　7 月 3 日，庄河县桂云花降大暴雨，12～13 时雨量 100 毫米。局部成灾。

7 月 26 日海城县降大暴雨，伴有 8～10 级大风，雨量 100 毫米以上。海城县八里、王石、西柳、感王等公社局部出现内涝灾害。

7 月 31 日至 8 月 8 日，全省大部分地区普降暴雨，太子河流域平均降雨量 200 毫米以上，最大暴雨中心在新宾县苇子峪，雨量为 339 毫米。全省水灾面积 577 万亩，倒塌房屋 1.2 万间。

7 月 31 日至 8 月 1 日，本溪降特大暴雨，高官乡三道河降雨量为 270 毫米，本溪县 31 日 17～23 时为 243 毫米，本溪水文站相继发生 3 次洪峰。31 日本溪县即将竣工的三道河水库决口，引起主要河流水位暴涨，洪水泛滥成灾。冲走 19 户，毁耕地 0.3 万亩，北房水库垮坝，死 7 人，折合经济损失 35 万元。

1971 年，抚顺县救兵台水库最大洪峰流量 4300 $米^3$/秒，冲毁本溪三道河和抚顺县虎石台两座中型水库，出现历史罕见的特大洪水，为建国以来最重灾害。抚南乡虎石台中型水库决口，造成数百人死亡，大量农田被冲毁，抚顺有 100 多处泥石流。冲倒房屋 494 间，毁农田 1.1 万亩，淹死牲畜 666 头。

7 月 31 日至 8 月 3 日，丹东连降大暴雨。东沟县红光公社（龙王庙）大洋河堤决口，凤城县鸡冠山公社三台子一队被洪水包围，凤山公社大隈子草河堤被冲垮。

8 月 8 日，海城县暴雨，浑河上游流域平均降雨 175 毫米，最大暴雨中心在新宾县，木奇雨量为 267 毫米。太子河支流北沙河也发生了十年一遇洪水。海城县牛庄公社里家窝堡堤段决口 72 米，洪水冲断沟海铁路，淹没农田；太子河支流运粮河决口 80 米。浑河流域一些小型水库先后漫堤垮坝，冲毁不少农田。大洼县上游雨大，平地水深 2～2.5 米。洪水淹地 2.9 万亩，损失粮食 1446 万千克。

9 月 1～2 日，受华北气旋影响，东沟、庄河局部降特大暴雨，东沟县西部到庄河 24 小时雨量 400～500 毫米，庄河 2 日雨量在 200～500 毫米（8～9 时为 115.2 毫米，上午 3 小时为 297.0 毫米，下午 6 小时为 335.2 毫米）。永记水库雨量为 540 毫米。刁家坝水库炸闸泻洪造成洪涝灾害（新农、孤山、海洋三个乡农田受灾）。庄河过水面积 19.8 万亩，水冲沙压 2.2 万亩，倒塌房 865 间，决堤 6 处，冲毁渠道 12 处，公路停车 3 天，死 12 人。

9 月 17 日，庄河县光辉乡降暴雨，水库日雨量 221 毫米。洪水成灾。

1972 年　8 月 14～16 日，辽东山区宽甸降特大暴雨，局部地区农业受灾严重。

1973 年　6 月 17 日，铁岭降特大暴雨，日雨量 233 毫米，3 小时最大雨量 135 毫米。

7 月 19～20 日，旅大、丹东部分地区降特大暴雨，岫岩雨量 164 毫米。庄河雨量 108.2 毫米，桂云花雨量 204.0 毫米。暴雨中心在大洋河、碧流河流域。两河流域平均雨量 200 毫米，最大为 380 毫米，大洋河出现 10 多年最高水位。碧流河洪峰达 3950 秒立方，超过 1962 年的最大洪水流量。大连地区农作物受灾面积 66.4 万亩，死亡大牲畜 211 头，倒塌房屋 5542 间，冲毁堤坝 784 处，损失价值 170 多万元。其中新金、庄河两县 14 个乡受灾农田面积 10.9 万亩，倒塌房屋 4530 间，死 6 人。桂云花损失柞蚕 20 把，苹果

2750千克，刮倒大树0.7万株，冲淹沙压农田0.2万亩，冲毁渠道2500米。复县水淹地3.8万亩，农作物倒伏9.8万亩，农田内涝9.6万亩，沙压0.3万亩，倒塌房屋720间，死1人。丹东地区岫岩、东沟、凤城三县受灾农田面积110万亩，死亡11人。其中岫岩县冲毁堤坝2400余米，公路6700米，倒塌房屋1047间，死6人，伤10人。

7月25日至8月2日，建平、朝阳、北票、喀左、凌源5县暴雨，使5个县45个公社受灾农田面积达81万亩。

8月2日，喀左县降暴雨、冰雹。受灾面积4.9万亩，减产3万亩左右，冲毁正在施工的水库1座、塘坝6处，倒房3间。

8月8日，阜新县降暴雨。5个公社受灾农田面积0.4万亩，冲毁土地390亩、造林地355亩，大小树木1.3万棵，倒塌房屋48间，冲走1人。

8月20～21日，沈阳、抚顺、鞍山地区普降暴雨，雨量170～200毫米，街道水深过膝，章党21日雨量177.7毫米，台安2小时雨量190毫米，风力8～9级，同时伴有冰雹。这次暴雨过程造成水灾面积209万亩，死68人，倒塌房屋24272间，冲毁水利工程，铁路交通中断，部分工矿企业停产。其中大连、丹东、锦州、盘锦、铁岭较重，台安全县农业减产1～2.5成。章党铁路桥冲坏，火车停运两天。市内至哈达公路几处冲毁，影响车辆通行。

8月22日，台安县降暴雨，2小时雨量190毫米，风力8～9级。全县农业减产1～2成。

8月26～27日，丹东地区降特大暴雨，沙里寨雨量419毫米。凤城、宽甸南部山洪暴发，永甸湾沟河堤冲毁，河滩地土层被冲走。

1974年　8月以来，全省部分地区降暴雨，总受灾农田面积507万亩，其中沈阳202.2万亩，锦州170万亩，盘锦74.6万亩，铁岭12万亩，鞍山3.5万亩，辽阳44万亩。

8月1日，复县大暴雨，全县平均雨量80～100毫米。冲毁农作物0.5万亩，倒塌房屋151间，死4人，水淹地3万亩。

8月9～11日，凤城县大暴雨，短时间内雨量为378毫米；过程雨量（10～11日）409毫米，引起山洪暴发。13个公社受灾，作物被水淹23.2万亩，水冲农田0.3万亩，沙压地0.2万亩，死5人，冲走房屋6间，倒塌55间。盘锦、锦州地区9～10日雨量为100～200毫米，盘山胡家农场达312毫米。锦州地区（黑山、北镇、锦县）受灾农作物达166.5万亩。到8月13日有100万亩农田积水，绝收1.6万亩，减产5成以上有12.6万亩。盘锦积水农田面积76.5万亩（盘山县41万亩，台安县35万亩），其中积水深1尺以上30万亩，农作物被水淹没顶4.6万亩，倒伏1.3万亩。倒塌房屋61间。

1975年　7月3～4日，新宾、清原、抚顺县降暴雨。新宾南山、西腰山山洪暴发。清原南山城水灾，抚顺县碾盘水灾。

7月7日，新宾县大水冲进镇内，水深1米左右，70间房被淹，煤建公司汽油罐被大水冲翻，损失汽油17吨。

7月29～31日，营口、鞍山、辽阳、盘锦、锦州地区、沈阳、大连北部、朝阳南部、法库、抚顺、本溪等县降暴雨。过程雨量200～300毫米，其中盖县、熊岳、复州城一带

31 日 24 小时雨量达 250～332 毫米，盖县两天连续雨量 380 毫米，是建站以来从未有的。全省受灾农田面积 1000.4 万亩，成灾面积 635.7 万亩，死 134 人，倒房 7.8 万间、冲毁公路桥 157 座，涵洞 69 座等。

7 月 31 日，复县 1～14 时降雨量 264 毫米。淹地 18.6 万亩，其中水冲 2.5 万亩，内涝 6.9 万亩，作物倒伏 3.6 万亩，死 15 人，倒房 245 间，冲倒树木 6.0 万株。许屯车站涵洞被洪水冲毁造成停车 36 小时，全县 13 条公路被冲坏，桥冲坏 9 座，涵洞坏 31 座，仅公路损失 60 万元。大洼县东风农场雨量 369 毫米。上游雨大，内涝外洪造成堤坝决口，淹没土地 0.6 万亩，损失粮食 326 万千克。营口县过程雨量为 281.2 毫米。城内洼地水深 1 米以上，平地水深约 1 米，东部水下泻，附近河水均出槽，农业损失很大。7 月 31 日盖县县城、熊岳城雨量分别为 264.0 和 331.7 毫米。杨运公社等山洪暴发。31 个乡 5 个农场受灾面积 25 万亩，水冲沙压，绝产 5 万亩，死 15 人。水库决口一处，塘坝几座被冲坏，冲坏主干渠 11.6 千米，冲坏堤坝造成 596 亩农田受灾，有近 2 万户被水冲。4.2 万间房屋进水，冲走房屋 296 间等。阜新县过程雨量 127.3 毫米。5 个公社 1 个农场受灾农田面积 33 万亩。辽中县 29～31 日降雨量为 259.4 毫米，排水站压力涵管漏水造成决口。农田积水面积 121 万亩，成灾面积 25 万亩，倒塌房屋 0.8 万亩，死 4 人。新民县内四条河流（辽、浑、蒲、绕）水位急剧上涨。农田积水面积 95.7 万亩，其中 2.2 万亩河滩地庄稼被淹没顶。辽阳市有 115 万亩农田过水，其中成灾面积 40 万亩，绝收 14.6 万亩。鞍山市的台安 7 月 29～31 日降雨量 286.0 毫米。外洪内涝农田面积 175.4 万亩，其中绝收面积 34.8 万亩（海城 77.7 万亩，绝收 17.4 万亩；台安 10 万亩；鞍山市 87.7 万亩，绝收 17.4 万亩）。绥中县持续降水 30 小时。有一半以上地区降水量超过 300 毫米，局地最大雨量为 392 毫米。全县沿河工程决口 96 处，倒塌 19 处，冲坏水库灌区工程 43 处，冲垮六股河防洪工程 4 处，农业损失严重。

8 月 4 日，辽中县暴雨，辽河左岸三家子段决口。4 个公社 8.3 万人受灾，被淹耕地 17.9 万亩，倒塌房屋 0.3 万间，损失粮食 0.7 万千克。

8 月 31 日，鞍山市夜间市郊突降历史罕见特大暴雨，雨量为 254.1 毫米。雨量大，过于集中，短时期内排不出去，地面积水成灾，鞍钢及矿山部分厂房被淹，有的停产数日。

1976 年　6 月 5 日，喀左县降暴雨、冰雹，南公营雨量 140 毫米。受灾农田 0.7 万亩，死耕牛 3 头，马 1 匹，毁大井 11 眼，塘坝 1 处，倒房 15 间。

8 月 1～2 日，大连南部暴雨，旅顺降雨量 153.1 毫米，大连雨量为 182.7 毫米。造成局部地区洪涝灾害。

1977 年　6 月 29 日，开原县暴雨中心在中固公社 90 分钟降雨量为 150 毫米，地面积水 1 米多深，并伴有冰雹。雨后水库溢洪，农田水灾面积 2.6 万亩，冲毁梯田 190 亩。

6 月 30 日，新金、金县降暴雨，皮口雨量为 77.2 毫米，大连南部一般雨量为 30～70 毫米，李屯公社 105 毫米，7 时 30 分至 9 时 30 分雨量为 90 毫米。旅顺 119.1 毫米，大连 109.1 毫米，金县 72.2 毫米。两县受灾农田面积 3.3 万亩，倒房 32 间，其中，新金县、皮口受灾农田面积为 2.9 万亩，倒塌房屋 30 间，决口堤坝 19 处。占子河、碧流河公社灾情较重，死 1 人。金县受灾农田面积 437 亩，冲毁方塘 4 座、河堤 3 处、公路桥涵 2 处，倒塌房屋 2 间，百余间民房进水。

7 月下旬至 8 月中旬，全省大部分地区 4 次集中降暴雨（7 月 21～24 日，26～27 日，30～31 日，8 月 1～3 日），降雨中心在锦西、黑山、宽甸、凤城等地，降雨量达 500～600 毫米，丹东地区伴有 8～9 级大风。由于雨量集中，造成局部山洪暴发，河水猛涨，酿成灾害。宽甸、凤城、锦西、绥中、黑山、建昌等县灾情严重。全省 617 万亩农田受灾，成灾面积 372.6 万亩，死亡 196 人，倒塌房屋 3.6 万间。

7 月下旬，锦州地区、建昌、新民等县雨量为 220～230 毫米，义县北镇分别为 351.6 毫米和 364.6 毫米，21～24 日雨量一般为 110～166 毫米，其中绥中、新民 24 日雨量分别为 102.7 和 127.2 毫米；26～27 日普降大暴雨，义县过程雨量为 201.9 毫米；30～31 日过程雨量为 40～120 毫米。26 日锦州日雨量为 77.8 毫米，1 小时最大雨量为 50.2 毫米。连续暴雨，时间集中，雨量过大，一些地区山洪暴发，河水泛滥，出现严重洪涝。锦州地区 7 个县遭受暴雨大风灾害。全市水冲沙压农田 12.6 万亩，内涝成灾面积 53.2 万亩，大风倒伏农作物 140 万亩，折断庄稼 2.5 万亩。并损坏一些水利交通设备，死亡 50 多人。绥中 23 日大暴雨使水库决口，黑河水猛涨，公路水深 1 米。23、26 日水冲沙压地 1.2 万亩，冲毁梯田 0.4 万亩，倒伏庄稼 17.7 万亩，冲走房屋 1421 间，冲走树木 2.6 万亩，冲毁护田坝 4.7 万亩，冲毁塘坝 5 个，冲走粮食 2.5 万千克。兴城 24 日受水灾面积 22.9 万亩，房子倒塌 814 间，冲坏河堤 11 处、方塘 3 个、梯田 0.7 万亩，风灾面积 14.1 万亩。锦西 23 日全县 8 个公社受灾农田面积 1.8 万亩。水冲沙压 1.8 万亩，洼地积水 3.2 万亩，作物倒伏 20 万亩，冲走房屋 58 间，倒塌房屋 649 间，死亡 27 人。冲毁塘坝 10 座、方塘 20 个，护岸工程 5 万米，机电井 50 眼，损失人民币 2 万元。锦州市郊农田涝灾 1.81 万亩，庄稼倒伏 1.4 万亩，倒房 8 间。义县 26 日水灾面积 11.7 万亩，其中冲走耕地 1.8 万亩，沙压 4.0 万亩，水泡地 5.9 万亩，冲走房屋 24 间，死亡 16 人。24 日风灾面积 54 万亩，其中农作物倒伏 50 万亩，折断 3.2 万亩。锦县 24、28 日水冲沙压农田 151 万亩，其中庄稼绝收 0.7 万亩，农田内涝面积 18 万亩，死亡 7 人。倒塌房屋 1.5 万间，冲毁方塘 15 座，塘坝 20 座。水果损失 5 万千克。黑山县个别公社受灾，农田过水面积 80 万亩，庄稼绝收 15 万亩。北镇县 7 月 21 日至 8 月 3 日全县受灾农田面积 32.5 万亩，减产 5 成的地有 16.1 万亩，减产 6～9 成的地有 7.6 万亩，绝收 8.8 万亩。全县倒房 5326 间。建昌县受灾农田面积 12.8 万亩。其中水冲沙压地 5.5 万亩。洪水冲毁小型水库 1 座、塘坝 29 座、河堤 20.5 万米。冲毁房屋 0.4 万间，死亡 13 人。其中乡镇企业经济损失达 12.4 万元。新民县辽河以西农田受灾 52.5 万亩，其中绝收 13 万亩。

7 月 31 日至 8 月 3 日，东南沿海和丹东地区、大连地区降大暴雨，并伴有大风。2～3 日暴雨中心在宽甸，大柞树雨量 367 毫米，太平哨街内水深齐檐。1 日和 3 日雨量 240.3 毫米和 215.6 毫米。2 日大连、金县降大暴雨，3 日凤城、丹东、草河口、桓仁雨量一般为 100～110 毫米，桓仁达 166.3 毫米。2～3 日瓦房店过程雨量为 229.5 毫米。雨后出现 6～7 级大风。1～2 日金县雨量为 236.0 毫米。暴雨引起山洪暴发，河水猛涨，导致堤坊决口，洪水泛滥成灾。宽甸、凤城县啸山多处。宽甸县东部，南部啸山 1500 余处，冲毁小型水库 17 座，770 多千米的沿河坝被冲垮，毁房 1409 间，死亡 68 人，重伤 37 人。冲毁农田 18.5 万亩，水冲沙压地 7.7 万亩，风灾 8.7 万亩。凤城县铁路被冲毁数十处，停运 23 天，受灾农田 54.7 万亩，其中水冲沙压地 2.5 万亩，死亡 63 人。桓仁县全县农作物受灾面积6万亩，冲毁道路111千米、桥53座、堤坝6千米，倒房353间等。全县冲毁小塘坝12座、平塘50座、小水利（涵洞、泵房等）12处、渠道12条4000米，河坝（主要河套沙坝）31千米，水冲沙压地1.3万亩，农田积水6.4万亩，倒房193间。复县全县内涝农田面积8.8万亩，其中过水面积7.6万亩，沙压面积0.9万亩，绝收0.3万亩，庄稼倒伏3万亩，倒房405间，死亡4人。

1978年　6月3～4日，北镇县部分地区降暴雨。其中3日16～17时和4日10～12时雨量集中，高屯乡1小时降雨量56.5毫米，大屯公社50分钟降雨量66毫米。全县6个公社受灾，受灾面积10.4万亩，成灾面积4.8万亩，其中需毁种0.3万亩，损失梨果175万千克。

8月9日，丹东、大连、阜新等地区暴雨，荒沟雨量为303毫米。罗圈背、荒沟等地发生洪涝。丹东、大连、阜新等地农田受灾43万亩。其中丹东23万亩，阜新3.6万亩，大连8.75万亩，鞍山、辽阳也遭水灾。

1979年　6月下旬至8月5日，主要降水过程：6月24～26日，7月12～16日，7月27～28日先后降暴雨伴有短时大风造成水库水位猛涨，堤坝决口，河水泛滥成灾。主要受灾地区在东部、东南沿海及西部地区（丹东、旅大、阜新、铁岭和朝阳）。总受灾农田面积359万亩，其中成灾214万亩，死61人。倒塌房屋1.3万间，受灾较重的宽甸县山洪暴发，有8个公社发生泥石流。

6月24～26日，丹东地区及新金、庄河县普降暴雨至大暴雨，雨量一般为100～200毫米。宽甸县24～26日雨量为349.0毫米，龙头达393毫米。24日白天各地出现8～9级阵风。25日龙头雨量为314毫米，15～20时雨量为300毫米。造成水库水位猛涨，堤坝决口，河水泛滥成灾（铁路、公路停运16天）。丹东地区农田受灾面积108万亩，冲毁土地12万亩，死亡44人。其中东沟县连续3天降暴雨，并伴有大风，造成水库水位猛涨，河水泛滥成灾，使20.8万亩农田受淹，倒塌房屋50余间。宽甸县8个公社发生泥石流，农田受灾面积18.5万亩，毁房1165间，死35人。冲毁防汛坝157.4千米、长坝21处、县级公路134.3千米、县社桥梁12处、涵洞50处、社级公路648.3千米、桥涵20处、涵洞34处，铁路、公路交通中断等。凤城县11个公社受暴雨袭击，受灾农田面积28.4万亩，其中冲毁农田18万亩，过水面积4.4万亩，内涝面积5.1万亩，庄稼倒伏170万亩。倒塌房屋16间，死亡3人。岫岩县7个公社受灾，冲毁大田0.7万亩，沙压地0.2万亩。庄河县受灾农田面积17万亩，其中绝收1.5万亩，河堤决口32处，倒塌房屋514间，刮倒电杆167根，死亡2人。新金县河坝决口132处，被淹庄稼12.6万亩，刮倒刮断树木1.3万亩，倒塌房屋406间，冲走1人。

7月12～16日，阜新、彰武、朝阳、岫岩、辽阳县的部分地区降暴雨，过程雨量为70～100毫米，局地达200毫米，同时伴有短时大风和冰雹，岫岩风力10级。其中阜新、彰武两县12～20日连续9天降雨，雨量为180～391毫米，暴雨成灾。不完全统计共有45个公社44.9万亩农田作物受灾，其中朝阳、阜新、彰武较重。朝阳受灾农田17万亩，其中重灾10.5万亩，损失水果250万千克。暴雨引起山洪暴发，冲毁塘坝32处、拦河坝10道92米。彰武县22万农田过水，其中9.4万亩土地积水，2.8万亩庄稼倒伏，水冲沙压地0.6万亩。阜新县5.9万亩农作物被淹，其中重灾2.4万亩，倒房188间，死亡1人。阜新、彰武两县7月12～20日有两座小型水库、9个塘坝决口。有45万亩农田被淹，18.7万亩农田成灾，8万亩绝收，倒塌房屋0.2万间，死亡4人。岫岩县7月16日农田受灾面积0.6万亩，折断树木0.1万多株，草房被揭盖155间，倒房9间。

7月27～28日，庄河县降暴雨，北部山区：三架山降雨量为200毫米以上，西北地区降雨量近200毫米，同时伴有6级以上大风，阵风7～8级。西部碧流河沿岸和东部英那河下游有10个公社（场）受灾，受灾作物面积9.5万亩，其中绝收3.4万亩。倒房853间，受灾215户1289人，死亡2人。河堤决口129处，冲坏公路桥5座，3条干线公路2～3天未通车，11条高压线及电话线中断。

1980年　6月7日，东沟县局部特大暴雨，向阳公社雨量达247毫米。全县农田过水面积3.8万亩，水冲沙压水田800亩，旱田需毁种的900亩。冲毁水利工程28处，桥涵8处。

7月9日，清原、新宾县降雨，清原40分钟降雨量50毫米。新宾部分农田被冲毁。清原县大苏河乡样子沟0.1万亩耕地被水冲成1450条侵蚀沟。建昌县2小时降雨量114毫米，并伴有冰雹。4个公社受灾农田1.7万亩，重灾约1万亩。洪水冲垮护堤坝0.1万多米，冲走成材树200多株，其中一个公社经济损失达40多万元。

7月10日，开原县暴雨伴有短时大风，风力8～10级，局部平地积水深1米左右，桥水位与桥面相平。两个公社受灾农田面积2.5～3.0万亩，绝收0.7万亩，有17户房屋进水，10户房棚被泡倒。

8月12日，金县、长海县降雨，金县过程雨量257毫米，1小时最大降雨量为97.7毫米。长海县过程雨量为246.7毫米。金县房屋进水0.5万户，倒塌房屋46间、畜舍77间。冲毁农田2.3万亩。水淹农田1.5万亩。冲毁树木1.6万棵，落果10万千克。河道决口1处长50米，冲毁道路21条，长达477米。冲毁桥梁7座、塘坝7个。金城铁路在13千米处路基被冲坏5米，停运长达12小时，长海县水冲沙压土地面积430亩，淹农田0.2万亩，其中绝收144亩。冲毁塘坝11座、涵洞10个、河堤200米、海堤500米、公路7500米，倒塌房屋160间。

1981年　7月20日白天至夜间，丹东地区北部，本溪地区西部，沈阳市苏家屯区降暴雨至大暴雨。本溪市13时30分至夜间降雨量为185毫米，本溪县13时30分至17时降雨量为170毫米，沈阳市苏家屯区东部（佟沟、姚千户、白清等）雨量达123～194毫米。由于暴雨来势猛，强度大，引起山洪暴发。丹东北部发生泥石流，冲毁铁路及桥涵103处。宽甸县泥石流冲毁农田4.3万亩。岫岩县冲毁公路19处，死10人。凤城县受灾农田2.3万亩，暴雨来势猛，强度大，引起山洪暴发。本溪一钢厂等32个工业、交通企业因受水淹造成停产或半停产。市内部分地区一度停水、停电、断煤气，有3000户居民1.5万人受灾。死亡28人，失踪16人。冲毁铁路路基、公路桥梁。沈丹、本溪至小市、本溪至辽阳铁路运输一度中断，损失粮食10万千克，水淹农田0.7万亩，本溪县受灾农田0.4万亩。全市经济损失2950万元。苏家屯东部山区有10个公社受灾，过水农田3万亩，倒塌房屋300间。

7月26日，地处复州河、浮渡河、熊岳河发源地的老帽山地区开始降雨。实测最大雨量：3日为644毫米（相当于百年一遇频率），24小时为576毫米，1小时为116毫米。复州河松树水库最大入库流量5454米^3/秒，超过了万年一遇频率，最高库水位112.86米，距主坝顶仅差0.5米，险些溃坝。27日夜间，雨势骤然加大，似瓢泼水柱冲击地面。27日21时至28日3时，仅6小时就降雨400毫米。在大强度暴雨冲击下，暴发了山洪，泥石流。刹那间，山崩地裂，雷声轰隆，时有蓝光闪闪，各个山谷里，洪水夹带泥沙、岩石顺着陡峻山坡崩塌、滚动，横冲直撞，蜂拥而下，立时形成一片石海、沙滩。洪流、泥石流所到之处，房舍、庄稼、果树、通讯线路、供电设施、水利工程、桥梁建筑以及铁路路基等均被摧毁。正如新金县同益公社和平村的老农于庆寿所谈，“一夜之间，祖祖辈辈的家业一扫而光!”据复县、盖县、新金3个重灾县的统计，63个公社有23987户115249人受灾。冲走民房9708间，倒塌民房9026间，死亡711人，重伤639人，有30户住户全家遇难。受灾耕地7.87公顷，果树61100棵，冲毁大小队部108处，房屋3242间，冲走大牲畜2085头，汽车11台，拖拉机63台，轿车187辆，冲毁公路630千米。老帽山地区的同益、万家岭、杨运等14个公社的高、低压电力线路和供电设施遭到严重破坏，安波变电所全部被泥沙埋没，松树变电所全部被水淹没，10多座变电所被迫停止运行，两条6万伏输电线路被冲破、冲倒，1万伏线路近250千米被冲毁，低压电力线冲毁800多千米。长大线铁路得利寺至熊岳站间，桥涵被冲毁45处，路基被冲走土方13.5万立方米。万家岭至许家屯段水漫路基，有的地段更是遭受到毁灭性破坏，如147千米512米处石头桥南侧8米高的双线路基被冲走150米，变成了“铁索桥”。小寺庙站北151～153千米处有1.04千米长的线路荡然无存。全线停运6天半。

7月27日，夜间，地处普兰店（新金）、瓦房店（复县）、盖州（盖县）交界的辽南老帽山地区，在超历史记录特大暴雨冲击下，山洪暴发，泥石流俱下，给辽南的大连、营口地区的广大城乡造成5.47亿元的直接经济损失。这次灾情特点：历时短暂、来势凶猛、损失巨大。

7月26～29日，辽东半岛受变性台风低压和冷锋的共同影响，全省大部分地区降大至暴雨，辽东半岛降暴雨至大暴雨，一般雨量为80～100毫米。其中新金西部和北部、复县北部及盖县南部降特大暴雨，雨量为200～400毫米。特大暴雨中心在新金县的同益公社，雨量达624毫米，（同益公社的唐屯雨量为768.9毫米）。6小时最大雨量为395.0毫米，1小时最大雨强为116.5毫米。大于200毫米雨量覆盖面积为830平方千米，大于500毫米雨量覆盖面积为280平方千米。由于雨量集中，雨量大，引起山洪暴发，28日凌晨前4小时内发生泥石流近万处。从7月28日夜间开始辽东半岛诸河水位猛涨，碧流河中上游一带最大涨率为0.7米/小时，下流水头高5米左右，形成极大的破坏力，致使河水出槽，堤坊溃决，发生了近百年来最大的洪水灾害。这次暴雨过程使6个县115个公社受灾，受灾总户数12.9万户、55.6万人，其中死亡669人，重伤639人。倒塌房屋2.4万间，冲走民房1.5万间。受灾耕地101.1万亩，果树61.1万株。200多处桥涵闸站等水利、交通设施被冲毁。冲走大牲畜0.2万头，汽车、拖拉机74台、胶轮车87台。406次客车车头和前部车厢脱轨，中长铁路停运8天。这次暴雨过程共造成经济损失5.4亿元。

7月，盖县降暴雨，熊岳杨运公社26日23时至28日06时雨量为270毫米，引起山洪暴发1930处，全县死亡329人。冲倒房屋0.2万间，水冲沙压耕地3.1万亩，其中绝收2.5万亩。熊岳山体滑坡320多处，河水泛滥，死亡158人，伤300多人。冲毁耕地1万多亩，冲毁果树15万多株。其他树木10万多株，毁房910多间。全镇公路、大小桥梁12座全部被冲毁。冲坏多处高、低压线路和电话线，造成全镇断电、断交通，经济损失2000多万元。金县暴雨中心在杏树屯，降雨量为389.1毫米，集中雨量在27日10～11时，雨量为43.0毫米。冲毁庄稼2.2万亩，水淹庄稼2.4万亩，320户996间房屋进水，倒塌房屋345间，死亡3人，损坏水利工程32处，毁坏方塘53座，冲垮河堤2.0万米。冲毁桥涵75座，公路中断68处0.1万米，冲毁树木11.3万棵。复县日降雨量200毫米以上，其中万家公社南马屯雨量达390毫米，引起山啸造成山洪暴发，复州河泛滥。13个公社1个镇623户受灾，毁房44间，死亡177人。水淹大田20万亩，其中绝收4万亩。铁路、公路、输电、通讯中断3～8天。长大铁路瓦房店至许屯间有30余处被冲毁，造成铁路从7月28日1时至8月4日16时中断近8天，406次客车在小寺处被阻，内燃机车和一节卧铺车厢分别被冲出轨道30和50米，车头被冲翻。新金县皮口两天降雨量为299.1毫米，暴雨中心同益公社过程雨量为624毫米，同益公社的杨屯过程雨量为768.9毫米，6小时雨量为395.0毫米，1小时为116.5毫米。北部山区3～4个村屯人、房全部被洪水冲走，死亡和失踪90多人。同益大桥被冲毁，交通中断7～8天。皮口公社倒塌房屋400多间，水淹大田1.7万亩（减产3成）。岫岩县过程雨量156.0毫米。受灾农田0.3万亩，倒塌房屋41间，冲毁公路19处、桥梁3座，淹死10人。

7月27日，凌源县暴雨。东河水位上涨，镇内和东河两岸有200多户民房被淹，个别民房进水，水深0.8米，其中水深0.3～0.6米的户数占80%。

1982年　6月16日，喀左县暴雨伴有冰雹，3小时降雨量45～105毫米，降雹5分钟，平均雹重1.1克。5个公社受灾，局部引起山洪。受灾农田面积为1.3万亩，冲毁堤坊9座、塘坝3座、公路小桥3座、护岸坝400米、沙坝1.4万米，冲淤机电井33眼，冲走5人，死亡3人，局部交通一度中断。

7月25～26日，复县全县雨量150毫米左右，其中炮台和杨家雨量在200毫米以上。全县农田进水面积4.8万亩，阵雨伴随大风，刮掉苹果71.85万千克，倒塌房屋906间。作物倒伏3.3万亩。

8月上中旬，丹东地区、大连部分地区及本溪西部和大洼县在8月5～9日、17～18日两次暴雨过程，雨量都在100毫米以上，河水水位上涨，个别地方过程雨量在400毫米以上，河水泛滥成灾。两次洪水使盖县、营口、大洼、庄河、新金、凤城、宽甸、东沟、岫岩、本溪县、丹东的振安区等11个县（区），98个公社受灾，共死亡83人，伤200人，受灾8万户50多万人。冲走民房633户0.2万多间，严重倒塌房屋0.9万间，成灾农田面积37.7万亩，冲毁公路600多千米，冲毁大小桥梁213座，经济损失价值1亿多元。

8月5～9日，丹东市、岫岩、凤城、东沟、盖县、营口、庄河等9个县7、8两日普降暴雨至大暴雨，局部降特大暴雨。降雨量一般50～180毫米。岫岩县6～8日雨量为520毫米，洋河公社2小时雨量150毫米。其中8日24小时雨量为120～350毫米，过程雨量中心在岫岩偏冷公社和凤城暖阳公社雨量分别为439和466毫米。境内诸河水位猛涨，大洋河流量由平时的100米^3/秒涨到613米^3/秒，鸭绿江支流的叆河由200米^3/秒涨到738.0米^3/秒，接近百年一遇的大水。宽甸县9日雨量为128毫米，熊岳8日雨量为149.2毫米。这场大暴雨共死70～80人，受灾农田32.45万亩，冲走各种树木23.9万株，冲毁公路84处981千米，铁路路基7处900米，冲倒电话杆841根，河堤决口114处44.7千米。冲毁渠道54处、桥梁37座、塘坝3座。岫岩、凤城多处山洪暴发。冲毁桥梁184座，公路240千米、铁路5处，518次客车被洪水围困在长甸，停运6天。受灾农田48.2万亩，其中冲毁耕地5.1万亩。冲毁房屋0.7万间，死亡64人（其中岫岩51人）失踪4人。宽甸12个公社受灾，受灾农田总面积3.6万亩，其中冲毁农田0.4万亩，沙压地0.8万亩，过水地0.25万亩，冲坏公路47处长0.3万米，冲毁铁路2处长15米，造成交通短时中断，经济损失共239.6万元。庄河县山洪暴发，河流泛滥，水淹农田10.6万亩，水冲沙压绝收0.7万亩，倒塌房屋833间，冲断大小桥梁19座，河坝决口13处长4000米，冲毁其他水利设施800多处，死亡11人。

8月17～18日，辽东、辽南再次降大暴雨，降雨中心在本溪县、大洼县，雨量分别为192毫米（17日08时至18日08时）和340毫米，其中本溪县3小时雨量为111毫米，6小时雨量163毫米，12小时雨量189毫米，下马塘、山城子、南甸、草河、清河城一带雨量为100～170毫米。本溪县12个公社，立新区3个公社受灾，受灾农田面积4.3万亩，冲毁农田0.9万亩，小市镇积水1.5米深，大部分民房进水，一些工厂停产。全县中断或损坏通讯线路9条、公路10条、桥梁3座、铁路路基两段、堤坊决口485米，渠道决口6千米，冲毁拦河坝两处，死亡5人，伤1人，毁房192间，总经济损失765.3万元。

8月25～26日，庄河、新金及长海县暴雨，庄河、新金两县的东部降暴雨至大暴雨，雨量一般为60～180毫米，庄河北部山区在200毫米以上，长岭公社向阳村雨量达326毫米，同时海上出现7～8级大风。庄河县几个社场受灾，农田过水面积11万亩，水冲沙压地0.8万亩，庄稼绝收0.5万亩。有0.4万间房屋进水，倒塌房屋98户543间，河堤决口100余处。新金县两个公社河堤决口181处长0.8万米。农田过水面积3.0万亩，作物倒伏0.3万亩。长海县25日20时近海处一只120马力船被大风刮翻，12人落海，死亡6人。

1983年　4月25～26日，岫岩县雨量一般在80～100毫米。暴雨中心在前营到城镇一带，最大雨量为126毫米，出现历史同期最大雨量。全县播种农田种子被雨浇出土，冲刷农田100多万亩，其中毁种0.2万亩，刮倒、折断成材树300多株，倒房320间，冲毁公路3处，山石滑坡阻塞公路2处，5天客车不通。全县浸湿粮食100多万千克。

6月27日，喀左县降暴雨、冰雹。受灾农田面积0.8万亩，沙压地0.2万亩，冲毁耕地500亩。冲毁公路10千米，冲毁机电井5眼、石坝2道；冲倒房屋16间。冲走柴草2.05万千克。有70户房屋进水，水深1.3米。经济损失价值4.6万元。

7月13～14日，凤城、岫岩、新金、庄河、东沟、长海、复县暴雨，凤城县鸡冠山公社和岫岩县新甸子公社15时雨量为117～137毫米，并伴有7～8级大风，新金、庄河发生海潮，比正常潮位高出1米，海浪高达3米，并伴有7～8级大风、暴雨。这是60年来最大的海潮袭击。岫岩、凤城两县有44个公社受灾农田面积为14.1万亩，成灾面积2.7万亩。新金、庄河两县受海潮袭击，发生海水倒灌，使沿海的35个公社受灾，防潮堤坝决口221处，淹没农田4万亩，共有589间民房进水，死2人，毁坏木船89只，冲坏养虾池3000多亩，冲毁海盐897千克。

7月，东沟县沿海刮7～8级东南风，风助水势，潮随风涌，最高潮位达4.3米，浪高3米，发生潮水倒灌现象。沿海184千米防潮堤坝有110千米受潮水冲击，决口33处，冲坏闸站13座。全县6个公社5个场42个养虾单位受破坏，经济损失达500多万元。有23万亩玉米倒伏，0.7万亩水田被淹，26万株果树受灾。潮水倒灌镇内积水1尺多深，有1/3的房屋进水。复县沿海14个公社一个农场的林场、盐场、养虾场受到60年来最大的海潮袭击，经济损失总值285万元，死亡2人。长海县被海潮淹漫农作物近百亩，冲毁防潮海堤280米，冲垮渔港堤坝280米、晒场7处，撞破渔船两只，冲毁海边公路300米等，折合经济损失39万元，最重的石城公社损失达35万元。长海县200户房屋进水，倒房10余间。农田、养殖、水产、粮站均不同程度受灾，经济损失达40万元（最重的獐子岛损失34万元）。

7月30日，本溪、大连地区暴雨，大连市12小时雨量为181毫米，金县、复县南部为80～100毫米，其他地区为20～70毫米，风力6～7级。由于雨势猛、强度大，本溪市新岭和大连马栏村一带发生泥石流，堵塞铁路公路和主要街道。大连共死8人。新金县大沙河、占子河等5条河流决口6处，0.8万亩农作物受灾。金县受灾农田1.4万亩，倒房65间，冲毁平塘3座、桥梁5座、堤坝7处、渠道330米、河堤7000米。冲毁公路9处5000米，刮掉苹果25万千克，撞碎6只小船，冲走海带2.5万千克，水库滑坡2处，损失总价值310万元，死亡8人。

8月6日，丹东市降暴雨，4.5个小时降雨量为164毫米，其中17～18时雨量为110毫米。市内6500户房屋进水，40多条街道积水深达1.5米，造成部分路段中断交通，个别工厂停产，水沧粮食10.5万千克，死亡2人。

9月1～2日，庄河县24小时降雨量为139毫米。全县15个公社受灾，其中重灾有6个公社，农田总受灾面积12.4万亩，减产粮食1225万千克，因雷电和水淹死亡7人，重伤3人。

1984年 5月30日，清原县遭暴雨、冰雹灾害。6个乡1.7万亩农田受灾。冲毁耕地0.1万亩，沙压地0.1万亩，冲毁公路19处、河堤30千米，直接经济损失38万元。

6月3日，喀左县降大雨至暴雨。死亡2人，伤1人，冲毁公路多处，冲毁石坝、农田，总损失价值0.8万元。

6月15～16日，大连地区普降暴雨至大暴雨，局部降特大暴雨。全区52个乡受灾，淹没农田42万亩，河堤决口124千米。金县一般雨量为100～200毫米，其中满家滩、亮家店、华家乡为180～270毫米。冲毁农田0.2万亩，沙压地736亩，水淹地0.9万亩。倒塌房屋268间，冲毁塘坝10处，冲坏大小船只61只，死亡3人，水库跑鱼5万千克。新金县一般雨量在130毫米以上，其中安歧、磨盘、夹河、城子坦、皮口等地雨量为200～300毫米。7个乡受灾，农田过水面积为29万亩，水冲沙压地2.2万亩，倒塌房屋677间，堤坝决口65处，冲毁渠道56千米，冲毁桥涵62处等。庄河县雨量为200～300毫米，其中三架山雨量为301毫米，并伴有7～8级大风，发生海潮。沿海灾情较重，总受灾农田面积15万亩以上。其中水冲沙压3.1万亩，淹没农田1.7万亩，倒房310间，死2

人，海、河堤被冲毁多处，公路中断。复县大暴雨，13 个乡受灾农田 5 万亩，冲毁 8 个养殖场，倒房 305 间，水灾损失折合价值 385 万元。长海县 6 月 16 日降暴雨，并有 8～9 级大风，阵风 9 级。水淹地 171 亩，冲毁农田 170 亩，倒树 380 棵，倒房 211 间。冲走银针鱼干 1.45 万千克。打碎船舨 9 台，渔船 1 只、死 1 人，毁坝 230 米，全县损失价值 14 万元。

7 月，辽阳县、海城县降暴雨，吉洞岭南公路发生滑坡，诸葛岭发生山体滑坡。

8 月 6～7 日，丹东地区宽甸降特大暴雨，毛甸子雨量为 279 毫米。鸭绿江出现 10 年少见的洪峰，荒沟洪峰流量 9420 $米^3$/秒，梨树沟洪峰流量 5810 $米^3$/秒。丹东全区死 10 人。宽甸县河水漫堤，镇内 1 万户房屋进水，街道水深 1 米，淹房 1214 间。全县 8 个乡受灾，冲毁土地 1.1 万亩，水淹农田 4.8 万亩，死亡 7 人。凤上铁路被冲毁 3 处。

8 月 8～10 日，全省大部分地区暴雨，辽西及丹东地区降大暴雨，过程雨量一般为 100～200 毫米，局部降特大暴雨，其他地区降大至暴雨，伴有 7～8 级大风，阵风达 9 级。全省农田受灾面积 912.2 万亩，其中水灾 116.5 万亩，风灾 795.7 万亩，6.1 万间房屋进水，倒塌房屋近 2 万间。

8 月，朝阳地区降大暴雨至特大暴雨，南部雨量为 200～266 毫米。由于雨量过急引起山洪暴发。大凌河上游水位提高 6～7 米。8 月 10 日夜间，南大桥水文站最大洪峰流量达 3900 秒立方。全区降雨量中部、北部为 110～180 毫米，其他为 200～266 毫米。全区农田受灾面积 43.3 万亩，其中冲毁农田 10.7 万亩，沙压淤积 32.6 万亩，冲毁塘坝 380 多座。全区有 4.8 万户房屋进水，倒塌房屋 1.4 万间，死亡 27 人。洪水使魏塔线锦承线铁路路基冲坏多处，行车中断 30～45 小时。全区 98 条公路程度不同受灾，客运停运 2 天。锦州地区一般降雨量为 50～200 毫米，绥中大部、兴城局部降特大暴雨，绥中燕家乡雨量为 314 毫米，10 日白天，南风 8 级，阵风 9 级。全区农田受灾面积 335 万亩，其中冲毁农田 13 万亩，风灾 311.2 万亩，受灾果树 131.8 万株，冲倒树木 278.7 万株。冲毁河堤 20 处 500 米，方塘 16 座、桥涵 17 处、防潮堤 2 处 1800 米，倒塌房屋 4735 间，进水 0.9 万间，死亡 11 人，伤 6 人。盐场损失盐 1800 吨。阜新地区降大暴雨，雨量一般为 100～200 毫米，阜新县中部雨量达 200～245 毫米。农田受灾 23.1 万亩，冲倒树木 1.1 万株，冲走煤 15 万吨，冲毁塘坝、谷坊 68 座，倒塌房屋 0.4 万间，死 11 人，伤 16 人。辽河油田降暴雨，8 月 12 日，凌晨大凌河下游河堤决口。使田双、喜岭西南两座大联合站 484 口油井被淹，大量原油漂浮水面，使双喜岭油田日产原油量下降 0.6 万多吨，经济损失 50 万元。大连地区降大至暴雨，庄河三架山、仙人洞、塔岭一带雨量达 200～265 毫米，同时出现 7～8 级大风。庄河县有 63 个村 4.3 万亩农田过水，其中绝收 0.3 万亩。河堤决口 275 处。金县风灾严重，刮落苹果 18.9 万千克，折断玉米 1.2 万亩。营口大部分地区降暴雨，局部地区雨量达 100～110 毫米；伴有 7～8 级南大风，阵风 9～10 级。水涝农田 15 万亩，较重的有 8 万亩，作物倒伏 13.7 万亩，其中绝收 2.6 万亩，刮落苹果 874.5 万千克。鞍山地区雨量在 50 毫米以上，最大雨量为 123 毫米，平均风速 13 米/秒，瞬间风速 20～22 米/秒。作物倒伏 71 万亩。铁岭地区降大暴雨，11 日 0～3 时，出现 8～9 级大风。风灾使作物倒伏 260 万亩，其中重灾 100 万亩。辽阳地区刮 7～8 级大风。风灾面积 26.9 万亩，其中折断作物 7.1 万亩，山区刮落水果 100 万千克。鞍山、辽阳、沈阳、铁岭一带普降暴雨，局地降大暴雨。这次暴雨过程共有 125 万亩农田程度不同积水，其中成灾 43 万亩。

鞍山市的台安、海城部分乡镇降雨量在100毫米以上。积水农田受灾面积50.7万亩，成灾9万亩。辽阳市的刘二堡、小林子、佟二堡降雨量133～163毫米。沿河地区一片汪洋。农田积水55万亩，成灾12.3万亩，其中绝收3万亩，0.4万亩鱼塘漫堰溢流，倒房37间，死7人。沈阳市降雨量为70～130毫米，水涝农田面积12.9万亩，其中绝收3.4万亩。铁岭地区降雨量为50～100毫米，淹地8.7万亩，玉米倒伏44万亩。凤城县大暴雨，3个乡发生泥石流，二台子附近铁路路基被冲毁。宽甸县连降大雨、暴雨。全县4个乡受灾，冲毁土地0.1万亩，水淹地4.8万亩，水淹房屋1.2万间。浸泡和冲走粮食12万多千克。冲坏水利工程140处，溃堤40.7千米，冲倒房屋和棚厦822间，冲垮桥梁11座、公路110千米，死亡5人，损失总价值557.6万元。

1985年 全省夏季出现9次区域性大暴雨至特大暴雨：7月2～3日、9～10日、15～16日、20～21日、24～27日，8月1～2日、6～7日。年内水灾是辽宁建国以来最严重的，持续时间长，造成的灾害几乎涉及到全省国民经济的各领域，因灾死亡240人，造成直接经济损失47.0亿元。

6月10日，朝阳地区降暴雨，暴雨中心在太平房镇，70分钟降雨量120毫米。雹带从西北向东南移动，长120千米，宽40千米，冰雹直径41毫米，地面积雹6寸多厚（有特大冰雹）。雨后立即出现山洪，全县34个乡镇受灾农田67.4万亩。有5.8万户居民受灾（占全县总户数的45%），倒塌房屋0.2万间，死亡8人。受灾最重的太平房镇，仅两个小时内全镇除3个砖厂烟囱尚存外，其余建筑房屋全部被淹或冲垮。淹死3人，冲走成材树3.4万株，成果树4.3万株。

6月11日，锦州地区遭暴雨冰雹灾害。绥中、兴城、锦西、义县的50个乡镇降雹，降雹一般5～20分钟，最长30分钟，平地积雹3厘米厚，地垄沟积雹5厘米，冰雹最大直径16毫米，平均重量6克。义县10个乡10分钟雨量为30毫米。绥中县明水乡40分钟降雨量为70～80毫米。4个县农田受灾面积71.7万亩，其中重灾7.6万亩，需毁种6.6万亩。义县灾情最重，受灾农田46.8万亩，有20家厂矿、1102户民宅进水，死亡4人。绥中县河水猛涨，受灾果树19万株，落地水果550万千克。

6月27～29日，清原、新宾县暴雨成灾。29日上午10时30分苍石乡山洪暴发，大面积滑坡，埋没沈吉铁路路基。洪水淹没15个村屯，台沟村仅有330亩土地，其中绝收48亩。新宾县、榆树乡河堤全部冲毁，35条灌渠淤积，倒房47间。

7月2～3日，朝阳地区2日08时至3日20时，普降大至暴雨。暴雨中心在朝阳市，降雨量为102毫米，其中6小时雨量64毫米。大凌河朝阳水文站3日午后出现800米^3/秒洪峰流量，小凌河水文站4日晨3时出现1150米^3/秒洪峰流量。沿河农田和树木灾情严重。一些水利工程和抢修渡汛物资受到损失。

7月20～21日，丹东、本溪、辽阳、鞍山、营口、盘锦地区暴雨成灾。其中海城、营口县及丹东部分地区遭受严重洪涝、大风和冰雹灾害。大暴雨过程雨量50～180毫米，部分地区降特大暴雨，海城至营口一带雨量为200～300毫米，最大雨量出现在营口县虎庄，雨量为328毫米。

7月20日，海城县21时出现建国以来最大的2600米^3/秒洪峰，超过堤坊保证量600米^3/秒。有78万亩农田受灾，占总耕地面积的56.4%。由于山洪暴发，有1.8万亩苗圃、果园，38万株果树减产水果975万千克被冲毁，乡镇企业、水利工程、交通设施也受一定损失，死13人，经济损失13400万元。

7月，营口市暴雨伴有大风和冰雹。他山河两岸8处水漫堤顶，虎庄河3处决口。市内部分路面积水6米深，有0.2万户房屋进水。营口县受灾农田43万亩，占农田总面积的56%，风雹危害果树139万株，铁路被淤，沈大公路中断运行4小时，城乡1.5万户进水，死5人。丹东市振安区至浪头港降特大冰雹，宽甸县东部降雨量为200～260毫米，同时出现6～7级大风，伴有冰雹。20日丹东市振安区至浪头23平方千米内降特大冰雹。4个县一个区受灾农田35万亩，冲毁堤坊公路95千米。丹东市区有1万多户民宅进水，0.8万多户房顶、屋瓦被冰雹打碎，死6人，沈丹铁路部分路基被冲，一度影响列车正常运行。宽甸县2220次货车机车被泥石流埋入泥中1米深，倒房93间，毁桥涵26座，毁坏铁路37处。全市直接经济损失33亿元。本溪县太子河、葠窝水库入库洪峰流量4100秒立方。汤河水库入库流量1100秒立方，杨柳河、三通河、王道河山位距堤顶0.8～1.0米，多处道口漫水。本溪县山洪暴发，受灾农田1万余亩。淹房0.3万间，冲毁公路110千米、桥涵59座，河堤18千米，果树和护岸树130万株。草河口21日雨量156.5毫米，有300户房屋进水，冲走冲倒8间房，农田受灾0.1万亩，冲毁公路40千米，交通堵塞。

7月25～26日，丹东地区的宽甸、凤城大部分地区降特大暴雨，过程雨量一般为200～350毫米。宽甸、凤城大部分地区24小时雨量分别为253毫米和275毫米；凤城6小时雨量达212毫米（25日）。暴雨中心在宽甸县毛甸子至凤城县汤山河、保山乡一带，过程雨量为439～499毫米。由于雨量集中、强度大，使这一地区洪水迅速下泻，叆河、大洋河、鸭绿江水位猛涨，流量巨增。大洋河沙里寨水文站流量由460米^3/秒增到5800米^3/秒，叆河梨树沟水文站水位上涨8.5米，最大洪峰流量13200米^3/秒。远远超过堤坊保证量。为建国以来（仅次于1960年的17600米^3/秒）的第2次大洪水。造成叆河下游及鸭绿江多处堤坊决口，洪水泛滥成灾。这次暴雨使叆河下游、鸭绿江多处堤坊决口，大片农田被淹，村镇积水1～2米深，有8.6万群众被洪水包围。其中宽甸、凤城两县受灾最重。整个受灾范围波及42个乡2539个村。受灾农田面积67.3万亩，冲毁堤坊225千米、桥涵43处，公路403千米。有3.3万户房屋进水，倒塌房屋近万间，死亡38人，受伤529人。沈阳丹东铁路刘家河至凤城段多处路基被冲毁，铁路悬空，使本溪至丹东区间停运。其中凤城中南部啸山1.1万处，毁地4万余亩，毁公路桥涵136座、房屋2700间（中心在红旗乡一带），死36人。沈丹线铁路被冲毁140多处。岫岩25～26日冲毁路基200多处，死4人。宽甸山洪暴发损失970万元。

7月26～29日，抚顺市月内降水日数多，雨量大，使大伙房水库26日晚至29日晨泻洪。冲毁新太一新营的公路30余米，使公路交通中断。

8月1～6日，丹东地区、铁岭、新城子、新民、辽中、台安、盘山等县（区）因6号台风2日20时在丹东附近登陆。辽东、辽北大部分地区降暴雨，局部为大暴雨。4日、6日辽河以东大部分地区又相继降大至暴雨；辽河、浑河、太子河的大部分流域降雨量为100～200毫米。由于前期雨量过多，两岸土壤已达饱和（连降3场大至暴雨，形成强大地面径流，导致河水猛涨，流量剧增）。沿河水库水蓄已满，开始溢洪，再加上多年来河道上修民堤、套堤，种庄稼，导致河道严重堵塞，流量下泻受阻，使辽、浑、太河出现多年罕见的洪峰，水位高，出流速慢，持续时间长。如辽河洪峰形成后于8月11日06时才到达新民县巨流河，最大流量为1680米^3/秒，最高水位比1964年高出0.22米，相当于1951年的特大洪水。其中1～6日丹东地区雨量为150～250毫米。北镇县闾山镇雨量为150毫米。这次洪峰使法库、铁岭、新民、辽中、新城子、台安、盘山等县区的民堤全部被冲溃，部分规划套堤决口，防洪大堤长期被洪水浸泡，渗水脱坡，多处出现险情，河滩上的农田、房屋全部被淹。铁岭有11个村屯0.7万多人一度被洪水围困，加上险段地区迫使1.2万多河滩居民转移。堤外大片农田被水淹没。全市过水受淹农田22.4万亩。其中套堤决口淹地6.5万亩，低洼河滩地过水受淹地15.9万亩，仅新民县就有10个村414间房屋倒塌，大批居民转移。台安县第一次洪峰8月16日通过县境内，淹没农田12万亩，盘山县8月17日0时55分辽河洪峰冲毁陈家乡套堤，使0.6万亩农田被淹，507户房屋进水，3110口人转移。丹东地区再次发生洪涝，鸭绿江水位猛涨，到8月2日21时洪峰到达太平湾，最大流量为10500米^3/秒。8月3日早晨上、下游围堰通水面险要部位发生滑坡。7月20日、25～26日、8月23日3次洪灾全市农田受灾面积28.6万亩，水冲沙压20.5万亩，倒房0.8万间，死88人。北镇县鸭子河决口长达9～10米，受灾农田0.5万亩。

8月13～14日，辽东地区因8号台风于14日17时在丹东东部登陆。辽东一带降暴雨至大暴雨，一般雨量为80～180毫米。辽河流域降大至暴雨，使辽、浑、太河出现第2次洪峰。辽河铁岭水文站出现200米^3/秒的洪峰流量。这次台风暴雨使辽东一些地区再次遭受洪水灾害。8月16～17日第2次洪峰先后到达沈阳，使新城子、新民、辽中境内30千米辽河大堤有近1/7的脱坡漏水，一处决口。冲毁护岸栏河坝等32项水利工程及辽河、浑河的全部套堤。

8月18～19日，大连、营口、鞍山、辽阳、沈阳、铁岭等13个市70个县区1165个乡、镇、场13129个村受灾。因9号台风19日20时在大连旅顺一带登陆，经营口、鞍山、辽阳、沈阳、铁岭于20日凌晨移出本省。全省大部分地区降暴雨至大暴雨，部分地区降特大暴雨。一般雨量为50～200毫米，辽南及中部一些地区为200～300毫米，营口大洼一带达300～400毫米，海城县牛庄过程雨量476.8毫米。并普遍出现平均风力6～7级的大风和9级阵风，大连地区阵风11～12级。台风暴雨使辽、浑、太河水位猛涨，流量剧增，形成第3次洪峰，辽河下游新民县巨流河21日6小时洪水顶峰流量1760米^3/秒，太子河洪峰21日11时到达辽阳县塘马寨段最大流量3110米^3/秒，水位超过大堤脚2.4～3.5米。浑、太河汇合处大辽河海城县三岔河段21日12时水位涨到6.58米。8月22日6时40分太子河大堤于辽阳县塘马寨乡乔坨子决口30米。东辽河大堤于8月22日12时，24日12时42分相继于昌图县三江口镇两次决口。8月24日盘锦县境内的辽河支流小柳河陈家乡北岸30多千米长大堤被辽河回灌洪水冲毁决口。辽河等1、2、3次洪峰进入盘锦境内，外洪内涝严重威胁着盘锦市。25日在盘锦市东南的2千米处炸开辽河溢洪堤约200米，对辽河洪水实施分洪。全省受灾农田1587.9万亩，其中内涝720.6万亩，大风刮倒、折断庄稼463万亩，全省减产粮食55亿米^3/秒。大风刮倒折断树木735万株、果树116万株。落地水果35.7万吨，柞蚕损失3.9万把。长大、沈丹铁路因路基塌陷，火车停运6～7小时，冲毁公路0.2万千米、桥涵811座。毁坏高低压输电线路807千米，通讯线路1.223千米。冲毁各种水利工程设施1318处，中小河流决口4930处，倒塌房屋10.7万间。狂风和暴雨击沉渔船30只，撞碎422只，撞伤376只。这次天气过程死84

人，失踪222人。

8月，大连市降暴雨，阵风11～12级，雨量为200毫米左右。农田受灾面积210万亩，刮倒果树66.3万株、树木4.7万株。损伤船只717艘，水利设施、交通、通讯、水产养殖等也受到严重破坏。旅顺口区刮倒树木50万株，全区铁路交通中断，高杆作物全部倒伏，减产粮食2475万千克，价值69万元。损失水果9200吨，损坏海船14只，死7人，损失价值3000万元。金县1.1万户进水，倒塌房屋791间，死12人。冲毁河堤403处、塘坝316处、桥涵164处，损坏各种船7只，损失价值1.4亿元。复县28个乡镇2个农场受灾，倒房6872间，过水8500间，死15人。玉米等高杆作物全部倒伏，粮食减产21250万千克，约占总产量的50%，果树被冲走和连根拔起9.7万株，苹果减产5%。损失渔船56只，铁路中断10多个小时。新金县28个乡受灾，死10人，重伤6人，房屋进水3411户、1.4万间，河堤决口298处，渠道决口586处，冲毁平塘54个、水库大坝3处、公路194万米、桥涵139处，刮倒高低压电杆1963根。刮倒各类树木148.1万株，其中苹果树12.2万株，落果4653万千克，伤果1102万千克。农田过水面积3.8万亩，水冲沙压地3.8万亩，玉米倒伏60万亩，约减产粮食2亿千克，损失合价27亿元。营口市过程雨量300～400毫米，平均风力6～7级，阵风9级。受灾农田132万亩，大田作物倒伏51万亩，刮倒果树16.1万株、树木118.1万株，秋蚕绝收3670把。渔船水利工程大部被冲毁。鞍山市海城雨量340毫米以上，降水中心在牛庄和望台，雨量分别为422和400毫米。农田受灾面积225万亩，受灾果树11.5万株，刮倒折断树木142.6万株，毁渔塘5.2万亩，水利、交通、房屋也遭到严重损失。其中海城县损失价值2.4亿万元。辽阳市雨量200～300毫米，74万亩农田被淹。沈阳市雨量200毫米左右，35个乡受灾，倒塌房屋2230间，受灾人口20万人，被淹农田57万亩。铁岭地区昌图县北风7级，瞬时风速18米/秒。受灾农田315万亩，其中风灾139万亩，水灾176万亩。仅昌图县水灾面积106.1万亩（占全县耕地面积30%），冲倒房屋1999间，灾民6.4万人，风灾面积45万亩。本溪市18日20时至19日20时雨量为298.9毫米。36个乡镇淹地12.8万亩，受灾5679户，倒塌房屋875间，死65人。冲毁公路23处1070米，公路停车7条线路，停运48小时以上。铁路冲毁32处，沈丹线停车14小时。毁河堤138千米、栏河坝32座，受灾果树76万株。丹东市风力9～10级，全市102个乡镇中有95个乡镇受灾，受灾农田233.9万亩。其中东沟受灾农田69.1万亩，打碎渔船11只，沉3只，死13人。岫岩县受灾农田63.6万亩，毁蚕16.1把，其中绝收8.8把。山楂落果150万千克，凤城县受灾农田56.1万亩、菜田2.9万亩。抚顺市3000间平房进水，倒房194间。毁坏水利工程300处、桥涵46座、林道749千米，桥涵4907座，损失人参7.2万帘。大洼县过程雨量300～400毫米。平均风力6.7级。淹农田14.7万亩，倒塌房屋3762户9590间，死1人，折断树木2.2万株，刮倒线杆451根。锦州市雨量157毫米，平均风力7～8级，阵风9级。倒塌房屋（含仓库）2119间，受淹农田80.98万亩，其中重灾26万亩，绝收26万亩，冲断公路105处，冲坏水利工程103处，冲毁鱼塘0.3万亩，损失水果99万千克，全市经济损失约合1.8万元。锦县降暴雨并有大风，风力8级左右。7个村受灾，粮食作物减产10万千克，水果减产2.5万千克，冲走树木500株，刮倒电线杆20～30根。新宾县月降雨量371.5毫米，常年为172.3毫米。连续受暴雨影响，有0.3万间房屋进水。128间房屋倒塌，1.3万亩农田受灾。

9月5日，北镇县降暴雨，50分钟降雨量56毫米，风力7～8级。南部低洼地内水排不出去，受灾农田面积1410亩，草田0.2万亩，损失人民币15万元，倒房34间。

1986年 7月13～14日，铁岭大部分地区降暴雨，一般雨量70～110毫米。牛其堡水库雨量168毫米，其中1小时最大雨量86毫米。法库县冯贝堡子乡2小时15分钟雨量124毫米。由于雨量集中强度大，使法库县境内的拉马河、胜利河水位急涨，溃堤决口33处。受灾农田46.5万亩，有25个村屯0.2万户0.7万间房屋进水，倒房128间，冲毁桥梁63座，380米，毁坏塘坝2座。

7月14日，彰武县16时30分至18时雨量93.1毫米，并伴有冰雹。大四家乡受灾农田面积4.9万亩，其中重灾面积0.3万亩，绝产0.1万多亩。部分教室、民宅进水，倒房11间。

7月16～17日，营口县大石桥镇过程雨量128毫米。16日14时40分至15时40分降雨量为75毫米。由于降雨强度大，使一些工厂进水，造成停工停产，物资被淹，仓库损失大米、面粉1.4万千克。钢都乡水淹大田、菜田共1.1万亩。

7月23日，丹东、东沟、凤城县暴雨，凤城县红旗水库雨量183.3毫米，暴雨中心在红旗镇四家子、包管子村一带，估计雨量为300毫米以上，东沟县长安3小时雨量为187毫米。凤城县5个乡发生泥石流，流程之长是历史罕见的。最长泥石流达500米，最大石块3立方米。暴雨历时短，强度大，使一些中小河流河水出槽、决口泛滥成灾，全市决堤544处长96千米。冲毁公路68千米、桥涵59座。倒房48间，死7人，伤4人。凤城县5个乡镇25个村受洪水和泥石流灾害。受灾农田1.6万亩，堤坊决口332处长59.9千米，冲毁桥梁7座、涵洞10处、乡级公路83处长35.1千米，冲走高低压电杆92根，广播线杆172根。有0.2万间房屋进水，倒房38间，死伤8人。5个乡发生917处山体滑坡（其中红旗乡占80处，红旗乡的四家子村597处），面积0.2万亩（其中蚕场占0.1万多亩，荒山占50亩）。

7月中旬至8月下旬，全省大部分地区入汛以来，共有4次大的暴雨过程：7月13～14日，23日，7月28日至8月3日，8～12日，全省13个市不同程度遭受暴雨、洪水、风雹灾害。部分地区受灾程度远远超过1985年。全省有738个乡镇（场）0.6万村88万户376万人受灾。受灾农田面积近1000万亩，约占全省耕地面积的1/5，预计减产粮食20亿千克。160多万株果树或成树被刮倒折断。18.7万间房屋进水，倒塌和冲走7.7万间。水利工程也遭到破坏，特别是刚修复的水利工程再次被毁，损失更加严重。全省共冲毁堤坊0.1万千米、护岸工程0.3万间、桥涵闸0.3万座，水库溢洪道75处，养鱼池4.1万亩。洪水冲毁公路路基1000千米、公路桥涵847座，冲毁输电、通讯和广播线路5000千米，有167家工厂企业曾一度被迫停产，全省死伤104人。直接经济损失达13.6亿元。大连和丹东的部分地区，辽河、浑河、太子河流域及北镇县7月28日下午至8月2日辽河、浑河、太子河流域及丹东部分地区雨量为100～200毫米，由于前期雨量较多，土壤饱和，加上连续降雨，雨量过于集中，导致辽河、太子河、浑河、鸭绿江全面涨水，出现洪峰。7月30日东辽河出现洪峰，最大流量为1010米^3/秒。辽河上游洪峰于8月2日到达昌图通江口站，最高水位74.6米，超过大堤设计水位0.26米，最大流量1610米^3/秒。8月4日11时洪峰到达新民县巨流河水文站，流量2410米^3/秒，比1985年最大洪峰多

390 米^3/秒。洪峰继续向中下游推进，8 月 8 日盘锦市双台河闸门水位高达 6.11 米，流量 2492 米^3/秒，超过 1985 年最大流量 452 米^3/秒。为减轻上游洪水对大坝的压力。8 月 10 日早晨 4 时 30 分在盘锦东南约 2 千米处双台河闸左侧炸堤分洪。浑河中游于 8 月 2 日出现洪峰，沈阳水文站观测最大流量 1450 米^3/秒。太子河于 8 月 2 日 13 时在本溪县小市出现洪峰，最大流量 2900 秒立方。4 日 11 时洪峰到达辽阳县塘马寨水文站，流量 3140 米^3/秒，相当于 1985 年最大洪峰，于 8 月 5 日在海城县三岔河与浑河洪水汇合进入大辽河。鸭绿江支流瑷河梨树沟水文站 8 月 1 日 17 时出现洪峰，最大流量 8240 米^3/秒。2 日 9 时回落到 3410 米^3/秒。迫使干流水丰水库于 2 日 14 时开始以 3000 米^3/秒的流量开闸溢洪。新金县 7 月 28 日下午最大雨量 104 毫米，1 小时最大雨量 80 毫米，阵风 8 级。0.4 万亩农田受灾，其中绝收 0.1 万多亩，20 万株苹果树被刮落果。河堤决口 77 处，刮倒折断线杆 104 根，倒塌房屋 11 间，死 1 人。复县 8 月 1 日复州城雨量为 129 毫米。冲毁灌渠 82 处，长 13 千米，决堤 210 处。受灾农田 8.5 万亩，水冲沙压土地 1.4 万亩，冲倒果树 450 株，冲毁通讯线路 5 千米，乡级以上公路 8 条，有 100 余户的 300 多间房屋受损，淹死 1 人。北镇县 7 月 29～30 日凌晨柳家雨量为 172 毫米。铁岭地区 7 月 29 日至 8 月 2 日昌图县有 14 个乡、镇、场遭受洪涝灾害。农田受灾面积 67.8 万亩，其中绝收 50 万亩。有 0.5 万户 1.5 万间房屋进水，0.3 万户 0.8 万间房屋倒塌。冲毁桥涵 469 座，冲毁公路 82 千米，损坏高压线 47 千米。本溪市 7 月 29 日至 8 月 2 日连降大至暴雨，雨量为 130～200 毫米。桓仁县连降暴雨，7 月 30 日至 8 月 2 日雨量为 233.6 毫米，使浑江水库水位达到最高限度，迫使桓仁电厂大量溢洪。富尔江、六河、雅河、哈达河的水位和流量均超过 1960 年的水平。有 20 个村屯 1 万多户 5 万多人一度被洪水围困。桓仁本溪两县受灾农田 12.9 万亩，其中绝收 2.3 万亩，冲毁拦河坝 51 座、大小渠道 150 千米、防洪堤 65 千米，冲毁桥梁 78 座、涵洞 240 个、县乡公路 532 千米、通讯线路 51 千米、供电线路 20 千米，倒房屋 540 多间。沈阳市连日雨量 100～150 毫米。7 月 29 日至 8 月 2 日农田积水面积达 96.5 万亩。辽阳市过程雨量 119.6 毫米。前期土壤水分饱和，加上近期雨量集中，使全市 14 个乡镇 5 万多亩农田受涝灾。辽阳县 10 个乡镇 977 户房屋进水，其中有 56 户房屋倒塌。冲毁农田 5 万亩、公路 29 千米、堤坊 50 多处 6.3 千米，冲倒树木 2400 多株，死 4 人。新宾县一般雨量为 50～150 毫米，红升水库雨量达 225 毫米。5 个乡受灾农田 6.4 万亩，其中水冲沙压绝收面积为 0.7 万亩。冲毁堤坊 64 处 128 千米、桥梁 36 处、输电线路 3.9 千米，死亡 4 人，伤 7 人。丹东市雨量为 50～200 毫米，凤城县石佛乡雨量在 255 毫米，致使山洪暴发，山体滑坡，大小河堤决口。全市有 62 个乡 388 个村屯受灾，水淹农田 22.6 万亩。河堤决口 347 处，冲毁桥涵 290 座、县乡两级公路 958 千米。房屋进水 277 间，倒塌房屋 229 间，死亡 3 人。

8 月 12 日，阜新、锦州、大连、盘锦暴雨，雨量为 50～100 毫米，阵风 7～8 级，最大 9 级。阜新及彰武县降暴雨的同时出现龙卷风，持续 2～3 分钟，东西走向，长 8.9 千米，宽 300 米。两县 17 个乡 85 个村受灾，受灾农田面积 18.5 万亩，其中雹灾 12.7 万亩，水灾 5.2 万亩，风灾 0.2 万亩，损坏房屋、仓库等 265 间，冲毁电动机 7 台、电力线 150 米。龙卷风使 267 间房被揭盖，1000 多株树木和 70 株果树被连根拔起或折断。受灾农田 3000 多亩，其中绝收 1000 多亩。高低压电杆刮倒 76 根，死伤 18 人。盘锦地区的盘山雨量为 102 毫米，其中 6 小时降 101 毫米，大洼县雨量为 110 毫米，降雨主要集中在 02～

08时，6小时雨量为95毫米。两县受灾农田12万亩，其中绝收2.1万亩。锦州市降暴雨的同时出现龙卷风。北镇黑山两县受灾农田面积14.7万亩，其中绝收5.8万亩。8日23时15分左右沟帮子、四方台等地发生龙卷，自西向东移动。共有189户受灾，166间房屋被揭盖，倒塌281户。刮断刮倒高低压电杆75根、树木0.3万株。农田严重受灾。大连市的金县（金州镇）50分钟降雨量80.6毫米。9～11日大连的新金、瓦房店两市县23个村受灾农田8.9万亩，其中绝收1000多亩。刮倒树木4000株，果树落果22.8万千克，冲毁河堤56处，公路54处，塘坝2座，机电井4眼，倒塌房屋78间。金州镇8月12日8个街道低洼处水深1米多，城内交通短时中断，0.3万户居民家进水，部分工厂仓库、商业网点被水淹，损失价值3.8万元。

1986年全省13个市不同程度遭受暴雨、洪水和风雹灾害，部分地区受灾程度远远超过1985年。8月25日统计：全省有738个乡镇（场）、5700个村、88万户376万人受灾。受灾农田面积近1000万亩，约占全省耕地面积的1/5，预计减产粮食18～20亿千克。有160多万株果树或成树被刮倒折断，有18.7万间房屋进水，倒塌和冲走7.7万间。全省冲毁堤坊1140千米、护岸堤2.75处、桥涵闸3229座、水库溢洪道75处、养鱼池4万多亩、公路路基1400千米、公路桥涵847座，冲毁输电、通讯和广播线路4600多对千米等，直接经济损失达13.6亿元。

1987年　4月20～21日，营口、鞍山、东沟、新宾、长海等市县普降大至暴雨。过程雨量一般为40～90毫米，并伴有6～7级偏北大风，瞬间最大风力9级。长海风力7～8级，最大11级。由于降雨和大风，使一些农田积水排不出去，影响整地作垄和播种，水稻苗床塑料被揭，秧田被淹，蔬菜大棚被刮坏，营口市有50万床水稻苗床被淹，占育苗总数的29%，有21万床床布被揭，1.6万床床布被刮坏，一些蔬菜大棚也遭破坏。丹东市东沟县有303亩水稻苗床受灾，占育苗面积的30%。鞍山市有30万亩农田被淹，6.5万床水稻苗床被揭，6.75万平方米蔬菜大棚遭到破坏。大风使10多个乡镇通讯线路中断，河水上涨，将土石冲走，10几孔桥墩塌坏了8孔。抚顺市新宾县冲毁农田0.8万多亩，过水0.2万多亩，冲毁水稻苗床760亩。长海县小长山岛有一船遇难，死3人。

6月19日至7月23日，锦州、丹东、大连、朝阳、营口、抚顺、阜新、铁岭等地的22个县（区）185个乡655个村受暴雨、大风、冰雹灾害。总受灾农田面积127万亩，成灾111万亩，造成粮食、蔬菜等农作物不同程度减产。有73万株果树受灾，预计减产水果3500万多千克。有100余头大牲畜和3300多只家禽死亡。倒塌和损坏民房945间，伤40人，死6人。直接经济损失4400多万元。

7月4日，本溪、宽甸、凤城县暴雨，本溪下马塘至草河城日雨量为126～131毫米。凤城四门子降雨量达108毫米。宽甸县毛甸子、古楼子降雨量为158和178毫米，并伴有大风。雨势急，引起山洪暴发，下马塘镇程家村一公路桥被冲毁，交通中断。沈丹线下马塘车站1～10千米处路基塌方，铁轨下滑，3列客车和3列货车受阻，中断行车2小时40分钟。河水冲走3人，死1人。两县共有11个乡5.2万亩农田作物倒伏，占受灾面积的80%～90%。

7月10日，东沟县发生海啸。毁堤30处约10千米。

7月23日，岫岩县暴雨，2小时降雨量74毫米。6个乡39个村受灾农田5.4万亩，冲毁堤坝12处约3000米，冲断乡级公路500米，冲倒广播通讯电杆25根。辽中县雨量为50～70毫米，降雹20分钟，冰雹直径10～12毫米。有0.5万亩农田受灾，一些玉米叶片被打碎，大豆生长点被打坏。

8月9日，东沟县降暴雨，雨量为113毫米，1小时最大雨量为82毫米。受灾水田面积655亩，其中绝收13亩，冲毁河道1000米、渠道100米、渠道农桥7座、涵洞3座。萌芽水库溢洪道下游泻洪闸被冲毁。

8月15日，丹东地区降暴雨，一般雨量为70～90毫米，凤城雨量为151毫米，风力达8级。农田受灾面积18.4万亩，其中风灾14.9万亩，倒塌房屋19间，刮倒树木1.3万株，果树落果133吨，受灾柞蚕341把，冲毁桥涵34座，坝360处35.5千米。金县暴雨冲毁河道13千米、平塘3处、桥3座，农作物受灾5.7万亩，农业损失543.8万元，工程损失83.6万元，共损失627.4万元。

8月下半月，全省大部分地区先后出现5次（15日、18～20日、24日、26～27日、29～30日）较大范围的降雨过程，过程雨量一般为50～100毫米，最大雨量为273毫米，1小时最大雨量为50～60毫米，并伴有7～8级大风，阵风9～10级。全省21个县232个乡镇144万人受灾。受灾农田面积459万亩，其中绝收50万亩，刮倒果树58万株，冲毁养鱼池0.7万亩。冲毁输电、通讯广播线路1400千米、公路930千米、桥涵392千米。并使3200多处349千米堤坊、157处护岸工程、242座桥涵、31座塘堤、184条105千米渠道等水利工程受损。暴雨洪水造成近万间房屋进水，倒塌0.3万间，死亡61人，失踪9人，受伤860人，直接经济损失3亿元。

8月18～20日，丹东地区普降大暴雨，一般雨量为100～200毫米。暴雨中心在岫岩县，过程雨量为273毫米，1小时最大雨量为115毫米。凤城县沙里寨，鸡冠山、凤城镇等地1小时雨量为50～60毫米，引起山洪暴发，发生泥石流和山体崩塌，大洋河、瑷河洪水猛涨。大洋河最大洪峰为6600米^3/秒。东沟罗圈背、小甸子和江山头雨量200毫米以上。全市60个乡镇受灾农田56.75万亩，其中水冲沙压地8万亩，绝收11万亩，房屋进水2.5万间，倒房0.3万间，死42人，堤坊决堤3000处400千米。毁桥涵400座，渠道150条85千米，岫岩县21个乡镇2.3万户受灾，发生严重山体滑坡1000余处，受灾农田面积17.1万亩，其中绝收3.9万亩，刮倒树木15.4万株，其中果树2.7万株，落地水果4.4万千克，秋蚕绝收437把，冲毁养鱼池395.6亩，冲毁堤坊633处157千米、桥涵洞96座、公路373千米。冲倒电力线杆1915根，损坏输电、通讯、广播线路共737。有2.7万间房屋进水，倒塌1000多间，死亡32人，失踪49人，重伤43人。全县经济损失总计1.33亿元。凤城县14个乡镇165个村2.0万户受灾，房屋进水0.7万间，倒塌110间，受灾农田15.7万亩，其中水淹面积4.1万亩，绝收1.6万亩。冲毁桥涵闸47座、护岸工程41处、公路123处93千米、养鱼池115亩，小河决口74处45千米，毁坏输电，广播线路69.4千米。发生泥石流142处，直接经济损失1028万元。东沟县大小洋河两岸下游大片庄稼被淹没，个别地方水深2米左右，交通中断，堵塞汽车上千辆。大连地区在15日降暴雨至大暴雨的基础上，18日庄河县又降特大暴雨，雨量为228毫米，并伴有大风、冰雹。有77个乡镇受灾，其中庄河最重，仅农田受灾达61万亩。共冲毁桥涵24座、堤坊568处、护岸堤100处、塘坝3座、公路135千米，房屋进水0.2万多间，其中倒塌236间，死6人。

8月24日，锦州地区降特大暴雨，最大雨量为223毫米，6小时雨量222.7毫米，并伴有大风。由于降雨强度大，使绥中县境内的六股河桥西沈山线铁路路基被冲毁8处，中断行车6小时45分。离绥中县城9千米的八三营地下油罐被雷击起火。大风口灌区总干决口，滑坡107处8千米。有122间房屋进水，使一些粮食、农用生活物资被水浸泡。兴城县受灾农田20万亩，冲毁养鱼池0.4万亩，受灾较重的海滨、东丰、大寨、刘台子等6个乡镇70%的玉米、高粱被风刮倒，海宾乡有4个村85%的农户进水，死2人。

8月26～27日，锦州地区沿海地区一般雨量为65～114毫米。陆地和海上风力7～8级，阵风9级，海浪高5米以上。绥中、兴城、锦西、锦县64个乡镇777个村受灾。受灾农田238.3万亩，占总耕地面积的29.4%，摧毁渔船101只，打坏566只。渔民死亡31人，失踪2人。其中绥中县受灾农田87万亩，倒伏63万亩，刮倒果树13.4万株，刮落水果700万千克。洪水冲毁河堤224处81千米，公路349千米，冲毁桥涵33座、鱼塘72处，摧毁渔船10只，打坏161只。死亡渔民4人。兴城县受灾农田85万亩（主要是倒伏）。冲毁桥涵8座、公路100千米。六股河丁坝被毁20座。烟台河有4处决口长200米。拦海大堤，破浪栏冲毁500米。海上大风摧毁船76只，打坏213只，死亡渔民26人，失踪2人。大连地区一般雨量为40～100毫米，平均风力7～8级，阵风9～10级。农作物倒伏面积204.1万亩，果树倒伏、折断4.1万株，损失苹果259万千克，大风刮坏渔船210只，海带筏子400台，海红损失2030吨。暴雨冲毁河道25处、虾场37处。金县农作物倒伏27万亩，蔬菜受灾0.2万亩，果树倒伏0.4万株。新金县农作物倒伏60.4万亩，刮倒折断果树3.6万株。庄河县农作物受灾面积116.7万亩，玉米倒伏30.7万亩，死亡5人。复县农作物倒伏34.9万亩，约减产粮食1723千克。刮掉各种水果934万千克。丹东地区降大至暴雨，并有大风。岫岩雨量达115毫米，风力6～7级，阵风9级。全市有74个乡镇718个村受灾，农作物倒伏119万亩，折断24.1万亩。刮倒各种树木6万多株、其中果树4.8万株，落果253千克。秋蚕被刮落地0.7万把。刮坏房屋0.6万间，倒塌296间，冲毁桥涵44座、公路613千米，刮倒通讯、输电、广播线杆0.2万根。营口地区降大至暴雨并伴有大风。雨量87～200毫米，风力7级以上，持续6小时。盖县南部农作物受风灾面积20万亩，刮倒各种树木1.8万株，葡萄0.3万多架，冲毁农田0.1万多亩，冲毁涵2座、公路22延长千米，堤坝决口塌方70处。

8月29～30日，鞍山地区29日降大暴雨，暴雨中心在四方台至腾鳌镇，雨量达190～205毫米，同时伴有冰雹和短时大风，风力10级。鞍山西部及海城市的27个乡镇受暴雨、大风袭击，有28.8万亩农作物倒伏，内涝农田26.6万亩。刮倒各类树木0.6万株，损失水果262万千克。冲毁鱼塘114处，跑鱼0.3万多千克，有2000多间房屋进水，刮断通讯线路7.6千米，17处供电线路断电。沈阳市30日东陵区石城子乡14时40～56分降雹，受灾农作物3.2万亩。

8月，盘山县月降雨量474.0毫米，较1986年的302.9毫米偏多（常年为145.6毫米）。出现严重内涝。

1988年　6月30日至7月2日，营口地区降暴雨，过程雨量一般为130～180毫米，盖县北部达200毫米。盖县西海农场、青石岭、团山子乡有2.4万亩水旱田一度被淹，其中绝产0.9万亩。营口县有6个乡3.5万亩水田被淹2～3天。营口盐场遭暴雨袭击，来不及保护，使中高级卤水降为低级卤水，海盐淡化损坏共计 3.4 万吨。直接经济损失 540 万元。

7 月 16 日，康平县日降雨量 175.3 毫米。一些企业受灾，部分仓库、厂房进水，直接经济损失达 120 万元。

7 月 18～22 日，锦西县两次大暴雨。由于降雨强度大，积水不能及时排出，使有的单位受水灾，其中纺织厂仓库进水，粮库粮囤被水泡。

8 月 16 日，大连北部及营口南部一般雨量 100～200 毫米，瓦房店和新金县的同益乡雨量分别为 300 和 346 毫米。新金县 22 个乡镇受灾，冲毁农田 0.9 万亩、各种树木 0.2 万株。有 0.2 万多间房屋进水。瓦房店市内积水，一些工厂受淹，交通阻塞，一度造成停电、停产、经济损失百万元。

1989 年 7 月 13 日，建平县 40 分钟降雨量达 40 毫米，伴有冰雹大风。受灾农作物 1 万亩，其中水冲沙压农田 200 亩，刮断树木 100 株，冲毁公路 10 千米，二龙山水库被迫溢洪，冲走养殖鱼 0.2 万千克。

7 月 14～15 日、22～23 日，彰武县，县内降雨量为 57～151 毫米。22～23 日又普降暴雨，北部 11 个乡降雨量为 100～150 毫米。连续暴雨使 18 个乡镇先后遭受水灾。有 33.7 万亩农田被淹，其中减产 8 成以上有 9.8 万亩。冲毁桥梁 8 座、桥涵 18 个、公路 27 处。4 座小水库决口，冲毁鱼塘 32 处，冲毁幼林 110 亩，冲倒成材林 336 株，倒塌房屋 0.6 万间。

7 月 17～18 日，营口、丹东、鞍山、锦州等市降大暴雨，局地为特大暴雨，并伴有大风和冰雹。受灾农田 517 万亩，成灾 310 万亩，其中绝产 80 万亩，受灾果树 800 万株。营口地区 24 小时降雨量 151～161 毫米，主要集中在 7 月 18 日 06～09 时降大暴雨，加之海潮顶托，使市内普遍积水超过 33 厘米，80％民宅进水，大批厂矿企业受淹停产、停业，营口县引起山洪暴发，境内大清河等河水出槽，泛滥成灾。大石桥镇镇内积水 50～150 厘米，受灾农田 9.9 万亩、菜田 1.6 万亩，损坏果树 0.7 万株。冲毁桥梁 54 座、涵洞 56 个、公路 134 处。有 0.4 万户民宅进水，损坏房屋 0.5 万间，死亡 7 人。直接经济损失 4980 万元。丹东地区凤城县降雨量为 247 毫米。7 月 18 日 10 时至 11 时 20 分降雨量为 240 毫米，同时伴有 6 级大风。岫岩县朝阳乡 18 日降雨量为 240 毫米，并伴有 6～7 级大风，丹东出现 8 级大风。凤城县和岫岩县北部由于雨量集中，使多处的山体滑坡，河水暴涨，造成严重的洪水、大风灾害。受灾农田共 36 万多亩，其中风灾 20 万亩，水冲沙压土地 1.8 万亩，绝收 3.6 万亩。大小山体滑坡 3676 处，冲毁堤坊 655 处，168.8 千米。冲毁桥涵 109 处、公路 563 千米。倒塌房屋 0.2 万间，死亡 41 人。岫岩滑坡 3000 多处，死 31 人，失踪 1 人，伤 10 人，水淹房屋 1 万多间，受灾农田 20 多万亩。冲毁堤坊 388 处长 102 千米、护岸林 153 条长 74 千米，树木倒伏 17.2 万株，果树倒伏 4.1 万株。鞍山地区海城县一般雨量为 50～100 毫米，其中莫洛、岔沟一带雨量为 104～138 毫米，同时伴有 8 级大风。海城市岔沟、孤山冲倒房屋 300 多间，死亡 3 人。强风暴雨造成 8.1 万亩，农作物倒伏，其中绝产 0.7 万亩，刮落水果 2375 千克。锦州地区暴雨，兴城县 7 个村 130 多户民宅进水，近 400 间房屋受破坏，被淹农田 0.5 万亩，冲毁鱼塘 500、河堤 0.1 万多延长米、桥涵 6 处、道路 4.7 千米。

7月20～30日，铁岭、沈阳两市，辽河流域和本溪、桓仁、新宾的部分乡镇由于20～21日辽河上游吉林省公主岭降特大暴雨，20小时降雨量为210毫米，造成东辽河水位猛涨，导致本省境内辽河一度出现洪峰，22～24日彰武、本溪、新宾、铁岭部分地区又降暴雨，26日9时辽河上游通江口水文站出现1830米^3/秒洪峰流量，27日09时铁岭水文站出现1890米^3/秒洪峰流量，7月28日凌晨沈阳新城子区段辽河洪峰达1800米^3/秒，29日上午辽河洪峰到达新民境内，最大流量为1650米^3/秒。铁岭地区有115个乡镇受洪水灾害，受灾农田165万亩，其中绝收60万亩。有1.6万间房屋进水，倒塌房屋0.6万间，伤60人。沈阳市新城子区淹没堤内玉米0.8万亩。新民县淹没沙滩地15万亩。

7月22～24日，彰武、本溪、桓仁、新宾、铁岭部分地区一般雨量在50毫米以上。农作物受水灾面积48.1万亩。本溪市暴雨，本溪县草河口、东营及桓仁县八里甸子等地雨量达118～128毫米。农田受灾面积3.1万亩，冲毁农田0.3万亩，水冲沙压0.5万亩。冲毁渠道8处、河堤14.3千米，冲坏桥26处，有0.4万间房进水，冲毁27间，死亡3人。铁岭地区暴雨，受灾农田15万亩，绝收12万亩。彰武县暴雨。全县18个乡受灾农田面积30多万亩，减产8成以上的有0.9万亩。

1990年　7月6日傍晚至7日夜间，丹东、大连、锦州地区普降暴雨至大暴雨，局部特大暴雨，暴雨中心在凤城县鸡冠山，雨量达204毫米，风力一般为5～6级。使丹东、锦州地区局部暴雨成灾，具体灾情如下：

丹东市：全市受灾面积57万亩，成灾48万亩，其中绝收15万亩，受灾果树58万株，刮落各类树木1660株，冲毁堤防50处，丁字坝4座，桥涵5座，倒塌房屋105间，交通、输电设施也遭到一定的破坏，直接经济损失95.4万元。

锦州市：锦县有30万亩大田作物倒伏。水冲毁两处虾场，损失2～3万元，冲走水泥厂水泥10吨，冲走燃料公司煤15吨；北镇县吕阳镇新民村鸭子河、月牙河排水站溃堤，造成2500亩农田被冲毁，其中玉米1300亩，高粱1200亩。

7月14日下午，建平沙海镇仅30分钟降雨量达63毫米，部分地区伴有冰雹。农作物减产6～8成的有4320亩，减产3～5成的有14920亩，冲毁堤2160米，谷坊8座，刮断树木360棵，刮倒高、低压电杆5根，高、低压线路8空，直接经济损失153.1万元，有6个村受灾，受灾面积20845亩，其中绝收1605亩。

8月28日，鞍山市内20时至29日5时降雨量73.4毫米，其中23～24时1小时雨量达30.7毫米。由于雨急风大，使市内一些低洼地段和房屋、马路、桥涵都有不同程度短时积水。据调查：市人民商场原营业大厅和仓库进水，水深达70～80厘米，部分商品被淹，损失达31.8万元；市内12处交通地段、地道桥积水30～100厘米；市内五一路桥洞内短时积水达2.5米，有1000多户居民进水。

9月8日4～14时，鞍山市区内降雨量达90.1毫米。由于雨急量大，使市内一些仓储房屋进水，商品被淹，造成损失；市内16条主要街道积水，积水深度30～80厘米，严重影响了市内交通正常运行。

9月16日，辽西大部及辽河以西降暴雨至大暴雨，降雨量在55～115毫米之间，使局部地区遭受洪水袭击。受灾面积17.5万亩，其中雹灾4.5万亩，水灾3万亩，风灾10万亩。其中喀左县有10多个乡镇受灾，其中高粱减产2～3成，谷子减产1成，烟草、棉花砸光，损失惨重。兴城县有2.4万亩庄稼倒伏，冲断高压线杆2～3根，损失5.6万元；刮掉水果损失2万元，冰雹打落水果7.5万千克。

1991年　6月10日夜间至12日早晨，丹东大部、大连东北部、朝阳西北部降雨量一般为50～90毫米。由于降雨强度大，使局部地区出现洪涝灾害，其中：庄河仙人洞乡水峪沟刚修好的大坝冲坏10米。北票、凌源、建平有15个乡镇受灾，受灾面积近3万亩，倒房244间，冲走各类堤坝250米，机电井24眼，毁林170亩，冲走公路5千米，死亡2人。

6月28～29日，辽河以西地区降暴雨到大暴雨，雨量一般为50～90毫米，暴雨中心在锦西市的兴城县，雨量为107毫米，局部伴有冰雹，使朝阳、阜新、锦西的部分地区暴雨成灾。

6月28日8时30分至9时，朝阳市的喀左县官大海、六官营子、坤都营子等6个乡，冰雹持续7～10分钟，直径20毫米，大部地区的降雨量为50～70毫米，历时8～10小时。受灾农田75376亩，成灾面积16343亩，其中粮谷类6820亩，将减产3成左右，小麦6820亩，经济作物7723亩，其中减产5～7成的2780亩，烟草3790亩，将减产92.5万千克；水果减产15万千克，折断树木2228棵，损坏房屋15间，冲毁护林堤坝59米，刮断低压线50米，造成停电2天。北票县马友营乡、由于降雨强度大、山洪暴发，冲走1人。

6月28日、6月30日14时左右，阜新市西起阜新县的他本扎兰、东至泡子镇后代屯村，长约55千米，宽约1千米范围内2个县区的8个乡降大到暴雨，最大雨量92毫米，降雹7分钟。据统计：这两次暴雨和雹灾，共有11个乡镇55个村受灾。受灾面积116307亩，其中水灾21933亩，需毁种面积7354亩，倒塌房屋74间，牲畜棚140间，砸死家畜9头，冲毁护河堤、石笼坝多处。

6月28～29日，锦西市的兴城、绥中、建昌及锦西县发生暴雨和冰雹。建昌冰雹直径11毫米，降雹2分钟左右，绥中降雹5～10分钟，冰雹鸡蛋大。兴城：冲毁稻田130亩，水冲砂压300亩，水淹1100亩，50多户进水，冲走1人。锦西：刮倒树木210棵，其中果树180棵，棉花倒伏100多亩，100多亩水稻打折。绥中：受灾果树115万株，打落水果844万千克。农作物受灾面积36000亩，棉花6500亩，种子田1550亩，籽麻920亩，其中60％绝收，直接经济损失达971.3万元。建昌：损失果树1.5万株，减收5成。受灾面积8000亩，重灾3000亩。黑山：绕阳河有10000亩大田作物被淹，3000多亩农作物绝收。

6月30日，兴城高家岭、望海、大寨、围屏、沙后所5个乡受灾面积7万多亩，其中棉花5000多亩、瓜菜2000多亩。仅围屏乡水果将减产2300千克。开原八棵树、下肥地受灾面积1600亩，其中烟草300亩，玉米叶片均被打落，呈碎布条状。

7月2日，大洼县降雨量在50～120毫米之间，大洼镇达208毫米，其中6小时达206毫米。由于雨急、强度大，使县城水位迅猛上涨，大洼镇有70％民房进水，主要交通中断。水淹农田3万多亩，大洼镇3所小学，其中1所停课，1所处于半停课。县气象站屋内进水50厘米深。辽中县的辽中镇、城郊乡、乌伯牛一带，降雨量达105～180毫米。使11.4万亩玉米、水稻内涝严重，其中有9.6万亩庄稼全部被水淹没。城郊乡富家屯

1400 多亩玉米遭冰雹袭击，叶片几乎全部被打落。开原八棵树、下肥地受灾面积 4000 亩，烟草 600 亩。

7 月 14 日早 5 时至 19 时 40 分，营口市、老边区、营口县降大暴雨，雨量分别为 115、109 毫米和营口县沟沿乡 182 毫米。由于降雨强度大，市区内低洼地带积水达 50 厘米，使市内 12 家企业、厂矿、商店、仓库和郊区 7 家企业共 22 家进水，造成不同程度的损失，估计将损失 60 万元。锦州、锦县降大暴雨，雨量分别达 116～128 毫米，暴雨中心在锦县三台子乡，24 小时降雨量达 150 毫米。市内水深一般达 70～80 厘米，有 2000 多户居民进水，15 家企业厂房进水。市郊太河农田受灾面积 20710 亩，绝收面积 33 亩，进水 1694 户，倒房 6 户，倒树 250 棵，倒电线杆 8 根，乡、村办企业 15 家进水，损失约 93 万元。锦县大田过水面积 215802 亩，绝收 2 万多亩，有 1230 户进水，倒房 203 间，冲坏桥涵洞 53 处，冲毁公路 53 千米，损失方塘 16 处，死 2 人，失踪 1 人。鞍山市总雨量为 111.1 毫米，1 小时雨量达 70 毫米，造成鞍山市区内普遍积水，一般积水 0.5 米以上，铁东区的长甸、解放，铁西区的永乐、新陶积水最为严重，公益小区积水在 1.2 米以上，使解放路地道桥、四方台地道桥被淹，市内交通停运 3 小时以上，2500 户居民家中进水。

7 月 18 日下午至 19 日，大连地区普降暴雨，局部大暴雨，金州区雨量达 119 毫米。城区进水 435 户，重灾（水深炕沿）20 户，玉米倒伏 4000 亩，水冲沙压 500 亩，毁堤 300 亩，旅顺口区冲毁蔬菜地 200 亩。

7 月 21 日 12 时 05 分至 22 日 20 时，营口市的盖县、营口县的 26 个乡镇普降暴雨，其中熊岳镇和大庙沟乡降大暴雨和特大暴雨，雨量分别为 116 毫米和 212 毫米，受灾面积为 47983 亩，绝产面积为 3086 亩，冲毁河道 16190 米，冲毁渠道 1500 米，冲毁电线杆 32 根，冲毁果树 494 棵，冲毁房屋 102 间，冲毁桥涵 77 座，发生泥石流 53 处。丹东地区的宽甸、凤城、岫岩 28 个乡镇降暴雨到大暴雨，降雨量在 90～99 毫米之间，最大降雨量达 182 毫米，并伴有雷雨大风。受灾面积 7.65 万亩，绝收 8535 亩，其中冲毁 1818 亩，沙压 4725 亩，水泡 5300 亩，倒伏 1.5 万亩，折断 2250 亩，洪水冲毁堤防 238 处，冲毁道路 100 处 38.96 千米，倒塌房屋 27 间，680 间进水，刮倒通讯电杆 142 根，长 25.7 千米，输电线杆 38 根 3 千米。大连地区庄河、新金、瓦房店市 22 个乡镇普降大到暴雨，风力达 8～10 级。庄河：有 17 个乡镇受灾，受灾面积 6.3 万亩，其中绝收 1.45 万亩，减产 2150 万千克，全县有 350 户居民家中进水，倒房 54 间，刮倒果树 7090 棵，落果 5500 千克，刮倒树木 4590 棵，冲毁堤防 3 处，0.21 千米，渠道 0.1 千米，涵闸 4 座，公路 0.56 千米，刮倒刮断高压电杆 87 根，长 4.35 千米，电话广播线杆 13 根，长 0.65 千米，直接经济损失 139.5 万元，其中农业损失 127.5 万元。新金：墨盘乡有 4 个乡镇受灾，作物倒伏 2.57 万亩，折断 0.46 万亩，水冲沙压 0.06 万亩。刮倒刮断树木 497 棵。河堤决口 17 处，长 190 米，冲毁平塘 17 座，冲毁公路 20 处，长 2 千米，房屋进水 7 间，刮倒刮断高低压线杆 2 根。瓦房店：炮台镇玉米受灾 3 万亩，其中倒伏 1.5 万亩，折断 0.45 万亩。

7 月 26 日 10 时 30 分，辽中降雹 5 分钟，冰雹直径鸡蛋大。受灾面积 5043 亩，其中玉米 4000 多亩，其余为棉花、水稻，有 80 多户园田毁坏，直径 10 厘米的树折断 10 棵。辽阳冰雹蛋黄大，风力 10 级左右。有 1.3 万亩作物倒伏，其中绝收 800 亩。庄河县南尖乡，冰雹最大直径达 30～40 毫米，阵风达 9～10 级。有 12460 亩农作物受灾，其中倒伏玉米 8160 亩，大豆 1000 亩，折断树木 1500 棵，损失粮食 164880 千克。昌图县 6 个乡镇有2239户6884间房屋进水，倒房46户，失踪2人。受灾面积4000亩，绝收面积4190亩，冲毁桥涵23处，死大牲畜4头，冲毁村级公路3千米，估计损失500万元。

7月28～29日，全省大部分地区，辽北、辽东、辽西及中部平原大部分地区降暴雨到大暴雨，雨量一般在55～180毫米之间，兴城、锦西一带降特大暴雨，雨量分别达231和252毫米。由于降雨强度大，来势猛、雨量多，使一些地区暴雨成灾。锦西市：全市农田受灾面积43.7万亩，其中水冲沙压5.7万亩，倒伏7.5万亩，水淹30.5万亩，减产4～5成的8.5万亩，减产6～8成的6万亩，绝收5.6万亩。毁坏果树15万株，损失水果1833万千克，冲毁鱼塘、虾池5232亩毁坏林木1505亩，死亡家禽10.4万只。农田水利设施毁坏严重。冲毁塘坝25座，方塘34座，丁塘、顺坝719处，人畜饮水工程17处，毁坏梯田5.3万亩，74座大小水库全部溢洪，全市农业直接经济损失6662万元。全市受淹工业企业达428家，其中停产418家，半停产10家，水淹机电等设备6134台（件）。境内2条国道30条县级公路和95条乡级公路交通一度中断，冲毁路基138.2立方米，总长294千米；冲毁路面199.6万平方米，中断交通1942千米，冲毁大小桥梁涵洞等376座，市内有280户电话中断，乡以下地区有307条电话线中断，倒折通讯电杆2550根，倒折10千伏以上供电电杆302根。市内至葫芦岛供水管道被冲毁，该区8万居民吃水告急。以上各项损失预计达4089万元。全市城乡共有42301户民房进水，损坏房屋4188户，其中倒房2683间。沈山线锦西至韩家沟段铁路被洪水冲断，中断行车5小时。锦西地区：全区受灾面积114万亩，绝收25万亩。有11407户房屋进水，倒房2605间，死亡1人。有129家企业进水。冲毁桥涵135座，涵闸347座，方塘21座，水库溢洪道4处。受灾果树19146株，落果10万斤。刮倒树木2200棵。锦州市内桥洞积水达1～3米，造成交通中断1.5天。丹东北部14个乡镇，最大降雨量在凤城，其中龙安降雨量达164毫米。受灾农田9121亩，绝收1191亩，冲毁土地99亩，沙压1090亩，倒房5间，发生泥石流，滑坡3处，冲毁水利工程、桥涵2处，涵洞11处，堤防75处，21.94千米，丁字坝40处，渠道3处78米，冲毁交通公路235处36.2千米，桥1处，整个水利工程约损失58.5万元。

7月29日，西丰县20个乡镇水冲地11818亩，水冲沙压19472亩，水淹地69096亩，倒伏35876亩，大豆15452亩，水稻10909亩。烟草547亩，瓜果1803亩，绝收24803亩，减产5成的39635亩，减产3成的71924亩。冲毁堤防976处，合113640米，毁路333处，合19383米，毁桥26座，毁涵32座，机电井37眼，房屋133间，鱼池15处，倒电线杆229根，毁变压器3台，造成经济损失2222.7万元。开原县柴河、靠山乡受灾面积11943亩，其中外洪3503亩，内涝2740亩，减产3～5成的1160亩，5～8成的2085亩，8成以上的2604亩，绝收1950亩，冲毁堤坝7处136米，冲毁公路11处18千米，桥涵3座，通讯线路5千米，线杆14根，击坏变压器1台，电视机14台，倒房48间。铁岭县受灾面积179750亩，其中堤外12629亩，内涝53460亩。抚顺地区全市普降暴雨，局部大暴雨，日雨量抚顺94.6毫米，清原89.1毫米。新宾：农田受灾面积11259亩，绝收面积2546亩，冲毁拦河堤72座，毁坏石坝71个，冲毁路面6360米，倒房75间。抚顺：受灾面积1026亩，绝收421亩，冲毁塘坝3处，鱼塘1个，乡级公路8处，倒房2间。清原：受灾面积53471亩，绝收11963亩，由于各水库泻洪冲毁桥梁28座，冲毁河堤100多处，百余千米，洪水造成15个村进水，30间房屋倒塌，冲毁县级公路12

处2845米，冲毁桥梁5座，涵洞65个，挡水墙29处342米，冲毁乡级公路12条24千米，冲毁输电线15条，邮电线路18条，造成1人死亡。

7月，盘山降4次暴雨，月雨量较常年多183.7毫米，大洼降6次暴雨，降雨量较常年多400.5毫米。造成全市境内的双台子河、大辽河水位猛涨，尤其是双台子河上游水位持续上涨，致使堤外的套堤决口。有61139亩农作物受淹绝产，其中水稻6830亩，玉米30805亩，高粱8049亩，大豆12760亩，杂粮2695亩。受内涝的水田面积36920亩，其中减产2～3成的有23450亩，3～5成的有11970亩，绝收1500亩，旱田面积15019亩，其中减产3～5成的10315亩，减产5～8成的3694亩，绝收的1010亩。

10月23～24日，丹东地区的11个乡镇降历史同期罕见的暴雨到大暴雨，凤城县降特大暴雨，24小时雨量达208.7毫米。由于降雨强度大，雨量多，全地区有6000多户房屋进水，水深达80厘米，损坏房屋374间，冰雹打伤4人，损坏塑料棚5处合3000亩，水库溢水跑鱼苗近500万千克，损失果树200棵，林木350棵，冲毁公路150千米，沙压地3500亩，冲毁梯田50亩，冲毁堤坝12处超过400米，雷击电源和变压器3台，电杆8根，预计损失22.2万元。

1992年 6月30日至7月1日，黑山、盖县、凤城等7个县（区）39个乡镇249个村发生暴雨、冰雹。沈阳、铁岭一带降暴雨到大暴雨，降雨量一般为50～100毫米，暴雨中心在新城子，24小时降雨量达104毫米，其中：黑山降雹10～20分钟，直径10～30毫米，个别地方积雹超过30厘米厚。盖县降雹30分钟，冰雹最大直径50毫米。庄河降雹5～6分钟，冰雹直径10～30毫米，伴有8级短时大风，30分钟降雨48毫米。凤城冰雹最大直径50毫米，地面积雹4～10厘米厚。

农作物受灾总面积40多万亩，其中减产5成以上的11万亩，绝收3.8万亩。受灾作物主要是玉米、高粱、大豆、棉花、花生。受灾果树173.6万株，预计减产水果3594万千克。其中：黑山受灾农田面积16.3万亩，占农作物总播种面积的10%，减产5成以上的4.4万亩，减产3～5成的5.1万亩，毁种的1.6万亩。盖县受灾农田面积10万亩，其中绝收2万亩，135万株果树受灾，绝产80万株，减产2150万千克，一些村屯的猪、羊被打死。庄河受灾农田面积2.8万亩，成灾面积1.7万亩，其中绝收920亩，受灾果树27.4万株，减产水果826吨，经济损失约300余万元。凤城受灾农田面积6.7万亩，成灾面积4.2万亩，绝收面积1689亩，直接经济损失611.1万元。受灾作物主要是玉米、烟草和春蚕。

7月17日17时，营口县黄土岭乡5个村，1小时降雨量100～150毫米。冲毁农田30多处，约6000～7000米，冲毁护河坝20多处，约2000米，冲走煤400吨，价值10万元。

7月29日，西丰县24小时降雨量116毫米，其中东部的安民乡达186毫米。全县受灾农田面积7.3万亩，0.5万亩绝收，冲毁堤防31千米，毁坏公路13千米，桥涵47座，机电井19眼，损坏房屋13间，开丰铁路一度中断，直接经济损失545.4万元。

9月1～2日，大连、丹东地区普降大暴雨，局部降特大暴雨，雨量一般为125～180毫米，大连市区、长海县多达237毫米和262毫米，东沟县的龙圈背水库达344毫米。大连地区：庄稼倒伏面积139万亩，水冲砂压1.2万亩，苹果树倒35.9万株。落果1197万千克，倒塌房屋351间，损失小船109条，海产品16吨，养殖筏800台，冲走圆木50立方米，砖20万块，冲毁公路1.727万米，河堤2.3万米，桥涵8处，风吹水冲各种电杆408根，死亡12人。丹东地区：农田倒伏面积17.6万亩，落果96万千克，冲坏养鱼池200多亩，冲倒堤防350延长米，江坊6处。

1993年　6月23日9时04分至13时27分，康平县过程降雨量132.3毫米，10分钟29毫米。水淹农田8000亩，有四五十户人家进水，倒房十多间，8家企业的仓库进水。

7月20日19时，抚顺县上马乡90分钟降水量88～120毫米，致使送电线路、电话通讯中断，产生了泥石流，冲毁河堤200米，冲倒房屋10间，冲毁砖坯10万块，有80%的农户进水。农作物过水面积3000多亩，成灾1590亩，绝收面积127亩，造成经济损失20余万元。并雷击死1人。

8月3日午后，新宾县北四平、下营子、平顶山等6个乡镇，30分钟降雨量达30～50毫米。受灾面积6495亩，过水面积1128亩，水冲农田415亩，砂压534亩，倒伏2523亩。

8月4日17时至5日8时，抚顺地区15小时内上寺水库降雨194毫米，支爱水库185毫米，市区72毫米。由于降雨强度大，水库水位猛涨，水量骤增，有16座小型以上水库泻洪，致使各县（区）不同程度受灾：

抚顺县：13个乡镇57个村受灾，倒塌房屋8间，冲毁农村公路9千米，小桥涵12座，塘坝2座，方塘4座。农作物受灾面积达1.2万亩，其中绝收面积3400亩。

顺城区：河北乡20个村受灾，受灾面积5300多亩，绝收1300亩，冲毁公路500多米，村级和田间作业路3000多米，冲垮桥梁17座，涵洞30多处，鱼塘近百亩，上百间房屋进水10多个温室倒塌，木材、煤等大量物资被冲走。造成直接经济损失700多万元。

新宾县：受灾面积6500亩，成灾面积2700亩，绝收面积944亩，冲毁河堤1200米，供电线路倒杆20根，北四平、汤河2个乡停电48小时。

清原县：敖家堡乡冲毁房屋9间，河堤10米，土地50亩。

抚顺矿务局：暴雨使抚顺西露天矿古城子地区遭受50年来罕见的暴雨袭击，道路塌陷，交通中断，滚滚的泥石流冲断了排水管线，冲垮电力、电讯线路，西露天矿三个端面多处片，滑坡，矿坑底的积水达140立方米，整个排水、剥离、提升、运输、通讯系统完全瘫痪，总计损失1.067万元。

沈阳市新城子区望滨乡及东陵区汪家乡，东陵区日降水量100毫米以上。滂沱大雨使浑河水位猛涨，最大流量达1450秒立米。汪家乡干井子村河心岛被水拦腰冲断，分成一个大岛和一个小岛，正在岛上筛砂作业的40名民工围困；大雨还使牤牛河出现了十年来未有的急汛；东陵区立堡段水漫堤岸，并出现决口；大雨还使西辽河、浑河出现洪峰，河两岸的沙滩地及部分低洼地发生洪涝。全市有近20万亩农田被淹。

1994年　5月2～4日，朝阳、锦西、锦州、盘锦、营口、大连、鞍山发生暴雨，上述地区过程降雨量50～100毫米，其中锦州、北镇、熊岳城、瓦房店、皮口镇降雨量在100～133毫米之间，同时伴有6～7级东北大风，最大风力达10级。由于降雨集中、强度大，造成上述各市所属县区程度不同受灾。受灾农田16万亩。果树54万棵、刮倒成材林木 11.2 万株，损坏和倒塌 1.8 万间，死亡 5 人，失踪 1 人。各地具体灾情如下：

朝阳：全市 6 万亩地膜玉米，7040 亩保护地塑料大棚毁坏倒塌，损坏棚育烤烟苗和甜菜 100 万株，5.4 万亩果树受灾，刮断成材林木 11.2 万株，刮倒电线杆 21 根，房屋进水 8401 户，死亡 4 人，总计经济损失 6623 万元。其中灾情严重的建平县北部 14 个乡受灾，重灾乡通讯、照明和广播传播信息全部中断，农电和广播线路断线断杆，变压器损坏严重，倒房 2856 间，损坏 3608 间，死亡 3 人。由于气温急剧下降，6 万亩地膜玉米出土芽叶冻掉，蔬菜保护地损失 2000 亩，5 万亩进入盛果期山杏幼果冻掉，总计损失 2360 万元。

锦州：全市果树折枝、落花、落果的达 1000 万株，毁坏大棚 115 万亩，有 1 万床水稻秧苗被毁，倒塌房屋 750 间，刮断高压线 1 万米，直接或间接经济损失 2 亿多元。其中凌海市遭受历史罕见的飓风和大雨袭击。灾害涉及 29 个乡镇，仅高效田受灾面积达 5.5 万亩，300 多万棵果树花蕾严重脱落，3 万多棵 5 年生以上的树木成排成片被刮倒或折断，200 多千米公路被冲毁，18 个乡镇的低压线路刮断。

盘锦：全市蔬菜大棚受灾面积 403 平方米，水稻苗床受灾 37 万床，直接经济损失 866 万元。

大连：全市共有 752 处，28.75 千米河堤决口，共淹没耕地 10 万亩，冲倒或冲走果树 2670 棵，林木 8942 株，蔬菜大棚 123 座，三线杆 626 根，倒塌房屋 165 间，死亡失踪各 1 人，冲毁河拦闸 1 处，渡槽 6 处，渠道 232 处，平塘 30 座，机电井 64 眼，电机过水 7 台，泵站 3 座，桥涵 28 处，造成渠道淤积 20.1 千米。直接经济损失 1078 万元，其中水利工程设施 451 万元。

6 月 29 日 11～14 时，抚顺县的海浪乡 3 小时降雨量 175 毫米。由于雨急，冲毁桥涵 3 座，拦河坝 4 座，方塘 10 个，鱼塘 2 个，低压供电线路 3000 米，河堤 5000 米，蔬菜大棚 60 座，冲走电机 1 台，稳压器 1 台，冲毁农田 2000 亩，水田过水 1100 亩。造成直接经济损失 200 多万元。沈阳市的苏家屯区，林盛、沙河、石里河镇、姚千、白清乡降雨量在 102～180 毫米之间。由于降水时间短而急，使姚千乡佟家屯两名学生因桥塌陷落水而死亡。

7 月 9 日，西丰县 11 个乡镇降暴雨，西丰县城降雨量 118 毫米，个别乡镇降雨量达 118 毫米。农田受灾 7 万亩，成灾 5 万亩，绝收 5000 亩，冲毁公路桥 6 座，洞 17 座。机电井 15 眼，8 条河流 35 处绝口，毁堤 40 千米，县级公路 2 条，乡级公路 8 条中断行车。冲毁通讯线路 2 条，输电线 8 条，民房进水 189 间，直接经济损失 1039.4 万元。

7 月 12～14 日，朝阳、锦州北部、阜新西部。受 6 号台风影响，普降暴雨或大暴雨，平均降雨量在 100 毫米以上，局部地区降雨量高达 280 毫米，高强度降雨，使辽西地区大凌河、小凌河、绕阳河、六股河等河流水位暴涨，大凌河出现三十年以来最大洪峰。这次辽西地区的超强度降雨和超标准洪水，给工农业生产及人民生命财产造成了严重损失。据初步统计，暴雨洪水殃及 6 个市的 28 个县区，受灾人口 76 万人，损毁倒塌房屋 10.8 万间，牺牲和死亡 40 人，农田受灾面积 330 万亩，其中成灾 135 万亩，绝收 91 万亩，毁坏耕地 45 万亩，有 324 个工矿企业停产或部分停产，锦承、沈山铁路中断通车或临时停运，毁坏公路 620 千米，毁坏输电线路 178 千米，通讯线路 560 千米。水利工程毁坏更加严重，中小河流堤防决口 42 处，冲坏堤防 80 千米，护岸工程 415 处，水闸 35 座，桥涵 207

座，冲毁塘坝579座，毁坏水库43座，有10座水库发生不同程度的险情。这次辽西地区的直接经济损失约17亿元。各地灾情分述如下：

朝阳5县（市）2个区145个乡，大部地区降水量为150～283毫米，降雨时间为25～32小时，中心在朝阳县和北票县北部，降雨量在200毫米以上，北票市北四家子乡降雨量多达283毫米。境内牤牛河最大洪峰流量10000米^3/秒，大凌河朝阳市区段洪峰流量达3700米^3/秒。受灾人口53万人，冲走淹死9人，倒塌房屋1.6万间。冲毁农作物39.8万亩，成灾37万亩，绝收14万亩，99万亩蔬菜保护地墙体倒塌，冲毁耕地4.75万亩，经济林5万亩，12万株果树成灾。

朝阳市区、北票、建平城区外水顶托，内水排不出去。仅朝阳市区低洼地段水深达1.5米。全市停产工矿企业约50多个。全市水利工程水毁相当严重，有7座小（一）型水库不同程度出现险情，二龙山水库险情最重，29座小型水库严重破坏，200多座塘坝冲垮，损坏堤防15千米，护岸堤257处。全市4处堤防决口，损坏机电井939眼，直接经济损失7.2亿元。

锦承铁路山体滑坡，塌方9处，金沟站附近路基冲毁，铁路中断37小时。境内公路桥梁水毁严重，县乡交通大部分中断。损坏农用电线杆1269根，造成很多村电话中断。

锦州市的凌海市30个村，受台风暴雨的影响，大凌河急涌而下的洪峰高达11400米^3/秒，超过大堤防洪标准4900米^3/秒，是凌海市境内出现30年未有的特大洪峰。受灾农田40万亩，绝收15万亩。1.2万户居民受淹，倒房588间，死亡大牲畜800头，各种家畜5.5万只，冲走树木3.8万株，冲毁道路165米，桥涵42处，135家企业进水，抢险过程中死亡3人（包括市委书记张鸣岐）。

锦州铁路分局管内叶赤、锦承、魏塔等线先后有40余处被洪水冲毁，行车被迫全部中断。

阜新普降大暴雨，平均降雨量177毫米，部分乡镇达279毫米。受灾农田60万亩，绝收8万亩，冲毁桥涵60座，倒房1万间，畜舍2万间。死亡牲畜710头，倒高压线杆6根，低压线杆52根，冲断电话线116空。死亡8人。

辽河石油勘探局欢喜岭油田因大凌河洪峰下泻到入海口处时，洪水淹及欢喜岭油田，关闭849口油井，淹没500台电机、300台变压器。影响生产原油10万吨，天然气132万立方米，直接经济损失11.568万元。

盘锦东郭围场芦苇受灾面积24.6万亩，减产占80%，绝产占20%，水毁农田6740亩，全部绝收，冲毁3座抽水站，55座桥涵，倒房214间，冲毁输电线路7.2千米，冲毁鱼池3900亩，虾池6000亩，蟹池15亩。直接经济损失达2792万元。

沈阳市新民、辽中、康平、法库境内普降大到暴雨，新民13日晚降雨量达115.1毫米，柳河、养息牧河和绕阳河出现险情。受灾农田19.1万亩，其中于家堡、大柳屯河梁山、公主屯受灾严重。康平13日晚有6个乡镇降雨量在100毫米以上，加之受上游吉林、内蒙古暴雨影响。使西辽河和马莲河附近的8个乡镇受灾，受灾农田4.9万亩。

法库受辽河和秀水河影响，使东南部依牛堡4个乡的4.5万亩农作物受灾。辽中由于降雨频繁、雨量多，20多个乡不同程度受灾，面积4.5万亩，其中老观坨、朱家店、老大店和六间房受灾严重，同时受风灾影响，1.3万亩农作物倒伏。

7月29～30日，瓦房店市、新金县 降大到暴雨，其中新金县的瓦窝、同益、乐甲、四平、沙泡等镇降大暴雨。新金县冲坏乡村公路19.2千米，冲坏桥涵12处，冲毁河堤20.8千米，冲毁渠道1处，淤积平塘4座，倒房5间，家畜冲走130只，冲毁农田460亩，沙压25亩，冲走果树2198株，冲坏鱼池3万个，冲毁菜田100亩，大豆倒伏800亩，杂粮倒伏3720亩。

8月6日夜间至8日，受西风槽和13号台风减弱的低气压影响，全省大部分地区降雨量在50毫米以上，其中锦州大部、沈阳大部、铁岭南部降雨量在200～300毫米之间，义县最大，达349毫米。由于降雨强度大，致使水库蓄水量猛增，河道水位陡涨，锦州地区多处水库溢洪；辽北地区的许多水库超过或接近正常高水位，开始溢洪，使许多中小河流水位迅速上涨。寇河流量超过2000米^3/秒，达到历史最高水位，铁岭县胜利河、西丰县艾青河等小河流漫堤决口，大连登沙河靠近入海口处决口，辽河洪峰流量8日晨达3170秒立方米，超过1985年的近一倍。受其影响，全省39个县（市）、413个乡镇、2128个村受灾，受灾人口255.4万，有15.74万人被洪水围困，死亡15人。进水房屋36.1万间，倒塌房屋14.4万间，房屋损失3亿元。全省农村经济损失39.15亿元，其中农、林、牧、渔业直接经济损失33.9亿元，水毁工程损失5.25亿元。全省受灾农田面积76.9万公顷，成灾农田面积47.9万公顷，绝收农田面积20.8万公顷。水利工程也遭到严重破坏。中小型水库损坏102座，冲毁塘坝1148座，损坏堤防795.5千米，中小河道堤防决口736处398千米，损坏护岸471处、水闸184座、渡槽28座、桥涵1890座，机电井3179座、水文测站2处，机电泵站127座、小水电站3座。工业、交通、邮电通讯部门和城建设施直接经济损失15.9亿元。全省有576个工矿企业停产、半停产，其中472个工矿企业全部停产，辽河油田1900口油井停产，少产原油10万吨，产值1.15亿元。省内铁路累计中断行车106小时，有1399座公路桥涵被冲毁，中断公路交通212条。全省有17条输电线中断，损坏输电线路5334千米。8100根通讯线杆被损坏，7145千米通讯线路遭到破坏。各地具体灾情分述如下：

锦州地区所属各县：从8月6日凌晨至7日早晨，在20多个小时里，全市平均降雨量200毫米，其中义县、北镇、黑山三县除黑山两座水库外，其余全部溢洪。全市过水面积170万亩，绝收70万亩，水毁桥涵340多座，塘坝300座，方塘、土井752处。洪水还造成700多千米乡村公路不同程度毁坏，沈山铁路多处毁坏。全市有322个村屯进水，4700户被淹。43300间房屋倒塌。其中义县75个村屯被水围困，城区一片汪洋，平均水深1.5米，有的平房没房顶，全县交通、通讯几乎全部中断，4.5万户住宅进水，30万亩农田被水浸泡，17万亩基本绝收。310户乡镇企业停产。直接经济损失10.95亿元。

朝阳地区所属各县：朝阳市区、凌源、喀左、朝阳县降大到暴雨，降雨持续48小时。凌源市南部沟门子乡达314毫米；朝阳县南部羊山镇达202毫米，南部各乡普遍在150～200毫米之间。大凌河干流洪峰流量达1800米^3/秒。全市农田受灾16.4万亩，成灾12.6万亩，绝收6.04万亩。喀左县林业冲毁成材树27489株，速生林2113亩；全市冲走果树71600株。三县（市）有12个乡镇因山洪暴发造成交通中断，通讯中断，供电中断。全市共有5条交通干道中断运输，冲毁公路路基180多处。锦承、魏塔线铁路路基多处塌方中断行车。全市通讯线路中断100多千米，冲毁机电井150眼，塘坝13座，7座中小型水库不同程度出险。5个灌区遭到严重破坏。

盘山县境内的鸭子河、西沙河、月牙河、绕阳河水位急剧上涨，并相继漫堤决口，出现20年罕见的洪水。西北部甜水农场、胡家镇出现严重险情，其中甜水乡有3个村550户1800人受灾，损坏房屋343间，受灾农田1400亩，冲毁虾池2700亩，冲毁盐滩1200亩，损失井盐600万千克，总经济损失5097万元。

铁岭降雨量在150～230毫米之间，开原最多达344毫米。致使铁岭地区遭受一次建国以来罕见的暴雨灾害，209万亩农田过水，81万亩绝收，公路、桥梁、输电、通讯设施和水利工程被冲毁。

新民过程降雨量309毫米，24小时达300毫米。124万亩农作物被水淹。

沈阳铁路局管内10条干线受罕见的洪水袭击，陆续断道47处。到7日凌晨，管内停运客车19列，折返11列，迂回运行12列，晚点运行26列，运输秩序受到严重干扰。其中以沈山线受灾最重。高山至八家间10处断道，巨流河车站上下均被洪水淹没。

8月7～8日，大连全区降暴雨到大暴雨，降雨量在130～207毫米之间。全市9个县市56个乡镇有14万人被水围困，紧急转移6000人，倒塌房屋363间，损坏房屋394间，死亡5人。受灾农田28万亩，成灾面积1.8万亩，损坏大中型水库9座，小型41座，堤防43.2千米589处，决口13.8千米，水闸5座，渠道决口9.6千米，冲毁桥涵69座，机电井11眼。企业厂矿受灾45个，铁路中断2条，停运38小时，公路中断108条，总计损失10.92亿元。各县（区）具体灾情如下：

旅顺：有1000多亩菜田被淹。

金州：死亡牲畜4头，损失0.3万元；房屋倒塌61间，价值13万元；房屋进水4027间，价值130万元；毁坏山林200多亩；蔬菜积水4373亩，温室倒塌156亩，农田积水2.31万亩，农作物倒伏11500亩，水冲沙压2.15万亩；毁坏虾场100亩，工业损失300万元，设施及车辆损失1040万元，共损失3361.3万元。

新金：17个乡镇受灾，河堤决口485处，31741米，渠道决口38处2162米，冲毁桥涵48座，冲毁丁字坝25座，冲毁乡村公路139千米，淤积平塘12座，倒塌房屋224间，房屋进水623户，水淹提水站18座，冲走盐300吨；农作物受灾面积22.79万亩，冲倒蔬菜大棚795个，冲毁菜田1.3万亩。冲倒电线杆150根，冲倒树木1800棵。

庄河：全市倒塌房屋376亩，冲毁河坝520处，14000米，铁路损失48处，5000多米，8～10日列车停运，倒电杆38根，损坏变压器9台，损坏公路25处350米，毁坏桥涵11座，水稻过水面积7.7万亩，水淹3.1万亩，过水玉米4.3万亩，大豆倒伏5.4万亩。死亡3人。

8月15～17日，今年第15号台风8月16日08时30分前后在新金县皮口镇附近登陆，除辽西外，大连、营口、鞍山、辽阳及丹东、抚顺、本溪地区降暴雨到大暴雨，雨量在100～200毫米之间，辽南和中部平原伴有6～8级，局部9级东南风或北风到东北风，阵风达8～9级，旅顺、大连、皮口、庄河一带达10～12级，大连市内最大风速达34米/秒。

全省有7个市25个县（区），343个乡镇受灾，房屋进水27472间，倒塌6752间，受灾农田725万亩，其中绝收91万亩，预计减产粮食10亿千克。刮倒树木14.5万株，吹落水果1.08亿千克。冲毁公路368千米，冲毁桥涵787座，冲毁中小河堤防972处，其中以大连、丹东、鞍山、辽阳市灾情最重。

大连台风登陆时最大风速17米/秒，阵风20米/秒，大连市区最大风速34米/秒。全区降暴雨，局部大暴雨，过程最大降雨量196.9毫米，日最大雨量131.6毫米。全区各县程度不同受灾。不完全统计：农作物倒伏212万亩，受淹60万亩，其中绝收20万亩，损坏房屋34697间，倒塌6018间，死亡17人，受伤136人，损失粮食50万吨，损失牲畜272头，损失果树65.5万株，毁坏道路2210处，堤防决口2634处，冲毁桥涵闸坝206座，倒电杆8317根，损坏渔船292只，直接经济损失23亿元。

鞍山全区普降大暴雨，海城新台子雨量最大，达228毫米，全区伴有6～7级偏北风，阵风8级。全市农作物受灾219万亩，成灾182万亩，绝收57万亩，预计减产粮食9.9亿斤。蔬菜受灾面积3万亩，占播种的76%，绝产1.7万亩。水果损失严重，受灾果树859万棵，占总数的33%。鞍钢很多厂房进水，煤场被冲，铁路被淹，一些泵房、配电盘、电动机被淹。电业部门有114条次电闸出现故障，电杆倒伏，交通受阻近3小时。岫岩发生泥石流3000多处，虽无大的滑坡，但也有83个乡镇1165个村140万人受灾，1630间房子受损，冲毁桥涵629座，道路464处，工厂停产138家。经济损失11.5亿元。

本溪受灾面积2.4万亩，成灾1.7万亩，绝收0.9万亩，死亡牲畜148头，损坏鱼塘48亩。有51个工矿停产，冲毁县级公路31条，倒供电电杆4条，停电48小时，倒通讯电杆16根，损坏堤坝45.23千米，桥涵105座，决口70处，长6.07千米。

抚顺降暴雨到大暴雨，清原、新宾降雨量在70～87毫米，章党最多，达126.8毫米。全市三县一区均不同程度受灾，农作物受灾面积达34.18万亩。其中绝收达13.68万亩，减产3～5成的达20.5万亩。其中清原、新宾两县受灾较重。清原有21个乡镇不同程度受灾，冲毁堤坝137处，达121千米，造成11227户共33681间民房进水，260多间倒塌，死亡1人。农田过水面积38.83万亩，其中受灾面积22.98万亩，成灾面积15万亩，绝收8.5万亩，减产约2670万千克，同时冲毁堤坝2座，拦河坝4座，机电井11眼，提水站1处，养鱼池13处。受灾严重的21个乡镇交通、电力、通讯中断，公路被毁22千米，大小桥涵125座，输电线路2.1千米。直接经济损失达5500多万元。新宾县也有21个乡镇、181个村不同程度受灾。有6个乡镇进水，受灾房屋5895间，147375平方米，倒塌167间，死亡1人，农作物受灾面积15万亩，工业停产6个单位，水淹机电井24个，公路中断18处，冲毁桥涵37座，供电线路29900米，全县直接经济损失达9000多万元。市区内街道多处积水，造成交通中断，特别是矿区受灾较重。市西露天矿因积水而被迫停产，造成经济损失几百万元。另外，抚顺县、顺城区境内公路水毁严重，有5条线路路基被水冲坏，共计1500米，同时冲毁桥梁二座，便桥一座，造成交通中断。

丹东2个县1个区59个乡镇35个村受灾，损坏房屋420间，倒房160间；受灾农田121.6万亩，成灾112万间，绝收9.5万亩；冲毁鱼塘64万亩。有88家工厂进水，冲毁公路60.5千米，塘坝35.5千米，冲毁水电站13座，桥4座，涵洞55个，拦河坝20处，排水灌9座，冲毁输电线路449杆，35.7千米，通讯线路296杆，35.5千米，损失约3.3亿元。

1995年 7月25至8月7日，期间连降4场暴雨到大暴雨（即7月25～26日、28～30日、8月2～4日、6～7日）。洪水波及9个市39个县（市、区），431个乡镇。灾害主要集中在经济比较发达的大中城市周围（沈阳、鞍山、抚顺、本溪、辽阳、铁岭、丹东等地）。

7月28～30日，全省降大到暴雨，沈阳、鞍山、抚顺、本溪、辽阳、铁岭等中部城市降暴雨到大暴雨，局部特大暴雨，雨量一般为100～250毫米。灯塔县最多，达323毫米，本溪三道河、歪头山的降雨量达417毫米和400毫米（水文站资料）。8月2～4日辽东的大部地区降暴雨，过程雨量为50～100毫米。8月6～7日辽南及辽东的大部地区降暴雨，局部大暴雨。7月25的降雨，使农田土壤饱和，绝大部分水库达到或接近警戒水位；28～30日的米^3/秒降雨，使辽河干流和浑河出现特大洪水，其中7月31日早7时，辽河铁岭水文站洪峰流量已达4200米^3/秒，是建国以来仅次于1951年和1953年的第三次大洪水。浑河水文站、沈阳水文站洪峰流量分别达到6800米^3/秒和4260米^3/秒，是自1838年以来最大的一次洪水。太子河中游流量达3500米^3/秒，是1994年同期的1.5倍。同时，清河、柴河、大伙房三座大中型水库容量猛增。7月29日1时，清河水库入库流量5330米^3/秒，柴河水库入库流量2880米^3/秒，大伙房水库入库流量1.07万米^3/秒，库容均超过警戒水位。为确保水库安全，保住沈阳、鞍山、抚顺、本溪、辽阳、铁岭等大中城市，三座水库在错峰后开启溢洪道泻洪。7月30日19时，清河水库泻洪流量2100米^3/秒，柴河水库泻洪流量700米^3/秒，大伙房水库泻洪流量2000米^3/秒。

由于降雨集中，强度大，造成河水暴涨，加上水库溢洪，使浑河辽阳段4处决口，辽河全线告急，两河流域的中小河流和中小水库多处漫堤，溃堤，致使沿岸大片农田淹没，特别是沈阳市的苏家屯区和于洪区，抚顺市的浑河以南市区和清原县、抚顺县、辽阳市的灯塔县，一片汪洋，水深一般为1米，最深处达3米。铁路、公路、通讯等基础设施受到严重破坏，大批工矿企业被迫停产、半停产，给全省经济和灾区群众生活带来巨大困难。

受灾农田占全省种植面积的1/4，绝产面积占全省种植面积的1/10；受灾人口占全省人口的1/8；停产、半停产的国有大中型企业占1/4。其中受灾最严重的沈阳、抚顺、本溪、辽阳、铁岭、盘锦等6个市遭受洪水浸淹的县（区）以上工业企业共2300户，约占当地全部企业的1/3，因遭洪水淹没或交通、供电、供水中断而导致被迫全部停产企业1800户（其中国有大中型企业132户），部分停产企业1000户（其中国有大中型企业133户），涉及职工280万人；灾害给群众生活造成很大困难，有320万群众受灾，近40万户的家庭财产荡然无存，冲毁倒塌房屋10多万间，死亡或下落不明的群众100多人。直接经济损失39亿元。

沈阳铁路局管辖内1285处发生水害，正线中断行车392处，沈大、沈吉、沈丹线相继中断行车5644小时，损失运量18亿吨。其中辽宁境内路段出现水害115处，33处被冲断，11条运输线路中断累计2980小时，损失2.9亿元；电力系统被冲毁供电线路300条，长度2420千米，遭洪水淹没的660千伏以上的变电所17座，两家电厂全部停产，一家电厂部分停产。先后有沈大、沈本2条高速公路和京沈线和京哈线、黑大乡等13条国省干线及清新线、沈苏线等82条县级公路的部分路段被洪水冲断，交通中断。全省公路因水毁造成的直接经济损失8.25亿元。各地具体灾情：

沈阳地区7月25～30日，连降两场暴雨，降雨量多达231.9毫米，雨量集中，雨区范围大，加之前期5、6月降水特多（比常年同期多84％，比1994年多55％），水库蓄水较多。28～30日的降雨，使沈阳境内的浑河、辽河、北沙河、蒲河水位猛涨，相继出现大洪峰，浑河洪峰流量大到超百年一遇的5090米^3/秒，防洪能力只有2500米^3/秒的浑河左、右两岸多处漫堤、决口，加上浑河上游大伙房水库泻洪加大，浑河很快出现6000米^3/秒的特大洪峰。只有800立方米/秒保证流量的北沙河出现了1540米^3/秒的洪峰，造成苏家屯区的林盛堡、红菱等5个乡镇漫堤决口。这次洪水波及全部的8个县（市）、郊区，受灾乡镇135个，受灾农田490万亩，其中成灾358万亩，绝收192万亩，死亡牲畜7.5万头，毁坏鱼塘9.63万亩，损失养殖品产量1.8万吨，位于苏家屯的市养鸡场及其他灾区的养鸡场被洪水一扫而光。仅农林渔业直接经济损失48.65万元。洪水先后冲开堤防46处，总长21千米。损坏小（一）型水库1座，小（二）型水库4座，护岸145处，水闸302座，堤防442千米；冲毁渠道131千米，塘坝162座，渡槽15座，桥涵1831千米，机电井2891眼，机电泵站667座，管理设施111处。水利工程设施直接经济损失17.31亿元。基础设施受到严重破坏。洪水冲断国、省级和县级公路83条次，毁坏路基196千米，公路桥涵123座；损坏输变电线路114千米。供电中断86条次计1172小时；冲毁通讯线路231千米。合计经济损失9.17亿元。

工商企业损失较为严重，乡及乡以上企业被洪水淹没1500户，因水淹或供电、供水中断而全部停产的企业1200户，部分停产的企业800户，其中大中型企业停产和部分停产90户，乡镇企业停产1735户，共造成经济损失20.74亿元。粮食、商业、供销社网点设施及商品损失1.24亿元。灾区群众财产损失严重。这次洪灾使1485个村的200万人受灾，其中重灾人口150万人，被紧急转移的灾民40.72万人，被洪水围困的村屯和人口分别为250个和25.5万人。冲毁倒塌房屋20.23万间，损坏房屋20.22万间，过水房屋40.45万间。浸泡粮食11.9万吨，损失3.21亿元，个人家庭财产损失20.25亿元。

抚顺地区7月28日20时至31日08时过程降雨量，章党178.7毫米，清原185.2毫米，新宾328.4毫米，造成了百年不遇的洪涝灾害。全市因水灾造成的直接经济损失约72亿元，受灾人口104.4万人，被洪水围困人口32.59万人，紧急转移人口41.6万人；损坏房屋15.226万间，倒塌房屋2.716万间；死亡近百人；停产企业5620个（其中乡镇企业4033个），部分停产企业369个。这次洪涝灾害的特点：

一是农村和农业遭受了巨大的灾害。全市农村共有68个乡镇、968个村受灾，受灾人口73.53万人，被洪水围困人数达22.59万人，紧急转移人口21.63万人，损坏房屋1.5126万间，倒塌房屋2.616万间，死亡49人。农作物受灾面积61488.3公顷，成灾面积49798.3公顷；损失粮食1176.5吨；死亡牲畜10.6万头，渔业损失3622吨。水利设施损坏严重，损坏堤防1697.92千米，损坏水闸234座，溃毁塘坝567处，损坏机电井1422眼，损坏提水站257座。毁坏铁路路基1.3千米，公路1496千米，输电线路中断123条，损坏输电线路340.35千米，损坏通讯线路4984米。

二是工业企业受灾严重，特别是国家骨干重点企业损失惨重。全市受灾工业企业1422户，其中全部停产132户，半停产369户。受灾企业中大中型企业66户，特大型企业2户（石化公司、矿务局），直接经济损失17.6亿元，间接损失24.06亿元。影响产值50亿元，影响利税6.5亿元。

三是电业、邮电系统遭受严重破坏。电业供电线路中断104条，损坏电线杆4000根。全市有21个变电所停电，5个变电所处于危急状态，新宾、清原、抚顺三县基本停电。

四是城市公用设施损失巨大，全市有3座桥梁严重损坏。8处桥涵冲毁，22处路面冲断；13千米河堤受到不同程度的损坏，7处堤防决口，18处河堤护岸损坏，98条道路严重受损。

五是公路、铁路遭到极为严重的毁坏。39条县级以上的公路阻断33条，冲毁路基1416千米，冲毁桥梁334座，冲毁涵洞1485座；冲毁乡级公路401千米，桥梁78座；沈吉线南杂木—清原有34处路基桥涵冲毁，致使沈吉线运输中断。

鞍山地区7月29日、30日，连降大到暴雨，降雨量市区127毫米，台安123毫米，海城67毫米，由于浑河、太子河上游连降暴雨到大暴雨，河水猛涨。8月4日浑河左岸在海城温香、高坨子两镇决堤，洪水淹没不少乡镇。不完全统计：全市有50多个乡镇222个村66540户283666人受灾，特大重灾2个乡镇35个村16500户。受灾面积78.6万亩，减产粮食293570吨，绝收11880亩，冲毁鱼塘22177亩，毁坏房屋46723间，冲毁水利设施415处，公路路基严重受损，电业、通讯、教育、卫生及灾区的乡镇企业损失严重。

辽阳地区7月28日23时至30日21时，持续48小时的强降雨（灯塔县48小时降雨量323毫米），使北沙河流域发生百年不遇的大洪峰流量，致使灯塔县河南乡东羊角村水文站上游1.5千米处左岸决口；继北沙河决口之后，浑河大堤辽阳段4处漫堤决口。由于北沙河和浑河大堤决口，使灯塔县十几个乡镇到处一片汪洋。全市受灾乡镇43个，444个村38.9万人，其中22.5万人被洪水围困。受灾农田152.1万亩，成灾123.6万亩，绝收83.5万亩；冲毁鱼塘457万亩，冲毁蔬菜大棚4万亩，死亡牲畜774万头。仅灯塔县有112万亩耕地被淹没。其中74.7万亩绝收，4.26万鱼塘被冲，4万亩蔬菜大棚被淹没，死亡牲畜477头（只）。有51.8万间房屋被淹。其中倒塌3.55万间，冲毁桥涵89座，涵洞310座。不完全统计：全市经济损失63.4亿元，其中乡镇企业4.97亿元，乡镇供销社2046万元，农机损失824万元，林业损失1.09亿元，教育1.6亿元，邮电639万元，电业230万元，卫生1508万元，交通1.66亿元，粮食浸泡粮食41000万千克。

7月29日3时30分至30日20时，本溪平山区、西湖区、宁山区、石桥子开发区、张其寨农场降雨量在193～465毫米之间（西湖区歪头山465毫米），降雨量之多相当于200年一遇。致使太子河干流观音阁水库出现较大洪水（浑江桓仁站流量达8230米^3/秒，富尔江业主沟流量达2850米^3/秒），迫使浑江桓仁水库31日08时开启9孔主孔闸门放水，致使本溪县三道河、西湖区北沙河、宁山区南沙河4条河流出槽漫堤。8月7～8日桓仁县再次遭受洪水袭击。全县24小时平均降雨量168毫米，浑江水库再次开启8孔闸门泻洪，泻洪量达6000米^3/秒，再加上雅河、六河、哈达河等暴涨的河水同时汇入浑江，造成全县18个乡镇全部受灾。来势汹猛的暴雨、洪水袭击了整个本溪地区，造成2个县区31个乡镇265个村25.83万人受灾，损坏房屋6917间，倒房429间，死亡18人，受伤住院28人。农作物受灾面积11995公顷，其中粮食作物7781公顷，经济作物3784.67，绝收面积2582.6公顷，死亡牲畜5940头，溪水养殖面积8961.87公顷，农牧业直接经济损失5.5172亿元；停产工矿企业74个（本钢的矿山系统全部停产，炼铁炼钢轧钢等10多个厂处于半停产）；铁路中断3条（本田、沈丹、本辽），公路中断74条，冲毁桥涵213座、冲毁路基373.42千米，供电中断64条次，481小时，损坏小（二）型水库9座，堤防193.66千米，堤防决口255处，水闸1座，塘坝65座，机电井112眼，水泵55座，水利设施损失0.5387亿元，总计直接经济损失14亿元。

7月28～29日，铁岭地区除昌图外普降暴雨到大暴雨。铁岭最大达116.6毫米，雨量主要集中在辽河以东的凡河、柴河、清河、寇河、碾盘河、沙河，雨量一般在150～

200 毫米以上。西丰营厂巨德水库达 291 毫米。降雨时段主要集中在 28 日 20 时至 29 日 09 时，3 小时最大降雨量铁岭县催阵堡乡达 140 毫米。这次暴雨使清河水库最大入库流量达 5330 米^3/秒，达到 100 年一遇标准。水库蓄水量增至 8. 26 亿立方米，水库最高水位 134. 95 米，超过限制水位 5. 95 米。柴河水库最大入库流量达 2870 米^3/秒，水库水量增至 4. 63 亿立方米，水库最高水位 112. 1 米，超过限制水位 8. 1 米。清河水库从 29 日 16 时，柴河水库从 29 日 19 时 35 分开始泻洪，其它小型水库自动溢洪。由于各水库泻洪量大，水势凶猛，诸河流洪水猛涨，急泻而下，致使凡河洪峰流量达到 1300 秒立方米，超过设计流量的 30%，全线决口 7 处；柴河洪峰流量为 770 米^3/秒；清河洪峰流量达 3300 米^3/秒，接近设计保证流量的 2 倍（1800 米^3/秒），开原、西丰、铁岭境内的叶赫河、寇河、碾盘河、艾青河、沙河诸河流沿岸一片汪洋，四处告急，防不胜防，是仅次于 1951 年和 1953 年的第三次大洪水。

全区 8 个县（市、区）全部受灾，共 78 个乡镇 915 个村屯，受灾人口 85. 06 万人，损坏房屋 6. 07 万间，全市直接经济损失 39. 16 亿元。农作物受灾面积 246. 7 万亩，绝收面积 93. 59 万亩。死亡牲畜 12. 82 万头只，淡水养殖损失面积 1073. 33 公顷。损失鱼 5966. 5 吨。农作物渔业直接经济损失 23. 03 亿元。工交运输业受灾严重。全部停产工矿企业 253 个，其中乡镇企业 150 个。部分停产企业 219 个，其中乡镇企业 167 个。中断铁路 5 条计 120 小时，中断公路 413 条次，冲毁铁路桥涵 10 座，公路桥涵 937 座。供电线路中断 67 条次共 1229 小时，损坏输电电杆 3118 根，毁坏通讯线杆 4795 根，共计公交直接经济损失 6. 26 亿元。水利设施损失较重。损坏大中水库 3 座，小（一）型水库 17 座，小（二）型水库 18 座。损坏堤防 733. 2 千米，决口 1111 处，长度 753. 93 千米。损坏护岸 447 处，损坏水闸 226 座。冲毁塘坝 336 座。直接经济损失 6. 13 亿元。

丹东地区 7 月 28 日至 8 月 7 日，鸭绿江上游和丹东地区连降 4 场大到暴雨，雨量在 250～450 毫米之间，导致江河和鸭绿江上游水库水位持续上涨，水丰水库水位高达 124. 35 米，超过限制水位，开启 24 孔闸门泻洪。出库流量高达 1. 5 万米^3/秒，致使宽甸县和丹东市城区遭受百年一遇的洪水袭击，其中鸭绿江处组合流量达 1. 8 万米^3/秒。洪水造成房屋进水 19360 间，其中倒塌 1. 5 万间，农田成灾面积 39 万亩，其中绝收 15 万亩，冲毁土地 4470 亩，冲毁防洪堤 30 千米。毁坏小型水库 15 座，中小河流堤坝决口 68 处，273 千米。冲毁乡级以上公路 1065 千米，损坏输电线路 128. 2 千米，倒电杆 1173 根，倒塌损坏校舍 3000 间，直接经济损失 12. 45 亿元。

朝阳地区 7 月 24 日至 8 月 3 日，朝阳市各县（市）区连遭三次暴雨袭击。强降水区出现在凌源市中南部。大部分乡镇降水 200～300 毫米，其中大河北乡降水量高达 382 毫米，使青龙河出现了 50 年一遇的洪水，洪峰流量达到 2040 米^3/秒。

长时间的连续降雨，致使山洪暴发，山体滑坡，给灾区人民群众生产生活造成巨大损失。该市有 12 个乡镇、106 个村、665 个村民组受重灾。成灾面积 5. 14 万亩，民房进水 3718 户，损坏房屋 4041 间，倒塌和冲走房屋 989 间，死亡 9 人；畜禽死亡 1. 24 万头（只）；冲走林木 2. 95 万棵；冲倒高、低压电线杆 322 根，冲倒通讯线杆 860 根，邮电线路 12 万米，冲断县、乡级公路 18 条，冲毁路基 350 千米，桥梁 6 座，涵洞 60 道，防护工程 112 处，淹淤机电井 140 眼，冲毁拦河坝 3 座，电站 2 座，塘坝 11 个，4 座水库受损，共造成直接经济损失 1. 3 亿元。

1996年　1996年全省洪涝灾害较轻，基本上安全渡汛，但在7月下旬和8月上旬也出现过局部洪涝。

7月20～24日，受高空冷涡和副高压后部暖湿气流的共同影响，全省普降阵雨或雷阵雨。其中锦州和章党降大暴雨，辽南、辽东及中部平原大部和辽西的部分地区降大到暴雨，抚顺降雨量达135毫米，造成洪涝，受灾面积8.4万亩，绝收1.5万亩。冲毁公路23条，冲毁河堤215.9千米，损坏房屋817间，死亡2人。灯塔有9个乡镇遭到不同程度灾害。沈阳的2个乡有4.3万亩作物被淹，仓库等建筑物损坏3052间，公路被损坏，中断通车48小时。

7月27～31日，受低压冷锋和副高压后部降水云系的影响，丹东地区连降暴雨和大暴雨，局部特大暴雨。东港有21.99万亩被淹，绝收4.9万亩，公路、铁路损坏89.8千米，造成直接经济损失2.271亿元。宽甸农田受淹4.2万亩，绝收1.02万亩，造成直接经济损失1.2亿元。由于降雨强度大，为确保水库及周围群众的安全，东港市有8个中小水库泻洪，淹没农田20万亩，进水户4633户，冲毁公路8.18千米，有1人死亡。

7月28～29日，建昌县西南、凌源县南部降大暴雨。凌源局部发生泥石流，农作物受灾7.4万亩，绝收2.5万亩。交通通讯中断，有3人死亡。建昌农作物受灾2.5万亩，55个村断电，直接经济损失2000万元。

7月29～30日，桓仁、营口地区降大雨到大暴雨。桓仁农田受淹1.1万亩，绝收530亩，公路损坏2300米。营口地区降水强度不大，但由于降水时间长，农田、农作物受淹20810亩，公路损失1330米，电力线路损坏373米，桥梁损坏3座，共经济损失500万元。

8月10～12日，全省的沿海地区东部、东南部降暴雨和大暴雨，局部降特大暴雨。致使宽甸县境内2100处出现泥石流，造成沈丹线、上凤线交通中断，洪涝和内涝十分严重，仅凤城和宽甸两县就有40多个乡受灾。由于凤城县七门水库泻洪，迫使东港市万名群众转移。这次水灾，丹东地区死亡3人，失踪2人，农田、农作物受淹43.76万亩，绝收14.78万亩；水利设施和通讯设备都遭受严重损失。全市755个工矿企业停产，造成直接经济损失5.47亿元。

1997年　8月20日夜，97号台风从营口、大洼两地进入沿海地区。受其影响，辽宁普降大到暴雨，局部特大暴雨，并伴随强烈阵风，风速最大达8～9级，造成旱田高杆作物大面积倒伏。据调查，全省大田作物受灾面积1305万亩，倒伏面积201.4万亩，其中玉米折断160万亩，占倒伏面积19.4%，受灾作物减产2～3成。同时，蔬菜大棚、温室被毁52万个，约2.6万亩。水果受灾面积360.9万亩共11554万株，其中折断1045万株；柞蚕受损44万把，占实际放养把数的50%。

此次风灾波及全省737个乡镇，占乡镇总数的60%，葫芦岛、丹东、大连市受灾较重。此次降水过程累积量，辽西部分地区、辽北北部、辽东部分地区在30～97毫米之间，其余地区降水均超过100毫米，其中岫岩石灰窑站最大降雨量达到360毫米，致使部分地区发生洪灾，个别地方发生泥石流，万余间民房进水或倒塌，水利、电力设施受损较严重。

8月19～21日，受暴风雨影响，一些城市交通设施严重受损。其中岫岩损失最惨重，公路中断72条，冲毁桥涵151座，毁坏公路路基159.5千米，工交运输业损失达5985.7

万元。同时海运、空运也受影响，所有航班和班轮全部停开，仅大连港和周水子国际机场滞留的旅客就分别超过 2000 人。

1998 年 7 月 6～7 日，丹东地区普降暴雨，市区降大暴雨，过程雨量达 124.7 毫米，并伴有短时大风，造成大田部分作物倒伏，市区部分地段积水，335 户进水，深度达 30～40 厘米。六道马车桥附近积水达 60～70 厘米，东港淹水田 4.5 万。

7 月 6～8 日，大连市大部降大到暴雨，降水量为 43.5（长海）～136.8 毫米（庄河）之间。

7 月 13～14 日，受高压低涡和副高压后部暖湿气流的共同影响，辽宁出现区域性暴雨天气，其中沈阳、铁岭、丹东地区降大暴雨。沈阳市 1100 余户居民进水，由于雷击，南十马路附近高压线脱落，造成两人死亡，3 个泵站停止运转。有 26 条街路积水超 1 米深，整个城市交通处于半瘫痪状态。铁西区城市出口道路阻塞，主要交通干线中断。

7 月 13～20 日，受冷涡影响，沈阳连续降雨。全市内涝近 8.1 万亩，玉米 3.9 万亩，水稻 1.4 万亩，葡萄 0.25 万亩。

7 月 21 日，凌源 2 个乡受雷雨大风袭击，伴有冰雹。农作物受淹 1500 亩，直接经济损失 85 万元。

7 月 22 日，4 个小时黑山降水 90 毫米，半拉山降水 120 毫米。农田过水 10 万亩，受淹 3 万亩，100 多户进水，倒塌 30 多间，东沙河河水飞滩。

7 月 23～24 日，我省西部出现强降水过程，部分地区降大到暴雨，局部特大暴雨。据不完全统计，此次洪水造成 9 个县 83 个乡镇受灾，受灾人口 56 万，转移 5000 多人；受灾农田 166 万亩，受淹企业 47 个，损坏房屋 6816 间，倒塌 2198 间。辽西地区强降水过程造成沈山线铁路有 9 处路基塌陷或漫路，中断行车 7 小时，魏塔线铁路有 9 处遭受破坏，13 千米公路被冲坏。

受副高后部暖湿气流和北部南下的冷空气的共同影响，8 月 4 日午后至 5 日白天，辽宁中部平原、辽北及辽东的大部分地区普降暴雨，其中沈阳的大部分地区及铁岭南部降大暴雨，造成农田积水，出现内涝，面积 43～54.7 万亩，受灾作物主要是玉米和蔬菜。西辽河康平北马家铺险段连续出现两起决堤险情，长度分别为 12 米和 6 米，抢修后排除险情。昌图县部分沿河村镇有 67 间房屋被毁，全铁岭市 9 万亩农田过水，绝收 11000 亩，倒伏 6000 亩。

8 月 4～5 日，沈阳市大部分地区及铁岭南部降大暴雨。沈阳 20 处街路大面积积水、水深达 0.8 米。6 座立交桥不同程度积水，水最深达 2 米，部分明渠相继漫堤，公交车运行受阻。铁岭市内积水严重，交通受阻。

受华北气旋影响，8 月 7～8 日辽宁大部分普降中到大雨、锦州、葫芦岛、朝阳的部分地区降暴雨，鞍山南部、丹东大部分降大暴雨。丹东部分乡镇遭受洪涝灾害，房屋倒塌 3 间。

8 月 9～10 日，葫芦岛南部、锦州地区、大连南部普降暴雨到大暴雨。锦州凌海的余积镇多达 294 毫米，部分河流漫堤决口。初步统计，全地区 961 个村均受灾，受灾人口为 88.05 万，洪水围困 8.23 万人，转移 4.36 万人，4.3 万户进水，1.5 万户房屋倒塌，死亡 5 人。受灾农田 12 万公顷，绝收 3.6 万公顷，毁坏耕地 3177 公顷，减产 35.5 万吨，损坏粮食 1.2 万吨。死亡牲畜 7624 头，淡水养殖损坏 461 公顷。工矿企业停产 89 个，部分停产 132 个，京沈哈一级光缆和锦州至黑山、北宁的二级光缆全部中断。各行业直接经济损失 17.822 亿元。

盘锦市境内有 4 条河相继出现洪水，9 个乡遭受不同程度的损失。房屋进水 104 间，倒塌 45 间。农作物受淹 25.4 万亩，绝收 9.6 万亩，减产 11.4 万亩。苇田受淹 26 万亩，鱼、蟹池 18 万亩。全县直接经济损失 9200 万元。

锦州地区降大暴雨，冲毁路基 198 千米，102 国道交通大动脉沈山公路等 10 条公路中断，锦州城区部分地区水深 1.5 米。锦州发电厂厂房进水，5 台机组停机。火车站积水 0.7 米，10 对列车停开，飞机场民航停飞。同日盘锦市部分乡有 100 千米公路被洪水冲坏。

丹东凤城暴雨引发山体滑坡 4000 余处，120 千米堤防、57 座桥涵被冲毁，部分乡镇交通、通讯、电力全部中断。

初步统计，8 月份沈阳铁路局管内先后有 22 条线路被洪水冲毁，受水害影响，全局停运客车 530 列，折返 61 列，货车停运 1940 列。

8 月 11～12 日，丹东市的凤城、铁岭市的西丰遭暴雨袭击，凤城山体滑坡 4000 余处。9 个乡镇受灾，13 万多亩农作物受淹，绝收 1 万亩，冲走房屋 175 间，倒塌 324 间。

8 月 15 日以来，康平县由于受内蒙古东部大范围强降水影响，西辽河形成入汛来最大洪峰，康平段 6.3 千米发生洪水，洪峰流量每秒 1350 立方米。北马堡连续几次出现决堤、塌方等险情。

1999 年 7 月 4 日，朝阳县局部地区强降水引发山洪，有 6 驾马车和 2 台小麦收割机被洪水冲走，500 余亩待收小麦和农田被冲毁，村民死亡 2 人，直接经济损失 30 余万元。

7 月 7～9 日，辽阳市、灯塔市、辽阳县降大到暴雨，辽阳县最大雨量 179.9 毫米，沿河和低洼易涝的 3 个乡镇遭受不同程度的内涝和风灾。45000 亩农作物受灾，刘二堡镇护城河开口。

7 月 30～31 日，抚顺由东向西出现一次较强降雨过程，东南部地区部分河流出现汛情，一些水库水位暴涨，部分地区受灾。抚顺市虎台水库 6 小时降水 102 毫米，超汛限水位 3 米，最大泻洪量达 259 秒立方米。全市受灾面积达 3.5 万亩，受灾人口 2.3 万，损毁水利工程 14 处，小型私营企业 114 家，冲毁耕地 1.07 万亩，冲毁河堤 41 千米，淹没房屋 160 间，冲毁公路 26 处，共 9 千米。紧急转移 310 人，直接经济损失 1.4 亿元。

8 月 9 日夜间，沈阳市各县区普降大到暴雨，降水量为 43.5～129.6 毫米之间，是夏季最大的一次降水，造成市区积水，给交通带来不便。

2000 年 5 月 31 日下午，朝阳市西北降暴雨，半小时后，形成山洪，在龙城区召都巴镇附近河套冲走两台卡车，有 4 人溺死。

8 月 8～10 日，辽西部分地区及康平、凤城等地降暴雨，局地特大暴雨，尤其葫芦岛大部分地区降水超过 190 毫米，其中兴城市的两个乡降水为 390 毫米和 393 毫米。兴城、绥中两个市共有 1205 间房屋倒塌，17002 亩农田受灾，3510 株果树、3610 株林木被毁，公路损坏 437 千米，桥涵 38 座，堤坝 500 米，海塘 58 个，虾池、盐场损坏 10330 亩。经济损失 4000 万元，一村民被冲走。

第二章　干　　旱

第一节　概　　述

干旱是辽宁气象灾害中仅次于暴雨洪涝灾害的又一个重大灾害种类，是影响工农业生产及人民群众生活的主要灾害之一。干旱发生的频次在辽宁省要多于其他气象灾害种类。辽宁省干旱以春旱为主，约占干旱总数的70%以上。辽西的锦州、阜新、朝阳地区素有“十春九旱”之说。20世纪70年代以后，由于植被环境的破坏，造成土壤裸露、水土流失，干旱程度加大，次数增加，农业损失严重。

辽宁的干旱，以春旱发生的地区性最明显，夏旱和秋旱发生的地区无明显规律。20世纪70年代以后，干旱发生的频率相对增加，有的地区连年发生干旱，如朝阳地区1980年和1981年连续两年发生严重干旱。

一、春旱

春旱是指发生在大田作物播种、出苗和生长前期（苗期），即4月上旬至6月中旬的干旱。春旱是辽宁的主要干旱灾害，约占干旱发生总次数的70%以上。

（一）春旱指标

全省发生的春旱，主要取决于以下3个时段的降水量。

1. 底墒雨　指前一年农田土壤封冻前的降雨。如底墒雨少，封冻后土壤保持的水分少，会加剧春旱的形成。以前一年10～11月降水量少于20毫米作为指标，则主要出现在辽西，如在1951—2000的50年中，朝阳大部分地区有24年；建昌、阜新、锦州、康平等地有15年；除辽东地区外，其他地区少雨偶有出现。

2. 春播雨　指大田作物播种，出苗阶段，这一时期降水的多少及其分配情况直接影响春旱的发生及其程度，在底墒雨和春播雨少的年份，极易发生春旱，即使底墒雨正常或较好，而春播雨特少的年份也发生春旱。以4月上旬至5月中旬降水量少于40毫米作为春旱的指标，在50年中，朝阳出现24年；阜新、锦州地区出现18年；大连地区出现20年，概率均在30%以上；其他地区很少出现。

3. 苗期雨　指作物生长前期，如播种出苗期已出现旱象，这一时期降水量又明显偏少，会加剧春旱程度。以5月下旬至6月中旬降水量少于30毫米作为苗期干旱指标，辽西地区干旱年有1961、1965、1972、1980、1981、1983、1984、1987、1989、1997年；辽南有1963、1972、1981、1982、1988、1989年。其中1972、1981、1987、2000年辽西、辽南发生的严重春旱，与这一时段降水偏少有直接关系。

凡同时符合上述3个时段的条件，定为严重春旱年；仅符合其中连续两个时段的条件，定为一般春旱年。

(二) 春旱分区

根据各地区发生春旱的频次和轻重程度可划分为3个区。

1. 春旱多发区　朝阳地区为春旱多发区，俗有“十春九旱”之称（含某一时段少雨）。符合春旱指标的一般春旱年占50%，即两年一遇。其中严重春旱年为5年一遇，尤以1961、1981、2000年最为严重。如1981年朝阳、北票的底墒雨（1980年10～11月雨量）仅为12～16毫米，不足常年的1/4；春播雨和苗期雨（1981年4月上旬至6月中旬雨量）共计只有30～40毫米，仅为常年同期的1/3。严重春旱造成朝阳地区农田成灾面积达总面积的35%。由于地下水位下降，人畜饮水困难。

2. 春旱易发区　包括锦州、阜新地区和康平县一带以及辽南的盖县、瓦房店、普兰店、金州等地，其中辽西地区约为4～5年一遇；而辽南地区是从70年代后期才开始频繁发生春旱，对春播和出苗产生影响。

3. 春旱偶发区　包括沈阳、营口地区、铁岭地区西部和西南部以及岫岩县等，大约8～10年一遇，且多数发生在山地、丘陵地带，对播种和出苗有一定影响。

其他地区为无春旱区，遇春雨多的年份，一些平、洼地带往往会出现春湿（涝），推迟播种时间，或因农田低温多湿造成粉种、坏种，如1964、1973、1979年等。

二、夏旱与秋旱

(一) 夏旱

夏旱又称伏旱，指主要农作物拔节至开花阶段发生的干旱。大致有两种情况，即大范围春旱和地区性春旱。夏季雨量的多少对不同地区农业生产的影响也不相同。在雨量偏少年，辽西可能出现伏旱，造成农业减产；而在中部平原低洼地带，则大约有70%～80%的年份农业呈增产的趋势，所以当地群众有“小旱小丰收，不旱不丰收”的说法。

1. 大范围夏旱　由大范围天气异常引起的，持续时间较长。以6月下旬至8月上旬降雨量少于150毫米为指标，平均为5年一遇。如1972年6～8月，全省大部地区降雨量不足常年同期的一半，连年降雨较多的中、东部涝洼地也发生干旱。据7月中旬统计，全省干旱面积达4020万亩，占农田面积一半以上。

2. 地区性夏旱　在部分地区出现较长时间无雨或少雨时段而形成的干旱。以6月下旬至8月上旬期间，连续两旬雨量少于20毫米作为指标，大约为5年一遇。除辽东地区较少发生外，其他大部地区均可出现。此外，少数地方或较短时间呈现程度不同的伏旱，在多数年份都有发生，但影响较小。

(二) 秋旱

秋旱又称秋吊，是指大田作物籽粒灌浆阶段无雨或少雨而形成的干旱。这个时期如水分供应不足，会直接影响农业产量和质量。以8月中旬至9月上旬降水量少于60毫米或连续两旬降水量小于20毫米作为指标，大约有一半年份在部分地区发生程度不同的秋旱。辽西地区为4年一遇；辽东地区约为10年一遇；其他地区为6～7年一遇。1977年全省大部分地区出现秋旱，造成农业减产。

三、连旱

连旱是指春夏、夏秋或春、夏、秋连续发生的干旱，对农作物生长发育及产量的影响最大。辽宁省除辽东地区外，其他地区都发生过连旱，其中辽西地区发生的次数较多，辽南次之。

（一）春夏连旱

指播种至作物生长中前期发生的干旱。如1980年辽西、辽南发生了春夏连旱，其中以朝阳地区旱灾最重，该地区从1979年秋季至1980年8月的320多天没下透雨，农田受灾面积达700多万亩，绝产130万亩，全区大河断流，小河和大部分水库、池塘干涸，人畜饮水困难。

（二）夏秋连旱

指作物生长中后期发生的干旱。以6月下旬至9月上旬降水量少于210毫米或连续5旬降水量少于50毫米作为指标，则1963、1972、1978年均发生了夏秋连旱。

（三）春、夏、秋连旱

1981年，辽西出现春、夏、秋三季连旱，如朝阳地区从4月上旬至9月上旬，降水总量只有常年同期的一半，为近40年间少有的干旱，造成近70%的耕地严重旱灾，其中有30%以上的耕地绝产等。

第二节　古代（公元221—1839年）旱灾

晋　永嘉二年（公元308年）　梁水（今太子河）池竭。

前燕　慕容皝十四年（公元347年）　冬，十月，以久旱，免百姓田租。

前燕　元玺元年（公元352年）　夏，五月，龙城（今朝阳市）大旱。

后燕　建平元年　（公元398年）　自夏至秋七月，龙城不雨。

北燕　太平九年（公元417年）　自春至夏六月，不雨。

北齐　天保九年（公元558年）　春夏，营州（今朝阳市）少雨。

唐　贞观二十年（公元646年）　是年，辽东旱灾，民大半乏食。

辽　统和元年（公元983年）　秋，九月，东京（道治所在今辽阳市）旱，赈之。

金　大定十六年（公元1176年）　东京（路治在今辽阳市）、婆速（府治在今丹东市九连城)、曷苏馆路（今辽阳以南盖、复、金等县地）旱。

金　大定十七年（公元 1177 年）　春，三月，以旱蝗，免东京、婆速、曷苏馆等路府租税，并赈之。夏，四月，粜复州（今复县之复州城）、曷苏馆路富家粟，赈东京等三路饥。

元　至元二年（公元 1265 年）　是年，北京（今锦州、朝阳地区属北京路）旱。

元　至元十二年（公元 1275 年）　是年，北京旱。

元　至元十八年（公元 1281 年）　春，二月，北京诸州旱，免今年租税之半。

元　至元二十五年（公元 1288 年）　二月，盖州（今盖县）旱，民饥。

元　元贞二年（公元 1296 年）　是年，辽阳（路治在今辽阳市）、开元（今铁岭地区属开元路）辽东旱。

元　大德元年（公元 1297 年）　金（今金县）、复（今复县复州城）州旱。

元　皇庆元年（公元 1312 年）　是年，懿州（今阜新蒙古族自治县塔营子城）大旱。

元　延祐七年（公元 1320 年）　夏，五月，沈阳路（治所在今沈阳市）旱。

元　泰定三年（公元 1326 年）　夏，六月，大宁路（北京路改武平路，武平路改大宁路）旱。

元　至正七年　（公元 1347 年）　秋九月，辽东旱。

明　洪武三年（公元 1370 年）　是年，北平（今朝阳地区，明初属北平府）旱。

明　洪武五年（公元 1372 年）　是年，金（今金县）、复（今复县复州城）州旱，免上年夏、秋税粮。

明　洪武七年（公元 1374 年）　夏，北平旱。

明　宣德九年（公元 1434 年）　夏，辽东不雨，亢旱为灾，农亩虽种，无收获者多。

明　正统六年（公元 1441 年）　辽东各卫旱、蝗，无收。

明　景泰元年（公元 1450 年）　夏，五月，以岁旱，减免沈阳（卫治今沈阳市）等卫，夏税十分之七，秋粮子粒十分之四。

明　成化十七年（公元 1481 年）　春，正月，以旱灾、雹灾，免辽海、三万（卫均治开原县）成化十六年子粒三千石。

明　成化二十年（公元 1484 年）　秋，九月，以旱灾，免沈阳中卫等税粮。

明　弘治元年（公元 1488 年）　是年，辽东旱。

明　弘治四年　（公元 1492 年）　辽东旱，虫灾。

明　弘治七年（公元 1494 年）　春，正月以来，义州（卫治今义县）等卫亢旱。是年，辽东旱。

明　弘治十四年（公元 1501 年）　春至秋，辽东镇不雨，河沟尽涸。

明　弘治十五年（公元 1502 年）　冬，十月，以旱灾，免定辽左（卫治在今辽阳市）、右（卫治在今凤城县）等十卫屯粮有差。

明　正德七年（公元 1512 年）　秋，九月，以旱灾，免定辽左等二十五卫、所税粮有差。

明　正德九年（公元 1514 年）　冬，十月，以旱灾，免辽东卫、所屯田子粒之半。

明　嘉靖元年（公元 1522 年）　冬，十月，以辽东等处旱灾，诏官军月粮每石加银二钱，不为例。十一月，以辽东旱灾，免广宁前屯（卫治今绥中县前卫）等二十八卫，所屯田子籽有差。

明　嘉靖二年（公元 1523 年）　春，二月，以辽东旱灾，发太仓银十万两，两淮盐价银五万两，布花麦钞六万六百余两，两淮，山东盐引银八万一千两，以备赈灾。仍许商人载粟出关。

明　嘉靖三年（公元 1524 年）　秋，九月，以旱蝗，免广宁（卫治今北镇县）、宁远（卫治今兴城县）诸卫屯粮。

明　嘉靖十一年（公元 1532 年）　冬，十二月，以旱灾，免定辽左等二十五卫、所屯粮有差。

明　嘉靖十二年（公元 1533 年）　冬，十一月，以旱灾，发太仓银三万两，赈辽东以灾伤，定辽等卫屯粮有差。是年，河西（辽河以西，广宁等九卫地属河西）大旱，蝗飞蔽天。

明　嘉靖十八年（公元 1539 年）　秋，七月，以旱灾，广宁戍卒佟伏、张鉴等倡众为乱。

明　嘉靖十九年　（公元 1540 年）　辽东旱，二十年夏五月赈灾。

明　嘉靖二十二年（公元 1543 年）　冬，十二月，以旱灾，免开原等卫屯田子粒。

明　万历元年（公元 1573 年）　冬，十二月，以宁前（卫治今绥中县前卫）、广宁、锦、义、海州辽东等处旱灾，米价腾贵，发太仓银三万两赈济军士。

明　万历二十五年（公元 1597 年）　春，正月至夏五月，绥中不雨，无麦。

明　万历四十五年（公元 1617 年）　夏，凌源大旱，灾歉遍天下。

明　万历四十八年（公元 1620 年）　自春徂夏，逾时不雨，广宁、锦、义一带，千里赤地。六七月，辽阳、海、盖旱魃为虐，刍谷尽槁。

清　崇德五年（公元 1640 年）　绥中县旱蝗。

清　康熙二十八年（公元 1669 年）　夏，五月，山海关外盛京（清留都，今沈阳市）等处至今无雨，尚未播种。禁盛京造酒。冬，十一月，辽阳（今辽阳市）、兴京（今新宾老城）亢旱及陨霜，料谷不收，免其庄粮。

清　康熙三十四年（公元 1695 年）　是年，盛京地方连年失收，今岁亢旱，麦禾不成，米价翔贵。

清　雍正五年（公元 1727 年）　夏，开原（今开原县）大旱。

清　乾隆元年（公元 1736 年）　是年，锦州（今锦州市）、宁远（今兴城）、义州（今义县）夏秋雨水愆期，收成歉薄。

清　乾隆二十四年（公元 1759 年）　冬，十月，以旱灾，赈盛京、承德（今沈阳市）、铁岭城（今铁岭市）、铁岭县、开原城（今开原县）、开原县、锦州城（今锦州市）、锦县、宁远城（今兴城）、宁远州、广宁城（今北镇县）、广宁县、义州城（今义县）、义州等处旗民并蠲缓额赋。

清　乾隆二十五年（公元 1760 年）　春，二月，免盛京等十九驿旱灾额赋。

清　乾隆五十六年（公元 1791 年）　是年，锦县旱灾。

清　乾隆五十七年（公元 1792 年）　春，二月，蠲锦州府属乾隆五十六年旱灾额赋。

清　乾隆六十年（公元 1795 年）　夏，六月，金州、熊岳（今盖县熊岳）、锦州等处缺雨，所种稼禾歉薄。冬，十一月，赈金州、熊岳、锦州三城，宁海、锦县、宁远三州县旱灾并蠲缓额赋。

清　嘉庆七年（公元 1802 年）　辽东四五月风多土燥，干旱，二麦减收五成。

清　嘉庆十六年（公元 1811 年）　夏，绥中大旱。

清　道光五年（公元 1825 年）　是年，绥中县旱，夏五月晦始雨。

清　道光九年（公元 1829 年）　是年，辽阳亢旱成灾。冬，十一月，赈辽阳等五处被灾旗民口粮。

清　道光十三年（公元 1832 年）　春夏，绥中县旱。

清　道光十五年（公元 1835 年）　广宁、巨流河、白旗堡、小黑山、闾阳驿、新民厅、金州、宁海、锦州所属等处旱虫灾。赈济旗人大口十七万二千五百口、小口二万一千六百口，赈米十二万石，赈银四万八千两。昭陵宗室觉罗总旗长等处被旱灾，赈旗人大口二十九万口、小口三万四千八百口，赈米十四万石，赈银五万一千二百两。

第三节　近代（公元 1840—1948 年）旱灾

清　咸丰二年（公元 1852 年）　辽阳旱灾奉天灾歉，免被灾州县额赋。

清　咸丰六年（公元 1856 年）　宁远蝗灾。

清　咸丰七年（公元 1857 年）　朝阳地因旱，飞蝗入境。

清　咸丰八年（公元 1858 年）　风化（今凤城）、昌图大旱大饥，奉天夏秋大旱，义县秋虫灾。

清　咸丰九年（公元 1859 年）　开原旱，清廷谕抚恤灾民。

清　同治二年（公元 1863 年）　渤海沿岸春旱。免奉天、金州等四厅州县上年水灾额赋。

清　同治六年（公元 1867 年）　辽阳、昌图等处春旱，缓征奉天、开原、牛庄、白旗堡被灾地旗民额赋。

清　光绪元年（公元 1875 年）　义县春旱大饥，金州城界旱，凤城灾民大口五万三千口，小口一万六千口，赈米八千二百石，赈银七千四百两。三月普免歉粮，十一月免除盛京养牧碱地额赋。

清　光绪二年（公元 1876 年）　宁远春旱秋霜陨禾岁饥，义县春旱大饥，绥中从正月一直到五月旱，免盛京同治六年以前逋赋（所欠额赋）。

清　光绪八年（公元 1882 年）　义县春旱，秋有虫灾。

清　光绪十一年（公元 1885 年）　朝阳终年未雨大旱，义县旱灾，锦州、金州春夏旱，安东秋大风，大连地区无雨大旱。知县一面上报热河道迅速拨款，一面倡捐。知县带头捐小米二百石，绅商纷纷捐助，共捐赈一千两。

清　光绪十二年　（公元 1886 年）　义县、朝阳春夏连旱。

清　光绪十六年（公元 1890 年）　夏季疫病浒，死千余人。

清　光绪十七年（公元 1891 年）　开原、海城等处旱，敖汉旗连续三年春旱。承德府所属州县遭受旱灾，次年又遭兵乱，造成大灾荒朝阳、建昌、赤峰、平泉等地有数十万人挨饿，死亡人口掩埋露骸骨者达两万多具。清廷谕天津筹赈局放赈银十四万八千五百两，棉衣一万一千五百套。其中拨给朝阳、建昌县赈银七万七千两，棉衣六千五百套。

清　光绪十八年（公元 1892 年）　朝阳地区连旱，酿成大灾荒，巷无炊烟，仅朝阳、建昌两县灾民大口十八万人，小口九万一千人，流离载道，野多暴骨，仅赤峰、平泉、建昌、朝阳四县州，掩埋露骨骸者，即达两万多具。直隶总督李鸿章奏明清廷拨银，并向各省劝募。收到天津筹赈局补用知州捐银二万两，上海绅士捐银五千两，湖南试用捐银一万两，直隶捐银一万两，博野知县捐银一千两，直隶候补道捐银一百四十八两，鱼户捐银三百六十五两，直隶提督捐银二千两，拨给灾区散放。

清　光绪二十五年（公元 1899 年）　辽阳春夏秋大旱。

清　光绪二十六年（公元 1900 年）　赤峰县三伏内三十天无下雨，有三成年景。辽阳等州县春夏秋三季连旱。

清　光绪二十七年（公元 1901 年）　开原虫伤稼禾。朝阳连旱三年（1901—1903年），蠲缓额赋。农历七月，安东瘟疫流行，沙河镇日死四十人至六十人，以劳动人民为多，官署漠然视之。

清　光绪二十八年（公元 1902 年）　安东夏秋之交，亢旱无雨。五至六月义县大旱，有虫灾。奉天各属所种禾苗夏秋之间亢旱。

清　光绪三十三年（公元 1907 年）　六月昌图不雨亢旱。奉省灾款，经请准本年以前民欠粮钱并缓征带征各款全部豁免。共免额征丁银五十六万一千八百两，年征银一万八千两。

民国　元年（公元 1912 年）　宽甸青椅山、赫甸、大水沟、长阴子、亮子沟因去冬雪稀少，至六月初旱情发展，出现旱情。

民国　二年（公元 1913 年）　辽阳、彰武旱。地方捐银赈济。为救济直鲁来奉难民，从民国二年至十七年共捐大洋三十六万三千五百元。小洋一百三十三万六千六百元，金票一百零五元，捐拨粮二千石。

民国　三年（公元 1914 年）　新民、台安、昌图、铁岭、法库、彰武、辽中、海城、辽阳、西丰、安东、绥中部分村屯，局部地区春夏旱，奉省拨小洋二万三千元赈济灾民。

民国　四年（公元 1915 年）　巴林左旗、巴林右旗大旱灾，全年只下了几场小雨，地不能种，牧草未长，很多蚱蚂和蛇被晒死，损失牲畜五万头，受灾人口二万。海城自春徂夏未透雨，盖平春夏亢旱。北镇入夏未降透雨，异常亢旱，田亩如焚。国民政府拨大洋三万元，大总统捐三千元，赈给灾民。邑绅农商劝募捐赈。

民国　五年（公元 1916 年）　北镇、朝阳旱灾。彰武、黑山虫灾，辽阳邑绅捐小洋二千元，师长张作霖自筹赈款一万元捐献盘山故乡。奉省自拨小洋一万二千元。辽宁省政府呈东北政务委员会将由宣统三年至民国十六年十二月田赋三百万元灾歉，带征大洋八十八万元全部豁免。

民国　六年（公元 1917 年）　奉省三十余县，春夏亢旱，开原、铁岭、营口、庄河、北票、义县、黑山旱灾较重。大总统著财政部拨银二万元，省拨一万四千六百元，士绅捐款四万元救济灾民。制发筹赈奖券十八万张，每张售价银元一元。

民国　八年（公元 1919 年）　绥中大旱，自春到夏未降霖雨，禾苗遭旱灾。后又起蝗虫，不数日穗叶食尽。凤城、岫岩入夏以后天时亢旱，禾稼枯槁。宽甸、复县自春到夏暴旱。本溪、黑山、义县入夏以后雨水稀少，亢旱成灾，田禾枯萎。朝阳大旱。凌源春夏之交旱，举皆赤地。建平、凌源虫灾。

民国　九年（公元 1920 年）　北镇由春以后亢旱数月。彰武自春到夏亢旱异常，已种之地禾苗枯槁，未种之地赤之千里。朝阳自春以后亢旱，烈日炎炎直至立秋。沈阳自春到夏雨泽衍期，田禾一半枯槁成灾。新民自春到夏久旱不雨。义县春旱到七月十三日始雨。

义县、凌源大旱。灾民遍地，哀鸿嗷嗷，有的山村迁徙一空。凌源旱后发生粘虫，禾苗食尽。

民国　十年（公元 1921 年）　林西大旱，受灾五千多顷，地籽粒不收。

民国　十二年（公元 1923 年）　林西酷旱五千多顷地仅收二成。

民国　十三年（公元 1924 年）　安东地区本年伏旱，七月下旬至八月下旬月余无雨。凤城、安东数百人求雨，八月十日岫岩七百人祈祷三日。

民国　十四年（公元 1925 年）　沈阳四月旱情严重。

民国　十五年（公元 1926 年）　绥中、黑山、开原、海城、义县、锦县、盖平、法库、盘山等地出现大旱，春夏亢旱大灾。

春夏铁岭地区，井涸泉干，土地干裂，田禾枯焦，数月无雨，亢旱成灾，赤地无苗，颗粒无收，四至七月锦州地区久旱不雨，大地赤热，未播种之地，十有八九，已播完者，全苗者不过二三，遍野无青。

民国　十八年（公元 1929 年）　入夏以后蝗虫为害。五月二十八日凌源从南飞来蝗虫，遮天盖日，宽三十里，田禾穗食殆尽。绥中每年秋八至九月有飞蝗乘渤海潮而来，食害稼禾。

民国　十九年（公元 1930 年）　林西旱，颗粒无收。

民国　二十年（公元 1931 年）　八月，沈阳四乡亢旱几月，禾苗枯槁，殆为近年所无。一般农民感有忧色，幸昨（三十一日）下午浓云密布，甘霖下降达三小时，人人莫不视为苍天予金，欣喜雀跃云。

旅顺自入伏以来，半月未雨，赤日炎炎，山地青苗枯槁。

民国　二十一年（公元 1932 年）　入夏以来，海城天旱苗槁连日无雨，天之亢旱。禾苗之待甘霖，农夫望眼将穿。洼田尚可支持，山地多呈萎叶，近来阴雷不雨，农人忧行于色。

凤城县自入夏以来，迄至今日，天久不雨，已呈旱象。

民国　二十四年（公元1935年）　关东州内，旅大金普皮各地客岁各期以来，滕云缺降，待至入春，风伯尔虐，刻下已值初夏终无甘霖下降，赤地千里，颗粒未种，一般农民无不愁苦其脸，倾天兴叹，播种之期已过，亢旱之象已成。

锦省内各县灾况，数十万灾民嗷嗷待哺，度日如年，奔走救济以极不死，各地祈雨忙……倾日入春以来，雨水竟感缺乏，虽有免强施种者，然因点水不鸣，迄今尤未出芽，致以灾民倾天长叹。

台安：自昨年遭受种种灾害之后，于本年入春至今迄未降雨，土地干燥沙土飞扬，所种之田，禾田均枯萎而未耕之地约占十之五六，故人心惶惶，恐怖万分。

民国　二十五年（公元1936年）　阜新、开原、海城等地春旱、夏旱。

民国　二十六年（公元1937年）　七月境内辽河因月余未雨，河水消瘦已极，船已停驶，往来行人能涉足经过，大有干底之势，诚历来所未有，现下天气异常亢旱，田禾多有蝗虫之灾，倘再不下雨，秋后无望。

民国　二十八年（公元1939年）　六月前建昌二万九千亩幼苗旱死。安东、凤城、宽甸、岫岩春旱严重。

八月大旱，鸭绿江及大小河川减水枯竭。农作物及柞蚕枯死。四日起，省长以下及安东、凤城、宽甸各县每日午后三时至五时跪地求雨者万人以上。宽甸因挖坟打旱魅酿成争讼。

民国　二十九年（公元1940年）　阜新、康平春夏旱，黑山、开原春旱。宽甸七月下旬至八月下旬，农民祈雨，未见甘露。义县全年雨量仅三百八十毫米。

民国　三十年（公元1941年）　绥中从春至秋一直大旱，全年雨量只有二百五十九毫米。

民国　三十一年（公元1942年）　阜新、康平、黑山旱。

民国　三十二年（公元1943年）　开原春旱，锦州地区秋有五成年景。赤峰整个伏天未雨，秋有三成年景。

民国　三十三年（公元1944年）　巴林左旗、巴林右旗大旱灾，牧民的漫撒子地没种上，农作物减收十分之八，逃荒饿死人很多，有一万五千户受灾，人口达六万人，损失牛三万头、羊二万头，林东街边发生人吃人的惨剧。彰武、岫岩、阜新、康平、黑山、开原、宽甸、凤城等县秋大旱。

民国 三十五年（公元 1946 年） 阜新、彰武旱。

民国 三十六年（公元 1947 年） 乌丹、宁城等在四至五月连月酷旱。

民国 三十七年（公元 1948 年） 七月安东地区入伏以后各地发生伏旱，滴雨未降。二十五至二十六日普遍获雨，保住八成年景。

七至八月铁岭地区没雨，沙地晚禾落果，民以豆饼充饥。

辽宁南部遭水旱灾，又加国民党军队的骚扰，造成大饥荒。辽宁北部、西部也发生饥荒。民主政府提出："组织生产，战胜灾荒"的要求。辽宁省（辽南地区）下拨贷粮一千七百五十万公斤，豆饼八十万公斤，盐六百八十六万五千公斤，土豆二十二万五千公斤，救济款三万一千三百元（东北币）。辽北省下拨救济粮二百五十九万公斤，贷粮一千七百一十三万公斤。辽西省下拨救济粮六百八十四万公斤，贷粮二千三百五十万公斤。各地灾区除将一部分贷粮贷款做口粮救济外，大部用于支持灾民生产自救，渡过灾荒。

第四节 现代（公元 1949—2000 年）干旱

1949 年 5 月昌图北部、彰武县干旱，苗期风旱。

1950 年 春季抚顺发生旱灾，受灾农田 34.8 万亩。

1951 年 春季凌原、北镇、兴城、阜新、法库、铁岭、本溪等市县春旱严重，义县以南、以西地区旱象最为严重，干土层达 3～4 寸。农田有的不能下种，有的播种已坏种。其中本溪受灾农田面积 25.6 万亩。台安旱死小麦 950 亩。

1952 年 春季喀左、建昌、辽中、盘山、义县、开原、绥中、锦西、阜新、彰武、法库、铁岭等县 60 多天未下透雨。喀左县 20 万亩禾苗旱死。

1954 年 4 月盖县、新金、丹东、鞍山等市县，一般山岗地干土层 4～5 寸深，平地干土层 2～4 寸深。本年度本溪县发生严重干旱，受灾农田 3.4 万亩。

1955 年 7 月下旬至 8 月中旬，全省大部分地区由于降雨量少，日照强烈，造成连日高温。一般气温比 1954 年高 2℃以上。阜新 7 月下旬最高气温为 36℃，超历史同期气温 2℃。熊岳为 35℃，超历史同期气温 1.6℃。降雨量较常年大为减少，沈阳以北地区及鸭绿江中下游至辽东半岛、东南沿海一带降雨量不到常年的 1/4，其他地区比常年减少 30%～80%，锦州义县、兴城一带和辽河下游降雨量也较常年降雨量少一半以上。总的来看少雨干旱程度山地偏重，平地较轻；玉米、大豆较重，高粱次之。

全省已呈旱象。辽东半岛、辽东地区、辽西岗沙地区干旱较重，许多玉米已干枯三四片叶，严重的干枯到顶梢，有些大豆已落叶掉花。

庄河小河水已断流，0.2万亩稻田因断水地表出现裂纹。部分玉米全部枯萎，无法挽救。

凤城入伏以来一直未降雨，一般山地玉米干枯三四片叶，严重的干到顶。全县有42万亩玉米减产1～2成。大豆因干旱停止生长。造成严重减产。

丹东地区40多天无雨，山地农作物旱死，减产3～4成。

彰武7月17日至8月17日一直未下雨，全县旱灾面积63.2万亩，其中51万亩玉米旱黄三四片叶；影响早稻抽穗。1.7万亩荒地未种上荞麦，已种的31万亩荞麦旱死10.5万亩，0.3万亩水稻因缺水叶变黄。

铁岭山地干土2厘米深，有严重裂纹，部分大豆黄叶满地，高粱枯黄五六片叶，将减产3成左右。

沈阳因干旱影响秋菜播种。朝阳地区将近50天未下透雨，影响农作物吐穗、结实。其中喀左旱灾面积5.8万亩。本溪35天未下透雨，旱灾面积23万亩，粮食减产3成。

1956年　北票、复县局部受灾。

1957年　4月中旬至6月中旬，全省大部分地区降雨量比常年显著减少，降雨量不足10毫米，辽东丘陵比常年更少。其中大连、丹东、本溪、宽甸比常年减少70%～90%。5月份全省除东部降雨量比常年多外，辽阳、辽东半岛和西部降雨量比常年减少一半左右。旱情较严重的大连、新金、庄河、复县、盖县、绥中等沿海12市县，有的地方长达70～80天没降雨，大田播种期出现严重干旱是几十年未有的。

全省30个市县290个乡受灾，成灾面积897万亩。大田作物播种期推迟10～15天，直接影响水稻插秧，使土豆、小麦、蔬菜减产，果树落花、落果。受灾人口243万人，其中建平、黑山、昌图、新民灾民都在10万人以上，沈阳、辽阳、兴城、台安、法库、铁岭、开原、朝阳灾民6～9万人，盘山、海城、彰武、康平灾民2～3万人，因灾死亡16人。

义县棉花受旱灾面积25.5万亩，较重的12.7万亩。营口县棉花受旱灾面积14.1万亩，较重的0.3万亩。

盖县全县旱灾面积27.8万亩，其中棉花旱灾2.3万亩。有7.5万亩因干旱未能播种，已播种的7.5万亩作物不能出苗。仅太阳升乡因旱灾果树收入减少5万元、土豆1万元。

庄河县玉米平均出苗率只有70%，干旱严重的山地出苗率只有50%左右。北镇县部分水井水位下降3～4尺。清原县30%～40%水田断水。本溪4～5月、8月上旬少雨，春旱加伏旱，重灾2万多亩。沈阳蔬菜产区缺水，产量减少，上市推迟。

该年旱情发生在朝阳、锦州、营口、大连、丹东地区，是沿海地区一次较严重的春旱，重点是沿海12个县、锦州年降水量仅358.8毫米，为常年的62.3%；朝阳372.6毫米，为常年的76.7%；熊岳492.8毫米，为常年的77.2%。5～9月份各地降水量、土壤含水率、玉米生育需水量如表2.1，沿海中、小河流年径流量与多年均值比较如表2.2。

表 2.1　1957 年各地 5～9 月降水量、土壤含水率、玉米生长需水量表

地区＼月份	项　目	5	6	7	8	9	5～9
大连	降水量（毫米）	2.2	16.0	128.9	173.5	41.7	362.3
	距平（%）	4.7	18.5	65.3	104.0	58.2	
	土壤含水率（%）	9.2	9.0	16.6	21.2	18.8	
	玉米需水量（毫米）	96	107	116	100	30	449
朝阳	降水量（毫米）	28.1	46.3	118.2	94.2	27.1	313.9
	距平（%）	88.4	27.9	55.5	97.6	97.0	
	土壤含水率（%）	9.9	10.1	19.9	19.4	14.6	
	玉米需水量（毫米）	76	85	150	100	36	447
锦州	降水量（毫米）	30.8	8.5	80.2	203.4	29.7	352.6
	距平（%）	74.8	10.9	47.7	154.2	51.2	
	土壤含水率（%）	10.4	10.3	12.5	18.7	16.0	
	玉米需水量（毫米）	65	76	131	105	40	417
盘锦	降水量（毫米）	17.9	28.1	176.9	236.8	59.6	519.3
	距平（%）	44	37.7	89.9	160.3	63.4	
	玉米需水量（毫米）	78	81	94	68	33	354
丹东	降水量（毫米）	33.9	76.2	346.6	325.3	63.7	845.7
	距平（%）	52.4	71.2	120.6	119.9	67.5	
	玉米需水量（毫米）	80	87	87	66	20	340
铁岭	降水量（毫米）	32.5	48.1	188.7	181.8	63.3	514.4
	距平（%）	71.4	55.0	118.5	142.6	100.8	
	土壤含水率（%）	11.2	14.5	21.5	22.4	20.6	
	玉米需水量（毫米）	69	81	94	68	30	342.0

注：本章所有表格均摘《辽宁水旱灾害》

表 2.2　辽宁省沿海中、小河流 1957 年径流量与多年均值比较表

河　流	站　名	年径流量（亿米^3）	占多年均值（%）	河流	站名	年径流量（亿米^3）	占多年均值（%）
六股河	绥中	1.97	32.5	大清河	望宝山	1.25	53.0
小凌河	锦州	1.35	33.0	碧流河	小宋家屯	4.91	54.5

1958 年　旱情范围主要在朝阳、锦州、大连和铁岭北部地区。干旱季节在 5～7 月。这三个月中，以上四个地区的农田土壤含水率都接近凋萎含水率。中部和东部地区，5～6 月有轻旱。本年的旱情与 1957 年旱情比较，5～7 月，大连地区前一年降水 147.1 毫米，本年 203.8 毫米；朝阳地区前一年降水 192.6 毫米，本年降水 175.8 毫米；锦州地区前一年降水 119.5 毫米，本年降水 209.3 毫米；铁岭地区前一年降水 269.3 毫米，本年降水 158.9 毫米。从降水量分析，朝阳、锦州、大连地区 1957 年旱情重于 1958 年。中部重点

产粮区 1958 年略有轻旱，但该区水灾 1958 年少于 1957 年 6.67 万公顷。同时该年正是“大跃进”高潮，农村经济体制大改变，群众的生产积极性较高，抗旱减灾活动取得了一定的成效。所以，1958 年的粮食产量高于 1957 年是合理的。但受旱面积和成灾面积各部门统计数字差别很大，其中水利部统计 1957 年受旱面积 60 万公顷，成灾面积 30 万公顷；1958 年受旱面积 104 万公顷，成灾面积 40 万公顷。省水利统计 1957 年受旱面积 59.93 万公顷，成灾面积 29.93 万公顷，与水利部数字相同。而 1958 年省水利统计受旱面积 16.07 万公顷，成灾面积 8.8 万公顷，较部统计数字小很多。从降水量和粮食产量分析，1958 年旱情轻于 1957 年是合理的。所以，采用辽宁省水利统计的 1958 年受旱面积。当年全省旱灾减产粮食 1.9 亿千克，受旱重点地区在大连、铁岭和锦州。

从降水量分析，1958 年是个枯水年。中部、西部、北部地区，年降水量是近 40 年第三个少雨年。但降水量的时程分配比较均匀。各月降水量基本与作物生育需水量相一致。另外，当年农民生产积极性很高，精耕细作，采取多施农家肥等措施，减轻了旱灾损失。所以这年的旱灾轻于 1957 年，粮食产量高于 1957 年。同时，也说明仅从降水总量分析旱情和旱灾程度，尚不能全面反映旱情和旱灾真实情况。

该年各地降水量普遍偏少，大部地区为常年的 60%～80%，5～9 月份各地降水量、土壤含水率、玉米生长需水量如表 2.3。主要河流年径流量与多年平均值比较如表 2.4。

表 2.3 辽宁省各地 1958 年 5～9 月份降水量、土壤含水率、玉米生长需水量表

地区＼月份	项 目	5	6	7	8	9	5～9
沈阳	降水量（毫米）	35.0	84.6	139.6	134.7	86.5	480.4
	距平（%）	62.8	94.4	77.0	80.5	106.9	
	土壤含水率（%）	12.2	11.7	15.9	19.1	19.0	
	玉米需水量（毫米）	69	81	94	68	30	342.0
大连	降水量（毫米）	15.6	67.9	120.3	189.6	52.2	445.6
	距平（%）	33.2	78.6	61.0	113.6	72.8	
	土壤含水率（%）	9.6	9.3	9.8	18.9	21.2	
	玉米需水量（毫米）	96	107	116	100	30	449
鞍山	降水量（毫米）	36.2	35.7	103.9	222.4	44.7	442.9
	距平（%）	63.2	41.1	55.4	122.1	55.3	
	土壤含水率（%）	12.3	13.4	13.1	24.1	24.7	
	玉米需水量（毫米）	69	81	94	68	30	342
本溪	降水量（毫米）	48.8	83.4	124.3	180.1	85.9	522.5
	距平（%）	39.7	62.9	107.7	118.8	80.2	
	土壤含水率（%）	11.6	11.5	14.4	20.5	19.5	
	玉米需水量（毫米）	82	85	94	56	20	337
盘锦	降水量（毫米）	22.9	46.6	56.4	121.3	99.5	345.8
	距平（%）	54.2	67.2	40.5	75.8	101.1	
	玉米需水量（毫米）	68	81	94	69	30	342

续表

地区＼月份	项　目	5	6	7	8	9	5～9
丹东	降水量（毫米）	34.3	41.5	183.3	490.0	111.0	860.1
	距平（%）	53	38.8	63.8	180.7	117.6	
	玉米需水量（毫米）	78	85	85	64	20	332
昌图	降水量（毫米）	40.1	27.7	33.1	87.8	74.3	263.0
	距平（%）	97.7	33.1	23.0	78.0	136.1	
	土壤含水率（%）	11.8	10.8	10.4	13.6	15.0	
	玉米需水量（毫米）	69	81	94	69	30	343.0
铁岭	降水量（毫米）	42.7	48.1	42.2	144.4	112.8	370.2
	距平（%）	83.7	47.2	49.9	85.9	137.9	
	土壤含水率（%）	12.5	15.4	11.8	17.9	23.1	
	玉米需水量（毫米）	69	81	94	68	30	342.0
锦州	降水量（毫米）	81.8	50.2	77.3	87.2	51.9	348.4
	距平（%）	77.2	64.4	46.0	66.1	89.5	
	土壤含水率（%）	11.0	11.9	11.3	15.6	18.4	
	玉米需水量（毫米）	65	76	131	105	40	417
朝阳	降水量（毫米）	33.0	80.7	62.1	50.3	55.0	281.1
	距平（%）	101.8	79.5	45.4	47.9	126.0	
	土壤含水率（%）	10.5	17.2	11.8	10.3	12.1	
	玉米需水量（毫米）	76	85	150	100	36	447
彰武	降水量（毫米）	31.4	48.1	163.3	96.2	72.7	411.7
	距平（%）	75.8	63.1	110.6	87.7	121.6	
	土壤含水率（%）	11.1	10.6	14.3	12.5	18.6	
	玉米需水量（毫米）	66	82	103	72	25	348

表 2.4　辽宁省主要河流 1958 年年径流量与多值比较表

河　流	站　名	年径流量（亿米^3）	占多年均值（%）	河　流	站　名	年径流量（亿米^3）	占多年均值（%）
大凌河	朝阳	4.23	42.7	复州河	关家屯	1.38	52.4
绕阳河	东白城子	0.37	34.6	碧流河	小宋家屯	5.24	58.2
小凌河	锦州	0.59	14.5	辽河	铁岭	20.42	49.3
六股河	绥中	1.15	19.0	浑河	沈阳	8.89	40.0
大清河	望宝山	0.89	37.4	太子河	辽阳	12.45	46.7

1959 年　5～6 月，全省大部分地区雨量偏少，有的地方连续 20 几天没有降雨。干旱较重的大连地区山地干土层达 15～20 厘米深，平地干土层 10～13 厘米深。西部和东部的

一些地区农田也有干土6～10厘米深。这一时期风势大土壤蒸发快，继大连、朝阳之后全省都面临严重干旱的威胁。

干旱严重影响晚田作物出苗和小苗的生长。复县小麦旱死20%，有60%果树发现落果。金县因干旱有0.15万亩棉花不能出土，40万株果树中有10%落果，25万亩地瓜不能移栽。大连果树因干旱普遍落果，其中0.25万株苹果树的苹果全部落光。朝阳地区大庙乡1.5万亩棉花受旱，其中0.1万亩有70%以上的棉花枯死。本溪地区干旱成灾，受灾9万多亩，本溪县尤重。

1960年　5月，辽西大部地区干旱，面积超过1.5万亩。

入秋以来朝阳地区雨量少，干旱严重，山地干土23厘米厚。全市干旱面积225万亩，有的作物旱死。

1961年　4月下旬至6月，昌图、新宾县入春以来降雨量偏少，新宾只有123毫米，其中6月份只有30多毫米，大小河流水很少。昌图干旱，影响作物生长和种子发芽。新宾县有40%～50%水田因缺水影响插秧。

1～6月，辽西地区（主要是朝阳），雨雪很少。1～6月降雨量比历年减少40%～50%，连续300天没降大雪和透雨。入夏以来天气炎热，中午温度在40℃，有时达41～42℃。兴城、绥中等县气温超过1938年历史最高气温34.7℃。旱风刮得厉害，土地干旱一般都超过33厘米深，有的达1米左右。很多河流枯干，有的水井也枯干，严重地区连野草也不长。多年老树旱死，在百多里的方圆内满是黄土飞沙，几乎看不到清苗、野草，真是“赤地千里”。

初步统计，全省农作物受灾面积2689万亩，占耕地面积41%，成灾面积1899万亩，占耕地面积的29%。成灾人口300万人左右。朝阳地区有2920个生产队没水吃，牲畜没青草吃，又缺水，死亡很多。朝阳、锦州地区有200多万亩农田没播上种。已播种的严重缺苗，有的地方补种3～4次，已出土半米高的禾苗也有不少枯死。6月份由于气温高，绥中、兴城、锦西、朝阳中暑2752人，死亡361人。

8月下旬至9月31日，朝阳地区降水很少。在全区746万亩粮食作物中，只有一部分收成的有215万亩，占28%；没有收成的（只能收稻杆的）近90万亩，占12%。北票、凌源两县没有收成的荞麦占播种面积45%。

1962年　3～5月，旅大地区降雨量比1961年同期少40%，干旱严重。有50%的农田因干旱播不上种。2.2万亩春麦无大收成，6.3万亩冬小麦减产50%。已种植的地瓜，因旱缺苗率占20%以上，花生缺苗30%左右，土豆叶子萎缩，开花推后。

7～8月，抚顺地区清原县从4月24日至7月5日雨量只有150毫米出现掐脖旱。全区受灾农田23万亩。其中清原县有6.2万亩水田断水。旱田旱象严重，有的大豆旱死。抚顺县有9个乡干旱严重，受灾大田23万亩、水田0.34万亩、蔬菜780多亩。

建平、凌原、北票县20多天未下雨。全区有89万亩农田发生不同程度旱象，其中北票受灾较重，受旱面积达83万亩，占耕地面积的53.9%。一些山坡地和旱垅地的庄稼已逐渐枯黄，高杆作物底部变黄。

1963 年　2 月，辽宁省西部和北部的部分地区近 300 天无雨少雪，有的耕地干土层深 33～50 厘米，严重的地方山上无草，地里没苗，河干井涸。其中朝阳从 1961 年 9 月中旬至 1962 年 2 月将近 150 天未降雪雨，使全区 165 个生产队人畜吃水困难，农田土壤湿度降到 10%以下。有的山坡地已干 4～5“扎”深。锦州地区山坡地和漏风地干土层达 33 厘米深。

全省受旱农田 2000 万亩，占全省耕地面积 22.2%。其中朝阳、阜新、锦州、营口 4 个市为 1300 万亩。朝阳受旱 790 万亩，占耕地面积的 88%。锦州地区受旱 350 万亩左右。昌图县 30%水井已干，70%河流断流，8 个水库都不出水，有的地方树木成片旱死。

1～4 月，本溪及桓仁县 1962 年入冬以后雨雪偏少，桓仁县月降水量只有常年的 60%。受旱灾农田 21 万亩。其中桓仁县受灾 0.7 万亩，水田无水无法插秧。

5 月，阜新市入春以来一直未下透雨，对春播、种子发芽、幼苗生长十分不利。截至 5 月末全市播种面积达 73.1%，出苗占 64%，出全苗的只有 34%，病虫害严重。全市受旱 2 万亩。

1～6 月，清原、新宾县部分小河干枯，大河水位下降。清原有 40%稻田无水泡田，受旱灾 2.4 万亩，其中有 0.9 万亩水田改旱田。新宾县因河水水位下降，严重影响水稻插秧。

8 月 1～14 日，凤城县无透雨。全县严重干旱。

1964 年　6 月，抚顺县插秧季节一连 43 天没下透雨，有 2/3 水田没插上秧。

1965 年　5 月，锦州市干旱严重，西部地区吃水困难。全市区有耕地 843 万亩，其中有 60 万亩小苗干枯（占 70%），有 10 万亩小苗死亡，有 25 万亩因无墒无法播种（占耕地面积的 3%）。

6 月，绥中县 30 年来少有的特旱年。从 1964 年 11 月至 1965 年 6 月 24 日长达 7 个半月降雨量仅 30.8 毫米。在主要播种期 4 月 15 日至 5 月末降水量仅 16 毫米。农田因干旱死苗、缺苗、断条，改种近 26 万亩。

5～6 月，抚顺市大旱 50 多天，是近年少见的。1.5 万亩水田无法插秧，有 2 万亩旱田作物不能正常生长，对蔬菜生长威胁很大。

7 月 5 日以后，尤其是 7 月 15 日至 8 月 1 日，盖县连续少雨，旱情严重。谷子、玉米、大豆受旱最重，约减产 2～3 成，棉花蕾铃脱落，约减产 2 成。

1968 年　6 月下旬至 8 月中旬，全省大部分地区近 100 天未下一场透雨，发生罕见的掐脖旱。其中法库 6 月 25 日至 8 月 17 日连续 50 天降水量只有 37.4 毫米，7 月 20 日至 8 月 20 日康平县农田土壤湿度只有百分之几。抚顺近百天未下雨。

干旱对大豆、花生影响严重。一般大豆减产 40%～50%，花生减产 30%～40%，山岗地旱情尤为严重。玉米已处于抽穗、授粉、灌浆期，由于缺水影响，籽粒不满，严重减产。其中抚顺受灾农田达 7.1 万亩。

1969 年 5～7 月中旬，丹东、本溪、抚顺地区及新金县少雨干旱。其中抚顺从 5 月以来一直没下透雨。新金县在 6 月 28 日降雨 5.7 毫米，以后直到 7 月 15 日降 9.9 毫米，连续 16 天没下透雨，造成旱象。7 月 8 日观测农田土壤湿度；10 厘米为 7.7%，20 厘米为 9.4%，入伏仍出现干旱。玉米叶黄到 3～4 片。由于旱灾引起蚜虫发生。

9 月 6～28 日，新金县皮口镇连续 23 天没下透雨，造成旱灾。对花生、地瓜生长不利。花生果少，减产 4 成。

1970 年 春季抚顺地区及丹东市雨水缺乏，许多稻田灌不上水，其中新宾大旱 50 多天，是几十年所罕见的旱情。抚顺地区由于雨水少，使水稻插秧不能进行。5 月下旬抚顺县还有 0.8 万亩稻田因干旱插不上秧。新宾县受灾农田 13.1 万亩。5 月丹东地区干旱。

8 月，丹东地区旱灾，岫岩、东沟西部较为严重。

1971 年 朝阳地区整个三伏没下雨，秋霜早。旱、早霜加上风雹灾害，全区粮食产量仅 7 亿千克，比计划减少 22%，比 1970 年减产 17.7%。

1971 年秋至 1972 年 7 月中旬，全省大部分地区雨水稀少，旱情由西部朝阳波及全省。这次干旱是历史上少见的。面积大，除易旱的西部外，在常年降雨较多的中、东部涝洼地也发生干旱；持续时间长，朝阳一年时间没下透雨。5 月 1 日至 7 月 17 日朝阳降水量较常年同期偏少 50%～70%，旅大地区只有常年的 1/5；干旱程度重，土壤墒情极度恶化，农田 5 厘米深土壤湿度除丹东地区外都在 10%以下。旅大为 5%～7%，朝阳为 2%～6%，最旱的建平县几乎是干土。兴城河、阳河、柳河、熊岳河、碧流河均已断流。小水库、土井，塘坝大部分干涸。本溪地区桓仁县 1～7 月降水只有 21.6 毫米，是历年同期的 36.6%，全县 18 座水库、池塘全部干涸。县内 73 条江河有 69 条断流，饮水井干涸 100 多眼。

全省受旱农田 4000 万亩，占总耕地面积 60%，其中严重减产有 1900 万亩，已死苗 600 多万亩。

朝阳地区粮食减产约 3.35 亿千克，8、9 月份缺粮人口达 900 万人。由于干旱收入减少，在 13842 个生产队中有分无值和倒挂的有 1817 个生产队。2215 万亩耕地出全苗的仅有 900 万亩，大部分农田播种 2～3 次，补苗多次。草原枯萎，牲畜饲草困难，不少地方树木因缺水旱死。

旅大 7 月中旬工业、民用水困难，有 15 个企业、街道断水长达一星期之久。复县旱死粮油作物 2.8 万亩，农作物叶面枯萎 66.9 万亩，枯黄 8.9 万亩。

丹东地区旱情严重，其中凤城受灾 25 万亩，严重干旱 10 万亩，导致病虫害发生的有 8 万多亩。本溪地区农作物受旱灾面积 31.7 万亩，桓仁县受灾 10.8 万亩。抚顺农作物受灾约 12 万亩，其中新宾受灾 4.4 万亩。

1972 年 据《华北、东北近 500 年旱涝史料》记载："我国北方广大地区河北、河南、山西、陕西、北京、山东、辽宁、吉林及内蒙，从春到夏，都发生了较重的旱情。……辽宁大部地区自 1971 年秋至本年 7 月中旬，雨水稀少，旱情由西逐渐波及全省，旱情范围之大，持续时间之长，干旱程度之重，均是历史上少见的"。

本年锦州地区，全年降水量 360. 2 毫米，是常年的 62. 3%，5～9 月份降水量 251. 1 毫米，较玉米生长需水量少 182. 0 毫米；朝阳地区，全年降水量 448. 0 毫米，是常年的 86. 2%，5～9 月份降水量 344. 7 毫米，较玉米生育需水量少 115. 3 毫米；大连地区，全年降水量 532. 9 毫米，是常年的 76. 5%，5～9 月份降水量 436. 3 毫米，较玉米生育需水量少 31. 7 毫米；多雨地区的丹东沿海几个县，全年降水量是常年的 62. 2%。以上这些地区，特别 5～7 月份，降水量较常年偏少更多。耕地土壤含水率多在 10%～13%，接近凋萎含水率，不能满足作物正常生长需要。其他中部、东部地区，全年降水量也都是常年的 78%～86%。由于降水量的普遍偏少，各河径流量也普遍减少，地下水位大面积下降，各水库蓄水量降低。使全省遭受了较重的旱灾。各地区 5～9 月份降水量、土壤含水率、玉米生育需水量列如表 2. 5，主要河流年径流量与多年平均值比较如表 2. 6。

表 2. 5　辽宁省各地 1972 年 5～9 月份降水量、土壤含水率、玉米生育需水量表

地区＼月份	项　目	5	6	7	8	9	5～9
沈阳	降水量（毫米）	70. 5	61. 7	38. 5	113. 7	54. 6	339. 0
	距平（%）	126. 6	68. 9	21. 2	67. 6	67. 5	
	土壤含水率（%）	16. 1	17. 2	19. 4	24. 5	21. 7	
	玉米需水量（毫米）	69. 0	81. 0	107. 0	76. 0	32. 0	365. 0
大连	降水量（毫米）	19. 4	18. 9	99. 0	219. 7	79. 3	436. 3
	距平（%）	80. 0	47. 2	36. 4	99. 2	96. 7	
	土壤含水率（%）	10. 4	9. 1	12. 6	12. 9	18. 3	
	玉米需水量（毫米）	100. 0	112. 0	122. 0	102. 0	32. 0	468. 0
鞍山	降水量（毫米）	72. 1	31. 6	43. 2	239. 5	47. 5	433. 9
	距平（%）	125. 8	36. 4	23. 0	131. 4	58. 8	
	土壤含水率（%）	14. 6	12. 6	11. 1	21. 1	22. 3	
	玉米需水量（毫米）	69. 0	81. 0	107. 0	76. 0	32. 0	365. 0
抚顺	降水量（毫米）	63. 0	99. 6	31. 6	217. 8	78. 0	490. 0
	距平（%）	96	85. 1	15. 2	118. 4	99. 7	
	土壤含水率（%）	14. 0	15. 5	13. 9	22. 5	20. 5	
	玉米需水量（毫米）	48. 0	54. 0	97. 0	76. 0	32. 0	307. 0
本溪	降水量（毫米）	65. 9	47. 5	21. 8	177. 7	82. 4	395. 3
	距平（%）	100. 9	48. 0	11. 0	100. 3	105. 1	
	土壤含水率（%）	14. 8	12. 2	21. 0	21. 1	23. 1	
	玉米需水量（毫米）	82. 0	93. 0	94. 0	61. 0	20. 0	350. 0
铁岭	降水量（毫米）	42. 7	83. 3	37. 7	159. 5	30. 2	353. 4
	距平（%）	112. 9	87. 9	28. 4	99. 8	63. 9	
	土壤含水率（%）	13. 1	14. 5	13. 5	21. 8	19. 0	
	玉米需水量（毫米）	69. 0	81. 0	107. 0	76. 0	33. 0	366. 0

续表

地区 \ 月份	项目	5	6	7	8	9	5～9
锦州	降水量（毫米）	51.6	32.4	61.1	49.8	56.2	251.1
	距平（%）	125.2	41.6	36.3	37.8	90.9	
	土壤含水率（%）	16.1	15.5	12.1	13.4	10.0	
	玉米需水量（毫米）	70.0	76.0	141.0	105.0	41.0	433.0
朝阳	降水量（毫米）	37.6	40.5	102.3	112.8	51.5	344.7
	距平（%）	97.2	50.2	64.0	94.7	101.4	
	土壤含水率（%）	10.2	10.2	13.2	18.1	10.5	
	玉米需水量（毫米）	79.0	85.0	150.0	104.0	42.0	460.0
丹东	降水量（毫米）	49.5	16.6	53.0	299.0	92.5	510.6
	距平（%）	63.6	37.3	18.6	62.6	109.2	
	土壤含水率（%）	11.0	12.2	15.2	20.6	22.5	
	玉米需水量（毫米）	78.0	85.0	94.0	74.0	20.0	351.0
昌图	降水量（毫米）	51.8	75.6	52.6	121.2	26.5	327.7
	距平（%）	126.2	90.4	36.6	107.7	48.8	
	土壤含水率（%）	13.1	14.3	11.1	18.2	14.4	
	玉米需水量（毫米）	69.0	81.0	105.0	77.0	33.0	365.0

表 2.6　辽宁省主要河流 1972 年年径流量与多年均值比较表

河　流	站　名	年径流量（亿米^3）	占多年均值（%）	河　流	站　名	年径流量（亿米^3）	占多年均值（%）
六股河	绥中	1.25	20.7	复州河	关家屯	0.48	18.3
小凌河	锦州	0.92	22.6	碧流河	小宋家屯	2.28	25.4
大凌河	朝阳	5.02	50.6	大洋河	沙里寨	6.17	29.8
绕阳河	东白城子	0.28	26.2	辽河	铁岭	17.07	41.3
大清河	望宝山	0.82	34.4	太子河	辽阳	14.95	56.0

朝阳地区由于降水量的减少，大凌河朝阳水文站 7 月 18 日最小流量达 0.005 米^3/秒。地下水位下降了 5～10 米，土井、塘坝、小水库、大部干涸。农田中土壤含水率，从春至秋，接近作物凋萎含水率。抗旱播种期间，朝阳地区每日出动 80 万人，奋战在抗旱第一线，解放军、城市机关、厂矿、学校等部门动员 2 万多人下乡支援抗旱。到 6 月 20 日，抗旱播种 46.67 万公顷，并总结了坐水播种的成功经验。辽东半岛的大连，5 月 1 日至 6 月 20 日，只降水 35.4 毫米，6 月 21 日至 7 月 20 日，仅降水 26.8 毫米。熊岳河 7 月 1 日至 8 月 7 日全部断流。登沙河 6 月 1 日至 7 月 26 日，7 月 30 日至 8 月 5 日全部断流。复州河关家屯水文站年径流量仅为常年的 18%。该地区旱死农作物 0.57 万公顷，旱死果树 0.57 万公顷，旱死蔬菜 0.075 万公顷。市区内 7 月中旬，有 15 个工厂、街道，因干旱断

水一个星期。全区农村抗旱高潮时，每日出动 72 万人，各种车辆 6796 台。共打井 125 眼，掏井 12617 眼，挖塘 1236 个，建塘 429 个，挖渠道 1343 万米，浇灌果树 161.65 万株，菜田 0.26 万公顷，旱田 9.50 万公顷。朝阳、锦州等地区，春、夏、秋三季连旱，旱情严重。大连地区及鞍山南部，夏旱较重。其他地区有短时间的春旱或夏旱。由于旱情严重，虽经大力抗旱，全省农田受旱面积仍达 174.73 万公顷，成灾面积 101.07 万公顷，粮豆减产 14.08 亿千克，与常年比减产 22%。其中沈阳、大连、锦州等地区减产量都超过一亿千克，铁岭达 2.64 亿千克，朝阳达 3.16 亿千克，因旱灾朝阳地区有 1817 个生产队有分无值或“倒挂”，占生产队总数的 13.8%；人均年收入在 30 元以下的有 8562 个队，占总队数的 41.8%，并有社员外流。

1973 年　1～6 月，辽北、辽南及辽阳、营口、丹东地区西部春夏连旱，南部伏旱。1～6 月辽西地区继 1971、1972 年大旱之后去冬今春雨雪稀少。春夏连旱，降水量比常年同期偏少 2～4 成，个别地区少 5 成。中小河流几乎全部断流，较大的老哈河的流量显著减少，不少小水库、塘坝干涸。朝阳、凌源两县干涸塘坝 70%，土壤含水量严重减少，西部地区坡地耕作层土壤湿度仅在 5%～10%，平地只有 6%～12%。

全省干旱农田 1438 万亩（含昭盟），因干旱没播上种的 70 万亩。朝阳干旱农田面积 361 万亩。旅大、鞍山、辽阳、营口和丹东干旱农田面积达 147.6 万亩。

7 月下旬至 8 月中旬，新金、复县及本溪、丹东市长达 20 多天未下透雨，造成干旱，其中本溪高温长达 25 天，降雨量仅是常年同期的 22%。复县受旱灾农田 10 万亩，旱死大田作物 0.1 万亩，减产 2～3 成。本溪市受旱灾农田面积 23.7 万亩。丹东全地区出现伏旱。

9 月，抚顺大部分地区遇到空前未有的秋旱。水田断水、大田作物枯萎。

1974 年　5～7 月，辽南、辽东的部分地区及鞍山、营口、沈阳、铁岭地区 4 月 26 日至 5 月 28 日大田播种和幼苗期，鞍山、营口一带降雨量不足 10 毫米，大连、丹东一带也只有 20 毫米左右。6 月初至 7 月中旬近 50 天上述大部分地区也只有 30～60 毫米，加之气温高，蒸发快，形成干旱。

受旱灾农田达 582 万多亩。大连市有 43 万亩玉米干旱打绺，其中有 1 万亩枯死。营口市受旱农田 18 万亩，旱死农作物 0.03 万亩。鞍山市东部山区有 1 万亩农作物旱情严重，濒临枯死。丹东市受旱农作物 22.7 万亩。其中岫岩有 20 万亩，东沟 2.3 万亩。朝阳、阜新、铁岭、沈阳地区受灾农田面积 500 余万亩。

1975 年　4 月下旬至 5 月 28 日，康平县降雨量少，4 月 20 日至 5 月 27 日只有 5.1 毫米，使已播种作物 40%～50%缺苗。

8～9 月中旬，绥中、兴城、海城、营口、盖县、复县、新金县、金县一带及凤城县、本溪县 8 月份降雨量少，盖县、营口县、海城县只有 5～8 毫米，新金县一带只有 15～30 毫米，本溪县 8 月 2 日至 29 日只有 11.3 毫米，抚顺、新宾近 1 个月没下透雨，发生掐脖旱。

8 月 14 日至 9 月 19 日，绥中和兴城降水量只有 9.6 和 15.7 毫米，而且零星分散。

时值农作物成熟阶段发生干旱，对作物产量形成明显影响。盖县有 22 万亩农田发生伏旱，占全县耕地面积的 25.7%，近 8 万亩沙包地和山坡地干旱严重。海城县干旱农田 35.7 万亩，其中农作物枯死 1.6 万亩。凤城县大部分地区及本溪东部、北部几个乡发生不同程度伏旱，造成粮食减产。新金县南部沿海几个乡旱灾严重，使大田作物减产 3～4 成。抚顺受灾农田 0.7 万亩。绥中受旱农田达 29 万亩，其中旱死农作物 0.04 万亩，叶子枯黄 3.8 万亩，减产 3 成以下 27.5 万亩。

1976 年　3～5 月，大连地区整个春季降雨量为 20～50 毫米，其中大部分地区 3～4 月降水量为 20 毫米。全区约有 32 万亩农作物受旱灾。其中金县小麦旱灾 11.6 万亩，明显影响产量的有 4.8 万亩、油菜 9 万亩，其中 4.8 万亩旱情严重。全县 719 座水库、塘坝有 209 座干枯。新金县花生受旱 5 万亩，小麦受旱 1.4 万亩，其中 0.4 万亩旱死。庄河旱死油菜 4～5 万亩。

6～7 月中旬，丹东地区一个多月降雨量仅 20～30 毫米且雨量分散。宽甸从春播至 7 月上旬一直未降透雨，出现 50 年来没有过的干旱。雨量异常稀少，发生旱灾。仅凤城县受旱农田达 90 万亩。时值作物营养生长和生殖生长时期，干旱对作物生长发育产生明显影响。

1977 年　5～6 月，丹东地区近一个月高温无雨，受旱农田 106 万亩。

8 月，丹东地区及海城、桓仁、义县、阜新等县 8 月 4 日至 9 月 4 日上述大部分地区降雨量只有 20 毫米左右。

丹东地区旱灾 81 万亩，其中有 24.8 万亩农作物旱情严重，有 6.9 万亩农作物旱死。海城县东部有 40 万亩农田出现裂缝，不少农作物枯死。桓仁县有 9.8 万亩农作物受旱灾影响生长，有 0.1 万亩旱死。

1978 年　5～7 月，丹东、建昌、本溪、大连等市县旱，建昌和丹东 5 月旱，6 月 5 日降雨，但宽甸仍旱，7 月中旬至 8 月上旬少雨，伏旱严重。本溪地区 5 至 7 月少雨，出现旱象。7 月 15 日至 8 月大连地区降雨少，仅有 10～30 毫米，大连南部不足 10 毫米。正值盛夏多雨季节，发生“卡脖旱”，给农作物的生长造成不利影响。

建昌春旱，到 5 月 14 日仍有 20 万亩耕地因干旱造成翻种，补种和未种上。5～7 月本溪旱灾农田面积 19.5 万亩。大连地区农田受旱 134.4 万亩。复县玉米受旱面积达 80 万亩，其中有 10 万亩枯死或半枯死，南部的复州湾炮台等乡农作物减产 3～4 成。新金县受旱达 14.4 万亩，植物叶部受灾。

1978 年全省干旱、早霜、风雹成灾农田面积 1924 万亩（其中旱灾面积 1089 万亩），占全省耕地面积 26%。其中重灾 465 万亩，绝产 104 万亩。受灾人口 571 万人。抚顺地区是建国以来最干旱的一年，比历史同期降雨量少 60%，大伙房水库已降至历史最低水位，现有水量仅为正常年库容量的 13%。受灾耕地 16.2 万亩。

8 月中下旬，辽南、辽东及中部的大部分地区 8 月 3～5 日降雨以后，近一个月的时间里大部分地区降雨量仅 10 毫米左右，只有常年同期雨量的 1/10。使农田土壤含水量急剧下降，发生干旱。

时值大田作物灌浆的主要阶段，由于少雨而发生秋吊，对农作物产量有直接影响。据大连、鞍山、辽阳、丹东、抚顺、本溪等市不完全统计，因秋吊而受害的农作物面积45.7万亩，其中严重受灾面积达10万亩，有2.7万亩农作物旱死。

1979年　8～9月，本溪市两个月降雨量只有77毫米，是历年同期的1/5。受旱灾农田21.6万亩，其中本溪县较重。

1980年　3～8月，辽西、辽南地区，朝阳、阜新、营口、旅大、锦州南部及海城，岫岩等县降雨量极少，尤其是朝阳地区320多天没下透雨。

全省农田成灾962.2万亩。朝阳的少数山坡地野草不长，部分幼树落叶，果树落果。全区大河断流，小河干涸，有27座水库、206座塘坝、6200眼机电井干枯，有1000多个村屯人畜饮水困难。

3～5月，大连地区、盖县、凤城、黑山、义县、抚顺地区1～5月连续降雨较少，特别是4月1日至5月10日农田整地和大田播种主要阶段的40天中，降雨量在10毫米以下，较常年少4～9成，使农田墒情不断下降，平地耕层土壤湿度为10％～13％，坡耕地和沙土地在10％左右，个别只有5％～8％。抚顺地区冬春少雨雪，造成东州河干涸，太子河、清河、巨流河断流，富尔江水少严重干旱。营口5月降水量为38.4毫米，比常年同期（45.4毫米）少，特别是后半月仅出现一天小雨。复县3～5月降水量为24.9毫米，只有常年降水量86.1毫米的30％。

大连地区全市530万亩耕地中干旱面积达343万亩，其中严重干旱面积为204万亩，需毁种的有25万亩，需补种的有20多万亩。全市1100万株果树，干旱严重的450万株。复县旱死果树1850株，有517个村屯19.2万人、1万多头牲畜吃水困难。全市有12座大中型水库蓄水量比1979年同期减少1.37亿立方米。复县84万亩玉米有10％～20％缺苗，造成大面积三类苗，大豆播种推迟10～15天，花生推迟10天左右，到5月底仍有2～3万亩因干旱没种上，水稻插秧推迟10天左右，部分病弱、老的苹果树因干旱而死亡。新宾县受旱农田4.5万亩。盖县、凤城、黑山北部、义县因干旱影响播种进度和农作物的生长。

7～8月，全省大部分地区发生干旱，并以辽西、辽南为重，7、8月降雨量较常年少3～7成，特别是7月上旬至8月上旬40多天中辽西大部分地区和营口地区雨量不足100毫米，仅为常年同期的15％～20％。朝阳1979年9月至1980年7月长达11个月的时间里各地降雨特少，使干旱逐渐形成和发展。朝阳、北票雨量分别为119.6毫米和108.8毫米，比常年同期少180～190毫米（少6～7成）。大连地区南端雨量在20毫米以下，只有常年的4％～10％，其他地区雨量为100～200毫米，只有常年雨量的1/2。

时值农作物营养生长和生殖生长的旺季，一些农作物相继进入抽穗、开花阶段，是作物需水的关键期，雨量稀少，使全省大部分地区发生伏旱，并以大连、朝阳、锦州、阜新地区严重。仅据大连、锦州、朝阳、鞍山等地统计，受旱灾农田面积692万亩，其中严重干旱180万亩，已旱死农作物22.4万亩。朝阳、大连地区的水库塘坝和机电井已干枯，部分村屯人畜吃水困难。其中阜新旱灾农田面积208.7万亩，朝阳旱灾农田面积700万亩，农作物、山林、果树受到严重威胁，绝收面积130万亩。北票、朝阳两县境内一些河流完全干涸，地下水位普遍下降0.5米，全区620多眼井干枯，1000多个村屯人畜用水困难。复县7月26日至8月11日出现“卡脖旱”，全县玉米凋萎14.6万亩，接近死亡的有4.8万亩，已死的0.26万亩。凤城县受旱农田面积30万亩，丹东地区各县数万亩。

1981年 1～6月、7月上中旬至8月上旬，朝阳、阜新、锦州、大连及中部地区干旱，朝阳地区在1980年干旱的基础上，今年又发生严重的春夏连旱，使地下水位显著下降。全区大小河流53条有48条干涸断流，199座大中小型水库有173座干涸或放不出水来。2.7万眼机电井有0.2万眼无水可抽，人畜用水井干枯，许多地方要外出5千米拉水吃。

全省1～8月上旬，农田干旱1000千米万亩，严重干旱的400万亩。朝阳干旱重于1980年，全区770万亩耕地有118万亩未播上种，126万亩作物未出苗，已出苗的有30万亩旱死。机电井水位下降2米以上，2.7万眼机电井有1.4万眼干枯，有2000个村屯人畜吃水困难。锦州全区330万亩耕地中有60万亩干旱严重。大连全区50万亩花生因干旱只播种15万亩，有23万亩玉米缺苗，占玉米播种面积的29%，复县有700万株果树干旱，有63万棵因干旱而落果。

4～7月上旬，朝阳地区、锦州、阜新、大连的部分地区及新民县，4～6月降水只有30～60毫米，仅为常年同期降水量的20%～40%。其中在整地播种阶段的4月份大部分降雨量在5毫米以下，耕作层土壤湿度一般在10%左右，一些旱情严重的农田只有5%～8%。4月份新民全月降水量8.3毫米，比常年少20.7毫米，锦县月降雨量4.3毫米，比常年同期少25.0毫米（除1965年外是有气象资料以来第2个特少年）。盖县月降雨量为2.4毫米，比常年少35.6毫米。6月份新民月降雨量为35.7毫米，比常年少31.8毫米。锦州月降雨量比常年少53.1毫米。锦西月降雨量比常年少68.1毫米。兴城月降雨量为25.2毫米，比常年少52.0毫米，凌源月降雨量为22.4毫米，为近23年来第2个少雨年。锦县月降雨量为24.4毫米。

长期干旱给农业生产带来很大危害。朝阳全区774万亩耕地中绝产250万亩，严重干旱270万亩。全区春季造林92万亩已旱死32.3万亩，400万株结果树已旱死40万株，落花落果率占40%。大连地区及锦州地区北部、阜新地区西部也发生程度不同的春旱，一些坡耕地和沙土地出现出苗不齐、芽干现象。4月至5月26日复县未下透雨造成大豆、花生有一半推迟半个月播种期。有100多个村屯人畜吃水困难，苹果树因干旱不同程度落果树达68万株。建昌5月27日至6月持续少雨，全县山地、坡地约有3万亩禾苗旱死。锦西全县有75万亩农田受旱灾，较重的有48万亩，最严重的有28万亩，其中有15万亩旱死8成苗，全部旱死的有2.1万亩。

7月中下旬，全省大部分地区出现异常“闷热”天气，日最高气温30～34℃有10多天，朝阳地区7月份大于30℃的高温日数达25天，日最高气温一度高达35～40℃。

7月中下旬，对沈阳、海城、台安等地调查，由于受高温干旱影响，部分玉米制种田发生了结实率低的现象，高粱制种田也有小花败育现象，生产田玉米也受到一定影响，普遍出现“秃尖”现象。

8月上旬至9月上旬，全省大部分地区（除辽北、辽东）雨量稀少，朝阳大部分地区连续30天降雨量只有10～15毫米，南部和中部连续20天降雨量为5～20毫米，锦州、阜新地区连续16天降雨量为10毫米左右。其中铁岭8月份总降雨量为2.4毫米，建平为29.5毫米，比常年少68%。义县为24.0毫米，比常年少114.0毫米。

时值大部分农作物开花和灌浆的主要阶段，由于降雨量稀少，形成程度不同的秋吊，对一些农作物开花，特别是籽粒灌浆带来一定的影响。朝阳地区秋吊尤为严重，使该地区出现春、夏、秋三季连旱。

1982 年　3 月上旬至 4 月中旬，辽西、辽南大部分地区及中部部分地区出现旱情。在 1981 年秋冬少雨的基础上，从 3 月 1 日至 4 月 20 日大部分地区降雨量在 10 毫米以下，较常年同期少 7～9 成。由于前春雨量较少，使农田墒情显著下降，大部分农田耕层（0～20 厘米深）平均土壤湿度只有 10%左右，一些坡地、沙土地的干土层深达 10～20 厘米。

农田整地受到影响，播种受到威胁。4 月下旬至 5 月降水频繁，雨量偏多，缓和春旱，有利于大田播种和作物出苗。建昌因干旱全县播种面积比 1981 年少 33.1 万亩，播种期比常年推迟 10～15 天。新民县 4 月份降雨量为 8.7 毫米，1981 年冬和 1982 年春少雨，旱象日趋严重，至本月底还有 70 万亩大田因无墒无法播种。

5 月，盖县熊岳、新金县皮口降雨量少，月降雨量为 26.7 毫米，比历年少 18.8 毫米。旱象严重，对大田作物、蔬菜生长不利。

6 月 1 日至 7 月 24 日，全省大部分地区，以辽西、辽北、辽南及营口地区受旱灾最重，丹东、本溪、辽阳地区，受旱灾较轻，其他地区居中。6 月 1 日至 7 月 24 日全省大部分地区降雨量仅有 50～100 毫米，辽东一带也只有 80～160 毫米，较常年同期偏少 100～200 毫米（少 5～8 成）。其中 6 月 1 日至 7 月 8 日的近 40 天中大部分地区降雨量仅为 10～20 毫米（少 7～9 成），使伏旱很快形成。由易旱的辽西、辽南迅速扩展到商品粮基地，并波及到常年夏季雨量过剩的辽东一带。到 7 月 8 日统计，全省 19 座较大型水库总蓄水量只有 5.7 亿立方米，只有正常库容（45.2 亿立方米）的 1/8，是上年同期蓄水（15.8 亿立方米）的 1/3，其中大伙房水库蓄水只有 1.7 亿立方米，不足正常库容（12.8 亿立方米）量的 1/10，不足 1981 年同期蓄水（5.8 亿立方米）的 1/3。

全省旱田受灾达 3327 万亩，占旱田面积的 66%，其中作物矮小、空杆较多、减产幅度较大的面积 1699 万亩，占旱田面积的 34%。旱死 421 万亩，水田受灾面积 220 万亩，占水田面积的 36%，其中受旱严重不能扩杈的面积有 100 万亩，已枯死的有 52 万亩。受旱果树 3802 万株，占总株数的 41%。其中受旱严重大量落花落果的 1800 万株，已死亡 352 万株。林木受旱面积 1300 万亩，其中成片死亡的有 136 万亩。人畜饮水困难的村屯 1.9 万个，占全省村屯（队）数的 18%；有 346.8 万人、116.6 万头牲畜缺水吃。抚顺大旱受灾耕地 10.9 万亩，其中水稻枯死绝产 0.2 万亩，郊区小河枯竭，大河断流、水井、池塘、水库水位下降，蔬菜大面积减产。

丹东全区受灾农田面积 63.5 万亩，粮食减产 2750 万千克，东沟县洋河以西 3 座水库水位降至死水位以下。

8 月上中旬，沈阳地区平均气温为 26.5～26.9℃，比常年同期高 2～3℃，在此期间大于 31℃的日最高气温出现 11～14 天，其中 33℃以上高温达 6 天。

8 月 1～20 日，正处于水稻杨花授粉、灌浆初期，出现高温，昼夜温差小等不利条件，使水稻结实率显著下降，发生比较严重的空壳秕粒现象。全市水稻主栽品种平均空壳率为 35.3%，最轻为 20.6%，最重为 48.8%。

8 月下旬至 9 月上旬，辽西大部分地区及康平、法库、营口、新金、盘山、本溪县

(草河口)、盖县和清原等县干旱，在大田作物籽粒灌浆的主要阶段，铁岭西部及锦州大部分地区雨量在15毫米以下，朝阳、阜新大部分地区不足5毫米，整个9月份辽西大部分地区降雨量不足10毫米。9月份降雨量，盘山为6.8毫米（历年平均值为70.0毫米），草河口为6.8毫米（历年平均值为87.2毫米）。建平、清原分别为7.9毫米和17.1毫米。建平、清原6～9月降雨量连续偏少。新金县月降水为13.1毫米（历年平均值为69.0毫米），比历年同期少55.9毫米。

由于大田作物籽粒灌浆和成熟期雨量特少，使大部分作物籽粒灌浆受阻、千粒重下降，在成熟期又持续高温少雨，使旱情严重的一些地区作物逐渐枯死，对产量有一定影响。秋吊严重的朝阳地区，全区700万亩作物，除低洼地外几乎均受秋旱危害，大部分作物枯熟。锦州市全区秋吊总面积达623万亩。由于春、夏、秋三季连旱，绝收面积达141万亩。对秋菜的生长也极为不利。

1982年是继1980、1981年，辽西、辽南连续干旱后，一次全省性的春、夏、秋三季连旱的大旱年。朝阳、锦州、大连及铁岭北部地区，年降水量相当于常年的57%～60%，其他地区70%～80%。5～9月各地降水量、土壤含水率、玉米需水量如表2.7。全省主要河流年径流量与多年均值比较如表2.8。

表2.7 辽宁省各地1982年5～9月降水量、土壤含水率、玉米生长需水量表

地区＼月份	项　目	5	6	7	8	9	5～9
沈阳	降水量（毫米）	88.4	47.0	99.4	230.4	12.2	477.4
	距平（%）	158.1	52.5	54.8	137.6	15.1	
	土壤含水率（%）	17.0	11.6	12.6	18.8	21.4	
	玉米需水量（毫米）	71	79	122	94	36	402
丹东	降水量（毫米）	135.4	36.6	44.1	388.7	34.2	639.0
	距平（%）	209.3	34.2	50.1	143.3	36.2	
	土壤含水率（%）	15.9	15.2	18.3	22.3	22.8	
	玉米需水量（毫米）	87	94	110	90	22	403
昌图	降水量（毫米）	33.9	25.6	58.6	88.2	9.5	209.6
	距平（%）	82.6	30.6	40.8	78.4	17.4	
	土壤含水率（%）	14.2	10.8	12.8	14.8	16.3	
	玉米需水量（毫米）	69	82	122	82	33	388
锦州	降水量（毫米）	41.5	75.0	125.5	89.3	4.2	335.5
	距平（%）	100.8	96.3	74.7	67.7	7.2	
	土壤含水率（%）	13.0	12.3	13.6	20.9	13.3	
	玉米需水量（毫米）	73	78	150	113	41	455
朝阳	降水量（毫米）	45.0	48.1	107.3	78.7	10.6	289.7
	距平（%）	116.3	59.7	67.1	66.1	20.9	
	土壤含水率（%）	12.6	11.8	11.3	12.7	9.0	
	玉米需水量（毫米）	79	85	155	110	42	471

续表

地区＼月份	项　目	5	6	7	8	9	5～9
盘锦	降水量（毫米）	90.9	11.8	87.4	238.6	12.6	441.3
	距平（%）	179.8	16.3	55.6	104.8	21.1	
	土壤含水率（%）	18.7	15.0	13.3	22.4	17.7	
	玉米需水量（毫米）	76	90	132	94	39	431
大连	降水量（毫米）	64.9	23.3	100.9	129.8	4.8	323.7
	距平（%）	120.6	28.7	76.1	128.8	19.9	
	土壤含水率（%）	9.8	10.4	14.7	15.6	12.0	
	玉米需水量（毫米）	102	125	145	107	33	512
鞍山	降水量（毫米）	96.3	25.1	111.8	280.6	18.8	532.6
	距平（%）	168.1	28.9	59.6	154.0	23.3	
	土壤含水率（%）	18.2	19.0	17.1	24.4	22.1	
	玉米需水量（毫米）	76	89	132	94	39	430
抚顺	降水量（毫米）	63.0	99.6	31.6	217.8	78.0	433.3
	距平（%）	128.7	42.8	52.6	94.1	25.4	
	土壤含水率（%）	14.0	15.5	13.9	22.5	20.5	
	玉米需水量（毫米）	71	79	122	94	30	396
本溪	降水量（毫米）	167.1	89.7	89.9	323.8	19.0	689.5
	距平（%）	255.9	90.6	45.3	182.8	24.2	
	土壤含水率（%）	15.3	18.9	18.0	21.4	21.2	
	玉米需水量（毫米）	91	104	114	76	22	407
铁岭	降水量（毫米）	50.1	27.2	68.9	149.2	13.0	308.4
	距平（%）	109.9	31.1	43.3	117.0	20.7	
	土壤含水率（%）	17.4	14.5	13.2	16.8	20.0	
	玉米需水量（毫米）	72	90	140	110	35	437

表 2.8　辽宁省主要河流 1982 年年径流量与多年均值比较表

河　流	站　名	年径流量（亿米^3）	占多年平 1.78 均值（%）	河　流	站　名	年径流量（亿米^3）	占多年平均值（%）
六股河	绥中	1.02	17.0	复州河	关家屯	1.20	45.7
大凌河	朝阳	2.57	25.9	辽河	铁岭	6.90	16.7
小凌河	锦州	0.35	8.6	浑河	沈阳	7.85	35.0
绕阳河	东白城子	0.14	13.1	太子河	辽阳	18.27	68.5
大清河	望宝山	1.0	42.0				

从表中可以反映，除丹东地区外，其他各地降水量较常年明显偏少。大连、锦州、朝

阳、铁岭北部，土壤含水率接近凋萎含水率。各河径流量大减，水库蓄水量减少。6月份连续无降水日数：沈阳15天、台安20天、黑山15天。7月份无降水日数：台安18天、彰武18天、福德店16天。都是该地同期历史上连续最多无降水的天数。全省地下水位普遍下降1～2米，朝阳最多下降4～5米。全省最大河流辽河下游巨流河站汛期最小流量为0.55米^3/秒，为1934年有记录以来同期最小流量。下游辽中、台安一带7月份断流6天，是有文字记载以来的第一次。浑河下游7月23日至8月8日断流14天。大凌河下游锦县最小流量不足0.2米^3/秒。绕阳河中、上游6月4日至7月15日，干涸41天。全省919座大、中、小型水库，5月份干了414座。59座大、中型水库，汛后蓄水18.3亿立方米，仅为常年的1/3。全省7万多眼机、电井，干了1/3，40多万眼人畜饮水井干了17万眼。全省农田受旱面积176.13万公顷，成灾面积123.73万公顷。农村有250万人、61.4万头大牲畜饮用水困难。果树成灾3000万株，其中干死70万株，接近干死的150万株。全省5.03万公顷棉花，旱死0.39万公顷。盘山灌区有2.33万公顷水稻，插秧后因无水可补而旱死。盘山县辽河化肥厂，因辽河下游供水不足，停产两次损失达3000万元。

抗旱高潮时，全省出动302.73万人、拖拉机18829台、汽车8877台、马车118249台，投入抗旱资金5265.8万元。抗旱坐水播种34.70万公顷，埋墒18.75万公顷，浇果树2923万株，浇灌农田37.8万公顷。干旱重点地区为铁岭、朝阳、锦州、大连，其他地区属轻旱。全省减产粮食16.7亿千克，比常年减产15.5%。其中铁岭地区减产6.5亿千克，比常年减产20%；朝阳减产3.13亿千克，比常年减产25%；大连减产2.6亿千克。1982年与1972年旱灾比较见表2.9。

表2.9　1982年与1972年旱灾比较表

项目 \ 数量 \ 地区		全省	沈阳	鞍山	铁岭	大连	锦州	朝阳
5～9月降水量（毫米）	1972年		339	433	393	436	251	345
	1982年		477	533	308	324	335	290
粮食原产量（亿千克）	1972年	14.0	1.13	0.61	2.64	1.54	1.76	3.16
	1982年	16.7	0.5	0.75	6.50	2.60	1.49	3.13
减产百分数（%）	1972年	22	14	6.3	19	15	24	37
	1982年	15.5	3.7	4.0	20	16	14	25

1982年与1972年旱灾比较，全省1972年粮食减产14亿千克，1982年减产16.7亿千克，减产率前者22%，后者15.5%。虽然减产绝对数量前者小于后者，而减产相对数前者大于后者。沈阳、鞍山、锦州三个区，1972年旱情重于1982年，减产率前者大于后者；朝阳区，1982年旱情重于1972年，但减产率前者大于后者。北方各省经过1972年大旱后，国务院决定从1973年开始，每年补助辽宁省2400万元，打抗旱井2万眼。至1982年全省累计已有抗旱井10万余眼，这些井在抗旱中发挥了很大作用。所以1982年灾情略小于1972年。

1983年　3月上旬至4月中旬，辽西地区在连年干旱，土壤底墒严重不足的基础上，加上前春雨量特少（从3月1日至4月22日大部分地区降雨量只有15～20毫米），导致农田土壤墒情显著下降。大部分农田耕层（0～20厘米）平均土壤湿度下降至10%左右，一些坡耕地只有5%～9%，基本呈干土状态。使整地受到影响，播种受到威胁（4月25日至26日该地区降30年来同期罕见的暴雨至大暴雨，使持续已久的严重春旱得到解除）。

5月18日至6月27日，辽西、辽南大部分地区40天中降雨量只有5～20毫米，较常年同期少8～9成。一些农田干土层深达20厘米以上。

由于长时间持续少雨，大部分地区发生程度不同的干旱，使大田农作物生长受到抑制。复县有85万亩农作物因干旱而凋萎，286.5万株果树受旱，0.5万眼井干枯，0.8万人吃水发生困难。新金县中小水库都接近死水线，井塘干枯1488处。一些农田干土层达20厘米以上，有43.6万亩玉米、花生、大豆发生凋萎，有10万多株果树落果，有5～6万亩水稻无水灌溉。

7月，建平、盖县、宽甸高温、高湿、降雨量偏少，出现短期干旱。秋粮作物将减产1～2成，水果歉收。

8月7日至9月中旬，辽西、辽南（含营口南部）8月份大连南部降雨量只有5～8毫米，8月7日至9月中旬，辽西大部及营口南部雨量为10～40毫米，较常年少7～9成。时值大田作物高粱、玉米灌浆、大豆鼓粒的形成阶段，水分供应不足，使一些农田发生程度不同的秋吊，对农作物籽粒增重产生一定影响。

1984年　3月上旬至5月末，朝阳、阜新、锦州、铁岭、大连、营口部分地区的19个县，持续少雨，底墒很差。1983年8月至1984年5月末上述地区降雨量仅10～60毫米，相当于常年的1/3～1/10。朝阳地区1979年9月至1983年末全区50多个月没下透雨，有些地方4年降雨量只有500毫米，地下水位下降6米左右，30%的村屯（生产队）人、畜用水困难。在连年少雨底墒差的基础上，朝阳、阜新、锦州、铁岭、大连、营口部分地区的19个县，3月1日至4月10日大部分地区降雨量只有0～5毫米，部分地区为5～10毫米。5月1～27日降雨量只有1～10毫米，致使农田耕层墒情急剧下降。5月18日测定，辽西大部分地区0～20毫米深平均土壤湿度只有5%～8%，部分地区为10%左右。大连大部，营口南部、铁岭西部及新民一带为10%～12%，部分地区在10%以下。普兰店1983年11月16日至1984年2月21日长达98天未降雨雪。新金1983年11月降雨量只有7毫米，比历年少13毫米。

全省受旱农田达2177万亩，占总耕地面积的39.1%。其中朝阳地区占650万亩，锦州地区占400万亩，大连地区占320万亩，铁岭地区占113万亩。全省有500万株果树干旱，旱死70万株。朝阳旱死树木15万多亩、果树18万株。全省有6000个村145万人45万头大牲畜吃水困难。

到5月末为止，全省有443.4万亩耕地因干旱不能播种（其中朝阳地区占300多万亩）。出苗6～8成的有671万亩，占总耕地面积的12%；出苗5成的有486万亩，占总耕地面积的8.7%；播种后未出苗的有280万亩，占总耕地面积的5%。6月中旬普降接墒雨，旱情有所缓和。

6月下旬至7月下旬，辽河以西（包括朝阳、阜新及铁岭西部）出现常年罕见的少雨时段，大部分地区降雨量只有30～80毫米，较常年少6～9成，其中大部分地区7月份降雨量为近30年来最少值。特别是常年雨量集中的7月下半月降雨量一般只有10～20毫米，其中朝阳大部分地区在10毫米以下。

时值高粱、玉米孕穗、抽穗，棉花开花，大豆开花、结荚阶段，是作物需水关键时期。严重的伏旱对大田作物的正常生长和穗形成影响很大。

据有关部门统计，辽河以西发生伏旱的农田达1400万亩，其中严重伏旱600万亩，作物旱死或接近旱死的近40万亩。连年干旱的朝阳地区伏旱达500万亩，有半数以上的是严重伏旱，旱死和接近旱死的有27万多亩。锦州地区伏旱达600万亩，并有大面积的作物旱死。

9月，新金县（皮口）月降雨量为55.5毫米，比常年少109.5毫米。大田、秋菜出现旱象。宽甸县月降雨量为34.4毫米，比常年少75.5毫米，对大田作物后期生长有一定影响。

1985年　6月，凤城县月降水量比常年同期91.4毫米少57.6毫米。大田作物出现旱象。

1986年　4～6月，辽西、辽南大部分地区降雨量为30～60毫米，其中5月上旬至6月上旬仅15～20毫米，较常年同期少30～50毫米。辽南（含丹东南部、营口南部、大连地区）3月中旬至6月中旬降雨量只有30～60毫米，较常年同期少60～100毫米，在此期间大部分地区未出现大于10毫米的降雨过程。

由于长期持续少雨，致使上述大部分地区农田耕层（0～20厘米深）平均土壤湿度一般变化在10%～14%之间，大部分坡耕地为10%，严重干旱地块只有7%～8%。

由于长期持续少雨，发生严重的土壤干旱，给大田播种、作物出苗及果树生长均带来严重影响。据农业部门反映：朝阳市720万亩耕地中有500万亩出现程度不同的干旱，截至6月上旬仍有220万亩因干旱未播上种。

阜新市有40万亩地未播上种，150万亩旱田苗情在5成以下。锦州南部各县也有107万亩农田因干旱影响播种，直至6月15日降中到大雨后，使旱情大有缓和，普遍进行了播种、栽种、抢种晚田作物。

大连市有7万亩农田因干旱未播上种，已播上种的出苗率只有7成左右；3.7万亩水稻未插上秧，已插上秧的有0.7万亩严重缺水；近200万株果树因干旱出现落叶、落果现象。直至6月末降暴雨才解除旱象。

1987年　4月25日至5月15日，铁岭西北部、阜新、北票一带基本无雨。由于持续少雨，一些坡耕地农田耕层平均土壤湿度逐渐下降至10%～13%。上述地区有近300万亩农田程度不同地显露旱象，对大田播种与出苗一度产生影响。北票县有100万亩农田，阜新有90万亩农田因干旱而推迟播种；昌图县约有40～50万亩已播种农田因干旱种子芽干。

5月，宽甸县月总降雨量为23.7毫米，宽甸县的北部全月只有微量降水。从4月末至5月中旬连续20天内高温无雨，形成春旱。由于高温无雨，大田作物严重缺苗，给补苗工作带来不利影响。

7月中旬至8月上旬，全省大部地区（除宽甸、丹东、庄河、大连一带外）辽西大部分地区及中部平原的大部分地区只有降雨量20～50毫米，其他大部分地区为50～100毫米，只有辽南和辽东一些地区为100～250毫米。全区降雨量较常年同期少4～9成（在此期间全省未出现过一次大范围系统性降雨过程，多阵雨，雷阵雨）。由于在盛夏多雨季节雨量异常偏少，加之7月中下旬的大部分时间出现高温干热天气，使农田土壤水分入不抵出，严重亏缺，导致全省大部分地区发生了多年少见的严重伏旱。

据省防汛部门统计，全省受旱农田1817万亩，成灾1073万亩，其中绝收161万亩。预计减产粮食约15亿千克。受灾主要作物大豆成灾343万亩，占全省大豆播种面积590万亩的58%；玉米成灾930万亩，占播种面积1995万亩的47%；受灾果树302万株，其中旱死幼树180万株，约占果树的1/5。

这次伏旱发生时值作物生长发育的关键期，形成"掐脖旱"，旱情严重地区的大部分作物下部叶片枯黄，上部叶片凋萎；大豆、花生落花落叶；玉米授粉和高粱抽穗均受到影响；种子田花期不遇。一些沿海水田反碱，大批果树开始落果，大部分秋菜未能适时播种。由于高温少雨，又导致玉米、高粱蚜虫和果树一些害虫的猖獗发生。营口旱灾面积93万亩，虫害面积60万亩。

1988年 4月下旬至5月中下旬，全省降水异常稀少，各地降雨量均在10毫米以下。抚顺5月4日至23日降雨量只有0.4毫米。在大田播种主要季节，由于降水持续偏少，土壤水分长期入不抵出，导致上述地区发生严重干旱。大部分农田耕层平均土壤湿度曾下降至12%～13%；一些坡耕地、沙土地只有6%～9%，干土层达3～5厘米深。

截至5月19日统计，全省有300多万亩大田因干旱尚未播种。朝阳受灾240万亩，锦州34万亩，阜新10万亩，大连30～40万亩。已播种的一些农田中出苗不齐。严重干旱的农田出现芽干的现象，（5月下旬连续出现3次较大降雨才使旱象相继解除）。

6月，锦州、锦县、长海、彰武、新宾等市县月降雨量比常年同期少，而且连续高温无降雨的时间较长，出现程度不同的旱象。锦州月降雨量为36.7毫米，比常年少47.9毫米。锦县月降雨量为39.0毫米，比常年少92.9毫米，最长无降雨日数12天。长海气温高，降雨少；彰武6月下旬无降雨；新宾月降雨量为51.4毫米，比常年少61毫米，下旬高温少雨持续11天。

造成部分地区出现干旱，对农田作物生长影响很大。其中，新宾县有7个乡农作物受旱灾，减产10%左右。

7月23日至8月上半月，朝阳、阜新、辽南、辽东、辽中大部分地区出现旱情，7月下旬以来由于太平洋副高迅速北上，且位置偏西，稳定的控制辽宁地区，在盛夏季节出现了持续性的异常少雨干热天气，使全省大部分地区发生严重干旱。在前期少雨的基础上，7月23日至8月15日降雨量除局部地区为30～80毫米，是常年的30%～50%外，全省大部分地区在30毫米以下（其中盘锦、营口大部、鞍山大部、辽阳、朝阳、锦州的部分地区10毫米以下），不足常年同期雨量的20%。大连、丹东地区基本无降雨。

与此同时，大部分地区日最高气温等于或大于30℃的日数达10～18天，较常年同期多6至10天，持续高温也加速了干旱的形成和发展。一些河流几乎断流，多数水库蓄水量显著减少，部分地区人畜用水困难。据8月初测量，绕阳河中、上游流量不足0.5米^3/秒，大凌河、小凌河、六股河的流量均在13.5米^3/秒以下，较1987年同期少60%。辽、浑、太河流域的大伙房、清河、柴河、葠窝、汤河等五座大型水库共蓄水15亿立方米(其中农业利用的只有5亿立方米)，较1987年同期少23.6%，较1986年同期少35.5%。

伏旱发生时值全省大部分农作物开花、授粉和籽粒灌浆的关键时期，是作物需水的临界期，对作物正常生长及产量均产生严重影响。

据省有关部门统计，全省受旱农田面积达2200万亩，其中减产4成以上的达640万亩，绝产的有115万亩。受旱果树近900万株，中部旱情严重的水田有的地块已出现2～3厘米宽的裂缝。旱情严重的主要是朝阳、阜新、大连、丹东地区。

朝阳地区以北票、朝阳、建平3个县受灾最重。全市受旱灾农田达602万亩，占农田总面积的90.5%，7座大、中型水库有6座均低于正常水位35米，接近死水位；牤牛河、老哈河相继断流。

阜新受旱114万亩，其中阜新县占90万亩。大豆、向日葵受灾最重，植株大部分叶片干枯，落花落果严重，平均减产8成；玉米一些植株只抽雄不吐丝，严重地块空杆率达40%；高粱生长量不足，一般只长出12～15片叶，株高仅1米多。

大连市有298万亩农作物程度不同受旱。8000万株果树中有7000万株严重缺水，受旱严重的1000万株果树落果率达40%。地下水位普遍降低6米左右。大部分河流断水。

丹东市受旱地区主要分布在岫岩、凤城、宽甸一带。全市受旱农田面积达120万亩，在受旱农田中水田占15.5万亩(其中土壤干裂的占5万亩)。

辽阳、鞍山、营口、盘锦、本溪、抚顺等市的农田也发生大面积伏旱。除坡耕地旱情严重外，一些地区靠井水灌溉的水田也缺水，部分水田干裂造成绝产。严重的伏旱，对秋菜播种和出苗也产生一定的影响。

1989年　3月上旬至5月中旬，辽西、辽南大部分地区，辽北、辽东、中部地区的一些易旱地带，从1988年入冬以来降水持续偏少，直至5月上旬长达半年的时间里，辽河以西大部分地区降水量只有7～30毫米，较常年少7～8成；辽北及中部地区为30～40毫米，辽东及辽南为50～70毫米，较常年少5～7成。特别是春播主要阶段的4月上旬至5月上旬沿海地区及朝阳一带均在10毫米以下，其他大部分地区为10～26毫米，较常年同期少8～9成。降水持续偏少，使农田土壤水分长期入不抵出、墒情不断下降。在春季大部分时间里，辽西和辽南的大部分农田坡耕地、沙土地耕层土壤湿度降至5%～7%。干土层深达垄底。由于长期少雨，造成一些井水干涸，河水断流，水库蓄水明显减少，使水田用水出现危机。大伙房、清河、柴河等省内六大水库可用于灌溉的水量仅有13亿立方米，比1988年同期少10亿立方米。辽河、巨流河流量比1988年同其少40%；绕阳河下游及一些中小河流已断流。

据有关部门统计，全省受旱农田达3100万亩，占总耕地面积的60%。其中100万亩大田作物是在5月中旬雨后抢种上的，比早播地块晚20多天，造成生育期延迟。苗情差的三类苗面积有600万亩，毁苗再种面积200万亩。

7月下旬至9月中旬，全省大部分地区出现旱情，在长达两个月的时间里，辽东及铁岭东部、大连北部、营口南部、朝阳大部分地区降水量为50～100毫米，较常年少5～7

成；其他大部分地区均在50毫米以下，其中盘锦、锦州、锦西的大部分地区及沈阳、辽阳、瓦房店、彰武等地只有15～30毫米，较常年少8～9成。大连大部分地区7月20日至8月18日的一个月时间降雨量只有1～4毫米，旱情最重的瓦房店市7月1日至8月19日的50天中降雨量仅21毫米。全省除辽东及朝阳、营口的部分地区外，上述时段的降雨量出现了有气象记录以来同期的最少值和次少值。如沈阳1906年以来历年8月份平均降雨量为168.5毫米，最少值为20.3毫米（1979年），而1989年仅12毫米。农作物抽穗开花和产量的形成阶段降雨量异常稀少，导致全省发生罕见的严重伏旱和秋吊。干旱波及范围之广，持续时间之久，危害程度之重都是建国以来未见过的。

受严重干旱的影响，大豆普遍干枝掉叶，落花落荚。受旱严重的玉米干叶到顶，成片死亡，一般的授粉不好，籽粒不足，提前逼熟；一部分水田地表龟裂，稻株枯死。

全省粮豆总面积4630万亩，受旱灾达3800万亩，其中绝产444万亩，减产6～8成的有724万亩，减产3～5成的有963万亩，减产1～2成的有1740万亩。全省3.1亿株果树有7070万株受旱，严重受灾的有2500万株，死亡14万株。整个农业损失在30亿元左右。

严重的夏秋连续少雨还导致多数较大的河流无水。21座大中型水库的蓄水比1988年同期少蓄23.4亿立方米，将造成1990年春全省的200万亩水田无水可灌。由于严重干旱还导致全省大部分地区地下水位下降，土壤墒情不断恶化。11月18日农田0～5厘米深的平均土壤湿度除辽东部分地区和中部沿河低洼农田达20%～30%外，其他大部地区为10%～16%，普遍较常年少5%～7%。农田土壤水分贮存量自上而下严重亏缺，使来年春耕生产面临干旱威胁。

旱情最重的地区有大连、锦州、锦西市和营口南部。其中以大连市旱灾尤重。该市由于伏天异常少雨，使境内200条河流大部分断流干涸，13座大、中型水库可调解水量仅有2.67亿立方米，只相当正常年的12.7%；227座小型水库90%已干涸。地下水位普遍下降5～7米，沿渤海的4000眼水井出现海水倒灌现象，山坡地干土层深达50厘米。全市441.6万亩粮豆作物，有380.2万亩严重受灾，其中绝收面积179.7万亩；2012万株结果果树，有1660万株果实变软，13万株死亡，小果树旱死109万株。水产养殖也遭受严重损失，全市大牲畜饮水发生严重困难。

12月，新金县皮口月内虽然有3次降水过程，但其中2次为微量降水，只有31日为0.4毫米。由于入冬以来降水一直偏少，导致河流及水库干涸，使工农业生产及人民生活受到程度不同的影响。

1989年是继1987、1988年两年轻旱之后第三个干旱年。由于连年干旱，农田底墒差，河水基流少，水库蓄水量大减，地下水位下降，全省干旱程度为建国后最严重的一次。

本年各地降水量都较常年偏少，其中辽东半岛、中部地区、铁岭地区以及锦州地区年降水量为多年均值的57%～70%，东部山区和黄海岸降水量为常年的70%～80%，只有朝阳地区降水量接近多年均值。各地5～9月降水量、土壤含水率、玉米生长需水量如表2.10，主要河流年径流量与多年均值比较如表2.11，各大型水库蓄水量与正常年比较如表2.12。

表 2.10　辽宁省各地 1989 年 5～9 月降水量、土壤含水率、玉米需水量表

地区＼月份	项　目	5	6	7	8	9	5～9
沈阳	降水量（毫米）	33.8	88.7	120.1	15.4	92.9	350.9
	距平（%）	60.7	99.0	66.2	9.2	114.8	
	土壤含水率（%）	12.9	14.9	20.5	14.2	12.2	
	玉米需水量（毫米）	102	114	178	137	52	583
大连	降水量（毫米）	17.9	154.1	83.3	45.6	45.7	346.6
	距平（%）	62.1	166.2	39.7	37.4	51.0	
	土壤含水率（%）	9.3	10.9	9.9	10.0	9.1	
	玉米需水量（毫米）	110	135	156	122	39	562
锦州	降水量（毫米）	41.2	109.5	141.0	12.7	36.8	341.2
	距平（%）	100.0	140.6	83.9	9.6	63.4	
	土壤含水率（%）	16.4	17.2	18.4	10.3	10.0	
	玉米需水量（毫米）	75	80	150	113	44	462
盘锦	降水量（毫米）	39.3	141.1	138.0	12.7	82.2	413.3
	距平（%）	82.1	161.5	66.0	7.2	96.5	
	土壤含水率（%）	13.8	18.1	23.7	13.7	12.6	
	玉米需水量（毫米）	81	95	140	100	41	457
朝阳	降水量（毫米）	50.4	119.0	172.0	44.8	45.4	431.6
	距平（%）	104.7	135.9	111.1	28.9	128.1	
	土壤含水率（%）	12.0	15.4	18.5	10.1	11.4	
	玉米需水量（毫米）	86	90	166	113	42	497
丹东	降水量（毫米）	54.4	94.9	331.7	109.2	73.7	664.0
	距平（%）	84.2	88.7	115.4	40.3	78.1	
	土壤含水率（%）	13.2	12.5	20.5	19.0	21.6	
	玉米需水量（毫米）	92	100	117	96	22	427
昌图	降水量（毫米）	71.8	107.3	147.2	32.5	50.3	409.1
	距平（%）	174.9	128.4	102.4	28.9	92.1	
	土壤含水率（%）	17.1	20.2	22.6	14.6	10.9	
	玉米需水量（毫米）	81	94	145	97	38	458
鞍山	降水量（毫米）	30.9	132.8	123.7	23.3	61.9	372.6
	距平（%）	53.4	153.0	65.9	12.8	76.6	
	土壤含水率（%）	14.8	17.4	23.4	16.3	11.9	
	玉米需水量（毫米）	81	95	140	100	41	457
抚顺	降水量（毫米）	59.4	99.6	261.1	89.0	76.3	585.4
	距平（%）	90.5	75.1	125.6	48.4	97.8	
	土壤含水率（%）	12.3	14.5	18.0	14.1	15.8	

续表

地区＼月份	项　目	5	6	7	8	9	5～9
抚顺	玉米需水量（毫米）	75	84	130	100	38	427
本溪	降水量（毫米）	31.7	76.7	239.9	50.1	30.3	428.7
	距平（%）	48.5	77.5	120.9	28.3	38.6	
	土壤含水率（%）	11.7	11.5	19.3	12.4	12.6	
	玉米需水量（毫米）	107	122	134	88	25	476
铁岭	降水量（毫米）	54.3	95.4	158.0	21.2	52.5	381.4
	距平（%）	116.7	117.3	120.0	20.7	90.6	
	土壤含水率（%）	14.6	16.7	18.5	11.9	10.7	
	玉米需水量（毫米）	75	93	147	103	36	454

表 2.11　辽宁省主要河流 1989 年年径流量值比较

河　流	站　名	年径流量（亿米^3）	占多年平均值（%）	河　流	站　名	年径流量（亿米^3）	占多年平均值（%）
六股河	绥中	1.78	29.4	碧流河	小宋家屯	2.95	32.8
小凌河	锦州	0.70	17.2	大洋河	沙里寨	9.11	44.0
大凌河	朝阳	1.99	20.0	辽河	铁岭	23.50	56.7
绕阳河	东白城子	0.37	34.6	浑河	沈阳	7.88	35.3
大清河	望宝山	0.89	37.5	太子河	辽阳	15.70	58.7
复州河	关家屯	0.63	24.0				

表 2.12　辽宁省各大型水库 1989 年蓄水量与常年比较表 单位：百万立方米

水　库	年 月 日	蓄 水 量	占兴利库容（%）	水　库	年 月 日	蓄 水 量	占兴利库容（%）
清河	1989.10.1	203	35.4	莅窝	1989.10.1	73	13.7
南城子	1989.10.1	93	81.5	汤河	1989.10.1	89	24.0
柴河	1989.10.1	170	50.5	宫山嘴	1989.10.1	29	43.7
榛子岭	1989.10.1	12.0	9.67	大风口	1989.10.1	22	29.4
大伙房	1989.10.1	300	23.2	乌金塘	1989.10.1	33	36.1
龙屯	1989.10.1	12.0	26.5	碧流河	1989.10.1	249	35.0
朱家隈	1989.10.1	33.0	29.5	铁甲	1989.10.1	14.0	8.8

从表中反映大部地区 5～9 月，降水量都少于玉米生长期需水量。其中大连地区缺少最多，全生长期较玉米需水量少 200 多毫米。各月农田土壤含水率都接近凋萎含水率。各地 8 月份降水量最少。其中大连地区平均只有 45.6 毫米，是 1904 年以来同月最小量；锦州地区平均降水量仅 12.7 毫米，是 1924 年以来最小的一次；沈阳地区降水 15.4 毫米，

是1905年以来，也就是84年以来最少的一次；多雨地区的丹东也只降水109.2毫米，是81年中同期第7个小雨量年。8月份正值农作物生育大量需水季节，大部地区又出现了32～35℃的高温天气，更加重了旱情。

全省有179条中、小河流干涸。各大河流如辽河、浑河、太子河、鸭绿江，8月份流量均出现了历史最小值，大、小凌河年径流量仅为多年均值的17%～20%。全省大、中、小型水库973座，汛末的9月份有901座小型水库基本是干库，21座大型水库蓄水量14.57亿立方米，仅为兴利库容的33%。大连市为城市供水的9座小水库，干了8座，城市人民生活和企业生产用水受到严重威胁，迫使全市统一下达节水指标，采取定点、定时供水等节水限水措施；农村有16万人、3万头大牲畜饮用水困难，金州地区海水倒灌，有13万人饮水中含氯度达300毫克/升。

为了战胜严重的干旱，自3月15日，辽宁省政府连续四次召开全省紧急电话会议，动员全省人民积极投入抗旱斗争。从4月开始，省政府先后五次召开水田区主管市长、水利局长会议，研究调水、调电及水田抗旱措施。在抗旱的关键阶段，省委、省人大、省政府、省政协领导同志全树仁、李长春等多次深入到抗旱斗争第一线。

为解决盘锦、营口两市13.33万公顷水田泡田插秧缺水问题，副省长肖作福亲自带队到吉林借水6000万立方米，缓解了两市泡田插秧用水。为满足鸭绿江下游中、朝两国农业灌溉和城市供水，省政府和丹东市及鸭图水电公司，先后三次与朝鲜有关方面商定；5月5日至6月5日，水丰电厂每天保证向下游供水400米^3/秒；6月5日至20日，不少于300米^3/秒，缓解了东沟2万公顷水田泡田插秧用水和丹东市市区供水。

为取得国家有关部门对辽宁省抗旱工作的帮助和支持，由副省长朱家甄、肖作福带队，四次向国务院及有关部门汇报辽宁省旱情，国家拨给辽宁抗旱经费2120万元。国务院还于5月中、下旬派工作组来辽宁检查指导抗旱工作。

全省各部门密切合作，同心协力抗旱。省计委和物资部门积极解决抗旱钢材、水泥；省财政千方百计筹措资金1380万元；东北电管局、省计经委和省电力部门在电力严重不足的情况下，压工业用电，适当减少市政生活用电，保证农业抗旱用电，从5月开始，每天供电1300万千瓦时，支援农业抗旱。

全年全省各级政府，共筹集抗旱资金6620万元，加上其他各方面资助，共投入抗旱资金1.6亿元。抗旱高潮时，全省日出动450万人，各种车辆20余万台。春季抗旱坐水播种28.8万公顷，水田抗旱插秧13.33万公顷，夏季抗旱灌溉水田30.53万公顷，旱田33.53万公顷、菜田4.6万公顷、果树1800万株。由于旱情严重，超过了当时的抗旱承受能力，使农业仍遭到很大损失。据省农业统计资料，全省农田受旱面积，从春季开始，日渐增加。3月10日受旱面积86.67万公顷，3月20日达200万公顷，5月10日达233.33万公顷，秋后达271.2万公顷，成灾面积273.33万公顷。全省减产粮食48亿千克。受旱果树8700万株，减产水果30万吨以上，比常年减产31%。农村有96万人、27万头大牲畜饮用水困难。全省14个市中有71个县（区）、1124个乡（镇）、418万户、1592万人，不同程度的遭受旱灾，重灾民达485万人。本年旱灾给全省农业造成的直接经济损失达30亿元左右。这次旱灾涉及面之广，持续时间之长，损失之大，是辽宁省近40年来之首。1989年旱情、减产粮食与1982年比较如表。沈阳、本溪、鞍山、盘锦四区作物生育期降水量，1989年少于1982年，其他各区雨量，两年相近。但8月份降水量，全省各地普遍少于1982年；各地8月份土壤含水率，都接近凋萎含水率。因为1989年的干旱发生在影响粮食产量的季节，即严重"秋吊"，所以粮食减产量也多于1982年。

按1989年农业灾情统计资料，成灾面积减产3～5成的112.27万公顷，折合绝收面积44.67万公顷；减产6～8成的97.2万公顷，折绝收68万公顷；全绝收面积27.87万公顷。成灾面积共折绝收面积140.53万公顷，占总播种面积的45%。而当年实产粮食102亿千克，与正常年比较，仅减产31%。这说明成灾面积的统计数字偏大。

1990年　7月下旬至8月上旬，营口大部及大连部分地区，在此期间降水异常稀少，一般只有20～30毫米，导致发生伏旱。

营口市受旱面积达58万亩，造成减产1～2成的达31万亩，大部集中在盖县的一些山坡地和沙土地。主要受旱作物有旱稻和大豆，其次是玉米、高粱。干旱严重地块的高粱、玉米叶子已枯黄5～7片叶，个别地块植株已枯死。

大连的瓦房店北部有10个乡镇的10万亩玉米已枯黄3～4片叶，约减产2～3成。

1991年　1～5月，阜新大部、铁岭西部降水量只有30～40毫米，从未出现过一场大于10毫米的降雨，使农田土壤水分长期入不抵出，造成农田土壤湿度一般为10%，5～10厘米深只有3%～6%，出现较为严重的春旱。其中康平县的旱情是1957年以来的第二个大旱年，干旱地段干土层达10厘米左右。

阜新截至5月28日，还有100万亩大田作物未出苗，已出苗的作物苗势较弱。

康平到5月18日，全县约有4万亩左右耕地不能播种，已播的约有5万亩左右不能出苗，15万亩出苗不齐，北部海洲乡、西部二牛乡、南部方家乡旱情尤为严重，部分地块出现芽干现象，已经出苗的地段出现苗干现象。

法库小麦出苗不齐，三类苗多，估计减产3～4成；大田山地苗情不好，严重缺苗断条。西北部的包家屯、卧牛石两乡旱情严重，截至5月27日包家乡93600亩农田5成苗地块9410亩，玉米5成苗6300亩，未出苗1350亩，高粱5成苗600亩，未出苗935亩，大豆5成苗1850亩，未出苗2350亩；卧牛石乡30000亩山地5成苗就有3000亩，种大豆1300亩有600亩出苗不齐，700亩没出苗，有6300亩大豆等雨播种。到6月7日和11日至12日旱象解除。

8月，全省大部地区整个月份降雨量只有20～80毫米，较常年少5～8成，其中法库、昌图、开原、新民、辽中、锦西、兴城、绥中等地只有5～19毫米，不及常年雨量的十分之一，出现了建国以来同期的最少值。

由于降雨稀少，使大部地区发生程度不同的"秋吊"。其中辽西、辽北旱情严重。一些易旱农田10～20厘米深土壤相对湿度已下降至50%～60%，个别严重地块，只有30%，农田土壤水分严重亏缺，直接影响作物籽粒灌浆和产量形成。据农业部门统计：截至8月末全省受旱农田达1500多万亩，其中造成不同程度减产的有600多万亩。

1992年　6月1日至7月20日，辽西、辽南、辽北干旱，6月上旬至7月上旬辽东、辽北降雨量较常年少3～6成，辽西、辽南只有常年的10%～20%，出现严重的旱情，加上7月上旬的高温进一步加重了干旱的形成。

截至7月15日：全省受旱面积达1818万亩，其中减产1～3成的786万亩，3～5成的411万亩，绝收110万亩，果树受旱面积255万亩。灾情较重的朝阳、锦州、锦西、阜新。

阜新市32个乡镇286个村，1～6月降水量71.9毫米，是历年的46.2%。进入6月份以来，降水量不足40毫米，是历年同期的1/3，干土层达15～20厘米，地下水位下降0.5～1.5米，部分地区井水干涸，人畜饮水发生困难，彰武县有5个水库水位已下降到死水位。全市受旱面积200万亩，其中147万亩农田旱情严重。受旱作物萎蔫，底部2～3片叶子枯黄。

大连全市受旱面积291万亩，占播种面积的76.3%，绝收15万亩，全市55万亩水田有30万亩断水，有3万亩龟裂，旱死2.6万亩，2000万株果树受旱，全市13座大中型水库蓄水量比上年同期减少1.38立方米，有7座已达到或接近死库容。全市约有4000多眼井水干涸，6.7万人、2万头牲畜饮水发生困难。庄河县受旱较重，全县水旱田受旱面积65万亩，绝收4.5万亩，果树减产3成以上的94万株，其中旱死1.1万株。

锦西受旱面积212万亩，铁岭受旱面积200万亩。锦州从5月6日后，两个多月无好雨，加之高温促使干旱形成。全市受旱面积391万亩，成灾面积140多万亩，严重旱灾50多万亩。

朝阳从6月15日至7月16日一个月的时间里，全市大部地区降雨量4～20毫米，只是1991年同期的20%左右。

由于降水稀少、温度高、蒸发大，用水量增加，致使地下水位明显下降。截至7月16日统计，一般在0.5～2米，最多可达7米，很多小土井干涸，全市有2500眼井，四条主要河流水量减到历史最少程度，多处河段发生断流，喀左县有10条自流灌渠，无水可引有6条。严重的干旱造成全市368万亩农田受灾，其中绝收72万亩。造成14.7万人、牲畜3.7万头（只）饮水困难，45万棵果树由于受旱严重，不仅不能膨大反而产生大量落果，30万亩棉花在受旱同时又遭受严重棉蛉虫灾害。受灾严重的是北票、朝阳两市，绝收面积都在25万亩以上，减产8成以上都在30万亩以上。

春季辽西、辽南从1991年12月下旬至1992年4月大部地区降水量为11～23毫米，较常年同期少4～8成。其中辽西地区1～3月将近100天中降水量只有2～6毫米，仅为常年同期雨量的10%～40%。朝阳地区从1991年10月份开始降水持续偏少，7个月中只有22～38毫米，较常年同期少5～7成。降水持续偏少，使农田土壤水分长期得不到补偿，使农田耕层平均土壤湿度仅有8%～13%，种子播种层（5厘米深）只有4%～8%，呈干土或夹干土状态，出现严重的春旱，其干旱程度接近1972、1980年和1989年。

全省受旱面积约1500多万亩，其中朝阳有350万亩，阜新100万亩，锦西58万亩农田到4月底因干旱无法播种，在4月初至4月20日期间播种的1400万亩玉米，因受低温、干旱影响，苗小、苗弱，少数农田出现粉种，芽干现象。旱象持续到5月4日相继解除。

8月1日至28日，辽西、辽南大部地区雨量不足30毫米，其中营口地区、鞍山东南部、大连北部只有2～8毫米。据不完全统计：全省干旱面积达1434万亩，其中玉米572万亩、高粱224万亩、大豆120万亩、花生34万亩，旱死各种作物115万亩。其中大连市旱情较为严重，全市270万亩玉米已有一半接近死亡，近万座井、塘干枯，14万人饮水出现困难；营口市有 99 万亩大田作物遭受干旱威胁，干旱严重地区的玉米、高粱叶子已黄到 14 片以上，无法正常灌浆，有 2450 万棵果树全部受影响，新栽的 200 万株幼苗已旱死 10 多万株。锦西受旱面积 237.2 万亩。

1993 年　辽西 3 月上中旬，全省基本无雨，土壤含水量明显下降，辽西地区农田土壤湿度仅有 10%左右，从初春开始就呈现程度不同的春旱；4 月中旬全省滴雨未降，使辽西地区一度缓和的旱情重新加重；5 月 13 日至月末，全省基本无雨，使辽西大部地区 5 厘米深土壤湿度仅有 4%～6%，旱情十分严重。

锦西农田土壤含水量和地下水位都比往年下降，3241 眼机电井已干枯 816 眼，304 个方塘已干涸 274 个，27 条较大河流已有 21 条出现断流，7 座大中型水库总蓄水量只有 7253 万立方米，比上年减少 1.03 亿立方米，部分地区人畜饮水出现困难。全市 334 万亩耕地，受旱面积达 260 万亩，有 25%以上的果树花芽出现干裂。

朝阳全市受旱面积 450 万亩，占耕地的 75%，其中喀左县有 20 万亩坡耕地直至 5 月 27 日还没种上，已种的小苗旱死；北票有 20 万亩没种上，已种的有 20 万亩需翻种；龙城区已种的 19 万亩，只有 5～7 成苗，有 2 万亩需翻种。

7、8 月，新金县、瓦房店市干旱，7、8 月大连市降雨稀少，各地区发生不同程度的旱象。其中新金、瓦房店两市旱情较重，到 8 月 18 日普兰店镇降雨量只有 6.1 毫米，比历年同期少 111.4 毫米，是 1961 年以来最少值。入汛又没有一场大雨，造成坡地（5～30 厘米深）土壤湿度仅有 6.7%，平地（5～30 厘米深）只有 6.9%，旱情十分严重。

普兰店山坡地花生、地瓜地的叶片已死亡 30%，剩余的叶片白天打绺，平地玉米地玉米穗下部的叶片已全部死亡，穗位上部的叶片白天打绺。正值玉米灌浆、水稻扬花，苹果、花生果实膨大期，干旱对产量的影响很大，造成大幅度的减产。

瓦房店全市播种玉米 80 万亩，受灾 56 万亩，绝收 7 万亩；大豆播种 18 万亩，受灾 11 万亩，绝收 2 万亩；水稻 4.8 万亩，无水地块 1.6 万亩，苹果大幅度减产。大部分河流干涸，最大水源地松树水库的库存量，对瓦房店市城区的供水只能维持到 1993 年末。

1994 年　3、4 月，辽西、辽北和中部平原降雨量只有 2～10 毫米，较常年少 8～10 成。由于降水长期偏少，气温回升较快，农田失墒较快，辽西农田耕层平均土壤湿度下降至 4%～12%，出现严重春旱，并且逐渐蔓延到与其接壤的沈阳、铁岭地区。直至 5 月 2 日至 4 日降暴雨至大暴雨，旱情得以彻底解除。

全省干旱面积 1650 万亩，其中朝阳、阜新地区的一些农田因干旱无法播种。

6 月 1～25 日，全省大部地区自 5 月 25 日至 6 月 24 日辽南及辽西大部及辽、台、盘一带降雨量只有 1～4 毫米，其它地区也只有 10～40 毫米，大部地区少 7～10 成，朝阳、锦西、盘锦、大连地区降水量创历史同期最少值。同时，6 月 10～21 日全省持续 33℃以上的高温炎热天气，极端最高气温辽北、辽西达 35～38℃，其它地区在 32～35℃之间。大部地区高温日数达 3～6 天，铁岭、朝阳高温持续 7～8 天，其中辽北和盘锦一带创历史同期最高值或次高值。持续高温少雨，使全省作物遭受干旱威胁，生长点受到抑制。据农业部门统计：全省干旱面积达 2000 万亩，其中严重干旱面积 700 万亩以上。辽西、辽北地区旱情严重，朝阳、锦州、锦西、铁岭、阜新市干旱面积分别达 350、280、240、200

万亩和200万亩。锦西市地下水位下降2米。有11座较大型水库和69座塘坝已干涸，调查2844眼机电井，有2215眼不能正常工作，占78%。阜新市佛寺水库原蓄水量为1亿立方米，现在仅有5000万立方米；盘锦市双台子河正常水位为4米，目前水位已降到3米以下，无法供水，大连市金州区有7座水库达死库容，无法放水。

干旱对小麦、大豆、花生、棉花和部分果树威胁较大，全省320万亩小麦正处灌浆期急需灌浆水，除辽西清种麦田能灌上水，长势较好外，其余麦田因干旱、小麦底叶已干死，灌浆受到影响。全省小麦平均减产3成以上。花生生长正处果针下扎期，干旱使果针无法入土，造成减产。锦州市63万亩花生中，约有40万亩将减产3成左右。大豆分枝少，生长、发育缓慢，影响结荚率。山坡地、旱垄道、沙土地，玉米、高粱植株因旱叶片萎蔫，叶色变灰，严重地块已有旱死的。铁岭县50万亩干旱地块，已有6000亩旱死，该县玉米制种田因播种晚，苗小根系弱，抗旱能力差，长势差，减产2成左右。盘锦市132万亩水田，缺水面积达70万亩，占总面积53%，其中严重缺水面积40万亩，水面落干的有18万亩。盘山县大荒农场，有水田2.2万亩，其中严重缺水1.8万亩，落干0.9万亩。严重干旱影响水稻分蘖数量，比常年少1～2个蘖，直接影响每亩有效穗数的形成。

1995年 5月中旬至6月15日，阜新、朝阳地区自3月中旬至4月上旬近30天基本无降水；5月中旬至6月中旬再次少雨，加之气温回升较快，春风加大，农田失墒较多，这两地区农田土壤湿度一般变化在8%～14%之间，出现程度不同的旱象。

干旱面积约300多万亩，其中严重干旱面积130万亩，约10万亩因干旱无法播种。

1996年 全省上年秋季降水偏少，封冻前又未降封地雨，致使农田底墒较差，加之冬季无积雪，农田严重失墒。入春后各地再次持续少雨，造成辽西、辽南等地出现程度不同的春旱。4月中旬，阜新、彰武、新民、庄河、丹东降第一场透雨，土壤墒情得以补充。至4月末全省受旱面积发展到1200万亩，重旱600万亩，其中朝阳、葫芦岛和锦州地区有270万亩农田因缺雨无法播种，葫芦岛有6.25万人、2万头牲畜饮水出现困难。除抚顺、开原、昌图外，大部分地区5月18日前均出现透雨日。第一场透雨来得及时，旱象基本解除。自5月21日以来，各地出现高温少雨天气，并伴有干热的大风，旱情迅速发展，至6月10日阜新、朝阳干旱面积分别达100万亩和400万亩；铁岭有70万亩水田未插上秧，50万亩小麦严重减产或绝收，200万亩大田发生旱象，一般地块干土层在5～7厘米厚。抚顺有6万亩水田无水插秧，有7万亩插完秧的水田干枯。6月中旬各地降水增多，旱象缓解。

1997年 3月份以后，全省持续降水偏少，气温偏高，3月末辽西北耕层土壤相对湿度仅为53%，已出现旱象。进入4月，大风日数增多，蒸发加大，土壤水分散失较快，墒情较差，辽西旱情发展，辽南和辽北部分地区也相继出现旱象。随着时间推移，受旱面积不断扩大。

3、4月份，辽宁大部地区未降一场透雨，5月7日有1～33毫米降水，对缓解旱情有利，但普遍比常年晚近1个月，使大田作物播种及出苗受到影响。全省因干旱未及时播种的约260万亩，干埋等雨播种面积达1000万亩，干旱地区埋种时间长达20～50天。朝阳因干旱导致春播期延长2个月。

5月上旬，铁岭地区尚有部分地块仍未播种，出苗率也只有70%～80%；受干旱影响，春小麦普遍长势矮小，不能正常分蘖。昌图有5万亩大田作物出现芽干现象，需毁种，法库县有30万亩农田未能及时播种；沈阳有6.6万公顷高粱、大豆及经济作物延晚播种15～20天，全市农田出苗率仅为20%，而40%大田未出苗。彰武有50万亩玉米受中等程度旱灾，占种植面积的60%～69%。5月中旬的降水过程使辽南大部旱情缓解，5月底至6月初几次全省性降水为春旱划上了句号。

春旱方止，更严重的夏旱接踵而来。从6月2日至6月末，辽宁大部地区未出现有效降水，气温不断升高。6月中旬始，全省大部地区出现高温天气，阜新地区还出现了干热风天气，致使旱情重现。至6月末受旱面积已达2450万亩，其中减产三成的地块1030万亩，减产6～8成的70万亩，绝收30万亩。干旱使大田苗势高矮悬殊，发育期参差不齐，植株普遍比常年矮20公分。尽管6月末至7月初曾有几次降水，但由于干旱时间较长，旱象只稍有缓解，随着第二次热浪袭来，各地旱情加剧，几乎波及全省。尤其东部的坡地和辽河以西的沙土地出现严重的干旱带，一些乡村干土层达15厘米，出现水荒。8月20日受11号台风的影响，全省普降大到暴雨，旱情解除。

春夏雨季旷日持久的高温少雨，形成罕见的旱灾，工、农业及日常用水加大。辽宁中部地区省属七大水库，在水田生产关键期，共放水29亿立方米，比常年多供水9亿立方米，致使水库库容减少，地下水位不断下降，一些乡村水井干枯，河水断流，人畜吃水困难。沈阳市除辽河外，几乎所有的河水都已断流，许多水库的蓄水量只达正常的2%，致使沈阳市日缺水40万立方米。康平、法库有8个乡出现饮水危机；康平县境内的东北第二大天然水面卧龙湖库容仅剩130万立方米，占正常年份6000万立方米的2%。彰武县55条河流有50条断流，有95600眼水井干涸。

8月20～21日，全省出现大范围降雨过程，致使部分中、小河流水位陡涨，大洋河沙里寨站在21日午后曾出现了5000米^3/秒的洪峰流量，全省七大水库蓄水量增加1亿多立方米，各中、小水库蓄水量都有所增加，营口石门水库一次性增加蓄水1000万立方米，仅发电一项就可获益300万元。尽管如此，今年各大中型水库蓄水明显减少，明春全省库灌区将有260多万亩水田无水可供，春旱已成定局。

1999年　入夏以来，辽宁各地持续高温，降水稀少，部分地区伏旱已经露头。进入7月份以后，旱情进一步发展。此次伏旱有如下特点：高温持续时间长，降水总量少，河道流量少，水库蓄水明显减少，墒情偏低，地下水位下降，受旱面积大，发展迅速，旱灾集中、程度重。大连6月平均气温已高居历史同期第三位，7月平均气温各地普遍较常年高1.2～2.8℃，大部地区为历年同期第一或第四高值。而辽西地区及辽南南部、辽北月降水量只有28～96毫米，全省大部地区比常年同期偏少2～8成，辽西部分地区及大连、西丰是建国来第一或第三个少雨年。致使全省有8个市30多个县（市、区）出现旱灾，尤以辽西和辽南受灾最重。不完全统计，全省农作物受灾1749.9万亩，重灾940万亩，绝收422.2万亩，受灾果树5346万株，因灾减产粮食31.5亿千克，经济作物、水果生产也有较大损失。农民人均减收500元。全省多数中、小河流断流，224座小型水库、50%的塘坝干涸。

葫芦岛全市耕地330万亩，有278万亩受灾，绝收逾百万亩。境内河流、水库七成多干涸，有290个村人畜饮水困难，建昌大地一片枯黄，78万亩农田全部受灾，绝收35万亩，67个村人畜饮水困难，13万株果树死亡。农村人均减收400元以上。锦州地区的义县、凌海、北宁、黑山部分乡的玉米、高粱点火即着。义县境内所有河流断流，部分水井干涸，农业人口人均减收700元，全市直接经济损失9.5亿元。大连为有气象记录以来最旱年，成灾面积占播种面积的53%，旅顺、甘井子、金州南部、瓦房店西部等地区粮食基本绝产。金州区26座水库干涸8座，44座拦河闸全部干涸，122座塘坎干涸100座，916眼机电井干涸或出水不足的有720眼，0.6万亩秋菜无法播种，沿海地区有19万农村人口、6万头大牲畜饮水困难。阜新县252条河流接近断流、井水水位普遍下降1米。

8月9～10日，我省出现一次较强降水过程，辽西大部旱情缓解。入秋后，辽西的朝阳、阜新等地旱情发展，形成“秋吊”，对作物产量形成严重影响。截至10月1日彰武持续60天重旱，99万亩作物受旱，占种植面积的60%～69%，阜新30天干旱，灾情为中等程度；朝阳也有90万亩农田受旱，持续22天。

2000年 入夏后，辽宁遭受了历史上罕见的高温、少雨、干旱天气。此次旱灾有如下特点：（1）旱情发生早，持续时间长，发展速度快；（2）气温高，旱情强度大；（3）水、旱田同时遭灾；（4）多数地区属连续两年遭灾；（5）高温、干旱导致其它连带性灾害，如病虫害大面积发生，水库蓄水锐减。

5月中旬至7月下旬，全省持续异常高温、少雨，期间平均气温为20.1～24.6℃，较常年同期偏高1.4～3.2℃；而降水只有16～89毫米，大部地区较常年同期偏少5～9成，为建站来历史同期降水最少年。致使旱情由辽西、辽北、辽南向中、东地区扩延。全省14个市的59个县（市、区）受灾，受灾人口1761.25万，其中重灾民403万人；农作物受灾4179.3万亩，占耕地面积76%，成灾面积3475万亩，绝收1791.2万亩，占耕地面积33%，其中土豆、小麦等早熟作物基本绝产。预计因灾减产粮食50多亿千克，有207.46万人，91.68万头大牲畜饮水发生困难，直接经济损失100.91亿元。林木业受灾面积较大，分布广，程度严重。全省有515万亩林木受灾，其中新造林受灾面积占造林总面积的34%。

朝阳市的636万亩耕地中，因旱而绝收的有407万亩，其中75万亩未播上种，150万亩播种后未出苗，200万耕地出苗后又被旱死，境内的水库有61座干涸，8000多眼机电井出水不足，1万多眼饮水井干涸，境内的4条大河流全部断流。

阜新市的564万亩农作物全部受灾，绝收500万亩，313条河流全部断流，地下水位下降3～5米，75座水库有25座干涸，30万人、20万牲畜饮水困难，部分乡村靠拉水度日。

葫芦岛市的333万亩农田全部受灾，重灾283万亩，绝收130万亩，果树受灾8890万株，重灾5500万株，死亡130万株。

锦州市农作物受灾435.3万亩，绝收300万亩，果树受灾4208万株，旱死297万株。全市人、畜饮水困难，直接经济损失15.2亿元。

丹东市6月中旬至7月上旬几乎滴雨未降，280万亩农田全部受灾，其中成灾186万亩，绝收93万亩。其中旱田受灾143.5万亩，水田62.8万亩。减产3成以上的水、旱田达 187.5 万亩，绝收 26.1 万亩。

抚顺市受旱面积 150 万亩，重灾 88 万亩。

沈阳市两县一市受旱的 571.6 万亩耕地中成灾 395 万余亩，绝收 152 万亩。全市 42 座小型水库干涸 11 座，全市靠万眼机电井才能正常排灌，直接经济损失达 10 亿元。

铁岭市农作物受旱成灾 650 万亩，绝收 74 万亩，减产 14.8 亿千克，经济损失 16.0 亿元，其中昌图县农田平均干土层 5 厘米以上，小麦部分绝收。

本溪市农作物受旱 85 万亩，成灾 53 万亩，绝收 3 万亩。

8 月初，大洼县境内水稻断水，全县 70 万亩水田减产 1～2 成的有 32.2 万亩，减产 2～3 成的有 19.1 万亩，3～5 成的有 16.3 万亩，绝收 1 万亩。全县受灾大约减产水稻 1 亿千克。

由于上年干旱影响，年初各水库蓄水明显不足。全省 22 座大型水库仅有水 36.37 亿立方米，1 个月后就减少 1.2 亿立方米。省属七大水库比上年同期少 10 多亿立方米，葫芦岛市共 73 座水库水位都已降至或接近历史最低水位，形成死库容，蓄水量由上年的 7.4 亿立方米降至今年的 1.2 亿立方米。春季各地有不等量的降水，有助增加水库蓄水，但相对于春耕后大量农业用水，作用不很大。尤其 5 月中旬后持续高温、少雨，致使水库水位急剧下降，至 6 月 16 日全省 22 座水库蓄水量已减至 21.95 亿立方米，比上年同期减少 14.47 亿立方米，全省大、中型水库调节农业用水的能力已达到底线，520 座中、小水库干涸，河流水量减少，甚至干枯，6 月 4 日辽河在福德店开始断流，并创下断流时间最长的记录。地下水位全省平均下降 2～3 米，严重地区 7～8 米，大量的农村饮水井干涸，机电井不出水或出水不足，城乡人民生活受到威胁，朝阳、阜新、葫芦岛等市由于供水紧张，实行定时供水。部分农村无水插秧或无补给水，全省水田插秧后缺水面积达 190.2 万亩，水田干裂 5 万亩。

夏季异常高温，降水明显偏少，许多地区出现“汛期无汛”现象，较大径流少，水库来水量少。8 月中旬末大伙房水库只有 3 亿多立方米，比常年少 4 亿立方米。水库“活库容”只够沈阳、抚顺用 5 个月，2000 年成为大伙房水库有记录来的第一枯水年，10 月份来水量仅为多年平均来水量的 32.8%，水库决定对沈城供水暂时缩成 10%。而沈城供水的 1/3 取自大伙房水库，鉴于此，全省出台一系列节水紧急措施，包括将部分水田改为旱田，在缺水严重的城市限期关停并转一批耗水量大的工业企业，对产水率低于 50%的纯净水生产企业实行限期整改。继大连、葫芦岛之后，在全省范围内推行对居民用水实行定额管理，超额加价收费制度，居民生活用水每平方米上涨 0.20 元，工作用水也有一定上浮。

由于 2000 年干旱影响，翌年旱田缺墒面积超过 2000 万亩，527 万亩水田泡插期间无水可供。

第五节 虫灾、饥疫、灾种不明灾害

一、虫灾

前燕 元玺元年（公元 352 年） 夏，五月，龙城（今朝阳市）蝗。

唐　天宝元年（公元742年）　营州（今朝阳市）虫食苗。

辽　统和元年（公元983年）　秋，九月，东京（道治所在今辽阳市）蝗，赈之。

金　皇统二年（公元1142年）　秋，七月，广宁府（今北镇县）蝗。

金　大定十六年（公元1176年）　东京（路治在今辽阳市）、婆速府（府治在今丹东市九连城）、曷苏馆路（在今辽阳以南，盖、复、金等县地）蝗。

元　至元二年（公元1265年）　是年，北京（今锦州、朝阳地区属北京路）蝗。

元　至元三年（公元1266年）　是年，北京蝗。

元　元贞元年（公元1295年）　夏，六月，利州（今喀喇沁左翼蒙古族自治县东大土城）、盖州（今盖县）螟。秋，八月，金（今金县）、复（今复县复州城）州屯田，有虫食禾。

元　大德二年（公元1298年）　夏，六月，金源县（今朝阳县西北喀喇沁村）蝗。辽东蝗灾。

元　大德六年（公元1302年）　是年，大宁路（北京路先改武平路，又改大宁路）蝗。

元　大德七年（公元1303年）　是年，大宁路蝗。

元　天历二年（公元1329年）　夏，四月，兴中州（今朝阳市）蝗。秋，七月，大宁、辽阳（路治在今辽阳市）等属县蝗。

明　洪武六年（公元1373年）　秋，七月，北平（今朝阳地区明初属北平府）蝗。

明　永乐元年（公元1403年）　秋，七月金州（今金县）等卫蝗，遣人驰往扑之。

明　弘治六年（公元1493年）　夏，四月，以虫、旱灾，免广宁前屯（卫治今绥中县前卫）等二十四卫（辽东都司置二十五卫、二州）弘治五年屯粮有差。

明　弘治七年（公元1494年）　春，三月，广宁（卫治在今北镇县）诸卫有黑虫堕地，大如蝇，久之入于土。

明　嘉靖八年（公元1529年）　夏，六月，河西（辽河西，广宁等九卫地属河西）

蝗飞蔽天，害禾稼。秋，七月，蝻生，平地深数尺（原文如此）。

明　嘉靖三十三年（公元1554年）　夏，五月，义州（今义县）蚊虫布野。

明　嘉靖三十八年（公元1559年）　秋，辽东复生黑鼠遍地，伤稼殆尽。

明　嘉靖四十年（公元1561年）　是年，辽东蝗飞蔽天，禾有伤者。

清　顺治十三年（公元1656年）　是年，绥中县蝗。

清　康熙五十四年（公元1715年）　是年，绥中县虫灾，饥。

清　乾隆三年（公元1738年）　冬，十一月，以虫伤田稼，分别蠲免复州（今复县复州城）、宁远（今兴城）、宁海（今金县）、锦县（今锦州市）钱粮。

清　乾隆二十九年（公元1764年）　夏，六月，宁远等州蝗。

清　嘉庆七年（公元1802年）　秋，绥中蝗。

清　嘉庆八年（公元1803年）　夏，锦州府（治今锦州市）所属地方蝻蝗，派德文、成林查扑。

清　道光五年（公元1825年）　夏，六月，蝗随海潮至，飞蔽天日数日。蝻生，食禾尽。大饥。冬，十二月，赈锦州府旱灾、虫灾。

清　光绪八年（公元1882年）　义县、彰武等县，秋有虫灾。

清　光绪二十八年（公元1902年）　义县五至六月有虫灾。

民国　八年（公元1919年）　绥中夏大旱，起蝗，不数日穗叶食尽。

1952年　凌源虫灾。

1999年　上年冬季，干旱少雪，又经历了一个“暖冬”，病虫越冬死亡率大大降低。4月中旬又持续一段时间的高湿、低温、寡照过程，为各种病虫的生长提供了适宜的条件，病虫种群密度大大增加，导致大范围树木病虫害。截至6月末，全省6000万亩林木中已有近800万亩遭受虫害袭击，损失惨重，城市常见的杨、柳、榆等树种均难逃噩运，城市绿树发病达20余万株。林业部门为此已伐掉发病城市绿树10余万株，仅沈阳一地即已伐掉近3万株，鞍山、本溪、丹东、阜新、锦州、抚顺、大连等市的绿树也不同程度地暴发病虫害。病虫有20余种，其中一部分害虫还是以往多年不发生危害或没有危害记载的种类。

入夏，各地持续高温少雨，一些地区农作物相继发生病虫害。

6月份稻水象甲在铁岭县10个乡镇大面积发生，总面积达18.3万亩，其发生面积，虫密度都是近年来较重的，且来势凶猛。

6月25日至7月11日新民市17万亩玉米发生轻度粘虫灾害，占玉米播种面积的20%～29%。

6月28日至7月31日小市大豆发生轻度蚜虫害，占大豆种植面积的9%。

7月3～11日东港的6万亩玉米发生轻度螟虫灾害，占玉米播种面积的10%～19%。

7月12日至8月24日海城春玉米发生轻度螟虫害，30万亩春玉米受灾，占玉米播种面积的30%～39%。

7月16～21日小市发生轻度蚜虫灾害，持续31天；玉米发生轻度粘虫害，持续13天。

7月份康平县突发大面积玉米红蜘蛛病虫害，受虫灾面积达3万公顷，面积之大为历史上从未有过。

7月20～31日东港水稻发生轻度稻瘟病，7.5万亩水稻受灾。

7月末8月初在建平、喀左、朝阳县等植棉区大面积发生第三代棉铃虫害，粒达60粒，比正常防治指标高出3～12倍。同时，美洲斑潜蝇虫在朝阳市7个县、市、区中迅速蔓延。

2000年　由于冬季雪量较多，形成保护层，有利害虫及虫卵在地下安全过冬，春季回暖早，夏季异常高温、少雨，致使虫害发生早且大面积发生。5月份导致农业大面积减产的稻水象甲虫入侵鞍山，有80万亩水田遭到其侵害。朝阳、海城、葫芦岛发生松毛虫灾害。海城有3000亩油松、落叶松受害，5月底有90%以上的树木得到有效防治。葫芦岛市共有松林180万亩，有25万亩发生虫灾，其中绥中县最严重，有8万亩重灾区，每株密度最大时已达几百头松毛虫，很多松树的松针都已被吃光。

年内铁岭市玉米发生螟虫灾500万亩，粘虫灾200万亩；水稻发生稻水象甲、蝗虫、螟虫害共150万亩。

二、饥疫

辽　咸雍八年（公元1072年）　春，二月，岁饥。夏，六月，赈兴中府（今朝阳市）。

辽　大康三年（公元1077年）　辽东大饥，民多死。

辽　大康四年（公元1078年）　春，正月，赈东京（道治今辽阳市）饥。

辽　大安二年（公元1086年）　秋，七月，赈辽州（今新民县辽滨塔村）。

冬，十一月，赈乾州（今北镇县观音洞附近）、显州（今北镇县北镇庙）、成州（今阜新市东北）、懿州（今阜新县北满汉营子村附近）贫民。

辽 大安三年（公元1087年） 春，三月，免锦州（今锦州市）贫民租一年。

辽 大安四年（公元1088年） 春，三月，赈锦州、来州（今绥中县前卫）饥。夏，四月，赈苏州（今金县）、复州（今复县之复州城）、铁州（今大石桥东南之汤池）贫民。

辽 寿昌五年（公元1099年） 冬，十月，赈辽州饥，仍免租税。

辽 天庆八年（公元1118年） 冬，十二月，乾（今北镇县观音洞附近）、显（今北镇县北镇庙）、宜（今义县）、锦（今锦州市）、兴中等州府大饥，斗粟数缣，民削榆皮食之，既而人相食。

金 大定四年（公元1164年） 春，二月，北京（今锦州、朝阳地区属北京路）粟价踊贵。

金 崇庆元年（公元1212年） 是年，辽东大饥，出沿海粟赈之。

元 至元二年（公元1265年） 春，三月，辽东饥，发粟万石、钞百锭赈之。

元 至元六年（公元1269年） 春，二月，开元（今铁岭地区属开原元路）等路饥，减户赋布二匹，秋税减其半。

元 至元七年（公元1270年） 夏，五月，东京路饥。

元 至元八年（公元1271年） 春，正月，赈北京饥。

元 至元九年（公元1272年） 秋，八月，赈辽东等路饥。九月高丽、辽东路饥，运东京米二万石赈灾，弛猎禁。

元 至元十年（公元1273年） 秋，九月，辽东饥，弛猎禁。

元 至元十二年（公元1275年） 冬，十月，弛北京义（今义县）、锦（今锦州市）等处猎禁。

元 至元二十三年（公元1286年） 冬，十二月，赈辽东饥。

元 至元二十四年（公元1287年） 春，三月，辽东饥，弛太子河（今太子河）捕渔禁。夏，六月，北京饥。秋，八月，沈州（今沈阳市）饥。

元　至元二十五年（公元 1288 年）　春，正月，弛辽阳渔猎之禁，惟勿杀孕兽。二月，辽阳（东京路改）、武平（北京路改）等处饥，除租税及貂皮。豪州（今阜新市东北）、懿州（今阜新蒙古族自治县东北塔营子城）饥，以米十五万石赈之。

元　至元二十六年（公元 1289 年）　夏，四月，辽阳省（治今辽阳市）管内饥，贷高丽粮六万石赈之。五月，辽阳路饥，免往岁未输田租。冬，十一月，武平路饥，免今年田租。十二月，武平路饥，以粮二万三千六百石赈之。

元　至元二十七年（公元 1290 年）　春，二月，辽阳诸路被灾，免其包银、俸钞。夏，四月，以辽阳省荐饥，免今岁俸钞银千三百四十八锭有奇。

元　至元二十八年（公元 1291 年）　春，三月，武平路饥。赈辽阳、武平路饥民，仍弛捕猎之禁。冬，十月，武平路饥，免今岁田租。十一月，武平路诸州饥，弛猎禁。

元　大德三年（公元 1299 年）　夏，四月，咸平（府治在今开原县）蒙古、女真等人乏食。

元　大德七年（公元 1303 年）　春，三月，辽阳等路饥，赈钞万锭。

元　大德十年（公元 1306 年）　夏，五月，辽阳饥，赈贷有差。

元　皇庆二年（公元 1313 年）　夏，四月，大宁路（武平路改）饥，免田租十之三，仍禁酿酒。

元　延祐三年（公元 1316 年）　夏，六月，盖州（今盖县）饥，发粮赈之。

元　延祐五年（公元 1318 年）　夏，四月，辽阳饥，发海漕粮十万石于义（今义县）、锦（今锦州市）州，以赈贫民。

元　延祐七年（公元 1320 年）　夏，五月，沈阳军民饥，给钞二千五百贯赈之。

元　至治二年（公元 1322 年）　春，辽阳等路饥，免其租，仍赈粮一月。

元　泰定三年（公元 1326 年）　冬，十二月，辽阳路饥，赈之。

元　泰定四年（公元 1327 年）　春，正月，辽阳行省诸郡饥，赈钞十八万锭。三月，大宁路属县饥，给钞赈之。

元　致和元年（公元 1328 年）　夏，四月，大宁路之属县饥，发粟赈之。

元 至顺二年（公元1331年） 夏，五月，咸平府等县饥。

元 至元五年（公元1339年） 秋，九月，沈阳饥，民食树皮，赈粜一千石。冬，十月，辽阳饥，赈米五百石。

明 永乐四年（公元1406年） 冬，朵颜、泰宁、福余三卫（今辽河套以北地区和朝阳地区朵颜等三卫地）饥，请以马易米。

明 永乐十五年（公元1417年） 秋，九月，朵颜等三卫，岁凶乏食。

明 景泰元年（公元1450年） 春，三月，以辽东饥，如募各处军客商等纳米，备军饷，赈济饥民。

明 成化十八年（公元1482年） 秋，七月，辽东饥。

明 弘治三年（公元1490年） 春，三月，开原灾，人畜死者甚多。

明 弘治十四年（公元1501年） 冬，十二月，辽东大饥。运银五万两赈之，并募军民人等纳粮，给冠带。

明 弘治十五年（公元1502年） 夏，四月，以辽东连岁荒欠，命于岁例银外加送五万两，并开中两淮、浙盐，弘治十三年存积常股盐共三十万斤，以备边饷。是年，辽东大饥。

明 正德七年（公元1512年） 秋，八月，定辽左（卫治在今辽阳市）等二十五卫（辽东都司置二十五卫、二州），大疫，死亡八千一百余人，生畜数万。

明 正德十四年（公元1519年） 是年，辽东饥。

明 正德十五年（公元1520年） 春，正月，辽东饥。指挥、千户弃印逃者三十余人，军士亦多亡者。

明 正德十六年（公元1521年） 夏，六月，辽东饥，发银二万两赈之。

明 嘉靖元年（公元1522年） 冬，十二月，开原大饥。

明 嘉靖四年（公元1525年） 夏，绥中大饥。

明　嘉靖六年（公元 1527 年）　春，二月，辽东大饥，道殣相望。三月，以辽东大饥，诏预发年例银给军。秋，九月，铁岭（卫治今铁岭市）等卫饥，免屯粮有差。

明　嘉靖十四年（公元 1535 年）　是年，辽东大饥。

明　嘉靖十六年（公元 1537 年）　是年，辽东饥。

明　嘉靖十七年（公元 1538 年）　是年，义州（今义县）饥，斗粟银一钱。

明　嘉靖十八年（公元 1539 年）　春，辽东饥，辽阳大饥，斗粟银二钱。二月，以本镇买马银二千二百余两及旧赈余银六千三百余两，并凑在所库银赈之。

明　嘉靖二十年（公元 1541 年）　夏，五月，以辽东饥，发太仓银五万两赈之。

明　嘉靖三十六年（公元 1557 年）　是年，辽东大饥，人相食。是年，绥中县大祲，疫疠盛行。

明　嘉靖三十七年（公元 1558 年）　春，三月，辽东大饥，人相食。辽东官军七万二千，逃故者三之二。夏，四月，再复发银三万两，赈辽东饥。六月，总督蓟辽待郎王忬奏：辽东斗米价银八钱，民饥死者十八九。开海禁救荒。秋，九月，运山东登、莱二府粮六万石、豆万石输辽东济赈。是年，辽东大疫，有阖门死者。

明　嘉靖三十八年（公元 1559 年）　是年，赈辽东饥，给牛、种。

明　嘉靖三十九年（公元 1560 年）　春，三月，开山东、辽东海禁，通贸易，济饥。是年，辽东大饥，米价差踊于三十七年。

明　万历二十六年（公元 1598 年）　是年，绥中大饥。

明　天启元年（公元 1621 年）　春，二月，蒙古诸部（今辽河套和朝阳地区属朵颜等三卫地）大饥，多入塞求食。

明　天启七年（公元 1627 年）　是年，沈阳大饥，斗米值八两，银贱物贵，“盗贼”繁兴。

明　崇祯二年（公元 1629 年）　春，三月，后金、朵颜三卫大饥。

明　崇祯八年（公元 1635 年）　是年，绥中县大疫。

清　康熙三十三年（公元1694年）　春，正月，奉天府（治今沈阳市）饥，命运山东米以济军民。秋，七月，以盛京等处去岁禾稼不登，米价仍贵，赈济之。

清　雍正六年（公元1728年）　夏，绥中大疫。

清　嘉庆十七年（公元1812年）　是年，绥中饥，斗粟值市钱十千。

清　道光元年（公元1821年）　夏，开原民多疫。

清　道光二年（公元1822年）　夏，绥中县大疫。

清　道光三年（公元1823年）　秋，绥中县大疫。

三、灾种不明的灾害

金　天会元年（公元1123年）　冬，十二月，以咸州（今开原县）以南，苏（今金县）、复州（今复县之复州城）以北，年谷不登，免其应输粮。

金　天会二年（公元1124年）　春，正月，以东京（路治在今辽阳市）比岁不登，减田租、市租之米。

元　至元二十六年（公元1289年）　夏，六月，以禾稼不收，免辽阳差税。

元　至元二十八年（公元1291年）　辽阳被灾，税粮皆免征，其余量征其半。

明　景泰二年（公元1451年）　冬，十一月，以辽东诸卫被灾，减免子粒。三万卫、辽海（卫治均在开原县）、铁岭（卫治今铁岭市）、海州（卫治今海城市）沙岭驿（今盘山县东沙岭）全免；沈阳中卫（卫治今沈阳市），免其半；定辽五卫并东宁卫（定辽中、左、前、后卫和东宁卫均治今辽阳市，定辽右卫治今凤城县），免其十分之三。

明　成化六年（公元1470年）　辽东灾荒。

明　成化十八年（公元1482年）　春，正月，免定辽等二十五卫（辽东都司置二十五卫、二州）上年屯田子粒九万一千一百石有奇。辽东岁凶，米贵，运库银六万九千五百两，给边饷。夏，六月，复运银十万两于辽东，折给官军俸粮。

明　正德十四年（公元1519年）　冬，十一月，准留辽东赎罪银赈灾。

明　嘉靖四年（公元1525年）　冬，十月，以灾异，免辽东各卫、所屯粮有差。闰十二月，以辽东灾伤，再发银九万二千六百两赈之。

明　嘉靖五年（公元1526年）　冬，十月，以灾伤，免辽东各卫、所屯粮有差。

明　嘉靖十年（公元1531年）　秋，八月，以灾，免定辽左等卫田粮有差。

明　嘉靖十六年（公元1537年）　秋，八月，以灾，免海州（卫治今海城市）等卫田粮有差。冬，十月，以灾，免辽东屯粮。

明　嘉靖十七年（公元1538年）　秋，九月，以辽东频灾，免屯田粮有差。

明　嘉靖三十年（公元1551年）　冬，十月，以灾伤，免定辽、广宁（卫治今北镇县）、宁远（卫治今兴城县）、盖（卫治今盖县）、义（卫治今义县）、海诸卫、所屯粮有差。

明　嘉靖四十二年（公元1563年）　夏，四月，以灾，发太仓银六千两，赈金、复、盖民。

明　嘉靖四十四年（公元1565年）　冬，十一月，以灾伤，免广宁左屯（卫治今锦州市）等十一卫税粮有差。

明　万历十五年年（公元1587）　冬，十二月，辽镇灾伤重大，蠲免屯、站钱粮有差。

清　康熙七年（公元1668年）　冬，十二月，免奉天（府治在今沈阳市）等州、县灾赋有差。

清　康熙三十七年（公元1698年）　承德（今沈阳市）等州、县，田禾未获全登。

清　康熙四十一年（公元1702年）　冬，十二月，奉天被灾。

清　乾隆三十二年（公元1767年）　春，二月，赈承德等五州县及兴京（今新宾县老城）、凤凰城（今凤城县）灾民。

清　嘉庆三年（公元1798年）　冬，十一月，蠲缓盛京、旧边、巨流河、白旗堡等处灾民额赋。

清　嘉庆十六年（公元1811年）　冬，岫岩、复州、宁海（今金县）等处灾民，挈眷络绎出边。十二月，岫岩厅（治今岫岩县）马厂连被偏灾，缓征地亩银米。

清　道光七年（公元 1827 年）　春，正月，给白旗堡、小黑山灾欠口粮。

清　道光十一年（公元 1831 年）　冬，十一月，贷铁岭、开原、广宁、辽阳、宁海、新民六厅州县暨牛庄、巨流河、白旗堡、小黑山等处，被灾旗民一月口粮。缓征铁岭、辽阳、宁海、新民四厅、州、县欠收民地额赋。

第三章 大 风

第一节 概 述

大风主要包括台风和寒潮大风。这两种大风的主要差别是台风多发生在夏季，而寒潮大风则出现在冬季。另外还有飑线、龙卷等强对流天气造成的短时大风，这类大风出现的几率较小。

一、台风

影响辽宁地区的台风是发生在西太平洋洋面上逆时针旋转特别强烈的大气涡旋。出现台风和热带风暴时，会产生狂风暴雨，在海上可出现巨浪和大潮，甚至海啸，造成巨大灾害。

1. 台风次数 据清光绪十年至二十三年（1884—1896 年）和清光绪二十五年（1899 年）至 2000 年的 115 年统计资料，影响辽宁的台风共有 106 次，平均每年近 1 次。最多年（1930 年、1962 年）达 4 次，有的年份无台风。影响辽宁的台风、最早出现在 6 月中旬，最晚出现在 9 月中旬。其中以 7、8 月最多，占总数的 91%，6 月和 9 月最少，仅占总数的 9%。

2. 台风路径 影响辽宁沿海的台风源自热带太平洋上，进入中国海域后主要路径有 3 条：一是华南登陆后继续向北移动并折向东北，经山东半岛进入渤海或河北省后消失，或继续向东北移动中逐渐消失；第二条路径是台风在辽宁登陆后减弱消失或继续向东北移动；第三条路径是台风在汉城和中国丹东之间登陆后继续移向东北。第一条路径的台风对渤海沿岸影响较大，可造成这一海区及沿海 6～9 级大风，最大可达 12 级，此类台风可造成较大规模降水，持续时间也很长，在台风影响范围内可造成 100 毫米以上的大暴雨或特大暴雨；在河北消失的台风对辽宁省影响较小，而在渤海消失的台风对渤海沿岸及辽东半岛均有影响。第二条路径的台风在登陆前可造成黄、渤海区及沿岸地区的大风，一般可达 8～9 级，最大可达 12 级，台风登陆地区可产生暴雨或大暴雨。第三条路径的台风占影响辽宁省台风总数的 50%，主要影响黄海沿岸，风力一般 6～9 级，最大可达 10～12 级。

台风造成的大雨受登陆地点影响，一般大暴雨区都在登陆地区的迎风面，海岸凸起地段更易形成。东沟、丹东一带由于地形作用，受台风影响，常出现大暴雨。

3. 台风灾害 台风对辽宁的主要灾害是暴雨洪涝、山洪泥石流、大风和风暴潮（海啸）。其危害程度与台风的强度和路径有直接关系，台风强度越强，移动路径越接近或者正面袭击辽宁，则灾害天气越强，影响地区越广，维持时间越长，危害越重。由台风影响产生的大风区，主要分布在黄、渤海及其沿岸地区，一般可出现6～9级大风，最大10～12级。台风登陆后强度明显减弱，内陆地区风力一般6～8级或以下。

辽宁虽然受台风影响的次数不多，但一旦遭受强台风正面袭击，产生狂风暴雨，造成的危害相当严重。1950年以后至2000年，受台风影响造成农田成灾面积达9507万亩，倒塌房屋80多万间，死亡3000多人。其中1985年8月1日至20日连续遭受6、8、9号台风的影响，尤其是9号台风正面袭击辽宁，造成严重损失。

又如1972年7月26日至27日遭受3号台风袭击，黄海北部、渤海海峡、渤海及其沿岸地区出现8～10级大风，局部地区达12级，海边和港湾出现风暴潮，海水倒灌，造成严重灾害，受灾农田达200多万亩，倒塌房屋1500多间，刮倒各种树木8万多株，渔业和养殖业损失严重，部分交通通讯中断。仅大连地区被风浪打破的各种船1172条，死亡19人，伤51人，牲畜死亡27头，经济损失1214万元。绥中渔港坝基被风浪冲毁500米。

二、大风

辽宁冬季多寒潮或冷锋后的偏北大风。春季高低气压影响频繁，南北大风交替出现。夏季多强对流天气和台风引起的大风，风向不定。

1. 大风日数的分布 辽宁大风日数的分布是大连、锦州沿海多于内陆，平原多于山区。年平均等于或大于8级（≥17.2米/秒）的大风日数，有3个中心：首先是辽东半岛南端大连市的长海县大风日数最多，达60天以上，其中大连达81天，该地年最多大风日数达167天；其次是辽河平原南部和辽东湾北部沿岸达40天以上，锦州达66天；第三是辽河平原中北部大部地区达40天以上，昌图达62天。辽东、辽西山区大风日数较少在20天以下，其中辽东深山区和山谷地带在10天以下，桓仁最少，平均不足1天。其他大部地区在20～40天之间（见表3.1）。

表3.1 大风（≥8级）日数（1950—1985年） 单位：日

地名 \ 项目 \ 月		1月	2月	3月	4月	5月	6月	7月	8月	9月	10月	11月	12月	全年
开原	平均	0.8	1.7	2.7	6.3	6.2	1.6	0.3	0.2	0.5	1.4	2.0	0.9	24.5
	最多	4	11	6	13	11	7	2	2	3	5	8	5	42
彰武	平均	0.9	1.8	4.1	7.0	6.3	1.8	0.8	0.3	0.5	1.6	2.0	1.0	28.0
	最多	4	10	11	16	13	8	4	4	5	5	8	4	70
清原	平均	0.2	0.1	0.3	1.3	1.7	0.3	0.3	0.1	0.0	0.2	0.1	0.0	4.5
	最多	2	1	2	6	6	4	1	1	1	1	1	1	18
阜新	平均	0.8	1.6	3.1	5.6	4.0	0.9	0.3	0.1	0.4	1.0	1.3	0.8	19.9
	最多	5	8	8	15	12	6	4	1	3	3	6	4	43
沈阳	平均	2.2	4.3	6.4	9.9	9.0	3.5	1.5	1.1	1.3	3.0	4.0	2.4	48.6
	最多	9	17	14	21	22	9	10	5	5	10	12	13	100

续表

地名	项目	1月	2月	3月	4月	5月	6月	7月	8月	9月	10月	11月	12月	全年
朝阳	平均	0.5	0.7	1.8	2.9	2.7	0.6	0.5	0.3	0.1	0.3	0.9	0.4	11.5
	最多	3	4	6	9	9	4	2	2	1	2	5	4	34
叶柏寿	平均	0.8	0.6	2.0	2.8	3.0	1.2	1.0	0.3	0.5	0.8	0.6	0.6	14.2
	最多	4	3	7	12	9	5	4	1	3	3	3	3	42
本溪	平均	0.4	0.6	1.7	4.1	3.0	1.0	1.1	0.7	0.5	0.8	0.6	0.4	14.8
	最多	3	11	7	13	9	4	5	5	3	3	5	4	48
桓仁	平均	0.0	0.0	0.0	0.3	0.2	0.0	0.0	0.0	0.0	0.1	0.0	0.0	0.6
	最多	0	0	0	2	2	1	1	1	0	1	0	0	3
锦州	平均	4.1	5.1	9.1	13.0	11.2	4.1	2.4	1.4	2.5	4.5	5.1	3.7	66.3
	最多	10	17	16	23	19	13	6	6	6	9	12	8	92
宽甸	平均	0.0	0.1	0.2	0.7	0.9	0.2	0.1	0.2	0.1	0.3	0.3	0.1	3.3
	最多	0	1	2	4	4	2	2	3	1	2	3	2	17
营口	平均	1.5	2.7	4.1	6.7	6.2	2.3	1.2	1.0	1.4	2.3	1.8	1.4	32.6
	最多	9	13	9	19	21	8	11	6	6	12	6	7	95
绥中	平均	2.4	3.5	5.2	7.1	6.0	2.0	0.8	0.7	1.1	1.9	2.6	1.8	35.0
	最多	8	20	17	17	17	10	4	4	6	12	12	11	103
丹东	平均	2.1	2.4	1.8	2.0	1.1	0.4	0.4	0.3	0.4	1.4	1.9	1.7	15.9
	最多	7	8	10	8	4	2	2	2	2	5	7	8	53
复州城	平均	5.4	4.9	6.7	6.4	4.6	1.4	0.5	1.1	1.9	4.5	6.0	4.6	48.1
	最多	10	11	13	11	10	8	2	4	5	9	12	9	74
大连	平均	9.0	7.8	9.2	10.4	7.8	4.0	2.7	2.2	3.8	6.5	9.2	8.3	80.8
	最多	20	15	19	18	20	15	9	8	13	16	16	17	167

辽宁大部地区以春季大风日数最多，危害最重，秋冬季次之，夏季最少。

2. 春季大风 春季是辽宁出现大风最多的季节，辽河平原（松辽平原）是中国著名的西南大风区。

（1）春季大风过程标准 当全省范围内有几个市辖区同时出现大风时，即算为一个大风过程，具体指标如下：偏南大风，内陆有3个市辖区风力定时观测值等于大于7级（≥13.9米/秒）或沿海2个市辖区风力等于大于6级（≥10.8米/秒）；偏北大风，内陆3个市辖区风速定时观测值等于大于10米/秒或沿海2个辖区风力等于大于6级。

（2）春季大风日数 春季（3～5月）平均大风日数可达20天，1960年最多达27天，其中又以4月较多，平均达8天，1961年多达14天。春季是冬夏过渡季节，气压系统移动速度快，高低压气压系统和冷暖空气交替影响，常使全省连续出现南北大风，最长连续大风日数可达4天，故群众中有“风三风三，一刮三天”之说。

（3）春季西南大风 春季平均出现西南大风10天，1956年最多达15天，最长连续日数为4天。其中以4月份较多，平均为5天，1961年4月最多达8天。西南大风出现频率和风速都是平原地区和渤海沿岸大于东、西部山区，其中东部山区的清原、新宾、桓仁、宽甸一带几乎没有西南大风。西南大风有明显的日变化，一般在10时开始，多在16～18时结束，12～15时的风速最大。但当遇强的南高北低气压系统影响时，夜间也会出现大风，有时风速还很大，故群众中有“开门风，闭门住，闭门不住，刮倒树”之说。

（4）春季偏北大风　春季平均出现偏北大风10天，1958年春季最多达18天，最长连续日数为3天。其中以3月较多，平均为15天，1958年和1960年3月最多达7天。偏北大风出现频率和风速都是沿海地区大于内陆，平原大于山区。偏北大风也有明显的日变化，一般8～10时增大，16时后显著减小，12～15时风速最大。但当有强的南低北高气压系统影响时，夜间也可出现偏北大风。

3. 最大风速及其风向　年最大风速的分布，除辽东山区东部边界附近和辽西西部地区风速较小，在15～20米/秒外，其他地区多在20米/秒以上。辽东半岛南端及长海县最大达30米/秒，其中长海县达32.7米/秒。最大风速的风向，辽西西半部以及丹东、宽甸、草河口、熊岳、旅顺等地以偏北风为主，其他大部地区以偏南风为主。最大风速多出现在3～6月，仅辽东半岛南部及黄海沿岸受台风影响出现在7～8月。

瞬间极大风速，各地多超过20米/秒，沈阳、朝阳、大连、长海等地达34米/秒或以上，营口、锦州、北镇、复县、本溪、铁岭等地出现过40米/秒的记录。主要出现在4～9月。

三、沙暴

沙暴（因大风刮起地面的大量沙尘，使水平能见度小于1千米的天气现象）日数的分布，辽宁西北部地处内蒙古科尔沁沙漠的南缘，沙暴较多，彰武年平均沙暴日数达5.3天；而辽东、辽南地区年平均不足1天，其中辽东深山区和山脉分水岭没有出现。一天中，以午后较多，后半夜最少（见表3.2）。

表3.2　沙暴日数　　单位：天

地名	1月	2月	3月	4月	5月	6月	7月	8月	9月	10月	11月	12月	全年	
													平均	最多
开原		0.2	0.3	0.5	0.2								1.1	12
彰武	0.2	0.8	1.6	1.7	0.6	0.0	0.0				0.1	0.2	5.3	11
清原													0.0	0
阜新	0.1	0.3	0.7	0.9	0.2	0.1					0.0	0.0	2.3	7
沈阳	0.1	0.1	0.4	0.2	0.1	0.1				0.0		0.1	1.1	8
朝阳	0.1	0.4	0.6	0.6	0.3	0.0					0.0	0.0	2.1	8
叶柏寿	0.0	0.2	0.3	0.4	0.3	0.1	0.1					0.1	1.4	7
本溪													0.0	0
桓仁			0.1	0.1	0.1								0.3	3
锦州	0.0	0.2	0.7	0.4	0.2					0.0		0.1	1.6	8
宽甸			0.1	0.0			0.0						0.1	3

续表

地名	1月	2月	3月	4月	5月	6月	7月	8月	9月	10月	11月	12月	全年	
													平均	最多
营口		0.0	0.1	0.0									0.2	2
绥中	0.2	0.2	0.3	0.3	0.1	0.1					0.0	0.0	1.2	6
丹东				0.1									0.1	2
复州城	0.1	0.2	0.3	0.1									0.7	4
大连			0.2	0.0							0.0		0.2	1

随着防护林带的营建，各地风沙（沙暴）已明显减少。如彰武1953—1978年平均沙暴日数为5.6天，而1979—1985年平均已降为1.2天。又如随着城市建设的迅速发展，绿化面积增加，沈阳的沙暴日数也明显减少，1951—1965年平均日数为2.1天，1966—1985年的20年中，只有3年各出现1次沙暴，年平均仅为0.12天，绝大多数年份已不出现沙暴。

四、大风灾害

大风对国民经济各部门都可能造成危害。海上航运、水产养殖、捕捞遇上大风可造成减产、翻船，甚至人员伤亡；大风能刮倒树木，造成停电，影响工业生产，中断通信联络；春季大风能刮走表土和种子，刮坏禾苗，塑料大棚，引起和助长森林火灾。夏秋季大风还可使庄稼倒伏，果树落果，造成减产等。

1964年4月5日至6日，辽宁大部地区出现偏北大风，大风中心在锦州至大连沿海一带，平均风速15～20米/秒，最大风速25～28米/秒，开原和沈阳最大风速分别为32米/秒和34米/秒（12级风）。大风持续时间一般为7～8小时，开原长达16小时。由于风速太大，地表干燥，产生了大范围扬沙、沙暴和浮尘，给国民经济和人民生命财产造成严重损失。沈阳沙尘飞扬，能见度小于4千米，大风刮断电线，全市停电，电信中断，电车停运，工业生产停止，死亡2人，秧苗遭严重损害。

1983年4月25日14时至26日19时，大连地区出现东南风转西北大风，风力7～8级，最大9级，瞬时最大风力达34米/秒（12级），蔬菜保护地和水产养殖业遭到严重损失，打碎船只400多条，8座渔港的防潮堤多处被冲毁，死2人，重伤1人。

第二节　古代（公元505—1831年）大风

北魏　正始二年（公元505年）　春，二月，有黑风羊角而上，所过拔树，至营州（今朝阳市）东入于海。

金　天会六年（公元1128年）　八月十四日，海上大风，翻朝鲜海船，金铁衣等人漂流岸边获救。

金 皇统九年（公元 1149 年） 夏，四月，利州（今喀喇沁左翼蒙古族自治县东大土城）大风，坏民舍、官舍十六七，木瓦人畜皆飘十余里，死伤者数百人。

金 贞元二年（公元 1154 年） 夏，六月，东京（今辽阳市）大风，坏承天门鸱尾。

金 明昌元年（公元 1190 年） 春，三月，懿州（今阜新蒙古族自治县满汉营子村附近）大风，飞尘满天，咫尺莫辨。

元 元贞二年（公元 1296 年） 金（今金县）、复（今复县复州城）州风，损禾。

元 大德五年（公元 1301 年） 八月，宁海风灾。

元 皇庆元年（公元 1312 年） 夏，六月，开元路（今铁岭地区属开元路）风雹，害稼。

明 弘治七年（公元 1494 年） 春，三月，广宁（卫治在今北镇县）诸卫狂风，沈阳（今沈阳市）、锦州（今锦州市）城仆百余丈。

明 正德元年（公元 1506 年） 春，三月，开原大风，屋瓦皆飞，昼晦如夜。

明 嘉靖二年（公元 1523 年） 夏，四月，辽东大风，连日不止，损禾苗大半。

明 嘉靖四年（公元 1525 年） 秋，七月，锦西雨雹，有物如龙，拽去二小庄房舍、庙宇三百余间，器械、林木无算。

明 嘉靖十五年（公元 1536 年） 秋，七月，辽东大风雨雹，损禾大半。冬，十月，以灾伤，免金州（卫治今金县）等卫屯粮有差。

明 嘉靖四十三年（公元 1564 年） 春，闰二月，广宁大风。

明 隆庆六年（公元 1572 年） 春，闰二月，辽东赤风扬尘蔽天。

明 万历十七年（公元 1589 年） 春，正月，盖州（今盖县）风霾昼晦，坏廨宇、庐舍。

明 万历四十七年（公元 1619 年） 春，二月，绥中县风霾如晦，黄尘四塞。

明　天启元年（公元 1621 年）　春，二月，绥中大风霾。

清　乾隆三十三年（公元 1768 年）　二月丙戌，海上大风，高丽龙川渔民遭风，漂至凤城（今属东沟）小岛地方。

清　乾隆五十六年（公元 1791 年）　秋，九月，锦州所属于家屯、霍家台等处风雹，刮倒旗民房屋，压死人口。冬，十二月，赈锦县（今锦州市）风雹、旱灾饥民。

清　嘉庆六年（公元 1801 年）　十二月，海上风暴，不识国名夷人遇灾漂至朝鲜，送至凤城，移沈送京。

清　道光二年（公元 1822 年）　夏，六月，辽阳大风雷雨，千山太极石翻身。

清　道光十一年（公元 1831 年）　宁海六月大风成灾。

第三节　近代（公元 1849—1942 年）大风

清　道光二十九年（公元 1849 年）　开原秋大风，连日不止，损禾苗大半。

清　咸丰二年（公元 1852 年）　七月初，金、复州大风，禾尽偃。野有饿殍，赵堡就食者无算。

清　咸丰四年（公元 1854 年）　金、复、盖三州暴风。

清　光绪五年（公元 1879 年）　八月一日，海上发生风暴，昏冥昼晦。海龙卷风登上陆地，卷起沙石，吹折大树，刮倒房屋，掀翻石庙数处，禾苗倒伏。海水卷入空中，落遍全县，农民称为“下咸雨”。天气转晴后，禾苗枯萎。鸭绿江水涨发，加上大海潮顶托，泛滥成灾。本年大涝，大饥，诏免田赋。

清　光绪六年（公元 1880 年）　农历二月初十海上风暴，山东水登海船遭风漂至朝鲜，送还凤城。

清　光绪十一年（公元 1885 年）　安东秋风大作。

清　光绪十六年（公元 1890 年）　开原遭黑风袭击，折树。

清　宣统元年（公元 1909 年）　十一月五日上半夜，风暴袭击安东，鸭绿江上船舶及木筏多受摧毁，翻舢板两支，死十余人。十一月二十九日晨，大风骤起，摧树滚石，安东小学堂、东亚烟草公司、满铁货栈房屋均被吹倒，倒电杆多处，电话中断。大连驶安东的“源房丸”船失踪，“仁川丸”搁浅于龙岩浦外洋面。

清 宣统二年（公元1910年） 六月九日鸭绿江上遭风暴，倾覆“安江一号”兵船。

民国 元年（公元1912年） 三月二十五日大风，鸭绿江上吹翻舢板一支，死四人。

五月十八日，庄河黑岛一带海面狂风暴雨，波浪滔天，仅大小南岛两屯，有三十二名渔民遇难，多者一家死三口。

民国 二年（公元1913年） 七月二十九日铁岭风雷大作，田禾多被风吹倒。

民国 四年（公元1915年） 六月二十七日安东大风，鸭绿江上艚船掀翻，死三人，内有山东文登姓孙者，年仅二十岁。

民国 六年（公元1917年） 三月八日午后起风暴，一轮船在大东港外灯塔遇险，死二人。

民国 八年（公元1919年） 九月二十一日夜间，强风暴袭击安东，雷电交加，鸭绿江上一舢板倾覆，死二十余人。

民国 九年（公元1920年） 三月十八日，旱风大火，烧房一千一百六十七间，损失五十五万九千元。

八月二十三日台风袭击安东。

民国 十年（公元1921年） 七月二十日，安东强风暴雨冰雹。午后一时许，黑云自北方涌来，天昏地暗，狂风暴雨，该日安东雨量九十五点二毫米，冰雹大者如鸡蛋。小树连根拔起，市内所有草房揭云房盖，照相馆玻璃天窗全毁。江中翻船数艘，大沙河停舶木排二十余张，全部冲走，落水淹死多人。

民国 十一年（公元1922年） 五月十七日下午三时，暴风大雨袭击安东，有拔树撼山之势。江中豆船一艘被掀翻，死四人。

七月十三日，自朝至暮狂风怒吼，暴雨倾盆。午时鸭绿江水出岸一次，不久退去。树枝吹折。江上翻船十余只，货物损失甚多。

民国 十二年（公元1923年） 十月二十三日凌晨一时，安东北风暴起，气温急降，江上翻船三艘。

民国　十三年（公元 1924 年）　安东七月十四日起东南大风，将县署十余年生杨树一株、槐树二株连根拔起。江水暴涨，旧市街民房多被水淹，倒房二十三处。江中冲翻艚船四十余艘，舢板十只，冲散木排二百余张，死百余人。四乡高田作物全被吹倒，树木倒折十之七八。凤城连阴雨十余日，至十三日暴风骤雨，吹折树木，禾稼扑地，墙倒塌百余处，省立二师倒房三间。

民国　十四年（公元 1925 年）　六月十三日由烟台来安东的永顺商船在海上遇大雾、大风而沉没，仅二人生还。

民国　十五年（公元 1926 年）　庄河八月中旬以来，暴风，沿河多被淹。二十九日又复狂风怒号，连续四小时，成灾。

民国　十六年（公元 1927 年）　五月十七日，鹿岛海面起羊角风（龙卷风），卷起水浪极高，孤山启航的轮船载客百人，幸及时返回。

民国　十七年（公元 1928 年）　五月十五日，宽甸起大风，拔树飞尘，气温骤降，城外禾苗被刮倒。二十一日雨后降黄土。本月气温变化剧烈，有时如夏，有时天寒，安东市内发生瘟疫，以痢疾为多。

八月二十六日宽甸风暴，大雨倾盆，二更后狂风暴起，翻屋揭瓦，拔倒老树，禾谷倒伏。

民国　十八年（公元 1929 年）　三月十二日忽阴忽晴，狂风大作，尘土弥天，路断行人，午后风息，满沟黄土厚一寸许。安东、凤城尤甚。

民国　十九年（公元 1930 年）　七月十五日夜十时至十六日拂晓，台风袭击辽东及朝鲜，大风暴雨，刮倒大树，全城多处停电。安奉铁路桥梁被冲毁，四台子、鸡冠山间七十七米，第四南千河桥被冲走。鸭绿江上，一艘满载大豆的民船在威化岛下游一里处沉没。安东至大小鹿岛、大孤山一带，沉没民船六十余艘，船员二百余人行踪不明，至二十日止，只寻得尸体二十三具，破船十六支。

民国　二十三年（公元 1934 年）　八月三十一日上午，海上大风，“大安丸”轮船沉没于大东沟外，乘客一百六十四人，仅救出十六人。

民国　二十四年（公元 1935 年）　十月十一日十一时三十分，强风暴袭击凤城县兰旗堡，居民三十余户遭灾，死男三人，女七人，重伤四十余人。

民国　三十一年（公元 1942 年）　十月一日大风雷雨，狂风吹折电线。宽甸县杨木川电死人。

第四节　现代（公元1949—2000年）大风

1949年　7～8月，大连地区阴雨连绵40余天，河水泛滥，又遭受强台风袭击，风力9～10级，阵风12级。全市农田普遍遭受重灾，倒房4.5万余间，死亡175人，大牲畜死亡983头。中长铁路停运12天。仅金县倒塌房屋12817间，冲毁桥梁91处，损坏船只222只，损失牲畜109头（匹），死亡8人，工业企业、交通器材、水果生产遭受严重损失。

1950年　5月17～19日，岫岩县有大风大雨，二眠小蚕被刮落。

6月，清原县大风受灾农田1050亩。

1952年　1月29日，旅大水产公司65号木质渔轮，在龙口西部海域作业遇大风，在去避风途中沉船，船上9人有3人遇难。

1954年　3月18日，朝阳县最大风速11.9米/秒，平均风速8.4米/秒。部分电线吹坏，影响照明。粮站晒粮用的苫席损失300领。

1955年　2月19～20日，旅大市发生大风寒潮灾害。风向西北，最大风力8～9级，最低气温零下11.5℃，电线结冰，被吹断。

7月2日，凤城县大风，高秆作物部分倒伏。

9月上旬，兴城县风力6级左右。元台子区被风刮倒近万亩庄稼。17日22时9～25分，庄河县平均风速10.3米/秒，最大风速20米/秒。玉米倒伏，有的电线杆被吹倒。18日盖县风雹打伤苹果400万千克，占计划产量的8%，高粱被风刮倒60%。

9月16日，旅大市大风。风向东南，最大风力10～11级，海面12级以上，持续17个小时。农田损失严重，80%苹果刮落，大树、电杆被刮倒，触电死亡1人。

1956年　2月27～28日，旅大市遭遇暴风雪，风向北，风力9～10级。本市在山东沿海的渔船被大风刮翻，21人遇难。

4月13～14日，昌图县因风灾，两个农场受灾农田0.3万亩。23日义县气象站房顶观测用的木架被风刮坏。

6月12日，法库县因大风，倒房275间，死1人，伤22人，毁地0.2万亩。辽中县倒房1000间，死1人，伤53人。

1957年　4月29日13时，铁岭市，南南西风18米/秒，房瓦被吹掉。

6月30日，昌图县因大风使高粱，谷子叶片被撕碎。

7月22日，本溪县草河口高棵作物被风刮倒。26日昌图县庄稼被风吹倒，电话线杆被刮坏多根。

8月27日，凤城县观测场附近玉米及高粱作物不同程度地受风灾，玉米倒伏60%。

1958年 5月13日，海城县阵风8级，个别地方棉花被吹倒30%，因风沙而使棉叶凋萎；80%的玉米叶边被撕碎。

7月7日，凤城县农作物受到严重损坏，玉米等高杆作物全部被刮倒。19日绥中县高粱茎杆折断10%。

1959年 3月3日，彰武县大风，镇内有6根电话线杆、2根电线杆被吹倒。

4月19日，桓仁县南风瞬时风速24米/秒，刮倒未建成的土房2间，刮坏草房500间，刮倒电杆15根，刮坏水稻育苗油纸苗床275亩。

4月30日15～16时，昌图县长途电话杆被刮倒约65根，刮歪或倾斜的约20根，影响通往各乡电话4小时。

6月14日，辽中、阜新、义县、盖县、海城、辽阳等市县大风，受灾农田4.0万亩，其中辽中1.8万亩，需毁种0.7万亩，岫岩县偏岭、红旗等4个公社有300多间房子揭盖，打掉春蚕9把，打死猪羔7头，刮倒小树木2000多株，1.5万亩大豆被打秃。199亩土地被山洪冲毁。

8月27日16时，大洼县气象观测百叶箱被大风卷出20米，毁坏房屋8间。

1960年 4月8日12～16时，铁岭县最大风速13.3米/秒，吹断电线杆多根。

4月30日，复县、盖县、桓仁有8～9级大风，3.8万亩庄稼小苗被风打坏，沙压毁地0.3万亩。其中盖县鲅鱼圈公社500亩棉花被冻死，1万亩早播玉米60%遭霜冻。

7月28～29日，受6009号热带气旋影响，辽宁出现大暴雨和大风，最大风速24米/秒，瞬时最大风速30米/秒，高杆作物倒伏，电线杆刮倒，桥梁公路被冲，低洼地作物被淹，在锦西登陆。大连地区沿海风力10～11级，海潮上岸淹没村镇。新金县城子坦镇土地被水淹没一半，街巷行船，水深1米，海上翻船，死62人，伤60人。

8月31日，清原县大风，139个村受灾，50%草房被揭盖，风灾面积0.2万亩。

9月11日，锦西县风力11～12级，人、畜、房屋和庄稼受灾。

1961年 4月11日，康平县大风吹断电线、电杆。

1962年 3月，营口市渔业公司机帆船队，从舟山渔场返回营口途中，在靖海卫砂窝岛遇大风暴雨，有12只船浅滩、3只船沉没、6名船员死亡。

5月12日、15日，本溪市大风使落叶松、果松损失一半。复县大风，太阳升公社刮倒杨柳树165株。

7月10日，复县北部地区遭9～10级大风长达30分钟袭击，刮倒果树955棵，刮倒刮断玉米71782亩。金州也遭到灾害。

1963年 4月，营口市渔业公司拖网渔船出海，因受风浪影响，船触石头坝上，3人落水死亡。清明节那天（1963年4月5日），在鲅鱼圈附近海域生产的拖网渔船，突然遇9级北风，阵风10级，打沉渔船10多只，落水死亡15人（其中盖平渔场4人、海星大队11人）。

6月22日下午，来自辽阳的飑线大风冰雹袭击岫岩、凤城两县，风力8级以上，石庙子风雹灾严重，5个大队1000亩庄稼打光，7675亩受灾抢种，打死牛8头。凤城鸡冠山、青城子最大冰雹1.3千克，平均拳头大，打毁柞蚕13把，树被连根拔起，刮到1.5千米之外，受灾农田10182亩。

7月7日，复县风力8～9级，有1.8万亩玉米倒伏。

1964年　3月4日，新宾电线被大风吹断。26日喀左、北镇县北风8～9级，喀左共刮坏房屋309间。北镇引起沙尘暴，吹断电线，折毁电杆，约39千米长的公路沙面被吹毁。

4月5日至6日，辽宁大部地区大风，中心在锦州至大连沿海一带。平均风速15～20米/秒，最大风速25～28米/秒，渤海海峡和黄海北部达12级以上，持续时间一般为30～35小时。锦州地区长达39小时，其他地区为10小时。旅顺口区平均风力8～9级，阵风10级，并伴有雪雷暴；复县平均风速24米/秒，瞬时风速40米/秒；北镇平均风力8级，瞬时风速34米/秒。大连地区因风灾损失价值合人民币44.8万元。其中大连市损失大小船只23只，死亡13人，9人下落不明。复县损失船只17只。大风刮坏刮走渔具150件，刮倒输电线杆21根。旅顺由于风大火车、公共汽车停驶，全区停电3天。水稻苗床被雪盖1尺多厚，风障均被风刮倒。北镇不坚固的房屋被吹毁，电灯线、电话线被吹断，变压器被吹坏。

4月26日，昌图县平均风力10级，气象站周围吹倒电杆3根、烟囱2个。

8月27日，复县风力10～12级，冰雹直径15～20毫米。大风把30年生树径60～80厘米的杨树刮倒6株，并砸坏一些电业设备，经济损失约7万元，农业损失24.5万元。

1965年　2月28日，本溪市、本溪县最大风速40米/秒，县气象站附近3根高压线电杆被吹断。

4月15日，铁岭县瞬时风速40米/秒，一般风力7～8级。风力太大，农村一些草房盖被吹掀掉，城乡许多电线杆被风吹倒。

7月2日，绥中县短时大风，风力达10级。王家店、碑岩两公社部分地区遭短时大风，大雨袭击，水土流失严重。王家店公社土层被风刮去两指厚，部分梯田坝堵被冲倒，一搂粗的杨树被刮倒很多。

7月17日，岫岩、凤城、宽甸县风力8级，飑线自岫岩的苏子沟、东汤袭击凤城县中部、宽甸南部。凤城受灾农田1.9万亩，毁房22间、玉米仓63间、蚕22把。

8月15日，大连市旅顺口区双岛乡雨量最大，半小时达120厘米，雨中夹雹，雹像鸡蛋大，局部出现龙卷。4个乡有300间民房和10间畜舍受到风卷水冲，3700余株果树被刮倒伏、折断，落果子2.5万千克。20%的玉米、糜子掉穗，冲走粮食900千克，溶化海盐80万吨，一座小型水库决口，冲毁公路、乡道500米、小型桥2座。

8月28日，喀左县雨量60～70毫米，风力8～9级，降雹20分钟，雹粒一般像杏核大，最大如鸡蛋。地面积雹3～5寸厚。由于雨急、风大、雹密，造成山洪暴发。全县9个乡2个国营农场受灾农田达5.7万亩，估计减产粮食239万千克，减产皮棉3.5万千克。此外淹死3人，冲走137头猪等。

9月20日夜至21日白天，铁岭、昌图县，一般风力6～7级，最大8级。其中昌图21日10～16时平均风速24米/秒。铁岭高粱、谷子遭风害，收成损失1成左右；由于大风折断农作物影响了农民收割。昌图全县减收粮食280万千克，刮倒电话杆10根、输电杆25根。

1966年 7月25日、26日、28日，喀左县大风，平房子、白塔、山嘴等16个乡受灾农田5.7万亩，其中刮倒庄稼4.8万多亩，水冲淤积绝收0.8万亩。冲毁幼树林3000多亩，冲走成树3700余棵。

8月31日，复县平均风速17米/秒，阵风9级。全县约7万千克苹果被风刮掉。

1967年 5月11日15～16时，北镇县风速28米/秒，气压下降3百帕。青堆乡有500～600间草房被吹坏，10来根电杆被吹倒。

5月24日，铁岭县偏南风9～10级，瞬时风速28米/秒。气象站附近折断3棵大树，有的民房瓦被揭掉。

6月10日，昌图县风力8级，冰雹平均重量1克，最大4克。刮倒电话杆4根。高粱、玉米、谷子等主要作物叶子全部被打破，个别土豆植株被打断。

7月15日，大洼县、辽阳市风速约35米/秒。大洼县刮翻撒药民航飞机1架，价值35万元；东风农场有600亩高粱、玉米被刮倒；一些电线杆被刮倒、刮歪。辽阳17个公社受灾。玉米倒伏40万亩，高粱倒伏28万亩。吹揭房盖2.9万间，倒塌房屋19间，刮倒电话塔11座、高压电杆608根。锦州市大风，把20棵树连根拔起，不少电杆被折断。桓仁县冰雹大的如鸡蛋，历时7～8分钟，拐磨子公社受风雹灾农田约5000亩，小碗口大树被风折断。新宾县风力10级左右，树木折断（碗口粗），房盖草被揭去，庄稼倒伏，蔬菜损失也很大，有些地方有雹灾。海城、岫岩县风力8级左右，飑线自龙谭移向洋河（并伴有龙卷和冰雹），刮走房架、拔起小树，雅河公社雷击死2人，汤池公社几十个村屯受灾，农作物全部毁种。

1969年 5月29日，喀左县十二德堡公社卫东大队的棉花36%被风吹断。抚顺市瞬间风速35米/秒，刮倒树木、电杆，供电中断，部分厂矿停产，死1人。

7月15日，新民县平均风速21米/秒，瞬时风速28米/秒。部分玉米、高粱被吹倒、吹断，将使作物减产0.5成左右。

8月24日，北镇县遭受大风冰雹灾害。冰雹大的如鸡蛋黄，最密的地区覆盖地面。当日飑线袭击抚顺、本溪，风力8级左右，本溪最大风力10级，抚顺南部海浪降雹半小时，积雹8寸厚。

8月25日12～18时，特大暴雨袭击岫岩、凤城两县南部和东沟县北部，同时发生飑线。暴雨区南侧出现龙卷群，自东沟县西部刁家坝水库附近形成，越过洋河，移向凤城南部。两县交界10余个公社毁房千余间，死百余人。龙卷风上顶天下柱地，卷着碎石烂木呼啸着刮到红心学校，掀翻石磨，把合抱粗的老梨树连根拔起扔到远处，乒乓球台卷入空中像树叶一样漂摇，23间房全部盖揭墙塌。王宗义被卷入空中，越过山岗摔到300米以外的山沟里。全过程约两分钟，最大风力超过40米/秒，最大冰雹鸡蛋大，暴雨中心在黄旗，6小时雨量251毫米。东沟县洋河以西受灾农田9.9万亩，倒房570间，死49人。北镇县受灾农田35万亩，较严重的有7.8万亩。果树被大风吹倒1300株，有5户房子被刮坏。

9月2日，新金县皮口镇偏南风，平均风力8级，最大风速25米/秒。皮口镇刮倒20～40厘米粗杨树30多棵，电话线路50%受破坏，海船被风浪打坏5只。农作物受灾严重，仅皮口镇玉米、高粱80%倒伏、40%～50%折断，糜子，谷子全部倒伏，苹果被吹掉10万千克。

1970年 7月21日，锦州市飑线瞬时风速30米/秒，大风将庄稼刮倒，冰雹将叶子打破。

1971年 1月20～22日，瓦房店大风连续50多个小时，最大风速25米/秒。瓦房店的复州公社中学刮倒烟囱（高10米多）死伤学生3名。

4月4日，平原地区平均风速15～26米/秒，开原、沈阳最大风速32～34米/秒。一般持续7～8小时，开原长达16小时，是历史少见的。由于风大、地表干燥，产生大范围的扬沙、尘暴、浮尘，给国民经济，人民生命财产造成严重损失。如沈阳大风飞沙走石，能见度恶劣，电线被刮断，全市停电，电信中断，电车停运。死亡2人，水稻秧苗遭到严重损失。

1972年 3月20日，绥中县大风8～9级，刮倒部分电杆。

3月下旬，营口市海洋捕捞公司，115号机帆船在烟台海域捕鱼夜间站锚时，因风浪大被秦皇岛冀海4号货轮拦腰切断，5名船员落水身亡。

4月2日夜间，本溪县风速33米/秒，刮破许多家用塑料大棚。

4月15日，台安县风力10级，雹直径15毫米，有的房盖被揭。

6月2日傍晚，朝阳县瞬时风速28米/秒，有的大树被刮倒，不坚固的小房被摧毁。

7月26日，3号台风突然袭击，全省打坏渔船1241只，18名渔民遇难。大连湾渔港、老虎滩货场、黑嘴子东堤、止锚湾防浪坝和大连市的海带、贻贝筏子均遭到不同程度的破坏。总损失1214万元。

7月26～27日，大连、锦州、营口等沿海地区受3号台风影响，上述沿海地区出现大风，一般风力8～9级，最大风力12级（31米/秒），最长持续18小时，风向由东北转东南。其中大连市风力9～10级，持续6～7小时，12级持续2小时；复县风速25.0米/秒，持续18个小时；旅顺瞬时风力12级；盖县最大风速31米/秒；绥中县风力7～8级。受3号台风袭击，200多万亩高杆作物、果树和海业损失很严重。损失价值1214万元。其中大连地区26日全市死19人，伤51人，牲畜死亡7头。被风浪打坏各种船只1172条，损失海带2735吨，刮倒树木2.8万株。新金县玉米全部倒伏，果树伏果落果80%，秋果落果40%～50%。民房揭盖、倒塌382间。粮食减产3～4成。复县大风使3.8万亩农作物折断倒地，51.9万亩农作物倒伏，果树被刮断1312株，倒伏0.6万株，落果12.5万千克。刮走渔船5只，倒塌房屋626间、仓库7间、畜舍178间，电杆被刮断440根，刮倒738根，刮倒大树0.9万株。金县打碎、打坏机帆船29只、木帆船14只、中小船只403只，死渔民6人。冲走海带21吨。苹果树被刮断、刮倒1.2万株，刮掉苹果600万千克，刮倒各种树木6万株。城乡一些通讯线路遭到破坏，电话一度中断。盖县普遍受灾，灾情山区重于平原。其中太平庄乡有2031株树被吹倒，357间房屋被揭盖。全县果树落果5600吨，柞蚕损失449把，减产70%。旅顺全区交通中断，有线电话中断3小时，停电2天。80%农作物倒伏，房屋倒塌200余间，损失大小渔船300只。海边和港湾出现大海潮，海水倒灌，200多万亩高杆作物及果树、渔业损失严重，死亡19人，损失价值1214万元。绥中部分果树及庄稼受到损失，渔港坝基因风浪冲毁500米。

8月9日，绥中县北大风，风力10级左右，最大冰雹如鸡蛋，果树和庄稼遭受一定损失。

8月16日，阜新县大风、冰雹、暴雨灾害。风力10级、降雹30分钟，积雹3～4寸厚。7个公社受灾农田7.6万亩，打伤7人，死牲畜1头。本溪市飑线由北向南袭击本溪，刮倒树木、电杆甚多。

8月29日，北镇县风速22米/秒，大田受灾面积11万亩，高杆作物被刮倒，刮掉水果1850万千克。

1973年　5月1日，辽复水060号机帆流网船，在镆鎁岛湾避风，因风大，锚地不好，船被打翻，船上7人遇难身亡。

6月17日，复县风力7～8级，积雹厚度一般10厘米，10个乡的部分村屯受灾。

6月19日，复县遭大风暴雨袭击，水淹地3.8万亩，农作物倒伏9.8万亩。内涝农田9.6万亩，沙压地0.3万亩，倒塌房屋492间、畜舍185间、仓库43间，死1人。

6月21日，开原县风雹灾，冰雹直径10～30毫米，重灾农田1000亩，70余户房屋被吹坏，一些果树被吹断。

6月25日，绥中县短时大风伴有暴雨，小麦倒伏。

7月13、20日，宽甸县224个村屯受风灾。受灾农田23.8万亩，主要是农作物程度不同被风折断，其中折断20%的近万亩。

7月15～16日，大风雨袭击丹东的部分地区，岫岩受灾较重。

7月19～20日，受7303号热带气旋袭击，在兴城登陆，风向东，风力8～10级，伴有80～200毫米暴雨，造成河堤决口784处，工业损失170万元。

8月4日，新民县5个公社受灾，受灾农田6.3万亩，其中农作物被折断的2.3万亩，倒伏近4万亩。

8月21日，新民县遭飑线袭击，刮掉草房盖110间，伤4人。

10月21日，东沟县风速大于20米/秒，部分房顶被掀起、吹落、个别树木被刮断，冰雹把菜叶打成小孔。

1974年　2月4日，辽长小30号渔船，从大连老虎滩渔港开往小长山岛途中，遇大风船翻，14名渔民遇难。

8月21～24日，本溪、宽甸、桓仁县小市风力7～9级，局部成灾。

8月29～30日，大连、营口、丹东大部分地区及朝阳、锦州的部分地区受台风影响，共波及5个市地20个县区，平均风力6～7级，最大9～10级，持续13～14小时，风向东北风。其中大连南部阵风风力11级。庄河29日20时左右瞬时风速26米/秒，皮口风力9～10级，持续13～14小时。全省农田受灾531.1万亩，以玉米、高粱高杆作物为主。大连地区农田受灾135.8万亩，以长海、金县和甘井子区最重，损失船只707条，其中打碎197只，死36人，全市农作物被折断、倒伏近50万亩。苹果损失2.5万吨，刮倒树木10.9万株，倒房447间。朝阳地区受灾农田312万亩，其中重灾140万亩，建昌县高粱、玉米、谷子平均减产1成。喀左县受灾农田30万亩，减产2～3成。营口市有198把柞蚕因风灾绝产。营口县受灾农田6.8万亩。盖县风雹灾15.9万亩，其中成灾5.5万亩。丹东地区有30把柞蚕受灾，岫岩县40万亩玉米有15万亩倒伏，5.8万亩被风折断。

8月30日夜间，受16号台风侵袭，旅大水产公司渔港风力10级，风向由东北转东南持续7小时，在港内靠泊、锚泊的渔轮向外转移时有7只船，在西口门外被贻贝筏子缠"摆"失控，致使6只船触礁，直接损失95.9万元。

11月19日，东沟县鹿岛大队522号船，从丹东运煤，返回时在鸭绿江口发现船失踪，船上3人死亡。

1975年　5月28日，锦县遭龙卷、冰雹袭击，冰雹直径25毫米，大豆受灾较轻，减产1～2成。西八千乡出现龙卷，房屋损失较大，重的被揭掉房盖。

7月7～8日，丹东市郊及岫岩县遭风雹灾害，玉米大部分倒伏，其中8日岫岩县庄稼倒伏5万多亩。

7月11日，本溪县草河口最大风速15米/秒，受灾农田3000亩，其中雹灾700亩，有20%绝收。岫岩县遭风雹灾，受灾农田5万多亩。

7月17日，本溪市大风，折断的部分树枝压断电线，造成部分地区停电。

8月29日，辽长小270、271号船（20马力）在海上生产，因风大在金县董家沟港停舶。30日3时，刮断缆绳，有10名船员落水身亡。

1976年　8月31日至9月1日11～14时、19时至凌晨2时，飑线先后3次袭击丹东各县。平均风速为26米/秒，最大风速40米/秒，并伴有暴雨。丹东地区各县毁房1000余间，受灾农田40余万亩，大部分农作物被刮倒折断，死1人。

1977年　4月27日，渤海大风，旅大水产公司冷藏运输轮"冷3号"，1时10分，在北纬37°37′，东经122°42′，因浪大被巴拿马货轮旋风号将三舱处甲板左舷墙水上部分撞裂，裂洞宽约1米，最大深度2米。后经天津港务监督裁决，旋风轮赔损34.7万元。

5月24日，北票县发生龙卷、冰雹灾。冰雹直径25毫米，罕见重量4.6克，平均重1.3克，局部出现龙卷。15个公社18万亩农田受灾，各种树木被折断、刮倒5000株，毁房120间，折断高压线10千米。各种电杆倒折共150根。

6月16日，锦西县遭风雹灾。雹粒如杏大，地面积雹第二天才化完。5个公社程度不同受灾，部分油毡纸屋顶被打碎，树木被折断，树枝被打掉，李子树被连根拔起。

6月21日，绥中县高岭公社4501、4502号船，从海上回港，因水浅，乘舢板船上岸，遇5级风船翻，4人落水身亡。

7月13日，新宾、新民县风速20米/秒以上，风力10级，新宾县高杆作物倒伏。新民大红旗公社受灾农田0.8万亩，其中雹灾0.25万亩。揭房盖140间，有的树被连根拔起。

7月16日，新宾、新民县风力10级，新宾县红升公社庄稼被刮倒60%。新民县新兰公社受灾农田0.8万亩，揭房盖100间，有的树木被连根拔起。

7月17日，大洼县前进农场26间房屋被风揭盖。

7月24日，盖县、复县一带及长海县大风，风力一般7～8级，长海阵风8～9级，南大风并伴有暴雨。盖县21个公社一个农场的10.3万亩农田遭风灾，苹果被风刮落56万千克。复县22个公社玉米倒伏21.7万亩，刮断10～15年生树木20多株。长海县玉米倒伏30%，折断3%，全县农田积水面积797亩，冲毁梯田72亩。

9月10～12日，复县北大风持续2天，平均风速14.7米/秒，最大风速19米/秒。全县苹果被刮掉750万千克，对下茬作物稍有影响（刮断刮倒一部分）。

9月18日，大连甘井子区8306号120马力船，在返航途中遇风翻沉，船上10人全部死亡。

9月19日，东沟海洋红大队2836号船，在山东装水果返回港时，航行途中因风浪大翻船，船上3人死亡。

10月4日，大连海洋渔业公司工一号船（原名东水四号）在上海港由于装粮超载、航行速度快又因风大，右舷横倾而沉没，造成55人落水10人遇难。

10月29日，长海县大长山菜园子大队6532号渔船（44马力），从威海装电瓶赴石岛港途中，遇9～10级大风，船被海浪打翻，6名渔民落水身亡。

10月29日，长海、金县平均风力6级，沿海8级，长海县风力9级。长海县大风打坏小船36只，损失海带0.4万千克，刮跑玻璃浮漂2.3万个、海带小苗1500万棵、贻贝45台筏，海上作业渔船刮翻6只，死13人，总计损失价值200万元。金县损失船只262条，其中打碎105条，打坏144条，刮丢12条，沉1条，3500台海带条损失40%。

1978年　2月28日，长海县獐子公社，4只20马力渔船（5012、5045、5067、5064号）在连青石渔场作业，因台风袭击，船被海浪打翻，有31名船员落水身亡。

4月6日，本溪县草河口最大风速23米/秒，刮走草河口乡的13个塑料大棚，损失人民币约1万元。

6月3日、13日、16日，海城县3天均发生龙卷，每次持续10几分钟。3日降雹，房屋及人均受灾害。

6月20日16时，来自营口、海城的飑线袭击岫岩县北部，降特大暴雨，大风风力为8级以上。三家子、大房身、兴隆、苏子沟等地冰雹鸡蛋大，受灾面积5720亩。

7月8日18时17～22分，西丰降雹，19时昌图降雹，开原出现大风，瞬时间最大风速为33米/秒，伴有局地暴雨。9日绥中、兴城、锦西3个县局部地区16时前后遭强龙卷风、暴雨、冰雹袭击，兴城个别乡降雹持续30分钟，雹粒如乒乓球大小，最大如苹果，地面积雹厚度15厘米，最大风力达10级，抚顺市降雹20分钟，清原县大孤家子、下家子降雨量为81～116毫米。桓仁县王里甸子降雹如鸡蛋黄大。丹东降大暴雨。昌图有13

个公社受灾，农作物倒伏面积 6.9 万亩，绝收面积 0.2 万亩，刮断树木 0.2 万株，倒塌房屋 69 间，死 4 人。开原县有 6 个公社 3.3 万亩农田受灾，折断树木 590 株。绥中、兴城、锦西 3 个县共有 16 个公社 12.6 万亩农田受灾，绝收 4.3 万亩，损失各类水果 250 万千克。其中兴城县农作物受灾 7.0 万亩，绝收 3.9 万亩，水果减产约 150 万千克，刮倒、折断树木 0.3 万株，被冰雹砸伤 51 人，砸死 1 人。绥中县农田成灾 1.7 万亩，重灾 0.7 万亩，打落水果 106 万千克，打伤水果 535 万千克。9 日庄河、复县、新金、金县农田成灾 34.7 万亩，其中绝收 12.4 万亩。大小河堤决口 279 处，一些大树被连根拔起。抚顺地区受灾农田 1.4 万亩，其中重灾近万亩。喀左全县有 5 个公社降雹，受灾农田 9.1 万亩，重灾 4.1 万亩。10 日庄河县大部分公社遭风灾和水灾、雹灾。全县玉米倒伏、折断 11.2 万千克，绝收 0.7 万亩，房屋倒塌和不同程度损坏 1.5 万间，折断各种电杆 40 多根，20 年生长的大树被 10 级大风连根掘起。

9 月 2 日，金县遭海上阵风 7～8 级，海浪打沉、打坏渔船 63 只，损坏渔具 300 多件。

9 月 17 日至 18 日，复县阵风风速 23.0 米/秒，损失苹果 250.0 万千克，2.0 万亩向日葵不同程度倒伏或折断，其他作物也遭受一定损失。

1979 年 4 月 7 日，长海县獐子公社沙包大队 5106 号渔船（20 马力）在石岛东南海域（82 区）从事拖网生产。在返航途中被风浪打沉，6 名船员落水身亡。

5 月 17 日，海城市发生龙卷、冰雹袭击，冰雹持续 10 分钟，损坏房屋 243 间、树木 13 株、电线 0.5 万米、高压线 7 根，伤 1 人。

5 月 24 日，新民县遭短时大风、冰雹袭击，16 个公社受灾农田 37.1 万亩，成灾 12 万亩，其中毁种 4 万亩，个别地方将直径 15 厘米粗的大树吹断，吹倒吹断电线数百米。

7 月 16 日，建昌县大风，受灾农田 0.1 万亩，刮倒树木 30 株。

1980 年 1 月 16 日，庄河 4450 号渔船，从威海返航庄河途中因风浪大沉没，船上 10 名船员失踪。

4 月 5～6 日，复县刮北大风，平均风速 23 米/秒，瞬时风速 32 米/秒。刮碎水稻育苗薄膜 15 吨、蔬菜塑料大棚塑料 110 吨，蔬菜减产近 200 万千克，渔船触礁碰坏 25 只，流失损坏渔网 998 片及其他渔具，共损失价值 14.7 万元。

4 月 18～20 日，全省大部分地区风力 6～7 级，阵风 8 级。昌图、沈阳、本溪、鞍山、辽阳、盖县一带阵风达 9～10 级（瞬时风速 20～28 米/秒）。大部分地区出现扬沙或浮尘天气。这场大风不仅使土壤强烈蒸发、农田耕层大量失墒，而且对蔬菜、水稻保护地栽培及水稻育苗造成灾害。本溪市郊吹毁塑料大棚 300 个、温室数十座，损坏玻璃 8000 平方米。部分民房被吹坏，一些电杆被刮倒，27 条高压线路跳闸，一度影响工农业生产。本溪县损坏塑料大棚 300 个、温室 17 个，刮倒树木 43 株，房屋被揭盖 57 间。辽阳市塑料大棚被刮坏 198 个，温室被刮坏 33 万平方米，玻璃温室刮坏 0.8 万平方米，价值 20 万元。灯塔县镇内房盖 80％大揭盖，有的直径 30 厘米粗的树木连根拔起，电柱被掘起 7 根，变电所发生火灾。鞍山市全区损坏 16 个蔬菜大棚，塑料温室损坏 83 亩，玻璃温室损失 60 亩，风障被刮坏一半，秧苗损失 280 万棵，损失价值约 60 万元。海城县损坏水稻苗床 5611 床，塑料大棚 40 个、蔬菜地棚 260 亩、房屋 8.3 万间、电杆 536 根、树木 0.3 万株。铁岭地区的昌图、康平、开原、法库县程度不同遭受风灾。受灾农田 143.2 万亩，其中成灾面积 60.8 万亩，有 20.9 万亩需毁种或补种，刮倒电杆 581 根、树木 0.9 万多株，其中昌图灾情最重。

5 月 4 日 10 时，7 日 19 时，8 日 20 时左右清原县出现大风，将蔬菜大棚吹坏不少。

5 月 18～20 日，昌图县连续 3 天刮 8～9 级南大风，阵风 10 级。铁岭地区、沈阳、辽阳及黑山县风力一般为 7～8 级。大风使近 90 万亩农作物遭受不同程度的灾害。铁岭地区受灾最重，全区受灾农田 74 万亩。其中昌图县灾情尤重。农田成灾 61 万亩，毁种补种 19.85 万亩。约有 3 万亩地活土层被风吹走。部分房屋被揭盖，刮倒树木 0.8 万余株，电杆 580 根。康平仅两个乡就毁种、补种农田 0.4 万亩。开原 3 个乡有 1.5 万亩农田受灾，其中毁种 0.5 万亩。法库全县受灾农田 1.3 万亩，毁种 0.5 万亩。

5 月 25～27 日，大连地区有阵风 8～9 级，大风使蔬菜秧苗、玉米苗、苹果遭受程度不同的损失。旅顺口区损失塑料大棚黄瓜 68 亩，其他蔬菜 666 亩，并有 10 万亩玉米苗被风沙打烂。庄河县 2221 把春蚕有一半被打到地下。新金县有 8.4 万株苹果树被打落果。

5 月 26 日，庄河县尖山公社 4148 号 20 马力拖网渔船，夜间冒大风航行，在大洼蛤蜊岗附近翻船。7 名船员落水身亡。

6 月 16 日，新民县大风，风力 10～11 级，镇郊大部蔬菜大棚及温室被揭盖，有的烟囱被刮倒，8 株大树被折断。

7 月 10 日，朝阳县遭大风冰雹袭击，13 时 23 分降雹，历时 27 分钟。26 个乡受灾，其中雹灾面积 258 亩，庄稼倒伏 1.8 万亩。

7 月 21 日，傍晚至 22 日凌晨，全省大部分地区（除沈阳、抚顺外）先后遭受北大风、冰雹、暴雨袭击。风力一般 7～8 级，阵风 9 级。冰雹最大直径 30 毫米，历时 5～10 分钟；一般雨量 50～100 毫米，最大 250 毫米。21 日傍晚建平、叶柏寿、北票降雹，一般直径为 22～25 毫米，平均重量 2～3 克。阜新市和阜新县 15 时左右降冰雹。锦州市北镇县 20 时左右出现飑线，最大风力 9 级。辽阳 21 日夜间出现龙卷，袭击长度 2～3 千米。鞍山 21 日夜至 22 日凌晨出现大风、冰雹、暴雨。雹粒一般如杏核大。23 时 00～40 分草河口一带出现大风风力 10～11 级，阵风风速 26 米/秒，冰雹直径 10 毫米，持续 10 分钟。大连地区 21 日 23 时至 22 日 04 时出现大风、暴雨和冰雹。金县 21 时 23 分至 24 时出现 7～8 级大风。复县 21 日 23 时 25～35 分出现大风，风速 19 米/秒；22 日 1～4 时出现暴雨，雨量为 250 毫米，1 小时最大为 138 毫米（永甸乡）；雹粒最大如蛋黄大，历时 5～10 分钟。新金、庄河县风力 7～8 级，阵风 9 级。雹粒最大直径 30 毫米，历时 10 分钟。丹东地区的岫岩、凤城、宽甸县出现大风暴雨。21 日建平县遭雹灾农田 20.4 万亩，成灾 17.6 万亩。阜新县 9 个乡受灾农田 10 万亩。辽阳地区 3 个乡受灾农田 2.6 万亩，房屋倒塌 15 间。鞍山地区 52 个公社农场遭风、冰雹灾。受灾农田 37.4 万亩，其中重灾 4.2 万亩。大风雷雨将 2 条 22 万伏超高压电线折断，使工业生产和民用电受到影响，同时使沈阳～鞍山间长途电话及市郊 17 对电话中断。海城县 21 日 21 时至 22 日 1 时降暴雨 81.7 毫米，全县 24 个公社大田作物受害。农作物倒伏 11.2 万亩，水冲沙压农田 0.2 万亩。台安县 21 日 20 时 00～23 分降雹。5 个乡受灾，受灾农田 7.6 万亩，绝收近万亩。局部受飑线袭击，一些树木被刮断或连根拔起。本溪县受灾农田 5.1 万亩，其中玉米、高粱倒伏 2.8 万亩。多年生的杨树被刮倒 100 多株。桓仁县玉米折断 2.2 万亩，重灾 1.5 万亩。金县4个乡玉米倒伏近10万亩，严重倒伏5.6万亩。复县5个公社受雹灾，打伤苹果38.4万千克，大风使玉米倒伏26万亩，严重倒伏7万亩，个别电话线路中断。永宁公社八一水库下游河堤被冲垮100米。新金、庄河玉米被风刮倒118万亩，刮断、绝收15.2万亩，有39个乡遭雹灾，农田受灾29.8万亩，打落苹果850万千克，水冲沙压农田0.4万亩，积水内涝3万亩，冲毁河堤13处，倒塌房屋195间。丹东地区65个公社受灾农田44.5万亩，倒塌房屋800余间，多年生大树被刮倒1500株，其中宽甸19个公社15万亩大田作物受灾，倒塌房屋5间，有741间被揭盖，高低压线杆、通信线路都有不同程度的损害。岫岩县13个公社4万多亩农田受灾，一些大树被刮倒。铁岭地区西丰、开原两县受风灾。其中西丰大田作物受灾12.3万亩，开原县农田绝收面积1万亩。盖县3个乡受灾农田2.6万亩，倒伏1.6万亩，刮落水果40.5万千克。本溪市草河口一带风力10～11级，冰雹直径10毫米，全区玉米、高粱受灾5.1万亩。

7月，抚顺市出现3次飑线大风，一次最大风速37米/秒，使大面积农作物倒伏。

8月23日，辽阳市遭风雹灾，冰雹历时10～20分钟，最大如鸡蛋，一般如卫生球。7个公社2个农场受风雹灾，受灾粮谷作物4万亩、蔬菜0.8万亩、向日葵0.2万亩。

9月25日，大连市旅顺口区发生龙卷历时10分钟，局地最大风力12级，冰雹直径10～20毫米。损失苹果470万千克，拔起大树多株，刮走草堆4个，吹毁菜田4.5亩，一些门窗、玻璃被刮坏。

11月23日，庄河县观驾山公社4214号20马力拖网渔船，在8213渔区遇大风站锚，脱锚翻船。8名船员全部遇难。

12月14日，长海县6029号水泥船，由于配载不当，严重超载，在航行途中因大风沉没，船上15名船员和1名搭乘人员落水遇难。

12月28日，长海县6310、6311号对船（木质渔船），从山东石岛港返航途中，于23时35分在龙须岛南约四海里处遇风沉没。船上27人全部落水，其中6人获救，21人死亡。

1981年　3月6日，新民县气象站15时40分刮西南西风，风速10.7米/秒，受尘卷风的影响东郊乡供销点的房盖瞬间被揭掉，附近的一根水泥方电杆被拦腰折断，电话电缆线及八号线一齐被刮断。

3月7日，岫岩县大风，风力8～9级，18个乡受灾，刮坏房屋350多间、畜棚10余处，草房被破坏甚多。

5月10～11日，辽西地区（朝阳、锦州、阜新）大风，风力7～8级，阵风10级，部分地区出现12级，持续50个小时。北镇县平均风力7～8级，瞬间风速40米/秒，10分钟平均风速25米/秒，朝阳最大风速28米/秒，风速之大，持续时间之长，是罕见的。农田表土和下地种子被刮走，已出土的幼苗被风沙打死或枯干。受灾农田350多万亩，其中锦州100万亩、阜新100万亩，朝阳150万亩棉花、花生、向日葵受灾严重。北票县城郊3个蔬菜乡被风吹毁菜田1800亩，被揭塑料大棚62个，风沙损伤果树70万株，其中，2万株被连根拔起。5月10日北镇县18个公社受灾农田29.6万亩，受灾果树6.9万株，其中连根拔起1.3万株，有3万多株被拦腰折断，将减产水果1000万千克，刮坏塑料薄膜保护地540亩，受灾严重的农田分不出垄台垄沟，已出土的玉米、高粱苗被土埋没。大部分蔬菜秧苗刮坏。

6月24日，新民县刮西南大风，风力8～9级，瞬时风速达27米/秒。持续1小时。镇郊蔬菜大棚损失30余亩，一些电话线被刮断、混线，供电线路被刮坏百余处。刮折树木800多株，民房揭盖21间，刮倒烟囱38个，一些门窗玻璃遭破坏。县土产公司的720平方米钢架货栈被刮塌，损失价值2万元。

8月9日，凌源县风雹持续20分钟，地面积雹4～5寸厚，密度大。2个公社受灾，受灾农田0.9万亩，其中绝收0.2万亩，大风吹毁树苗6万余株，损失大枣约1万千克。

9月27日，复县大风，平均风速14米/秒，最大风速22米/秒。全县苹果落果1200万千克。

11月29日，绥中县4942号渔船，在从山东龙口港返航途中，遇风在滦河口外翻沉。船上10名船员全部失踪，直接经济损失约10万余元。

12月14日凌晨2时，长海县獐子公社6029号渔船（135马力水泥船），从山东龙须岛返回獐子岛途中，因超载航行又遇大风，船被海浪打沉，有15名船员落水身亡。

1982年 3月20日早9时，锦西县化工机械厂工人、锦西锌厂工人和原稻池公社望海寺渔业大队退休渔民等3人，同乘木舢板去葫芦岛王八山附近海面用3层挂网捕鱼，在风浪中木舢板翻到海里，2人遇难身亡。

3月23日，旅顺、海洋岛南侧和石岛附近渤海出现8～9级大风，旅顺持续大雨偏北大风，平均8～9级，最大10级。长海、庄河县各吹翻一只船，共死亡11人，给工农业生产造成很大损失。

3月29日，法库县风力9级，个别房盖被刮坏。

4月7～10日，建平、建昌、新金、金县、复县、宽甸、岫岩等县刮北大风，局地出现尘龙风，大风风力平均7级，阵风9级，持续30多小时，是近年罕见的。叶柏寿7～8日连续两天刮北大风，8日风速17米/秒。岫岩7日夜、8日白天风力7～8级，阵风9级。普兰店北大风持续30多小时。宽甸县8日20时至24时出现大风，9日11时29～34分出现尘卷风，尘卷风中心直径10米，外围直径20～30米，高达100米，自北向南移动。建平县损失蔬菜塑料大棚17.6亩、小棚27.9亩，温室2亩，折合经济损失6.2万元。建昌镇内17个蔬菜大棚被吹坏，粮库仓顶被刮坏30多个。岫岩县揭掉房盖3374间，粮屯尖70个，刮倒电杆12根，吹走粮食250千克。金县损坏蔬菜塑料大棚54亩、中小棚653亩、露地蔬菜562亩及各种作物地膜414亩，共折合经济损失62万元。宽甸县8日3个公社受灾，青椅乡150间房屋的草瓦被刮走。杨木川乡电灯线刮断，电线杆刮倒80～100根。宽甸镇的一些农用保护地设施遭破坏，损失价值近万元。9日受龙卷风袭击，龙卷风所经之地将房瓦揭走、棚顶掀起、电线折断。

4月7日夜间至4月8日，岫岩县北部刮9级大风，民房揭盖3374间。8日20～24时宽甸县出现罕见大风，杨木川、青椅山、宽甸镇房瓦刮坏，电线刮倒，塑料大棚和玻璃温室刮毁，保险公司赔偿1.8万元。9日宽甸县气象站附近出现罕见尘卷风，卷走种子公司房瓦，手推车被卷离地40～50厘米，转了几圈，电线折断。

5月2日，金县大风，3个公社受灾，刮坏花生地膜0.7万亩。

5月15日，本溪市刮东南大风，瞬时风速20米/秒。市内6条主要输电干线受到程度不同的损坏，断电3～6小时，造成经济损失10万元。

5月25日，金县刮东南大风7～8级，持续3小时，海面卷起凶浪。海上养殖、渔船受到严重损失。海带筏子被打坏3873台，损失海带2946吨，打沉贻贝31240吨，损失机动船3只、中小木船17只，陆地上刮坏塑料大棚58.5亩。总计经济损失382万元。

7月15日，绥中县大风，将粮库的粮食囤子刮坏数个。

8月14日上午至傍晚，长海县渤海北部海面刮6级以上北风到东北风，持续19小时，平均风速22米/秒，阵风29米/秒。农田受灾面积近万亩，减产70万千克，海上养殖业受到严重损失，直接经济损失264.99万元。大风还折断果树830株，落果1万千克，冲毁海堤2处9米。

8月16日，建平、建昌县风力8级，建平县东部20个乡受水灾和风灾，水冲大田19.1万亩，死9人。建昌县刮倒大田作物11.3万亩，刮倒树木2.1万棵，刮倒民房187间，伤2人。

8月19日，西丰县大风，使21个乡农田8.5万亩受灾。

8月26日，长海县獐子公社6115号渔船，航行在獐子岛东部被风浪打翻，6名船员落水身亡。

11月9日8时，复州城北大风12米/秒。10日2时复州城16米/秒，雪量：旅顺19毫米，长海12毫米，金州25毫米，复州城23毫米，普兰店的安波62毫米，庄河12毫米。复州湾等四个盐场遭受雨、雪和大风的袭击，化损池中盐10万吨，占年计划8%。刮断低压电柱39根，毁掉变压器4台。以上损失价值930万元。停电时间长、面广，盐场有15个分场停电，占65%。

1983年 1月22日，大连海洋渔业公司600马力钢壳尾滑道冷冻渔轮821号，在返航至108区，因风浪大，于3时20分机舱监视室起火，火焰迅速蔓延到甲板、舵楼，持续燃烧24小时，损失价值36.2万元。

4月17日，彰武县大风，平均风速13.5米/秒，最大风速29米/秒。给工农业生产和人民生活造成一定的危害。

4月25日14时至26日19时，大连地区刮东南转西北风，风力7～8级，最大9级，瞬时风速34米/秒。26日13～19时旅顺阵风达12级。大风使蔬菜保护地受灾0.5万亩，损失塑料薄膜350吨，损失春菜1.8万吨，价值37.1万元。风灾使水产养殖业遭到严重损失，折合价值1.335万元。其中破坏海带筏6031台，损失海带8381吨，并打碎机动船151只，非机动船271条，8座渔港的防潮堤被冲坏多处，死2人，重伤1人。

5月7日，岫岩县、庄河县风力一般8～9级，最大10级，岫岩最大风速32米/秒。岫岩县城乡建筑物受到严重损失，一些房瓦被揭掉，粮囤被揭顶。庄河县大风损坏花生地膜0.3万亩，吹坏水稻苗床0.2万亩、蔬菜大棚17亩，吹掉春蚕292把，损坏船只33只，折断树木280株、各种线杆68根，吹坏房屋3.2万间。

5月16日，铁岭、开原县刮北大风，开原最大风速28米/秒，铁岭瞬时最大风速31米/秒。开原县大风折断树木，刮断电线，吹掀房瓦，一些工厂停电停产，造成经济损失。铁岭80%的草房被揭盖，一些电杆和树木被刮倒，大棚内和移栽的菜苗被刮坏，给农业造成严重损失。

6月23日，桓仁县最大风速14米/秒，瞬时风速17～18米/秒，冰雹直径3毫米。

六股河乡公路旁杨树被风刮断480株。

6月25日，建平县局部出现龙卷风，袭击宽度2千米。冰雹直径20毫米，降雹7分钟，地面积雹3寸厚。10分钟雨量56.5毫米。黑水公社遭受风雹灾害，受灾农田4.2万亩，其中绝收2.1万亩，龙卷风把50厘米粗的树连根拔起，损坏树木4605株，损失机电井9眼，倒房15间，损坏线杆360根，冲毁塘堤7座。

6月28日，辽中县发生飑线。风力11级，估计最大雨量350～500毫米，最大冰雹重量500克。10个公社受灾农田30.2万亩，绝收3万亩。28米高铁塔和不少大树被折断，数以千户住宅房瓦和玻璃几乎全部打碎，风夹冰雹打伤几十人。

7月19日和21日，复县、新金县西北部日降雨量60～150毫米，并伴有8～11级大风和冰雹。15个公社2个农场受灾，农田受灾19万亩，绝收5.3万亩，刮坏民房2900多间，果树受灾111万株，损坏河道50处，淹死2人。其中复县受灾农田16万亩，打坏苹果树110万株，刮倒房屋2000间，近万株成材林被刮毁。盖县南部、营口县东部、盘山县大风，最大风速25米/秒，部分乡、村受飑线影响。盖县、营口县共有32个公社受灾，农田受灾3.2万亩，其中绝收0.5万亩。损坏树木1.8万株，落果543.2万千克。盘山县个别房屋屋顶被刮掉，作物倒伏。

8月29日18时40分至19时，台安县出现飑线，风力9～10级，阵风11级。17时30分盘山县出现飑线，风力10级并有冰雹。台安县10个公社遭受风雹雨灾害。受灾农田达29.9万亩，重灾22.4万亩。草房被揭盖573间，刮断树木2146棵，将直径70厘米粗的大树连根拔起。县建材厂损失砖坯150万块。盘山县8个农场、公社受灾农田达6.1万亩，大面积水稻、高粱倒伏，玉米折断，减产1223.4万千克，房屋被揭盖38间，刮倒、刮断水泥电杆7根，树木84株。

9月14日，朝阳、锦州、盘山、营口、沈阳、本溪、鞍山、大连、丹东等地区因受冷涡影响出现大风、冰雹和局地暴雨天气。午后绥中出现龙卷，路经8个村，长约15千米，宽1千米。新金县龙卷把河水卷成水柱冲向天空。13日15时部分村屯降雹，历时30分钟至1小时。雹灾共损失粮食150万千克、水果75万千克、皮棉2万千克、花生2.5万千克、蔬菜100亩。绥中龙卷风吹毁3所学校，折断电杆204根，损坏变压器2台，伤105人，死5人。受损房屋、仓库996间，其中倒塌196间。农作物受灾2.5万亩，受灾果树1.6万株。龙卷所经之处家禽全部被刮向天空，1人被卷出1.5千米。新金县有17个公社遭受程度不同的冰雹、龙卷灾害。死5人，伤150人，打伤苹果6万吨，农田受灾43.9万亩，打毁蔬菜1.2万亩。全县损失价值1.86亿元。

9月25日，大连市刮大风7～8级，长达3小时，最大11～12级。金县、旅顺、甘井子、长海、复县、庄河水产养殖损失1500万元。

1984年　4月5日，复县刮北大风，平均风力7～8级。对海上渔具和园田塑料大棚造成较大损失。

4月21日，长海县海面出现偏北大风，扇贝养殖场一只3.5马力小船，因风大翻船沉没，死3人。

6月9～13日，铁岭地区降雹伴有7～8级大风，阵风9级。受灾农田18.3万亩，其中重灾8.8万亩，毁种0.8万亩。开原县高压线电杆被刮倒3根，刮坏5眼机电房，有20

户房盖被揭，受灾农田 2.2 万多亩。

7 月 8 日，北票、义县、北镇县的 19 个乡镇 18 时 20 分至 19 时北票镇遭飑线袭击，狂风大作，暴雨冰雹倾盆直泻，22 分钟内降雨量达 62.2 毫米，风力 11 级；风暴中伴有大量冰雹，降雹历时 12 分钟，最大冰雹直径 30～50 毫米，平地积雹 10 厘米厚。北镇县冰雹直径 8 毫米，持续 15 分钟，7 分钟雨量 27.9 毫米，是一次飑线过境。北票县有 15.0 万亩农作物受灾，其中绝收 8.1 万亩，郊区 85%以上菜田被砸毁，蔬菜供应出现危机。刮断树木 1 万株，一些直径 50～60 厘米的大树被连根拔起，近百个机关、厂矿、学校遭水淹，多处输电线路遭破坏，使全县停电 20 小时，工厂停产两天，公路运输一度中断，共死 9 人，伤 40 人。义县有 7 个乡降暴雨、冰雹，使 13 万亩农田和 11 万株果树程度不同受灾。北镇县有 4 个乡 1 个镇农田受灾 2.3 万亩，绝收 0.23 万亩。

7 月 9 日，朝阳县降雨量 30 毫米左右，冰雹最大直径为 35 毫米，同时出现大风。受灾农田 3.1 万亩，其中 0.7 万亩棉田受灾最重。

7 月 12 日，朝阳市郊和朝阳县的 6 个乡 16 时 55 分至 17 时 10 分风雨交加，持续 10 分钟，瞬时最大风速 35 米/秒，风力达 12 级。3.4 万亩农田受灾，狂风吹倒树木 0.3 万株，直径 0.5 米的大树被连根拔起。吹倒电杆 43 根，6 万伏输电铁塔被刮坏，部分地段停水 30 小时。

7 月 14 日，辽中县大风，最大风力 11 级左右，受灾农田 11.5 万亩，绝收 1.5 万亩；受灾严重损失玉米几乎全部倒伏或折断，大豆叶子被打掉，蔬菜全部被打毁。刮倒吹断高低压电杆 396 根、电话线杆 226 根，五年生的树木 0.12 万多株，房屋被揭盖 1653 间，伤 101 人。锦县三台子乡部分村屯棉田受风灾，受灾面积 0.5 万亩，其中绝收 500 亩。本溪县受灾农田 0.6 万亩。丹东市的东沟、岫岩、宽甸县 44 个乡瞬时风速 23 米/秒，阵风8～10 级。大连地区的 5 个县 65 个乡雨量一般为 20～40 毫米，新金县 10 时 30 分至 13 时雨量为 50.8 毫米，同时降雹约 5 分钟，雹粒一般像橡子大，最大的如鸡蛋大，伴有 8～10 级大风。复县降雹 10～15 分钟，瞬时风速 35 米/秒。丹东受灾农田 20.7 万亩，市内刮倒大树 143 株，造成 5 条输电线路停电 3～5 小时，死 1 人，伤 22 人。宽甸县 13 个乡 107 个村受灾，农作物倒伏、折断面积达 5.7 万亩，损坏房屋 287 间。由于电话杆被大风刮倒，有 1 个乡通讯中断。岫岩县受灾农田 15.8 万亩。其中农作物倒伏 8.5 万亩，折断 0.4 万亩，雹灾面积 0.1 万亩。大连全市刮倒刮断玉米 101 万亩，其中绝收 21 万亩，刮倒折断果树 56.7 万株，落地苹果 918 万千克，打伤苹果 2572 万千克，刮断刮倒树木 957 万株；刮坏塑料大棚 100 亩，打伤蔬菜 0.6 万亩，房屋被揭盖 2298 间，刮倒各种输电杆 1265 根，造成 6.6 万伏输电线路停电 8 小时。河堤决口 15 处，总长 1.1 万米。其中复县受灾农田 25.2 万亩，受灾果树达 53.5 万株，刮倒刮断树木几百棵，刮倒高压线杆多处，触电死 2 人。

7 月 16 日，锦县刮大风，阵风 9 级以上。冰雹直径一般 10～20 毫米，最大 30～50 毫米，持续 20 分钟。树木果树被大风刮断 0.7 万株，折断 18 根高低压电杆，许多电话线杆被大风折断，减产 6 成以上的农田有 0.1 万多亩。

8 月 4 日，开原县大风，风力 9 级，持续 3.5 个小时。全县农田受灾 41.9 万亩，占播种面积的 36.9%；70%以上的植株倒伏，平均折杆率达 30%～40%，严重地块达 50%，估计严重受灾 29.4 万亩，减产粮食 0.65 亿千克。

1985 年　4 月 28 日，东沟县、本溪县大风，风速 21 米/秒，部分房屋被掀，水稻苗床塑料布被吹坏。百货公司和粮库经济损失 1.5 万元。本溪钢厂动力厂因风大，导致停电 1 小时，歪头山铁厂因风大将电线刮断，减产矿石 3000～4000 吨。

7 月 16 日，兴城县大风，最大风速 22 米/秒，高杆作物部分倒伏。

7 月 17 日，凤城县受风灾农田面积 2.6 万亩。

8 月 19 日下午 7 时，9 号强台风从大连登陆，伴有暴雨和特大暴雨，顺黄、渤海岸猛烈向北推进，使海水养殖、港口和淡水养殖遭受重大损失。云集港口的几千只捕捞海蜇和停港渔船遭到严重破坏，渔港冲坏 18 处，占渔港总数的 41%；贝藻类养殖台筏被风浪摧垮 46600 台，占总养殖台筏的 44%；对虾池冲毁 38800 亩，占总虾池面积的 15%；死亡 26 人；经济损失 2.7 亿元。

8 月 19 日夜间，9 号台风袭击丹东市及各县，风力 9～10 级，并伴有大暴雨。东沟县 100 多千米海堤三分之一脱坡，大洋河暴涨，树木刮倒，电线刮断，水稻、玉米倒伏，受灾面积 69 万亩。120 多只渔船多数在海上，除 22 只在邻邦朝鲜岛屿避风外，均遭不同程度损失，被风浪打碎 11 只，打沉 3 只，死 13 人。岫岩县受灾面积 62.6 万亩，毁柞蚕 16072 把，其中 8862 把绝收。山楂落果 150 多万千克。凤城县 24 个乡镇电话全部中断，路树刮倒，交通阻绝，农田受灾面积 56.1 万亩。浪头停电，振安区 2.9 万亩农田受灾。总计，全市区 102 个乡镇中有 95 个受灾，受灾农田面积 233.9 万亩。

8 月 29 日，锦县刮大风，风力 8 级以上，持续 1 小时。7 个乡受灾，减产粮食 10 万千克、水果 2.5 万千克，冲走树木 500 株，刮倒电线杆 20～30 根。

9 月 11 日，盖县熊岳大风 8 级，伴有冰雹，雹粒直径 70 毫米，持续 20 分钟。灾情严重，直接经济损失 90.3 万元。

9 月 20 日，东沟县大风，风力 7～8 级，个别渔船触礁。

9 月 30 日凌晨，黄海北部降暴雨冰雹，风力 7～8 级，个别渔船触礁。

1986 年　4 月 10～16 日，丹东市大风，使振安区 1.5 万亩菜田地膜被刮走，造成冻害。

7 月 14 日，阜新、锦州、沈阳、鞍山、本溪、丹东的局部地区（傍晚前后）出现大风，风力一般 6～8 级，最大 9 级，雨量 50～90 毫米，个别地方降雹。沈阳市 17～18 时新城子区雨量 51 毫米，风力 7 级以上。苏家屯区 18 时 25 分前后出现飑线，风力 10 级以上，雷雨伴有冰雹，持续 10 分钟，冰雹直径 20～30 毫米。1 万亩农田庄稼被刮倒，倒塌房屋 7 间，部分通信线路和电力设备受损。受灾农田 2.4 万亩（包括 13 日 4 个乡的雹灾），其中重灾 0.5 万亩，50%的葡萄果实被打掉，倒塌房屋 17 间，揭盖 41 间，树木被连根拔起 280 株。刮倒高低压线杆 51 根，刮倒建筑吊车一座，刮坏变压器 4 个，砖厂损失砖坯 100 万块。黑山县长兴乡 18 时 20 分左右出现龙卷风，10 分钟降雨量 22 毫米，受灾农田 0.3 万多亩，刮倒刮断直径 20～30 厘米粗的大树 200 多株，损坏房屋 16 间，部分房盖被揭。建平县中午前后北部 8 个乡出现冰雹、大风天气，冰雹密度大，持续 2 分钟，大的如鹅蛋，受灾农田 11.3 万亩，其中绝收 4.1 万亩。受灾严重的葵花田有 75%～90%的葵花头被打掉。阜新县 13～14 日降雹，局地暴雨，冰雹直径 20～30 毫米。8 个乡受灾，受灾农田 6.5 万亩，其中重灾 0.1 万亩，需毁种 675 亩。彰武县大四家 16 时 30 分至

18 时出现局部暴雨、大风天气。雨量 93.1 毫米，伴有冰雹。受灾农田 4.9 万亩，其中重灾 0.3 万亩，绝产 0.1 万亩，部分民房进水，倒塌房屋 11 间。台安县 18 时左右出现大风伴有冰雹，风力 7～8 级，持续近半小时。大风刮倒折断庄稼 6.7 万亩，农田积水面积 2.8 万亩，其中绝产 0.4 万亩。本溪县 18 时 42 分出现大风，风速 16～18 米/秒。14 个乡受灾农田 2.3 万亩，其中大部分作物倒伏，少部分折断，绝产 150 亩。清原县 19 时 05～22 分出现大风，瞬时风速 27 米/秒，电视转发转播台塔顶被吹弯。宽甸、凤城县部分乡镇阵风 6～8 级，伴有雷雨。一般雨量 15～41 毫米，局部达 100 毫米左右。两县玉米倒伏 17.1 万亩，折断 2.5 万亩，绝收 1.5 万亩；刮断树木 758 株、果树 2405 株，刮倒高低压线杆 129 根、电话杆 131 根，房屋被揭盖 31 间。其中宽甸县受灾农田 12.8 万亩，绝收 1.5 万亩，受灾果树 2000 株。

7 月 22 日锦州市的黑山、北镇、义县、锦西、绥中等 5 个县的 34 个乡大风，锦州市最大风力 7～8 级，降雹持续 30 分钟，一般冰雹直径 10 毫米，最大 30～50 毫米，并出现局地暴雨。锦州地区受灾农田总面积 14.6 万亩，其中北镇县受灾较重，8 个乡镇受灾农田 5.9 万亩，受灾果树 15.6 万株；锦西县 2 个乡 9 个村 22 日 16 时 40 分遭龙卷袭击，持续 1 分钟，刮倒刮断果树 570 株，受灾农田 3.3 万亩，刮坏民宅玻璃 700 多块。阜新市清河门区及阜新县 7 个乡镇 2 小时降雨量 42 毫米，风力 8 级左右，最大冰雹直径 25 毫米。由于风大雨急，使清河区一些商店、民宅、库房遭受损失，百货公司一处 250 平方米营业室房盖被风掀起，104 户住房受灾，一些树木、电杆被刮倒刮断。农田风雹灾害面积 1.5 万亩（主要是农作物倒伏）。

7 月 23 日，庄河县大风，风力 7～8 级，持续 1 小时，伴有雷雨，降雨量 27.5 毫米。尖山子乡受灾农田面积 1.4 万亩，其中折断玉米 1 万亩。

8 月 8 日，康平县发生龙卷风，13 户房盖被揭，造成重伤 3 人，轻伤 6 人，800 亩农田受灾，其中绝收 200 亩。

8 月 28～29 日，宽甸、东沟县、丹东振安区 27 个乡镇出现台风，受灾农田 10.14 万亩，半数玉米被刮倒，25%植株折断，刮倒果树 2.4 万株、路岸树木 750 余株，高压电杆 438 根，损坏转播线路 44 千米。

9 月 1～4 日，黑山、兴城、庄河县遭大风、冰雹、暴雨袭击。黑山 1～2 日雨量 55.4 毫米，2～4 日雨量为 100 毫米，最大为 138 毫米。兴城 2～4 日全县平均雨量为 100 毫米。兴城为 19 毫米。庄河过程雨量一般为 50～100 毫米，花院乡达 256 毫米，风力 7～8 级，降雹持续 5 分钟，冰雹直径为 10 毫米。黑山县 1～4 日由于降水量集中，使 78 万亩农田不同程度遭受风、雹、水灾，有的减产 1～5 成。兴城县受灾农田 1.3 万亩，其中倒伏 0.2 万亩，水淹 0.7 万亩，刮倒树木 200 株。庄河受灾农田 3.2 万亩。河道决口 57 处，冲毁渠道 48 处，损坏建筑物 40 座（桥 8 座、涵洞 23 座、闸 9 座），刮倒树木 1310 株，吹落苹果 2.8 万千克，倒房 14 间，死 3 人。

9 月 16 日，锦县、义县 14 个乡大风，锦县平均风速 12 米/秒，瞬时风速 17 米/秒，持续 4 小时，义县风力 8 级。全县有 16.62 万亩农田程度不同受灾。

1987 年　5 月 14～15 日，鞍山市出现西南大风，平均风力 6～7 级，阵风最大 9 级。桓仁县平均风力 6 级。鞍山损坏蔬菜大棚 83 个（折合 76 亩），损坏温室 1138 亩，损坏小拱棚4423亩，共损失51万元。

6月19日，14时25～45分朝阳县十二台乡十台村出现龙卷风，风力12级。在旷野农田上形成长约4千米宽约50米的破坏地带。龙卷所经之处农田被毁，有两根水泥电杆被拔起，大凌河水被卷起10米高，河岸上40余株直径30厘米20年生的杨树被连根拔起或拦腰截断。伤10人，其中重伤1人。

7月12日，兴城县西北部最大雨量为99毫米，最大风速20米/秒。冰雹一般直径10毫米，最大30毫米。受灾农田2.1万亩，其中大田作物倒伏1.7万亩，遭雹灾0.3万亩，水冲沙压18亩，绝收100亩，刮倒果树730株，吹倒房屋15间。喀左县、建平县11个乡30个村16时09～20分降雹，直径7毫米。受灾农田3万多亩，受灾果园0.2万亩，折断树木1万多株，冲倒护岸坝200米，石拱桥1座，有43户民宅进水，淹死1人。受灾农田6.1万亩，其中重灾（减产5～8成）1.6万亩，基本绝收（8成以上）1.2万亩。

7月13日，凤城、岫岩县，丹东市振安区大风，受灾农田1.9万亩，庄稼倒伏1万余亩，打烂烟草502亩。

7月23日，岫岩、凤城县8个乡镇遭风灾，受灾农田5.2万亩，倒伏玉米3.6万亩，折断1.6万亩，刮倒电杆25根，堤坊，养鱼池遭到破坏。

8月5日，清原县大风，风速27米/秒，路边树木被刮倒，险房被损坏。

9月19日，本溪县大风刮倒大树，损坏房屋。

1988年　5月24日，鞍山、沈阳、本溪、抚顺、辽阳一带出现偏南大风，平均风力6级，阵风9～10级，伴有雷雨。鞍山市的旧堡区和海城市的个别乡镇遭风雹灾，有135个塑料大棚受损坏，受灾面积130亩，有些温室被损坏，总价值38万元。将大树刮倒，砸坏高压线，有15条线路中断，使鞍钢等厂矿生产受到一定损失。沈阳东陵、于洪区有880个蔬菜大棚（近900亩）有不同程度损坏，价值50万元。本溪市郊区有912亩蔬菜塑料大棚、温室程度不同受灾。抚顺蔬菜大棚受损面积355亩，打坏温室玻璃1.7万平方米，大风还使供电、运输遭损失，抚顺电铁、客货停运10小时，新抚区停电10多小时，露天采煤停产1天。

6月13日，北镇县20时00～30分发生龙卷，狂风大作，持续10分钟。袭击范围约0.3万亩，有463株果树被连根拔起，615株果树折断树冠，另有0.2万株果树程度不同受灾，估计减产水果20万千克。

9月2～6日，锦州市的黑山、锦县、北镇、绥中等县的107个乡镇994个村先后两次遭风雹袭击，平均风力6～7级，阵风达10级，6日凌晨锦县局部地区3小时雨量164毫米。全市受灾作物121万亩、果树150万株，估计减产粮食1.5亿千克，水果损失850万千克。黑山县53.1万亩高粱全部倒伏，有0.5万左右株直径20厘米粗的杨树被刮倒。锦县部分农田发生内涝，绥中县主要果区遭雹灾，有550万千克苹果由一等降为等外。

9月3～7日，沈阳、大连、鞍山、锦州、朝阳、阜新、营口、盘锦、铁岭等9个市19个县区的部分乡镇大风，平均风力6～7级、阵风8～9级，局部达10级，一些地区伴有冰雹，局地暴雨。全省各种农作物受灾总面积达340万亩，果树162万株，主要受灾作物是高粱、玉米等高杆作物及水稻蔬菜、水果等。这次天气发生在作物成熟季节，风雹过后造成作物大片倒伏，果树蔬菜被刮落果实，打坏叶片，对农业产量有直接影响。

9月3日17～20时，海城市新台子和高坨子镇，3小时降雨量136毫米，3次降雹约20分钟，冰雹最大直径25毫米，伴有7级大风，受灾农田2.6万亩。

9月5日20时18分至21时08分的50分钟内，北票西部和南部降水量达80毫米并伴有大风和冰雹，最大雹粒如鸡蛋。6日19时30～43分大凌河沿岸的5个村遭龙卷风猛烈袭击。龙卷漏斗云直插地面，持续6～8分钟，移动路径4千米，宽约50米。全市14个乡镇的111个村有30万亩农作物成灾，其中绝收7.8万亩，三宝乡受灾最重，农作物绝收面积4.5万亩，洪水冲走1人、家禽1000多只，遭受龙卷风袭击的0.6万亩农田几乎全部绝收。长皋乡喇嘛洞村刮倒、折断15～20年生的树木0.6万株、各种线路杆116根。全村2/3房屋（310间）程度不同遭破坏，有6户人家的行李物品被大风刮得无影无踪。

9月6日22时30～53分，海城市和台安县出现短时大风，风力8级，伴有暴雨，部分乡镇遭飑线袭击。由于前期多雨，农田土壤水分饱和，加之大风影响，使高杆作物倒伏面积77.3万亩，台安县雨量偏大，农田积水面积一度达12.6万亩。

9月6日下午，阜新县、阜新市细河区的15个乡镇局部村屯遭龙卷袭击，出现7级以上大风，伴有暴雨、冰雹。6日18时40分前后阜新县红帽子乡道力板村遭龙卷风袭击，危害宽度50～60米，长约3.5千米。大风使34万亩农作物程度不同倒伏。阜新县有5.7万亩农作物遭受雹灾，大部分作物叶子被打坏，道力板有600亩农作物全部倒伏，刮倒大树40多株，24间房屋遭破坏。彰武县大风刮倒部分高杆作物，对产量影响很大。新民县东北部和新城子区西北部9个乡镇21时至22时30分出现7级以上大风，局部地区降74～86毫米暴雨，降雹10～20分钟，雹径一般为3～10毫米，共有近40万亩农作物受灾。主要受灾作物有高粱、玉米等高杆作物，受害症状大部分为倒伏，部分为折断。

9月7日，大连甘井子、旅顺口区8时30分遭飑线袭击，降暴雨伴有冰雹，最大风速26米/秒。仅甘井子冰雹打坏苹果1万千克，8%～10%的白菜严重受灾。金州区大孤山捕捞场一只机动船被风吹翻，死亡14～15人。

1989年 6月24日，阜新县八家子乡发生龙卷，持续10分钟左右，破坏范围长1500米，宽150米。有70多株大小树木被连根拔起，其中有9株大树，树径约40厘米左右；刮断低压线杆3根，有4户居民房屋被揭开，庭院果树果实全部被刮掉，200多亩农作物被刮倒折断。

6月26日，清原、彰武、鞍山、建昌等市县出现大风，并有冰雹、暴雨，风力7级。降雹时间一般8～10分钟，最长17分钟，雹径最小10毫米，最大雨量50毫米。抚顺、清原县降雹持续5分钟，冰雹最大直径50毫米。抚顺受灾农田0.8万亩。清原县有3.3万亩农作物遭雹灾，大豆烟草受灾程度较重，在0.4万亩受灾烟中大部分烟叶被打出孔，部分烟叶被打落。彰武县四合城乡大风伴有冰雹。降雹持续10～17分钟，雹粒如鸡蛋黄大。农田受灾2.7万亩，有40株树被风刮倒。鞍山市出现短时大风，风力7级。17时42分至18时降雹，持续10～15分钟，雹粒直径10毫米左右。大田作物和蔬菜受灾较重。建昌、凌源县降雹，持续8～10分钟，冰雹直径20毫米，伴有大风。杨马甸子乡受灾最重，高杆作物被刮倒，并刮倒树木500余株。凌源县大田作物受灾0.4万亩，蔬菜受灾较重。

7月10日，凤城县赛马镇出现大风和暴雨，6小时降雨量90毫米。玉米倒伏0.5万亩，绝收510亩，770户住户受到不同程度损失。

7月13日，建平县出现大风伴有冰雹大雨，40分钟降雨量达40毫米。受灾农作物1万亩，其中水冲沙压农田200亩，刮断树木100株，冲毁公路10千米。二龙山水库被迫溢洪，冲走养殖鱼2000千克。

8月11日，彰武县的四堡子、韦田、大冷、前福兴地、冯家和阜新县塔营子等6个乡16时至20时出现飑线。在强风袭击下，仅彰武县受灾农田面积达5.4万亩，其中绝收0.9万亩。刮倒刮断大小树木1.4万株、果树0.2万株，低压线20空、电话线4空，吹毁房屋220间、塑料大棚33亩。

1990年 5月1日，大连地区及所辖海区最大风力9级，瞬时最大风速34米/秒，陆地最大风力8级；南端降暴雨，雨量在57～66毫米之间。该地区长海、金县、旅顺受灾较重。其中：长海县獐子岛6158号渔船在距獐子岛30海里外倾覆，船上8人遇险，其中2人丧生，6人获救。金州区仅满家滩、湾里两乡水产养殖损失达210万元，鲇鱼湾新港发生两船相撞。旅顺口区有636.2亩塑料大棚、温室等保护地栽培的蔬菜受灾，经济损失达64万余元。

6月22日，台安县韭菜台、高力房、黄沙坨大风，1小时降雨量一般为30～50毫米，瞬间最大风速达12级，降雹持续10～15分钟，冰雹直径一般为10～30毫米，最大达60～70毫米。有30个村遭强风暴雨和冰雹袭击。据统计：强风吹倒22万伏高压铁塔2座，刮倒1～5万伏输电水泥柱1000多根，折断胸径20～30厘米的大树2000棵，毁坏果树7.7万株，不少民房被风吹毁，毁坏变压器15台，牲畜伤亡17头，家禽伤亡5000只，死1人，伤近百人。受灾农田达20万亩，其中有8万亩玉米、水稻被风吹雹打得茎叶面目皆非，已绝产。

6月22日18～19时，盘山、大洼出现大风，瞬间风力8级以上，降雹持续10分钟左右，直径一般为15～20毫米，最大达30毫米，局部积雹3～4厘米。受灾农田达20多万亩，其中重灾6万亩。严重受灾的水稻叶片全部打掉，大豆叶片和生长点被打落打断，只剩秃杆，一些民房和通电线路遭受程度不同的破坏。清原冰雹持续4～5分钟，大的像蛋黄。有5个乡镇36个村受灾，受灾农田26810亩，经济损失273万元。抚顺县哈达、大柳乡有21个村受风灾，受灾面积1.9万亩，刮坏房屋6间，吹毁低压照明设备11处，果树2396棵，经济损失近180万元。

6月22～26日，受9005号热带气旋袭击后，丹东地区，营口、盖县、绥中降水总量10～100毫米，大风灾害严重。

6月29日4时20分，建平县富山乡出现大风6～7级，有2个乡镇8个村受灾，受灾面积10445亩，其中绝收3000亩，水冲沙压3000亩，有59户人家进水，损失粮食13500千克，直接经济损失75万元。

8月19日晚，阜新县大板、寺镇、王府、紫都台4个乡镇遭大风，风力达8级左右，持续20分钟。受灾面积16400亩，其中高粱10020亩，玉米3050亩，大豆350亩，受害较重的是杂交高粱，植株杆茎拦腰折断。

8月28日，阜新县的卧凤沟、大固本等10个乡出现大风。10个乡镇的70个村受灾，受灾面积 214237 亩，其中减产 3～4 成的 6150 亩，减产 5～6 成的 195772 亩。受灾作物中，高粱倒伏最严重，面积达 169607 亩。

8 月 29 日至 9 月 2 日，受 9015 号热带气旋袭击后，盖县、大连最大风力 6～7 级，阵风 8～9 级。

9 月 14 日庄河出现阵风达 8～9 级，由于风大雨急，造成局部地区灾情严重。沿海一带高杆作物几乎全部倒伏，玉米折断 80%以上，水稻大面积倒伏，对产量有很大影响，蔬菜、水果也有不同程度的损失。

11 月 19 日夜间至 21 日，大连陆地出现 7～8 级、海上 8～9 级偏北风。长海县王家岛一艘渔船遇难，船上 15 人有 7 人死亡；海洋岛两艘渔船出海，其中一条船上 12 人全部死亡；庄河县青堆镇盛家渔民协会有一条个体渔船 4 人遇难；金州区海岸碰坏渔船 6 条；旅顺口区刮坏温室 34.6 亩，大棚 40.8 亩，塑料薄膜全部刮坏，有的钢架刮倒，大棚内蔬菜损失惨重。

12 月 21 日受低压影响，旅顺口区海上风力 10 级，全区损坏渔船 15 条，死 11 人。

1991 年 7 月 8 日 13 时至 13 时 40 分，新金县星台、徐大屯、泡子分出现阵风 8～9 级，30 分钟降雨 35～50 毫米。玉米被刮倒 25300 亩，重灾 7000 亩，刮倒刮断各种树木 680 棵，果树刮倒 30 棵，高压线刮倒 10 根，广播和电话线杆 500 多根，被河水冲倒，淹死 1 人。

7 月 20 日 9 时 30 分，阜新县四合城、化石戈大风。有 500 亩芝麻基本绝收，500 亩荞麦被冲，需毁种，大风折断成林树 3200 棵，吹倒农作物 15300 亩。

8 月 6～8 日，建平、凌源、北票县共 11 个乡镇大风，成灾面积 92455 亩，其中减产 3～5 成的 30430 亩，5～8 成 37660 亩，8 成以上 17260 亩，房屋进水 187 间，倒塌房屋 21 间，刮断成材树木 145 棵，冲毁公路 8000 米，成灾果树 2500 棵，直接经济损失 632 万元。阜新 8 个乡镇有 10 万亩农作物受灾，其中荞麦被冰雹暴雨打光，高粱、玉米只剩叶脉，大风把农作物刮断 1/3，洪水冲走檩木 51 根，冲垮 200 米石笼坝，发达乡死亡 2 人。海城市大屯镇 70 分钟降雨 50 毫米，同时伴有 8～9 级大风，降雹 10 分钟，一般玉米粒大，最大蛋黄大。造成山洪倾泻，大屯河河水暴涨，冲毁石坝 100 米，冲毁道路 51 条，桥涵 4 座，使通讯、供电线路中断。大田受灾面积 1.2 万亩，绝产 300 亩，受灾果树 22 万株，损失水果 110 多万千克，冲刮倒树木 1150 株，倒房 8 间，直接经济损失 200 万元。西丰县 10 个乡镇遭大风，中心风力达 12 级，持续 27 分钟，冰雹直径 4 毫米。受灾面积 5 万多亩，其中 1 万多亩绝收，一些仓库房盖和楼房防水油毡被掀开，一些供电线路被刮倒，不少电力设施被击毁，公路、桥梁被冲断，200 多棵粗大的树被刮折、刮倒，死亡 1 人，重伤 1 人。

1992 年 4 月 25～27 日，全省大部地区有风，25 日白天中部平原风力达 7～8 级，阵风 8～9 级，其中沈阳市最大风速达 27 米/秒。沈阳有 20 家企业程度不同遭受损失，其中省广播电台天线刮断，造成信号中断，全市共发生火灾 51 起，仅第三粮库就有 45 个粮囤着火，大风揭掉房盖和刮坏一些建筑物，砸死 3 人，并损坏一些水稻苗床和蔬菜大棚，有的地方已播玉米种子剥出，仅辽中县受灾面积 1.6 万亩。全市经济损失 50 万元。辽阳受灾农田面积84440亩，其中玉米26520亩，毁种13120亩，地膜损失2640亩，小麦1000亩，经济作物9610亩，其中棉花3850亩，大豆5000亩，毁种100亩，花生760亩，蔬菜32400亩，其中大棚1555.1亩，经济损失10～12万元。鞍山揭水稻苗床20万床。

5月5～6日，大连地区普降中雨，局部暴雨，同时伴有6～7级东南大风，阵风8级，给全区海上养殖业造成很大损失。旅顺口区的龙王塘镇受灾最重。全镇损失海带筏子1500多台，价值500～600万元。

9月1日8时，9216号强热带风暴减弱后的低气压继续北上，巨浪区范围逐渐向黄海北部和渤海扩展，偏东向浪高5～6米，风力8～9级，此时上海海运局“林海一号”货轮航行到山东半岛成山头以南21海里外沉没，35名船员全部落水，有7人遇难，11人失踪，造成了较大的经济损失。

10月2日上午，渤海受低气压和冷空气共同作用，海上刮起7～8级的东北风，偏东向浪高约3～4米，14时韩国的一艘集装箱货轮因遭受这一恶劣海况的影响沉没在老铁山水道附近。

1993年 5月10日，辽西、辽北及中部平原刮西南风7～8级，阵风9级，沈阳市区风力最大，平均风力8～9级，阵风10级（26米/秒）。沈阳大风使部分农田地膜、菜膜揭翻，破坏了作物生长的环境温度。据调查大风造成470多处电线断线，54处跳闸，第二粮库面粉车间停产4个多小时；和平区某住宅区房顶被风刮掉，致使9户居民无法住宿；风动工具厂宿舍烟囱顶部被风刮断，砸死1人；一直径4.5米的电视接收天线被风刮落到中街劳动用品公司办公楼顶；第三粮库有20多个粮垛被刮开，电话线被刮断。全市共发生火灾69起，经济损失达20余万元。

1994年 7月12～13日，第6号台风登陆后减弱的低气压北上，受其影响本省东部及南部地区出现大风天气。风力一般达6～8级，阵风9级，其中丹东市的凤城县瞬间风速达34米/秒。仅抚顺、丹东、鞍山、大连地区受灾面积达115.3万亩，折断和绝收面积达63万亩，受灾作物主要是玉米。各地灾害如下：岫岩县刮东南风5～6级，由于6月下旬连阴雨，使玉米等徒长，节长秆嫩，风力稍大，作物容易倒伏。全县大田作物玉米、高粱33万亩有80%左右倒伏，其中50%铺于地面，30%折断，减产30%～40%。抚顺阵风7～8级，全市受灾面积13万亩，其中折断绝收3.8万亩。受灾较重的有抚顺县哈达乡，受灾面积1.5万亩，折断0.6万亩；清原县夏家堡等4个乡受灾面积6.4万亩，折断绝收1.6万亩。本溪县、桓仁县最大风速10.7～13米/秒，本溪县受灾面积5.2万亩，绝收0.8万亩；桓仁县受灾面积3.4万亩，绝收0.5万亩。大连平均风力6～7级，最大风速达29米/秒。全市所属的62个乡镇受灾。受灾面积62.2万亩，倒伏13.8万亩，折断38万亩；水果受灾，落果严重。丹东全区平均风力6级，其中13日凤城县阵风达10～12级（瞬间最大风速达34米/秒）。全市33万亩农作物受灾，玉米29万亩倒伏折断，绝收11万亩，减产5～7成的达15万亩，减产粮食6600万斤，直接经济损失5000万元。

1995年 4月27～30日，康平县连续出现8级以上大风天气，其中28日、30日瞬间最大风速达22米/秒，风速之大，持续时间之长为该县近12年所少见。据调查：小城子镇供电站10千伏配电线路被刮断，10余个瓷横担被风刮折；二牛、白家、方家、东关等粮库的PVC囤幅、苇席、苫布以及瓦和油毡等物品被大风刮跑或撕碎，直接经济损失10余万元。全县有19个村共1.05万亩玉米，1000亩甜菜种子被风剥走，有35个大棚被刮坏，直接经济损失120余万元。

11月7日02时至8日02时，大连地区24小时降温12℃，最低气温达零下0.3℃，渤、黄海及陆地阵风达25米/秒。从山东到长海装菜的船翻沉，死亡5人。

1999年　4月12日起，大连地区受南下冷空气和北上江淮气旋的影响出现了北大风，风力逐渐加大。至13日14时复州最大风力达26米/秒，其它地方也在21～25米/秒之间。5条渔船在黄海中部鱼区遭大风袭击沉没，死亡3人，失踪渔民31人，直接经济损失170万元。

5月11日，沈阳市刮起西南大风，平地风力达到9级，最大风速22米/秒，将一大厦顶层大面积外墙铝板刮脱。有两棵大树被刮断，砸坏一辆汽车。一居民楼阳台被风刮落。2名民工在工地被风刮起物砸伤。

8月24日，北票市东部遭受强风袭击，方圆1平方千米受灾。大风摧毁、损坏民房164间，27头牲畜失踪或被砸死，损坏10辆车，2800棵大树被刮倒或折断，6人受轻伤。直接经济损失75万元。

9月7日，昌图34.7万亩农田遭受风灾，灾情为中等程度，占作物面积10%～19%。

2000年　4月8日，北票市长皋、下府两乡交界处因大风天气引发大面积山火，过火面积2500亩，其面积之大、着火时间之长为朝阳多年历史上所少见。连续的大风天气使沈阳城郊蔬菜大棚30%被损坏，蔬菜被刮坏，直接影响产量，造成蔬菜上市价格比平时涨幅13%～47%。

6月2日，沈阳、辽阳、鞍山大风过境，沈阳市的新民最大风速达31米/秒，102国道两侧一些大树被刮倒，部分大棚被摧毁。鞍山最大风速达17米/秒，大风造成部分地区停电，刮倒的树木及居民楼顶的卫星天线造成多次险情，数名市民受伤。

第四章 冰 雹

第一节 概 述

辽宁省冰雹日数的分布趋势是山区多于平原，内陆多于沿海。年平均降雹日数，辽东、辽西山区为2～3天，降雹中心在建平2.8天，在宽甸2.6天；辽东半岛南部最少，不足1天；其他地区在1～2天之间。

辽宁地区各月都可出现冰雹，初雹日最早出现在1956年1月18日的大连，终雹日最晚出现在1965年12月4日长海县。但12月和1月降雹极少，一般多出现在6～10月之间，以6月最多，占全年总雹日的23.4%；5月和9月次之，分别占16.2%和15.1%。在一天中，任何时间都曾出现过冰雹，但主要集中在中午至傍晚，12～20时出现次数占总次数的74.5%。

一、冰雹的强度

冰雹的强度是一个综合指标，包括降雹时间的长短，雹粒的重量、直径、密度和地面积雹的厚度等。辽宁降雹的持续时间一般在10分钟以内，但也有超过半小时的，如锦县1955年5月30日降雹长达2小时，大田的垄沟被冰雹填平。1969年5月16日抚顺县局地最大积雹厚度达30多厘米。辽宁冰雹一般如黄豆大，有的大于鸡蛋，如1971年7月17日海城县温香、牛庄等局地最大冰雹重量达2.5千克。

根据已收集到有冰雹直径的870次资料（占总降雹次数的30.9%）进行统计，划分冰雹的强度等级及其灾害（见表4.1），其中弱冰雹（直径小于5毫米）仅占18.2%，中等冰雹（直径5～10毫米）占31.7%，强冰雹（直径11～20毫米）占20.5%，特强冰雹（直径大于20毫米）占29.7%。其中弱冰雹基本上不造成危害（只占成灾总数的7%），随着冰雹直径的增大，成灾的次数明显增多，直径大于20毫米的强冰雹成灾几率在70%以上，尤其在每年的6～9月出现的冰雹大多数可造成程度不同的灾害。

二、冰雹的范围

一次降雹过程或一个降雹日多数只在一个或几个市、县的部分地区降雹，但有时可达十几个市县。冰雹的范围是以一个冰雹日按出现的测站数多少分类，小范围（1～5站）降雹占绝大多数，为92.5%；大范围（等于或大于6个站）降雹仅占7.5%，其中等于或大于10个站在总数中只有26天，平均每年不到一日。降雹站数最多一日达22站。无论出现大小范围的降雹，在一年中都是6月最多，其次是9月。

表 4.1　冰雹的强度与频次　　　　单位：次

月　份	直径<5毫米		直径5～10毫米		直径11～20毫米		直径21～50毫米		直径54～100毫米		直径>100毫米	
	次数	有灾	次数	有灾	次数	有灾	次数	有灾	次数	有灾	次数	有灾
4	20		19		16	2	23	17				
5	48		55	4	30	12	64	30	39	36	1	1
6	28	3	71	18	53	28	35	30	20	20	3	3
7	8	4	7	3	21	9	11	11	10	10	1	1
8	5	2	25	5	15	7	31	26	16	16		
9	24	1	48	6	33	18	6	5	1	1		
10	23	1	38	2	11	2	1	1				
11	4		3		3							
合　计	160	11	266	38	182	78	171	120	86	83	5	5
占总数%	18.2		30.1		20.9		19.6		9.8		1.0	
成灾%	6.9		14.3		42.9		70.2		96.5		100	

三、冰雹的源地和路径

冰雹的发源地，随着天气形势和地形而变化。一般山脉的阳坡、迎风坡及地表复杂的辐合地形多出现冰雹，如阜新地区的西部至西北部山区以及北部的牛蓬格勒一带。另外，凌源、建昌一带也是冰雹的发源地。

冰雹的移动路径多由西向东或由西北向东南方向移动，个别也有西南向东北或由东南向西北方向移动的。全省境内冰雹路程多达几十条，多数与山脉、河流、海岸线等地形走向一致。

四、冰雹灾害

冰雹虽出现范围小，持续时间短，但来势猛、强度大，常伴有雷雨大风，给农牧业、工矿企业、电讯、交通运输以至人民生命财产造成较大损失。

1971年4月30日16时至16时10分，一架朝鲜民航客机（安24）在朝阳西南方向5700米高度上被鸭蛋大的冰雹击成重伤。

1971年7月17日辽宁中部地区遭受特大冰雹灾害，凌晨3～9时，冰雹由阜新经黑山、北镇、义县、台安、盘山、海城、营口、盖县至庄河等十几个市、县，99个乡，行程350多千米，雹区宽约5～10千米。此次降雹时间一般为15～30分钟。雹粒一般为杏核大，海城县温香、牛庄等地最大冰雹重达2.5千克，并伴有8～10级大风和暴雨，造成

118 万亩农田受灾，死 13 人，倒塌房屋 2.2 万间，果园和蚕场也遭严重损失。

1974 年 7 月 15 日 16 时 22 分至 16 时 37 分，沈阳东塔机场降直径 2 厘米的冰雹，数架飞机被击成麻点，其中一架尾翼被打扁。

1980 年 7 月 10 日，阜新市和朝阳县羊山乡降雹，仅阜新农田受灾达 20 多万亩，需毁种近 5 万亩。冰雹打伤 264 人，重伤 47 人，死 1 人，打死牲畜 38 头，家禽 589 只。

1984 年 5 月 27～30 日，朝阳、阜新、锦州、铁岭、沈阳、辽阳、抚顺、本溪等市的 22 个县 134 个乡先后遭雹灾，降雹时间一般为 15～35 分钟，最大冰雹如鸡蛋。29 日阜新最大积雹厚度达 7 厘米。这次冰雹灾害面广，密度大，风雨交加，灾情严重，受灾农田总面积达 184 万亩。

第二节　古代（公元 1103—1838 年）冰雹

辽　乾统三年（公元 1103 年）　秋，七月，中京（今锦州、朝阳地区全部，阜新地区一部属中京道）雨雹，伤稼。

元　至元二十九年（公元 1292 年）　夏，闰六月，辽阳（路治在今辽阳市）、沈阳（路治在今沈阳市）、广宁（路治在今北镇县）路、咸平府（府治在今开原县）雨雹，害稼。

元　大德五年（公元 1301 年）　八月，金州卫，降雹至害稼禾。

元　大德十一年（公元 1307 年）　夏，五月，建州（今朝阳县黄河滩喀喇城）大雨雹。

元　至大元年（公元 1308 年）　秋，八月，大宁（今朝阳、锦州地区属大宁路）雨雹。

元　致和元年（公元 1328 年）　夏，六月，大宁属县雨雹。

元　至顺元年（公元 1330 年）　秋，七月，开原雨雹。

元　成化十六年（公元 1480 年）　辽海、三万、开原，雹灾。

明　嘉靖四年（公元 1525 年）　锦西雹。

明　嘉靖九年（公元 1530 年）　夏，五月，河西（辽河西，广宁等九卫地属河西）大雨雹，伤害人畜甚众，禾尽损。

明　嘉靖十五年（公元 1536 年）　春，金州卫大风雹，禾损伤大半。

嘉靖四十三年（公元 1564 年）　夏，五月，金（今金州区）复（今复县复州城）州雨雹，大如盘，延袤百余里。

明　万历九年（公元 1581 年）　秋，八月，定辽（卫治今辽阳市）等卫雨雹，雹如鸡卵，秋禾尽伤。自长安堡（今辽阳市北二台子）至青石岭，约百余里。义州等卫，雹禾尽伤。

清　康熙六年（公元 1667 年）　冬，十一月，以承德（今沈阳市）、广宁（今北镇县）二县雹灾，发粮赈济饥民。

清　乾隆十一年（公元 1746 年）　秋，七月，义州（今义县）、锦县（今锦州市）复被雹成灾。

清　乾隆五十六年（公元 1791 年）　锦县风雹灾害。

清　嘉庆十二年（公元 1807 年）　六月，宁海虫雹歉收。新民雹灾。

清　嘉庆二十五年（公元 1820 年）　锦州伏旱被雹。

清　道光五年（公元 1825 年）　锦州高埠受风雹灾伤。

清　道光十五年（公元 1835 年）　辽阳（今辽阳市）雹灾。

清　道光十八年（公元 1838 年）　金、复州雨雹大如盘，延至百里。

第三节　近代（公元 1863—1948 年）冰雹

清　同治二年（公元 1863 年）　六月，昌图雹大如卵，厚积三尺。

清　同治三年（公元 1864 年）　六月，昌图秋大熟，初雨雹，大如卵，厚积三尺，秋大饥。

清　光绪三年（公元 1877 年）　风化大雨雹击，死鸟兽，折伤树木，人有死者。贷义州旗户籽种银。

清　光绪四年（公元1878年）　七月，昌图等地，大雨雹。

清　光绪十三年（公元1887年）　十一月二日安东大雹，平地积雹半尺厚。本年偏涝，气温略低，秋收较晚。未收庄稼及蔬菜毁于冰雹者甚多，鸭绿江岸飞雁坠发无数。

清　光绪二十九年（公元1903年）　五月，庄河雨雹击毙牲畜甚多。

清　光绪三十一年（公元1905年）　海城雹。

清　光绪三十二年（公元1906年）　四月十四日，广宁、柳河、开原、彰武被雹成灾。农历五月，安东降大雹如鸡卵，田苗损坏颇巨，击伤飞鸟无数。牛庄、海城被雹为灾。

清　光绪三十四年（公元1908年）　八月七日，安东忽降冰雹骤雨，山洪暴发，打坏冲坏庄稼共二十三村屯。

清　宣统元年（公元1909年）　九月四日及前后，安东地区长泡子、赵氏沟、石浪头、小影壁山、大影壁山、二城子、黑山、大东沟等处降雹，厚者达一尺，禾谷豆被打毁，受灾农田一万二千余亩。

清　宣统二年（公元1910年）　兴京府，被雹成灾。

清　宣统三年（公元1911年）　开原冰雹，树木被折。

民国　二年（公元1913年）　彰武西南、西北两乡旱雹成灾，一百零九村屯，地亩遭灾面积九万七千六百亩。

建平八月降雹，大如卵，小如豆，历时二小时，田禾被击毁。

民国　三年（公元1914年）　七月二十六日，盖县下午降雹六个小时被灾。

七月三十一日，安东连阴雨之后忽然晴霁，中午日光异常灼热，俄而浓云密布，大雨如注，夹有冰雹，大者如核桃，自下午四时降至五时，禾稼、蔬菜均受损伤。

九月十五日午后七时，安东六区降雹一小时，受灾农田七千余亩。雹区自长山子至赵氏沟，宽十余里，“冰块大者九斤半，小者一二斤”。

兴京被雹。

民国　四年（公元1915年）　法库入秋以来，洼地冰雹肆虐，遂成灾。

民国　五年（公元1916年）　五月三十日午后三时，凤城降雹大者如鸡蛋。

六月二十日午后三时岫岩降雹，大者如鸡蛋，城南窟龙山一带宽四五里、长五六十里田苗、柞蚕受灾。

七月五日晚十二时，安东降雹，一宵三次，约二十分钟，大者如鸡蛋，菜园被打惨不忍睹，一千四百余户菜农遭灾，次日市上青菜涨价一倍。七日晚十时起，岫岩大风冰雹历三小时之久，雹大如碗。自岫岩兀拉撒袋向南，直至一面山前，约四五十里，数十村农田及牲畜毁伤，目不忍睹。二十二日安东一区及苇子沟降雹，大者如胡桃，受灾面积一千余亩。

抚顺，雹伤禾。

七月，锦西被雹成灾，秋收无望。

十月四日晚六时，凤城降雹，大者如杏。

民国 九年（公元 1920 年） 七月，本溪大雹，秋收绝望。灾势极重。

民国 十年（公元 1921 年） 六月三日，复县降雹，受灾二十余屯，长三十里，宽五十六里。

六月十一日午后三时，凤城降雹三十分钟，大者如核桃，积地三寸，毁坏青苗甚多，以县城周围菜地、城南王道士沟、候家沟等地受灾最重。二十六日午后五时又降雹二十分钟，大者如鸡蛋，长二十余里、宽十余里的青苗、瓜菜一律打毁。

阴历六月二十七日下午，朝阳（今朝阳、北票等县），大风雨，继以冰雹，县西南二十里外腰而营子等处雹积半尺，所有青苗均被砸毁。

九月初一、初六、初九，辽阳大雨倾盆，风雹甚重，禾稼淹没，被灾八万六千亩。

秋，八月，义县雨雹齐下，受灾极重。

民国 十二年（公元 1923 年） 阴历六月二十一日午时，建平雨雹。由登皋村迤南至公爷府，长五十余里，东由吴家店西至吴家营子，宽十余里，平地积雹尺深。老牛沟村冰雹大，且山水涨发。

七月十日，绥中忽降大雨雹。大如拳，小如蛋，庄稼被灾。

民国 十三年（公元 1924 年） 六月十日午后，黑山被雹成灾。

八月，庄河雹灾。

民国 十四年（公元 1925 年） 盖县雹。

民国 十五年（公元 1926 年） 七月十五日午后朝阳降雹，大者如碗，小者如卵。约三点钟始至，长宽各约十余里。禾苗幸存者亦无几。

十一月八日，绥中县属地阵雹两小时，禾被毁五万零二百亩。

民国 十六年（公元 1927 年） 六月初四、五、六三日连降冰雹，建平南区公营子、河南沿土城子等村烟苗、田禾砸毁净尽。

六月初六、七两日午后骤降冰雹三时之久，深有尺许，白冰一片。公营子、果木树营子等村屯的烟苗尽毁。

八月十三日，绥中阴雨四布，暴雨倾盆，冰雹盈天，大者如拳，被打伤高粱棉花。

北镇、建平、凌源三次遭雹灾。

民国 十七年（公元 1928 年） 六月三日午后二时许，安东风暴突起，雷电交加，继以冰雹，大者如拳头，小者如鸡蛋，禾苗损失尚不多，春柞蚕则全毁。四日、五日凤城冰雹，城北山城子、大甸子、阎家堡、东汤镇一带遭灾二次，大者如鸡蛋，山蚕、大豆、烟苗均被打伤，秋收无望，为近年来未有的奇灾。宽甸县三日、六日降雹二次。

民国 十八年（公元 1929 年） 九月三日午后二时，宽甸长甸冰雹，大者如鸡蛋，约下一个小时。长十余里、宽七八里庄稼，秋蚕均被打毁。四日午后二时，安东大雷雨、冰雹，一火球飞入第七监狱织布科，击倒击毙各一人。

九月五日下午，阜新冰雹降大如碗，小如李，田禾尽摧毁。

民国 十九年（公元 1930 年） 八月十三日午后，暴风大作，雨雹尺许，将禾苗砸得百无一存。

八月三十一日午后三时，天气骤变，冰雹直降，大者如卵，小者如豆，历时一小时之久，业家窝铺、张家营子等村，禾苗砸得无存，尽成赤地，惨无忍视。

盖县，夏雹。

民国 二十年（公元 1931 年） 五月二十四日至六月十六日，凌源县连降冰雹多次，第一、二、四、五、六区热水汤，小城子等十八处被砸，禾稼、烟苗无存，秋收无望。

六月十六日建平县降雹。二区、五区半拉木头等二十余村和四家等三十余村的烟苗、禾苗尽毁，打死男女八人。绥中东台山屯急降大雹，成灾。阜新秋收无望。建平三、四区庄稼尽毁成灾。

八月五日、十二日、二十六日降雹，宫家营子等四十八个村、五区三分所等十村的田苗被打毁。五区八家子的八、九、十分地等村，雹大如碗，禾苗均打毁，秋收无望。

十月二十四日午后九时，安东冰雹，降二时始停。次日晨骤寒。至二十七日，寒风凛冽，结冰厚寸许，青菜多被冻坏，损失颇巨。

西丰被雹成灾。

民国 二十一年（公元 1932 年） 五月一日，六月七日，六月十一日等三天午后朝阳降雹，南波台、大板等二十余村烟苗被打毁。

辽阳：近来大雨滂沱，连绵不息，加之朔风频吹，气度极凉，是以巨大之冰雹，加雨而落。昨据西屯五道口门来人云，该处曾降一大雹重约二十多斤，同时在近之孙家沟村中亦落一大雹，经好事者秤之计重十八斤，其余成斤之小雹，遍村满野，无处无之，所有禾苗，均被打伤，呜呼，天公不为历可谓甚矣。

八月二十八日下午，建平降雹，郎家营子、兰旗营子、白塔等三十个村禾苗被打毁。

五月十五日，六月十日、十二日、三十日，凌源多次降雹，热水汤等四十四个村屯烟苗被打毁，受灾严重。

民国　二十四年（公元 1935 年）　六月九日午后四时半，安东降大雹十分钟，学校、商店、医院、温室玻璃打毁，损失二万元。农作物、蔬菜打毁六成。

七月二日午后五时，凤城、边门火车站及两旁一带降雹，大者如蛋黄，历半小时，禾稼被毁，以烟叶为重。南干河羊湖汀烟农四人被雷击倒，死一人。四日午后二至三时，凤城降雹历时半小时，小者如鸡蛋，大者直径达三寸，如碗口，田禾受害极重，凤凰山上岩石被雹击纷纷落下，为空前大雹。

七月二十六日和八月，凌源降雹。禾苗被砸毁，秋收无望。

八月二十五日午后，建平降雹，雹粒大如鸡蛋，小如核桃，约半小时停。第四区大哈拉道口等村受灾。惟此次雹灾，风烈雹腾，砸毁稼禾村屯达五十余处。第一区老西店、八家等二十个村，受灾较重，禾稼麻乱，颗粒不收，漫野红尘，惨目伤怀。

九月二十日，凌南（今建昌）雹灾。

民国　二十七年（公元 1938 年）　九月九日午后，安东降暴雨冰雹约一小时，雹大者如指盖。水稻、荞麦、白菜被打毁，铁甲、房身、双岭等地重灾地约千亩。

民国　三十六年（公元 1947 年）　赤峰、乌丹、宁城春冻雹打减产四成。

民国　三十七年（公元 1948 年）　六至九月，热河中部各地受不同雹灾。

第四节　现代（公元 1949—2000 年）冰雹

1949 年　6 月中旬，新宾县冰雹如鸡蛋大，积雹 2～3 寸厚。受灾农田 3862 亩。

7 月 1 日宽甸县降雹，本年辽东雹灾面积 12377 亩。

1950 年　4 月 22 日至 6 月 18 日，辽西 10 个县 27 个区降雹，受灾面积 10.1 万亩。

1952 年　5 月 30 日，安东六区（今俭汤乡）的前房、戴家等 5 个村，遭受雹灾，棉花、洋麻受害面积 2850 亩，有 30%被打掉头，柞蚕被打死 30%。

7 月，朝阳降雹，受灾农田 6303 亩。

8 月 27～29 日，新民、彰武、黑山、法库、铁岭、昌图、开原、阜新县降雹，受灾面积新民 2.4 万亩，彰武 6.9 万亩，黑山 1 万亩，法库高粱刮倒 20%～30%。

1954 年　7 月 6 日，新宾、本溪县降雹 40 分钟，积雹 1.5 寸厚。玉米、大豆被打得只剩茎秆，受灾农田面积 1.1 万亩，其中新宾 0.6 万亩，本溪 0.5 万亩。

9 月 22 日，岫岩县雹粒大如碗口。打漏草房 6 间，庄稼全部被打光，牲畜被打死。

1955年 5月14日、17～25日，阜新市冰雹平均重量0.5克，罕见重量3.1克。附近菜园、苗圃受灾，打坏玻璃。

5月17日，丹东、宽甸降雹，春蚕被打掉30％～40％。

5月中旬至6月上旬，北镇、绥中、锦县、盖县、岫岩、宽甸、桓仁、安东等市县的部分村降雹。棉花、烟草、柞蚕受灾严重，需要毁种和补种。

5月30日至6月1日，绥中、锦县、北镇、阜新、本溪（草河口）建平等县出现雹灾。绥中县降雹25分钟，严重地块积雹2寸厚，锦县降雹长达2小时，垄沟被冰雹填平。仅绥中、北镇、锦县有80625亩棉田受灾，其中绥中县被打掉2～3成苗的有650亩。

6月17～20日，营口、安东、开原、本溪、昌图、海城、辽阳、兴城、宽甸、桓仁、本溪（草河口）等市县降雹，仅开原一天之中就降雹3次，冰雹直径大的像糖球，小的如豆粒。开原县有2250亩大豆受灾，重的打成光杆，需毁种。昌图刚出土的谷子被打入土中，高粱、玉米遭灾。辽阳有300亩棉苗受灾。海城、盖县柞蚕也受到一定影响。

9月4～5日，彰武县降雹120分钟，雹粒大的像茶碗，小的如烟袋锅，地面积雹4寸厚。全县有3个区遭灾，其中胜利区有14个村受灾。受灾作物有高粱10050亩、谷子7500亩，平均减产2成以上。荞麦13050亩，将减产7成以上，棉桃也被打掉许多。

9月18日，盖县遭雹打损伤苹果400万千克，高粱60％倒伏。

1956年 6月6日，绥中、盖县、西丰、桓仁、新宾、开原等县降雹，冰雹大的如蛋黄，小的如豆粒，降雹10分钟。桓仁和盖县降雹持续长达1小时。新宾县有13个乡受灾，其中汤园、马尔墩、木奇3个乡雹打、暴雨冲刷土地300余亩，旺清门乡40亩大豆被打掉头，白旗乡打毁蚕场2处。盖县光荣、灯塔两乡16把柞蚕被打掉40％～50％，370棵苹果树落果一半。开原县有600亩大豆受灾。桓仁县有2000亩大豆被打光，500亩玉米毁苗30％。

6月7日、14日、30日，朝阳县降雹，平地积雹1.5～3寸厚，受灾棉田11625亩，其他农作物7170亩。

6月6～12日，喀左、昌图、宽甸县降雹，喀左冰雹大的如鸡蛋，小的如杏核，有的地方积雹2尺厚。受灾棉田335550亩，毁种58035亩，水冲沙压2535亩，淹地27870亩，其中喀左有的地方有风灾，人畜房屋损失很大。

6月12～14日，康平、凤城、宽甸县连降3～4次冰雹。康平受灾农田3000亩。凤城受灾3600亩，其中重灾1050亩，5把柞蚕被打死。宽甸县受灾农田840亩，烟草109床，柞蚕40把。

8月23～25日，台安、西丰、本溪、昌图等市县降雹一般5～20分钟，冰雹直径大的30毫米，小的10毫米。台安县受灾农田1.2万亩，主要受灾作物是玉米和大豆。西丰县受灾烟草2355亩、柞蚕179把、水稻6396亩、荞麦受重灾，基本无收成。本溪市受灾农作物6122亩，蔬菜受灾损失2万元。本溪县受灾农田7050亩，无收成的915亩，受灾农作物有玉米、大豆、谷子、荞麦、水稻等。昌图县受灾农田3万亩。

9月14日，万家岭老帽山一带降冰雹，大如碗口，小如鸡蛋。

1957年 6月22～23日，北票、辽阳、法库、鞍山、宽甸、黑山、沈阳、营口等市县降雹，受灾范围长45千米宽7～10千米，降雹3～20分钟，冰雹直径大的40毫米，小的10毫米。受灾严重的乡地面积雹3～4寸厚。仅黑山、盖县、营口县受灾农田面积51万亩，棉花、花生、大豆受灾严重。其中盖县棉花有3.8～4.5万亩几乎全部打秃需毁种；大豆被打成光杆的有2.6～2.7万亩；高粱、玉米叶子大部分被打坏，部分茎杆折断。

盖县降雹1小时，冰雹大的如茶碗，小的如鸡蛋黄。受灾农田1.0万亩。其中有4050亩农田被洪水冲毁。苹果被雹打落7.5万千克，70把柞蚕受灾，其中有50把无收成。龙王庙乡山洪暴发，有1000户房子进水，粮食家禽被冲走。营口县受灾农田2.4万亩。

7月4日，抚顺降雹，受灾7个乡，受灾蔬菜7000余亩，其中2700亩黄瓜、西红柿被打光。

7月12日，北票县降雹，冰雹平均重量0.6克，最大重量3.1克。3万亩农作物受灾。受灾作物有棉花、玉米、高粱、谷子、大豆、蔬菜。

7月27～30日，绥中县降雹，受灾农田3000亩，其中严重受灾的有2850亩。如2190亩棉花被打成秃杆，225亩高粱被水冲倒，打落白梨1000多千克。

北票县13个乡受灾农田2.3万亩。其中有3000亩棉花80％被打光，300亩大豆有50％打成光杆，高粱、谷子、玉米等作物叶子被打碎。

9月6日，营口县降雹30分钟。受害农田1.2万亩，受害作物有高粱、大豆、水稻、棉花、蔬菜等。

9月15～16日，沈阳市15日降雹十几分钟。主要受灾是蔬菜，受灾面积4.5万亩。辽中县15日降雹1小时，积雹约4寸厚。受灾高粱8490亩，并有部分棉花、荞麦约减产2～5成。喀左县15个乡降雹，大营子、瓦房店等5个乡受灾严重，仅大营子就有270亩棉花被打成秃杆，6000亩高粱、谷子被打掉籽粒。海城县受灾农田3.4万亩，损失粮食10万千克，苹果、烟草也程度不同受灾。

9月27日，盘山县冰雹平均重量18.8克，最大重量59.7克。受灾农田约1.6万亩，减产粮食111万千克。

1958年 5月18日，建平县降雹，冰雹平均重量2.6克。受灾农田426亩，50％的小苗被打坏。

6月20日，凌源县冰雹直径20毫米，平均重量1.3克，最大重量2.0克。玉米叶子80％被打成条，其他作物叶被打落，部分农田被水冲成沟。

6月28日，凌源县冰雹最大直径65毫米，平均重量13.2克，最大重量40克。蔬菜全部被打坏，玉米、高粱叶片全部被打破，大豆80％被打成光杆，棉花75％茎杆折断，杏、梨等水果被击落。

建平县叶柏寿冰雹最大重量9.4克，平均重量2.7克。受灾农作物1605亩，其中谷子、高粱、玉米、棉花受灾30％。

1959年 6月2日，凤城县降雹持续30分钟，冰雹直径4毫米，平均重量0.6克。受灾农田1万亩，牲畜被打死不少。

6月14日，辽中县降雹，受灾农田17700亩，需毁种6700亩。岫岩县300多间房子被风揭盖，冰雹打掉春蚕 9 把，刮倒树木 2000 多棵，1.5 万亩大豆叶片被打秃，199 亩农田被山洪冲毁。

6 月 12～27 日，丹东市、宽甸县、岫岩县降雹，受灾农田 10574 亩，打毁柞蚕 13.5 把，雷、雹打死 2 人、马 3 匹、牛 3 头。

6 月 22～27 日，营口、鞍山、盖县、海城、法库等市县降雹，受灾农田 47003 亩，需毁种 14102 亩。盖县受灾果树 38710 棵，约减产水果 10 万千克。义县、阜新县受灾农田 53550 亩。仅义县被打成 5 成苗的农田有 10605 亩，被全部打毁的农田 2700 亩，水冲沙压地 960 亩。

6 月底，新金北部地区遭到冰雹袭击，受灾面积 3000 多亩。

1960 年　6 月 2～4 日，锦西县降雹，打伤 17 人，重伤 2 人。打坏庄稼 2475 亩。建昌县冰雹平均重量 1.6 克，最大冰雹重量 3.0 克。受灾严重的农田禾苗被打坏，不能正常生长。东沟县冰雹如鸡蛋大，积雹 3～4 寸厚。农作物损失严重。朝阳县受灾农田 6 万亩，重灾 4 万余亩。

6 月 5～11 日，海城县降雹，受灾农田 0.6 万亩。

6 月 8～日，朝阳地区降雹，有 5 个县 30 个公社受灾，成灾农田 18.2 万亩，建昌、朝阳受灾严重。建昌成灾农田 5.8 万亩，其中有 1.1 万亩需毁种。朝阳受灾农田面积 6.05 万亩，其中重灾 4.4 万亩。

6 月 18～19 日，彰武县冰雹直径为 35 毫米，平均重量 12.1 克，罕见 34.7 克。全县受灾 6 个大队，6384 亩农田，其中毁种谷子 4815 亩。18 日朝阳地区降雹半小时，冰雹平均重 1.6 克，最大 3.1 克。

6 月 21 日 13 时 40 分，突然狂风骤雨夹杂冰雹由旅顺西北部艾子口登陆，经双岛湾、三涧堡、水师营、龙头至龙塘公社直奔东南入海。时风力 7 级以上，降雨 27 毫米，冰雹大者如拳，小者如杏核。受灾范围宽约 5 千米，长 30 千米。受灾面积 3053.33 公顷，占耕地面积的 17%。苞米叶落或断株，小麦大部倒伏掉头，蔬菜、瓜果类大部只剩茎蔓。受害果树 2.4 万多棵，落果 30%，伤果 68%，好果只有 7%～10%。打断山林幼苗 19.5 万多株。

7 月 4 日，法库、康平、建平、凌源、阜新、义县、凤城等 20 个县降雹，法库县冰雹平均重量 2.6 克，罕见重量 11 克。风雹来势猛，受灾范围大。其中法库、康平、铁岭受灾尤为严重，法库县 65 个大队 24 万亩农田遭受罕见的风雹灾害。大风刮倒树木 70 多株，房子 10 多间。山洪冲地 2820 亩，倒房 29 间，冲毁桥 2 座。

7 月 18 日，受 9 号台风影响，雷雨大风交加，五岛地区的高屯、七间房、金城、郭屯一带降冰雹，庄稼、果树、蔬菜遭伤害。

7 月 30 日，喀左县降雹，全县 7 个公社 22 个大队 136 个小队 3.2 万亩农作物遭雹灾。

8 月 25 日，昌图县遭受冰雹袭击。冰雹直径 15 毫米，平均重量 6 克，最大重量为 60 克，并伴有短时大风，高杆作物损失严重。

9 月 10～11 日，沈阳、康平、法库等市县降雹，风灾 3.7 万亩，雹灾 8200 亩，内涝 10 万亩，受灾的庄稼一般都减收 2～3 成。

9 月 21 日，阜新县降雹，大的如鸡蛋，平均重量 0.4 克。受灾农田面积 7.5 万亩，损失粮食 125 万千克。

1961 年　7 月 27 日，喀左县降雹，冰雹平均重量 0.3 克，罕见重量 0.6 克。7 个乡遭雹灾，9 个乡遭风灾。

8 月 23 日，喀左县降雹，冰雹最大如鸭蛋，一般如鸡蛋，最小杏大，平地积雹 3 寸多厚。砸坏庄稼 7564 亩，绝收 982 亩。

9 月 1 日，彰武县冰雹平均重量 1.6 克。全县 10 个公社遭受程度不同的灾害，其中有 3 个公社受灾较重。受灾农田 495 亩，大部分蔬菜叶子被打碎，部分水果被打落。

1962 年　5 月 5 日上午，新金县同益、瓦窝和沙包等 5 个公社的部分大队受灾。其中同益、瓦窝灾情最重。降雹历时 14 分钟，大者如鸡蛋黄，小的如豆粒。5 个公社受灾果树 67.2 万棵，春蚕受灾 371 把，大田作物受害 7000 亩。

5 月 14～15 日，锦西县降雹 20 分钟，大的如鸡蛋，小的如豆粒，积雹 2 寸厚。受灾棉田 2500 亩、大豆 1000 亩、蔬菜 200 亩。

复县 19 个公社连续降雹 30 分钟，大的如鸡蛋，小的如蛋黄，直径 25.0 毫米，最大重量 3.5 克。有 100 万株苹果树受灾，占全部果树的 55%，50 万亩定植的黄瓜、西红柿遭灾，受灾各类农作物约 6～7 万亩。育苗玻璃损坏严重。

新金县 3 个公社降雹 30 分钟，积雹 4～5 寸厚。有 54 万株秋果 40%打掉花，减产水果 750 万千克。6790 株伏果树受灾，80%～90%花被打掉，几乎全部绝产。受灾农田作物 12093 亩、蔬菜 499 亩。

盖县降雹，冰雹一般大如鸡蛋黄，降雹长达 20 分钟，积雹 1～2 寸厚。受灾农作物 37733 亩、果树 143 万株，其中打掉花在 70%以上的有 47722 株，受灾柞蚕 425 把，有 192 把全被打光。

营口县 10 个公社降雹，受灾农田 1511 亩，损失稻种 4.5 万千克。建一公社 216 把柞蚕全部受灾，47 把全部被打光，受灾果树 4909 株，花被打掉 90%。

绥中县降雹 5 分钟，冰雹大如鸡蛋，小如豆粒。成灾农田 5950 亩，需毁种 1580 亩，梨果减产约 50 万千克。

5 月 25 日，铁岭县降雹，受灾农作物 5405 亩，受灾程度 80%～100%。

5 月 28 日，铁岭县降雹，受灾农作物 25985 亩，其中有 12070 亩受害 50%～70%。

6 月 3 日，北票县降雹，受灾农田 3.3 万亩，毁种 1 万多亩。锦县、义县、绥中县降雹，14 个乡受灾，受灾农田 18.5 万亩，其中毁种 5760 亩。复县受灾农田 3.4 万亩，毁种 4000 亩，补种 2.6 万亩。

6 月 9 日，复县降雹 9 分钟，雹粒大的如鸡蛋，小的如卫生球，地面积雹 1～2 寸厚。有 5000 亩玉米、980 亩大豆、75 亩蔬菜、7000 株苹果树受灾。

6 月 22 日、25 日、28 日，黑山、铁岭、西丰、法库、建平、桓仁等 9 个县（区）降雹。共有 107 个公社、385 个大队遭雹灾，受灾农田 674800 亩，毁种 107800 亩。被雷暴击死 2 人、伤 34 人。大水冲走牲畜 36 头，冲倒房屋 502 间。黑山县 25～28 日有 16 个公社受灾，受灾农田 37.5 万亩，其中重灾 10 万亩，有 4.2 万亩需毁种。铁岭县 7 个公社遭受风雹灾害，揭掉房盖 429 间，倒塌 9 间，砸伤 17 人，死 1 人，受灾农田 7.02 万亩。建平12个公社3个农场受灾，受灾农田58300多亩，毁种14600亩，冲毁农田3300亩，冲倒房屋39间，冲走牲畜104头。辽阳县19个公社受灾，受灾农田5.1万亩，需毁1万多亩，受灾作物全部是大豆类。

7月10日，锦西县冰雹大的如鸡蛋，一般如杏核。受灾农田42441亩，其中冰雹砸毁1790亩，水冲沙压地24540亩，需毁种10348亩。

8月8日，复县5个大队降雹，受灾农田10785亩，其中重灾3350亩，打坏果树1550棵，打伤苹果11万千克。

9月2日，盖县雹粒一般如鸡蛋大。灾情严重。锦西县降雹6分钟，雹带长15千米，宽1千米。受灾农田1867亩、果树4000株，7人受轻伤，猪、鸡等家禽被打死不少。

9月20日，复县降雹，冰雹大的如鸡蛋，小的像杏大，降雹持续20分钟，风力5～6级。豆类、高粱、水稻、蔬菜及苹果受到一定损失。新金，降雹约20分钟，大的如鹅蛋，小的如橡子，同时伴有雷阵雨和6～7级大风。全县有8个公社受灾，以泡子、唐家房、杨树房、大谭等5个公社的21个大队144个生产队灾情最重，受灾面积26.3万亩。

10月12日9时左右，旅顺口区降雷阵雨夹杂冰雹由西北横插东南入海。使北海、三涧堡、长城、水师营、龙头、龙塘6个公社的17个大队64个生产队遭到10～15分钟冰雹袭击。黄泥川大队降雹15分钟，积雹3寸（背阴沟旁处达10寸左右）雹粒一般如杏核。大者如鸡蛋。至13日下午尚未溶化。据不完全统计：全区损失133.33公顷秋菜、5.3万千克苹果。

1963年　5月，沈阳、朝阳、锦州、阜新、鞍山、丹东、抚顺、本溪8个市的24个县降雹，农田受灾面积138万亩，受灾作物有高粱、玉米、大豆、地瓜、花生、棉花等，部分果树蔬菜也遭雹灾。

6月3日，建平县受雹灾农田1750亩。

6月8日，建平县降雹，受灾农田53438亩。

6月13日，喀左县降雹20分钟，雹粒如鸡蛋，积雹2寸厚，降雹范围长35千米，宽5千米。受灾农田18757亩，毁种5536亩，砸毁苗木2亩。打伤12人，打死畜禽130只（头），砸坏房屋9间。

6月8日、13日、22日，锦州市受灾农田44.4万亩，最重的是兴城县，有15万亩，棉花、大豆、地瓜被打80%以上。

6月22日，岫岩县降雹，1万亩庄稼严重受灾，7675亩需毁种，打死耕牛8头。凤城县最大冰雹拳头大，重1.3千克，局部地面积雹5寸至1尺厚。受灾农田面积10182亩，水冲沙压地121亩，打毁柞蚕17把，大树被连根拔起、吹断。

开原县降雹，风力8～9级，冰雹一般如鸡蛋，农田积雹没垅沟。受灾农田1.1万亩，大豆茎叶全部被打落，玉米严重倒伏或折断。

锦西县冰雹平均重量0.8克，最大重量1.2克。部分地瓜、大豆、棉花受灾，果树果实被打落。法库县降雹持续10～12分钟，冰雹直径7毫米，短时阵风9～10级。受灾农田10万多亩，需毁种2036亩，补种49184亩，伤104人，死1人。砸伤牲畜千头，打破门窗玻璃3000多块，折断树22株。

兴城县冰雹最大如鸡蛋，小如杏核。受灾农田15万亩，重灾12.6万亩。朝阳地区降雹，受灾农田 47 万亩，受灾严重的凌源县四合公社有 1.2 万亩农田需毁种；西五家公社有 600 亩棉花被砸光；建平县硃碌公社降雹 30 分钟，积雹 6 寸厚；新房子公社砸羊 250 只。

6 月 23 日，阜新市降雹，受灾农田 3300 亩，冲毁地 200 亩，雷暴击死 1 人。

6 月 24 日，建平县降雹，受灾农田 5.6 万亩。

7 月 16 日，阜新市郊，阜新县降雹，受灾农田 6870 亩、蔬菜 2500 亩。

8 月 22 日，阜新县降雹 1 小时左右，雹粒大如鸡蛋，平地积雹半尺多深。伴有 8～9 级大风。受灾农田 5.9 万亩，其中绝收 1.7 万亩。

8 月 23 日，义县 14 个公社遭雹，冰雹平均重量 8.7 克，最大重量 13.2 克。农田受灾占全县耕地面积的 30%，估计减产粮食 825 万千克，减产棉花 3700 担。

8 月 24 日，西丰县冰雹平均重量 5.1 克，最大重量 7.0 克。农作物不同程度受灾，其中高粱、蔬菜、柞蚕受灾较重。

9 月 9 日，喀左县冰雹一般如杏大，风力 7～8 级。6 个公社 7887 亩庄稼被雹砸，损失粮食 683500 千克，冲走场院粮食 7500 千克、羊 3 只、房子 3 间。

9 月 20 日，盖县冰雹平均重量 0.5 克，最大重量 3.1 克。苹果损失严重，降等果约有 2.5 万千克。

9 月 25 日 11 时 35 分，金县降冰雹长达 7 分钟，雹粒最大如蛋黄。5 个人民公社、12 个生产大队的 8 万棵果树受灾，损失苹果 200 多万千克，价值 25.6 万元。

1964 年 6 月 7 日，喀左县降雹，受灾农田 27594 亩。阜新县 6 个公社受灾，受灾农田 1.3 万亩，其中重灾 3110 亩，水灾 1.0 万亩。

6 月 11 日，喀左县降雹，受灾面积 5.4 万亩。义县冰雹平均重量 0.8 克，最大重量 1.6 克。受灾农田 27 万亩。铁路交通受影响，火车停运 3 个多小时。

6 月 20 日，锦西县降雹，农作物成灾面积 1411 亩。

6 月 22 日，昌图县冰雹平均重量 1.5 克，最大重量 4.1 克。农田 40%的大豆叶子被打破，玉米叶子全部被打破。

6 月 16～25 日，西丰、宽甸、康平等县降雹，西丰有 5 个公社 16 个大队受灾，受灾农田 2.2 万亩，需毁种 2168 亩，7 把春蚕被打下山，297 亩耕地被水冲沙压。宽甸 6 个公社 8 个大队的 7100 亩农田受灾。

6 月 27 日，喀左县降雹，有 1.1 万亩农作物遭雹灾。

7 月 11 日，阜新地区降雹 10 分钟，雹粒有的大如鸡蛋，伴有 8～9 级阵风。7 个公社受灾，受灾地区农作物倒伏，有的被打成光杆。

8 月 29 日 9 时 30 分，辽中满都户、牛心沱、大里降雹，农作物受损。

9 月 29 日，本溪、宽甸等县降雹，本溪蔬菜受害，宽甸县毁房屋 2 万间、柞蚕 7038 把，受灾农田 3 万亩。

10 月 16 日 13 时～13 时 15 分，四平公社天成、长岭等 5 个大队降落阵雹，大如橡子，地面覆盖一层，大豆减产 2～3 成，苹果减产 5 成。

1965 年 6 月 19 日，朝阳县南部（羊山），冰雹平均重量 0.1 克，直径 28 毫米，受灾农田的作物叶子被打成丝状，少数棉花生长点被打掉。

法库县降雹，雹线长1～1.5千米，宽约0.5千米，降雹半小时，雹粒大的如鸡蛋，小的如蛋黄，4941亩农作物程度不同遭受风雹灾害，其中需毁种的有560亩。

6月29日，庄河县降雹，冰雹直径30毫米。县北部一些公社遭雹灾，其中桂云花公社受灾农田面积12万亩，柞蚕受害7.3把，有20%的蚕被打死或打伤，苹果被打落。

锦西县降冰雹，雹重0.8克，仅塔山、稻池两公社受灾农田面积达1万多亩，粮食减产10%。绥中县降雹仅王家、高岭公社受灾农田面积22789亩，需补种有1.1万亩。

新金县俭汤、同益、安波等公社的12个大队80个生产队遭受冰雹危害，其中最大的冰雹有鸡蛋大，受灾面积14.2万亩。苹果遭灾1万多棵，落果约占10%，柞蚕受灾229把。

7月17日，锦县降雹，受灾农田1200亩。凤城县共有18541亩各类农作物程度不同受灾。

7月22日，锦县降雹，雹粒大如鸡蛋，一般像核桃。受灾棉花2958亩，粮谷2032亩。沙压地57亩，果树预计减产20万千克。法库县降雹20～30分钟，雹粒如鸡蛋黄大。十间房公社石岗子大队遭严重雹灾，有98亩农田需毁种，2500亩秋菜减产3～4成。

8月11日，绥中县降雹15分钟，冰雹大的如杏核，个别像鸡蛋。一些农作物和果树不同程度受灾。

8月15日17时，旅顺口区双岛湾公社山头大队范围内降了3～4分钟蛋黄大的冰雹，作物受到损失。

8月20日，喀左县降雹，受灾农田15300亩，庄稼减产2～3成。

8月30日，凤城县降雹，受灾农田7080亩，毁蚕33把。

9月5日，绥中县降雹30分钟，雹粒一般如核桃，大的像鸡蛋，局部地面积雹2～3寸厚。受灾农田3900亩，其中114亩颗粒无收。

9月8日，昌图县有6个公社降雹，受灾农田10.5万亩，减产5成的达1万亩。

9月13日，义县冰雹平均重量6.0克，最大重量12.4克。全县16个公社受灾。成灾农田面积24.2万亩，占耕地面积25%；受灾果树20万株，打掉各种水果124万千克。北镇县降雹，有8个公社受灾。受灾农田24843亩、水果也受不同程度损失。

9月18日，丹东市冰雹平均重量2.5克，最大重量6.3克，最大直径33毫米，为近10年所少见。一些农作物和蔬菜受灾。喀左县遭雹，受灾农作物14985亩，减产粮食316815千克。凤城县冰雹大的如鸡蛋黄，局部积雹10寸厚。受灾农田2000亩，毁蚕41把。

1966年　4月28日，复县降雹1分钟，雹粒大如鸡蛋。横山公社9个大队遭雹灾，果树、蔬菜受损面积4%，打坏一些房屋玻璃。

庄河平山公社北部城山、金钱沟、吕沟大队，太双河大队降冰雹，其中平山公社金钱沟大队盖屯小队最严重，地面积雹5厘米，密度为3～5厘米。打坏菜栽子，雷击死1人。

5月30日，喀左县降雹，地面积雹3～6寸厚。有5个公社遭雹灾。受灾农田8300亩，其中全部砸毁禾苗5100亩。

6月7日，朝阳县降雹，14个公社97个大队的295368亩农田受灾。其中36573亩棉田全部成灾。

6月8日，彰武县降雹，受灾农作物主要有棉花、地瓜和大豆。棉花遭灾最重，有1200亩需毁种。

6月15日、16日，喀左县降雹，11个公社52个大队受灾。受灾农田114500亩。田间工程损失较大，冲垮梯田埂4.3万余道，冲毁石坝3400余道，风剥山坡地3万余亩，沙压淤地2万余亩。倒塌房屋40余间，死2人，冲走刮折树木千余株，全县电话中断半天。

6月20日，中午12时10分，金县降雷阵雨夹带冰雹袭击亮甲店公社三家、葛麻、蚕厂、石磊、旭升6个生产大队24个小队，受灾面积12平方千米。雨雹持续20分钟，雹粒大的如蛋黄，小的如糖块。击毁农作物2921亩，损失苹果、桃子4.5万千克。

7月1日，盖县降雹历时15分钟，雹粒如黄豆粒大。杨运公社松山裕大队各类农作物受灾21541亩，占全大队总耕地面积的68%。

7月2日，义县降雹，冰雹大的如杏，小的如卫生球。全县8个公社，31050亩农田受灾。喀左县受灾农田11190亩，冲毁石坝660余道，雷暴击死1人。

7月6日，彰武县降雹，受灾农田1119亩，320亩需毁种。

7月7日，义县降雹，受灾农田16593亩，其中棉田4858亩。盖县降雹历时10分钟，雹粒大如鸡蛋黄。受灾农田7060亩，其中棉花受灾2617亩，轻者把顶尖打断，重者被打成光杆，高粱、玉米叶子被打烂。锦县遭雹，5个公社9个大队的2.58万亩农田遭受程度不同风雹灾害。其中重灾3678亩，需毁种790亩。盘山县农田程度不同受灾，需毁种20263亩。

9月16日，桓仁、抚顺、本溪降雹历时半小时，雹粒如乒乓球大，地面积雹3～4寸厚。仅桓仁县7个公社统计，受灾农田达2.7万亩，其中重灾2.28万亩，减产粮食165万千克。柞蚕被打毁2/3。

10月11日，盖县降雹，冰雹直径一般10毫米，最大直径20毫米。杨运公社损失苹果70万千克，九寨公社有25～30万千克。

1967年　5月23～25日，营口县冰雹如鸡蛋黄大，地面积雹2寸多厚。13个公社受灾。其中官屯公社灾情较重，大田作物被水冲雹打，需毁种上万亩，打坏果树数千株，山水冲走1人，房屋倒塌50多间。

6月9日，建平县降雹，地面积雹1～2寸厚，最大冰雹如核桃。受灾农田2600亩。

6月23日，法库县降雹，受灾农田5928亩，毁种56亩。

6月25日，桓仁县遭雹，冰雹大如鸡蛋。受灾农田2000多亩。

7月16日，新宾县降雹，冰雹直径50毫米。庄稼损失严重，特别是蔬菜。打坏一些门窗玻璃。

1968年　5月29日，岫岩县降雹，冰雹一般如杏大，大的像鸡蛋黄。雅河公社农作物幼苗受灾。

10月6日，新金安波公社的八家、刘屯等大队遭受雹灾，损失苹果45吨。

1969年　5月15日，喀左县降雹持续半小时。5个大队部分农田受灾，果树损失较大。抚顺县的前甸、章党、哈达一带降雹，局地积雹10寸厚。打毁农作物幼苗1000亩。

5月18日，本溪县降雹，地面积雹3指厚。使大田作物幼苗遭受冻害，尤以大豆遭灾严重。

5月24日，东沟县降雹10分钟，积雹1寸厚，最大冰雹有栗子大。太阳升公社东升大队受灾农田600亩，打毁春蚕10把，果树600～700株，500亩蔬菜全部被打坏。

5月29日，北镇县冰雹平均重量3.0克。广宁公社和县农场受灾严重，棉花受灾100亩，大豆和蔬菜也程度不同受灾。

6月1日，东沟县降雹历时15分钟，积雹2寸厚，冰雹最大如鸡蛋大，一般像卫生球。5个公社16个大队的2.97万亩农田受灾，其中重灾1.2万亩。

6月6日，东沟县降雹一般如鸡蛋黄大，地面积雹2寸厚。遭雹灾，农田玉米被打毁70%。

6月18日，东沟县降雹持续1小时。3个公社降雹。跃进公社受灾农田1100亩，7～8把柞蚕被打坏；孤山公社受灾农田1400亩。

6月28日，阜新市冰雹平均重量12.8克，最大重量29.3克，直径一般20毫米，最大60毫米。有2000多亩农田受灾。粮食减产30%～40%，蔬菜减产50%～60%。浸湿粮库粮食5万多千克。法库县受灾农田4.2万亩。盘山县玉米、高粱、大豆受害，部分农田需毁种。

7月5日，法库县降雹，杨家沟公社有4个大队1.2万亩玉米，高粱叶子被打光。

8月25日16时30分至17时30分，庄河东北部山区3个人民公社先后降冰雹。雹粒最大如鹅蛋，一般如鸡蛋黄，最大积雹深度30～60厘米，一般积雹深度15厘米，雹线宽度约10～15千米，受灾面积26831亩。受灾地区地瓜叶被打，玉米80%被打断，30%玉米棒子被打掉。

8月26日，复县冰雹大的如鸡蛋黄，小的像高粱粒。驼山公社大魏大队灾情较重，蔬菜全部被打坏，打掉苹果1.65万千克，大田作物减产2成。新金元台公社9个大队受雹灾。其中5个大队最重，受灾面积达1.2万亩，粮食减产1000吨。

8月27日，喀左县降雹，受灾农田8495亩，减产粮食约8.45万千克。

1970年　6月26日，抚顺县降雹，冰雹大的如卫生球。仅哈达公社受灾农田673亩。新金安波公社5个大队受雹灾，粮食减产2～3成。

9月13日，清原县降雹，最大冰雹如拳头，地垅沟被冰雹填平。7个公社60个大队降雹，一些庄稼被打坏。本溪市降雹历时半小时。9个公社降雹，打毁蔬菜2000亩，受灾农田16920亩。大洼县冰雹直径22毫米，平均重量2.8克，罕见重量4.9克。大洼区遭雹灾面积25820亩，占农田面积的5.1%，减产粮食370300千克。

1971年　5月6日，本溪县草河口降雹，冰雹直径10毫米，最大直径15毫米，积雹3～6寸厚。蔬菜苗全部被打坏、冻死、水稻育苗床塑料薄膜被打坏，稻苗受轻度冻害。

5月12日，法库县降雹持续30～60分钟，最大冰雹如鸡蛋，积雹半尺至1尺厚。受灾农田1.8万亩，其中毁种1万亩。

6月11日，法库县降雹10分钟，冰雹大的如卫生球，小的像豆粒。受灾农田900多亩。

6月19日，喀左县降雹，冰雹大的如鸡蛋，小的像杏。7个公社16个大队受灾，受灾农田2.6万亩，其中重灾0.7万亩。龙杖子公社有1.2万多亩农田受灾，4900多亩农作物被砸毁，并砸死很多家禽。平房子公社冲毁闸沟石坝30多道，前进公社冲走3头耕牛和一些家具、化肥。

黑山县16个公社降雹，受灾农作物25万亩，重灾2.1万亩。海城县降雹持续15分钟，冰雹如鸡蛋黄，部分财产及农作物受到严重损失。

6月20日，台安县降雹，受灾农田0.3万亩，棉花80%被打成光杆。

6月21日，法库县连续降雹5分钟，冰雹一般如指甲大，最大像玻璃球。2个公社9个大队受灾。其中双台子公社大房身大队100多亩农田受灾。

7月17日，辽宁中部，雹云由阜新历经黑山、北镇、义县、台安、盘山、海城、营口、盖县、庄河等20个市县，共有19个县99个公社遭受雹灾。受灾农田120万亩，死11人，倒塌房屋2万间。盘锦冰雹大的如鸡蛋，小的如杏核。受灾农田2.1万亩，其中绝产0.2万亩，一些棉花被打成光杆，刮倒大树7棵。大洼县受灾农田0.3万亩，减产粮食15万千克。营口县降雹10～25分钟，冰雹一般像蛋黄到鸡蛋大。受灾农田18万亩，打伤8人。台安县风力10级，冰雹持续20分钟。受灾农田1.3万亩，强风折断树木0.5万株，揭掉房盖187间，死3人。海城县温香、牛庄等几个公社部分大队降百年不遇的冰雹，冰雹最大重量2.5千克，一般如鸡蛋黄大，伴有8～9级大风。人民生命财产遭受严重损失。北镇县冰雹罕见重量0.25千克以上，伴有10级以上大风。全县16个公社138个大队受灾。受灾农田252406亩，刮倒大树1200多株、电线杆27根。庄河出现冰雹，伴有大风暴雨。17个人民公社受灾，面积18万亩，打伤8人。

8月3日，建昌县降雹15分钟，冰雹一般像杏核，最大如鸡蛋，积雹4寸厚。农田受灾面积5000～6000亩。

9月3日，清原县冰雹最大如拳头，雹粒填平垅沟。7个公社60个大队降雹，庄稼被打毁，房盖被掀起。

9月8日，义县降雹15分钟，大的冰雹像鸡蛋。受灾农田4300亩，减产粮食40%～50%。

9月10日，新金县皮口镇降雹10分钟，冰雹平均重量34.5克，最大重量93.2克。农作物受损害，地瓜、蔬菜叶子打坏一半以上，一些门窗玻璃被打碎。

9月15日，台安县降雹，冰雹袭击范围长25千米，宽4～5千米，降雹持续2小时，冰雹大的如鸡蛋，小的像杏核，平地积雹半尺左右。12级以上东北风持续约40分钟，雨量最大达200毫米。受灾地区农作物被折断达70%～80%，造成严重减产，冰雹打死畜禽数千只（头）。

1972年 6月24日，本溪县草河口降雹持续20分钟，冰雹大的像鹅蛋。打坏庄稼2800亩，其中2100亩遭重灾。

6月下旬，阜新、沈阳、铁岭等地区降雹，受灾农田50多万亩。

1973年 6月17日，绥中县降雹，受灾农田3000多亩。锦西县西部3个公社12个大队80个小队受灾，受灾农田22450亩。复县降雹，积雹一般10厘米厚，风力7～8级。

10个公社17个大队受灾。

6月19日，开原县降雹15～25分钟，冰雹直径10～40毫米。4个公社15个大队受灾，受灾农田2.46万亩，其中重灾8000亩。

6月20日，阜新县降雹持续30分钟，重雹区地面积雹6～7寸厚。受灾农田3.5万亩，毁种0.8万亩，打死羊32只。新金大田公社遭受雹灾，重灾面积9000多亩，其中近3000亩绝收。

6月21日，开原县降雹，冰雹直径10～30毫米。重灾农田1000亩，70多户房屋被吹坏，5株果树被吹断。

7月25日至8月2日，建平、朝阳、北票、喀左、凌源等县降雹，45个公社188个大队受灾，受灾农田81万亩。阜新县冰雹大的像鸡蛋，一般像杏大，降雹持续15～20分钟。15个公社65个大队受灾，受灾农田158768亩，占全县耕地面积的60%，约减产粮食500万千克。

抚顺县降雹，大的冰雹像鸡蛋。全县受灾农田2853亩。阜新县9个公社33个大队受灾，受灾农田86390亩，其中毁种10560亩。阜新市2个乡2万亩农田受灾，占耕地面积的29%。

9月17日，锦西县降雹，冰雹最大直径12毫米，平均重量0.5克，最大重量2克。已成熟的高粱被打掉粒，白菜叶子被打成窟窿。

9月19日，彰武县降雹，受灾农田2.5万亩。

9月20日，建昌县降雹，冰雹最大直径15毫米，平均重量0.1克。玉米叶子被打成条状，秋菜被打成洞孔造成减产。

9月17～22日，复县降雹，冰雹直径一般30毫米，最大直径60毫米，平地积雹10厘米厚，袭击范围长15千米，宽3千米。11个公社22个大队受灾，打坏苹果300万千克，受灾大田150多亩，蔬菜300亩。

9月24日，大洼县降雹，冰雹直径30毫米，降雹20分钟。受灾农田11185亩，减产粮食41750千克。

10月21日，复县降雹，损失苹果50万千克。金县冰雹直径16毫米。5个公社成灾，损失蔬菜400万千克，苹果350万千克。

1974年　6月7日，阜新县降雹持续20分钟，冰雹大的像鸡蛋，一般如杏核，地面积雹3～4寸厚，风力8级。6个公社受灾，受灾农田63323亩。

6月10日，新宾县降雹，冰雹直径14毫米，最大重量0.7克。受灾农田2100亩，其中重灾1035亩。

7月15日，新宾县9个公社降雹，受灾农田23702亩。抚顺县降雹，塔山公社受灾农田5725亩，刮倒玉米、高粱1200亩。

9月7日，法库县降雹20分钟，冰雹一般像卫生球大，大的如鸡蛋。3个公社受灾。受灾农田15393亩。谷子高粱打掉码子，秋菜、地瓜全部被打光，减产2成左右。新宾县降雹，大的冰雹像鸡蛋，地面积雹半尺厚。打坏庄稼，打死飞鸟野兔无数、家禽100只，伤8人。盖县熊岳降雹12分钟。高粱、水稻、大豆粒被打落，蔬菜叶子被打碎，苹果受害，影响出口。

9月22日，建昌县降雹，冰雹平均重量0.3克，最大重量0.6克。最大直径35毫米。二道湾子公社刘子彬大队作物几乎全部被砸光。

10月11日，东沟县降雹，冰雹大的像鸡蛋黄。稻粒打掉很多，一些白菜萝卜被打坏，粮食约减产40～50万千克。

1975年　5月24日，宽甸、桓仁县降雹，太平哨公社降冰雹大如鸡蛋，积雹1尺多厚。农田像被夯砸过，需重新翻耕。

5月25日，本溪兰河峪降特大冰雹，持续40分钟，平地积雹半尺厚，沟洼积雹4尺，3天后化光。

5月29日，阜新县降雹，受灾农田800亩，毁种80亩。

5月30日，盖县东部山区降雹持续30分钟，雹粒大的像蛋黄。小麦、油菜等农作物及果树遭受程度不同灾害，一些严重受灾农田需毁种。

5月31日，阜新县降雹，受灾农田800亩，需毁种250亩。

6月3日，喀左县降雹，受灾农田30万亩。

6月6日，锦西县7个公社降雹。受灾农田5500亩。辽中县降雹35分钟，平均重量5克，最大重量10.6克，最大直径45毫米，积雹3厘米，刘二堡局地降暴雨，雨量达110毫米。受灾农田18万亩，其中重灾4万亩，一些玉米植株被打折，棉花生长点被打掉，蔬菜被打坏。受灾严重的是刘二堡、冷子堡、达子营公社。昌图县降雹，冰雹重量1.6克，最大重量2.1克。受灾农田9874亩。

6月5～7日，阜新县6个公社遭雹灾，成灾农田面积8000亩，其中毁种1000亩。

6月14日，复县降雹，冰雹最大直径30～50毫米。受灾农田2.5万亩、果树2000株。一些玉米、大豆、地瓜植株打成光杆，小麦、油菜籽粒被打落，蔬菜被打毁。

7月3日，新宾县降雹，大的冰雹如蛋黄，地面积雹半尺厚。受灾农田3305亩。

7月5日，阜新县降雹，受灾农田6320亩，其中重灾3053亩。

7月12日，建昌县降雹，冰雹平均重量6.3克，最大重量27.5克，最大直径36毫米。受灾农田10万亩，其中需毁种200余亩。

7月13日，喀左县降雹，受灾农田1740亩。

8月6日，阜新县降雹，4个公社受灾，受灾农田23109亩。

9月18日，复县降雹，冰雹直径10毫米左右，袭击范围南北长3～5千米，东西宽1～1.5千米。损失苹果1.5万千克左右，价值1000元左右。

10月24日，新金同益公社张家等7个大队遭受雹灾。重灾面积1100亩，绝收面积440亩，果树绝收9000棵。

1976年　6月5日，建昌县5个公社降雹，有20个大队受灾。受灾农田37100亩，其中毁种面积7960亩，打死马一匹，驴3头。

6月9日，岫岩县降雹，大房身公社8个生产队不足2小时降雨176.0毫米，地面积雹2寸厚。打死淹死猪数头。庄稼全部被毁坏，需补种。阜新县7个公社35220亩农田受灾。复县降雹10～15分钟，降雨量50～100毫米。冰雹打坏庄稼3500亩，沙压梯田600亩。

6月12日，建昌县降雹，10个公社受灾，受灾农田1.5万亩，其中毁种1961亩。

6月16日，喀左县降雹10分钟，伴有大风、雨。受灾棉田300亩，其中200亩需毁种，高粱、玉米植株被打成光杆。

6月23日，阜新县出现冰雹、暴雨，1小时降雨量50毫米。雹灾面积5000亩，60%玉米叶子被打光，冲垮3个水库堤坝，受灾农田6500亩。

8月31日，复县降冰雹20分钟，大的如鹅蛋，小的如鸡蛋。农作物受灾14500亩，打坏苹果0.65亿千克，蔬菜1524亩。被雷击死2人。大洼县降冰雹，直径19毫米，平均重量4克，最大重量10克。8个农场一个镇65个大队受灾，受灾农田84250亩，损失粮食456万千克。北票县降冰雹，直径30毫米。受灾农田18458亩，其中绝收1724亩。

9月1日，建平县降雹，冰雹直径20～30毫米。农作物受灾。

9月9日，建昌县降冰雹，4个公社1.7万亩农田受灾。

9月10日，凌源县降冰雹，最大直径40毫米，平均重量15克，罕见重量22克。8个公社受灾。复县降雹10分钟，最大冰雹如卫生球。打坏苹果87.2万千克，其中落果23.5万千克。喀左县16个公社受雹灾，受灾农田20万亩，减产粮食13～15万千克，损失水果82.5万千克。建昌县17个公社受雹灾，受灾农田57500亩，减产粮食5.5万千克，刮倒一些树木，打死驴1头、羊20只、鸭30只。

9月19日，彰武县降冰雹，最大直径10毫米。受灾农田2.5万多亩，其中重灾1万亩。大洼县冰雹最大直径9毫米，平均重量2克，罕见重量4克。9个公社1个农场受灾，受灾农田145361亩，损失粮食415.9万千克。

1977年 6月3日，复县降雹历时10～15分钟，冰雹直径5毫米。大田作物受灾4000亩，其中重灾1500亩。建昌县冰雹平均重量1.3克，直径10毫米。牤牛营子公社因雹灾毁种大田3200亩，玲珑公社3个大队80%棉花顶尖被打掉，谷仗子公社受灾农田500亩。

6月17日，朝阳县羊山降雹，冰雹平均重量1.8克，直径一般20毫米，最大直径28毫米。300亩棉田的70%棉株受灾，其他作物叶茎被打伤打断。

6月21～23日，阜新、朝阳地区降雹，阜新县11个公社7.8万亩农田受灾，其中1.2万亩毁种。朝阳地区38个公社的17万亩农作物受灾，其中重灾2万亩。

7月13日，开原县降雹历时半小时，冰雹如鸡蛋大。受灾农田100多亩。

7月17日，锦西县降雹，冰雹如鸡蛋大。黄土坎公社7个大队农田受灾7000亩，其中重灾3000亩，绝收1200亩，刮倒树木40～50株，打伤1人。黑山县2个公社受灾农作物17885亩，其中绝收240亩。

8月10日，庄河县降冰雹，一般如杏仁大，最大如蛋黄，积雹2寸厚，伴有8级大风和暴雨。大营公社6个大队受灾农田22274亩，玉米、高粱等高棵作物被刮折断，农作物叶子被击碎，有的大树被刮倒刮断。

盖县降雹历时10～25分钟，冰雹大的如鸡蛋。2个公社16个大队受灾，受灾农作物面积3680亩，损失苹果15万千克，柞蚕25把。绥中县降雹，最大冰雹如鸡蛋大。5个公社35个大队的2.5万亩农田受灾，打落水果26万千克。

8月19日，盖县降雹，冰雹如鸡蛋大。仅高山公社受灾农作物500亩，损失苹果60

万千克、柞蚕120把。

9月18日，建平县降雹，农田遭雹灾面积21.1万亩，风灾面积3.9万亩，其中减产9210亩。喀左县降雹，冰雹如杏大，小的如杏核。受灾农田18829亩，减产1～2成。

10月1日，复县降雹，驼山公社和西杨公社共8个生产队及一个农场受灾，灾区长12.5千米，宽2.5～5千米。冰雹直径30～40毫米。损失苹果125万千克，价值25万元。

1978年 4月5日，营口市郊降雹，冰雹直径大的20毫米，小的7毫米，地面积雹1寸厚，局部2寸厚。打坏水稻育苗苗床914床，被雷击死、击伤各1人。

4月30日，开原县降雹10分钟，冰雹大的像卫生球，小的如高粱粒大。水稻苗床被打坏70亩。

6月3日，喀左县降雹10分钟，冰雹一般如卫生球大，地面积雹5厘米。受灾农田8300亩，其中重灾1500亩。

凌源县降雹，冰雹平均重量1.4克，直径12毫米。凌源镇河东、乌兰田、四官营子等4个公社受灾较重。

绥中县降雹，冰雹大如杏核，地面积雹1寸厚。有8个公社23个大队147个生产队受灾，受灾农田48421亩，其中重灾22700亩，损失水果27.5万千克。

复县降雹，冰雹如鸡蛋黄大，最大降雨中心雨量达90多毫米。受灾农田8.2万亩，水冲沙压地4000亩，受灾果树25万株，打伤苹果约370万千克。

建昌县先后6次降冰雹。6个公社受灾，受灾农田1283亩，其中全部打光847亩。

绥中县降雹，受灾农田4.8万亩，其中重灾2.3万亩，损伤水果25万千克。

6月10日，绥中县降雹，全县大部分地区降雹。严重受灾的西平坡公社，受灾农田1200亩，打落水果25万千克；大王庙公社毁种农田400亩，打坏果树1万株。

锦县降雹持续时间10分钟，冰雹最大直径35毫米。有8个公社受灾，受灾农田47120亩。

6月15日，兴城县降雹40分钟，冰雹直径10毫米，冰雹重量0.4克，最大重量1.0克。有6个公社3095亩农作物受灾，损失苹果约25万千克。

6月18日，喀左县降雹，5个公社受灾，受灾农田5000～6000亩。黑山县有7个公社受灾，55978亩农作物程度不同受灾，其中重灾13115亩。

6月20日，台安县降雹，有2个公社受灾，成灾农田3000多亩，严重地块的棉麻有50%～60%的植株被打掉头。

岫岩县降雹，冰雹一般如鸡蛋大。2个公社5720亩农田受灾。开原县降雹10分钟，冰雹大的如鸡蛋黄，一般如榛子大。受灾农田7100亩。建昌县9个公社的109229亩农作物受雹灾。

锦州市7个县区降雹，有28个公社的180个村27.3万亩农田成灾，其中重灾123900亩，需毁种2.2万亩。义县、绥中两县受灾严重：义县受灾农田13万亩，重灾76800亩；绥中受灾农田95600亩，重灾2.8万亩，打落水果440万千克。

6月30日，喀左县降雹，受灾农田4500亩，其中重灾2000亩。绥中县降雹，风力9级。农田成灾6.2万亩，其中重灾2.0万亩，打落水果201万千克，损伤20万千克。

7月9日，兴城县降雹30分钟，最大冰雹如苹果大，一般像乒乓球大，地面积雹15

厘米厚。受灾农田70338亩，其中绝收39094亩，水果减产303万千克，刮倒折断树木2726株，打伤51人，死亡1人。喀左县降雹，受灾农田9.1万亩，其中重灾41200亩，需毁种的有6000～7000亩。

庄河降冰雹，伴有大风和暴雨。5个人民公社受灾，苞米折断率30%左右，绝收面积6800亩，打毁水稻6200亩、高粱690亩、大豆650亩、其他作物500亩。

7月11日，绥中县降雹，冰雹大的如鸡蛋。农田成灾7000亩，其中重灾5000亩，打落水果146.5万千克，打伤136.5万千克。

9月23～25日，岫岩、宽甸、东沟县最大冰雹直径42毫米。岫岩北部6个公社和宽甸17个公社的大田作物和菜田遭雹灾；东沟县前阳公社受灾农田3.5万亩，减产粮食350万千克。

10月8日，新金城子坦、墨盘等乡（镇）8个大队33个小队遭雹灾，冰雹最大的如鸡蛋。苹果打伤280吨，水稻受灾1329亩，大豆受灾1010亩。秋菜被打得只剩下菜心。下吴大队10户社员家的玻璃和5户社员家酱缸被打碎。

1979年　4月29日，沈阳市降雹10分钟。据于洪、辽中、苏家屯、新民等区县不完全统计，有4万个水稻苗床薄膜被打坏。

5月24日，开原县17个公社，铁岭、法库降雹，冰雹最大直径11.5毫米，一般2.5毫米。开原县17个公社受灾农田84800亩，成灾24159亩，需要毁种的3870亩；铁岭县受灾农田10万亩；法库县受灾农田1.5万亩。

5月26日，凤城县11个公社降雹，冰雹大的如鸡蛋，一般如鸡蛋黄大，个别地方积雹半尺深。玉米、大豆受灾2万亩，烟草1822亩，油菜677亩。128把春蚕被打下山，水冲沙压50亩。

宽甸县积雹1尺厚，伴有暴雨。毛甸子玉太大队小河涨水，冲毁一些农田。绥中县10个公社降雹，375000亩农作物受灾，有3200亩需毁种。

6月7日，盖县降雹历时14分钟，冰雹大的如鸡蛋黄，小的如黄豆粒，伴有5～6级大风。受灾农田3800亩，重灾1800亩，受灾果树2000株、柞蚕15把。乐甲、元台、大田、大谭、花儿山等6个公社共35个大队、129个生产队遭到冰雹袭击。受灾面积4.8万亩，打伤苹果6万棵。

6月8～10日，凤城县12个公社降雹，冰雹大的如鸡蛋黄，小的如黄豆粒，地面积雹2寸厚。受灾农作物14762亩，打落春蚕19把。

6月28日，建昌县降雹，受灾农作物7510亩，其中绝收1380亩。北镇县降雹，冰雹大如鸡蛋，重4克，直径30毫米，地面积雹10～15厘米。受灾农田4.3万亩，棉花被打掉头，高粱、玉米叶子打成丝状。

7月14日，建昌县降雹，受灾农田1500亩。

7月15日，建昌县降雹，4500多亩农田受灾，其中山洪冲地1000多亩。

8月5日，辽阳、凤城、岫岩县的部分公社降雹10分钟左右，冰雹一般如鸡蛋黄，最大的似鸡蛋。平均风力7～8级，阵风9级。岫岩、凤城一带降暴雨，岫岩县哈达碑6小时降雨量232毫米。辽阳市东部16个公社遭雹灾受灾农田14700亩。受灾严重地块积雹1寸厚，屋脊瓦和门窗玻璃被打碎。

凤城县 21 个公社受灾，受灾农田 118876 亩，打掉秋蚕 14 把。岫岩县农作物倒伏 21 万亩，其中 50%～70%茎杆折断，房屋倒塌 128 间，一些农田被淹。

9 月 9 日，复县降雹，有 4 个公社受灾，受灾农田 13968 亩。损失苹果 665 万千克，粮食减产 20 万千克。

10 月 2 日，本溪县降雹 10 分钟，最大冰雹如鸡蛋，一般如卫生球大，地面积雹 4 寸厚。2 个公社 2100 亩农田受灾。

1980 年 6 月 10 日，建昌县降雹，受灾农田 1500 亩，作物叶子被打成洞。

6 月 11～21 日，阜新、锦州、铁岭、抚顺、丹东、朝阳、鞍山 19 个县连续降冰雹，使 110 万亩农田程度不同受灾。其中 10～14 日阜新、彰武县 6 个乡先后 3 次遭冰雹、暴雨灾害，受灾农田 4.8 万亩，冲毁农田 0.2 万亩。19 日海城县、鞍山市郊区 8 个乡降雹成灾，农田受灾 9.6 万亩，44 万株果树受灾。北镇、义县、锦西、兴城 4 个县 23 个公社受雹灾农田 17 万亩，其中重灾 1.5 万亩。法库、康平、开原 3 个县 18 个公社农田遭雹灾 42.8 万亩。11、16、19、21 日，抚顺市先后 4 次降雹，农田受灾 7.3 万亩。21 日，凤城、宽甸县的 11 个公社降雹，成灾农田 0.6 万亩。凌源、建昌、喀左、朝阳县的部分公社先后降雹数次，受灾农田 15 万亩。

7 月 3 日，锦州、朝阳、阜新、铁岭 4 个市区的 12 个县区部分公社降雹，有 20 万亩农作物遭受雹灾，其中建昌受灾 88784 亩，重灾 3.2 万亩；阜新受灾 28900 亩；黑山重灾 24025 亩，绝收 6918 亩；康平受灾 31500 亩，粮食减产 2 成左右。

7 月 9 日，彰武县降雹，冰雹直径 40 毫米，平均重量 6 克，最大直径 45 毫米，个别地区降雹持续 35～45 分钟。9 个公社受灾，受灾农田 51320 亩，其中毁种 7045 亩。

锦西县 5 个公社受雹灾，受灾面积 2 万亩，其中重灾 1.2 万亩，毁种 4000 亩。锦县冰雹如鸡蛋大，一般像卫生球大。4 个公社降雹，受灾农田 4 万多亩，估计减产粮食 2～3 成。建昌县 2 小时降雨量 114 毫米。4 个公社受灾，受灾农田 17462 亩，其中重灾 9842 亩，棉花绝收 641 亩，洪水冲垮堤坝 1000 多米，冲走成林树木 200 多株，有 11 户人家进水。

7 月 10 日，阜新市 55 分钟降雨量 44.2 毫米。受灾农田总面积 1169475 亩，其中雹灾 208570 亩，需毁种近 5 万亩。冰雹打伤 264 人，重伤 47 人，死 1 人，打死牲畜 38 头，家禽 589 只。

朝阳县羊山公社降雹，冰雹最大直径 20 毫米，平均重量 4 克。受灾农田 5000 亩，农作物叶子被打碎。

7 月 16 日，清原县降雹，受灾农田 1.4 万亩。

7 月 20 日，建平县降雹，冰雹最大直径 35 毫米，平均重量 3 克。农田成灾 17.6 万亩。

7 月 21 日，夜至 22 日晨，大连市北部地区出现冰雹，降雹时间 3～10 分钟。39 个人民公社 161 个生产大队受雹灾，总面积达 29.8 万亩。其中庄河受雹灾 44750 亩，损坏房屋 178 间，树木近百棵。

7 月 22 日，台安县降雹，受灾农田 7.6 万亩，其中绝收 9900 亩，局部遭飑线袭击，2.8 万亩农作物严重遭灾，一些树木被刮断或连根拔起。

8 月 22 日，岫岩县降雹，冰雹一般如豆粒大，最大如鸡蛋。3 个公社 17 个队受灾。

受灾农田 1.5 万亩，玉米叶子打成条状。另有 114 房烟草、164 把柞蚕受灾。

8 月 23 日，西丰县降雹持续 10 分钟，冰雹直径 19 毫米，最大直径 30 毫米，最大重量 3.1 克，地面积雹 4～6 厘米。14 个公社受灾。受灾农作物 4.8 万亩、柞蚕 400 把、果园 5 处。受灾作物将减产 1 成，烟草、柞蚕将减产一半。

本溪县降冰雹持续 4～7 分钟，雨量 25.5 毫米，冰雹如鸡蛋大。受灾农田 3000 亩。辽阳县降雹持续 10～20 分钟，最大冰雹如鸡蛋，一般像卫生球。7 个公社 2 个农场 32 个生产队受灾。受灾粮食作物 4 万亩，蔬菜 8000 亩、向日葵 2000 亩。

9 月 1 日，复县 2 小时雨量 70～180 毫米，同时降雹，冰雹直径 25 毫米。打伤苹果 520 万千克，受灾农田 2.2 万亩，减产粮食 27 万千克，减产蔬菜 390 万千克。

9 月 2 日，复县降雹，12 个大队受灾，受灾农田 45083 亩，损失苹果 12760 万千克。

9 月 27 日，复县 8 个公社降雹，打伤苹果 1250 万千克，其中降等减收 62.5 万千克，1800 亩蔬菜被打，减产 550 万千克，总计减收 22 万元。大洼县降雹持续 13～15 分钟，冰雹大的如玻璃球。7 个农场 10 万亩农田受灾，损失粮食 15 万千克。

10 月 16 日，复县降雹，冰雹直径 3 毫米。全县水果和蔬菜生产遭受一定损失，损失苹果约 300 万千克。

1981 年　6 月 24 日，本溪县降雹，受灾农田 7000 亩。西丰县降雹 25 分钟，冰雹直径 25 毫米，地面积雹 2 寸厚。天德公社受灾农田 2.86 万亩，柏榆公社 34.9%的耕地受灾。

7 月 20 日，凤城县降雹，受灾农作物 2.3 万亩。

8 月 12 日，新金县元台、双塔、俭汤、墨盘、城子坦、莲山等公社遭到雹灾和风灾。元台公社的 6 个大队有 790 棵果树被打坏，损失近 4 万元。莲山公社降雹同时伴 8～9 级大风，致使玉米倒伏、折断近 50%。

8 月 21 日，大洼县降雹 10 分钟，冰雹如卫生球大，伴有 7～8 级大风。受灾农田 1.73 万亩，减产粮食 71.5 万千克。大风刮倒电柱 5 根，刮坏民房 65 间，损失苹果 1 万千克。宽甸县降雹持续 20 分钟，冰雹最大直径 14 毫米，平均重量 1.0 克，局部积雹半尺厚。5 个公社的 5.6 万亩农田受灾。

9 月 11 日 6～7 时，复县 8 个人民公社降冰雹，降雹时间长达 13 分钟，苹果损失 59.25 万千克，农田受灾面积 11010 亩。

9 月，沈阳、鞍山、抚顺、锦州、阜新、辽阳 6 个市地 12 个县降雹，受灾农田 26 万亩，蔬菜果树也遭受一定危害。其中 9 月 8 日、21 日锦州 5 个县 27 个公社遭风雹灾害的农田 13.9 万亩。辽阳市和辽阳县先后两次遭风雹灾，受灾农田 6.6 万亩，打坏蔬菜温室玻璃 5431 平方米。抚顺县 21 日下午降冰雹，受灾农作物 0.5 万亩，蔬菜 500 亩。鞍山市郊 0.4 万亩秋菜受害。盘山县受灾农作物 9.7 万亩，水稻减产 289 万千克。

1982 年　1982 年全省大部分地区因雹灾，使农田成灾 114.7 万亩。其中朝阳 28 万亩，铁岭 18.2 万亩，阜新 19 万亩，丹东 5.4 万亩，大连、抚顺、营口地区也遭雹灾。

5 月 23 日，本溪县降雹，冰雹如鸡蛋大。受灾农田 2700 亩。

5 月 27 日，建平县降雹，冰雹最大直径 90 毫米，重 200 克，地面积雹 13 厘米厚，为历史罕见。有 3 个公社受灾，受灾农田 37377 亩，其中有 3441 亩需毁种。损坏农用保护地塑料薄膜 41 亩，受灾果树 8400 株，打坏房屋 21916 间，水冲沙压地 390 亩，冲毁大小塘坝 386 处，冲走各种家具 658 件。

6 月 7 日，建昌县降雹，冰雹最大如鸡蛋。受灾农田 2.5 万亩，其中毁种 1.3 万亩。

6 月 23 日，新民县降雹，冰雹最大直径 30 毫米。受灾农田 1.2 万亩。辽中县冰雹自北向南入境，降雹范围长 40 千米、宽 5.5 千米，雹粒一般像鸡蛋黄，最大的如鸡蛋，地面积雹 30 厘米厚。受灾农田 4 万亩，其中重灾 1.5 万亩，灾情最重的茨榆坨公社太平村 8300 亩，农田全部受灾，果树上的果实大部分被打落。法库县降雹，5 个公社受灾，受灾农作物 18730 亩。

7 月 17 日，岫岩县降雹，冰雹直径 30 毫米，平均重量 5 克。10 个公社 4.5 万亩农田受灾，毁坏房屋 280 间。

7 月 16～18 日，凤城县降雹，9 个公社受灾，受灾农田 255570 亩，柞蚕 17 把。建昌县降雹，冰雹直径 70 毫米。受灾农田 30347 亩，毁种 4000 亩，有的农田高粱、玉米植株打成光杆。建平县降雹 25 分钟，冰雹直径 30 毫米，积雹 3.5 厘米厚。受灾农田 2577 亩，洪水冲毁大小树木 358 株、梯田 190 亩，冲毁石坝 685 米，刮坏房屋 344 间。

7 月 20 日，建平县降雹 10 分钟，冰雹最大直径 50 毫米。受灾农田 6000 亩，其中重灾 3900 亩。

9 月 8 日 14 时 02～20 分，新金县皮口有 17 个生产大队遭雹灾。冰雹大的如鸡蛋黄，重灾区冰雹铺地一层，历经 3 小时方融化。受灾玉米 32500 亩，水稻 6200 亩，蔬菜 505 亩，苹果损失 18 万元。

1983 年　朝阳、锦州、大连、丹东、营口等地区降雹，全省成灾农田 209.1 万亩。

5 月 24 日，台安县降雹，冰雹最大如鸡蛋黄。3 个公社 17 个大队的农作物受到很大损失。庄河县直径冰雹 3 毫米，黑岛公社冰雹直径 15 毫米，积雹 1 尺厚。黑岛大队 13 个生产队受灾农田 4600 亩，各类农作物叶子被打光，大部分田块需毁种。

6 月 5 日，开原县降雹，冰雹直径 4 毫米。5 个公社 6 万亩农田受灾，其中 4 万亩需毁种。

6 月 9 日，昌图县降雹，冰雹最大直径 13 毫米。受灾农田约 1 万亩。

6 月 12 日，宽甸县降雹，永甸公社受灾农田 3000 亩。

6 月 17 日，凌源县降雹 5 分钟，冰雹直径 30 毫米。受灾农作物 2950 亩、果树 7000 株，其中有 1/3 掉果。

6 月 18 日，桓仁县降雹，冰雹最大直径 35 毫米，重 3 克。降雹路径由二户来公社的柳林子，路经四道河子、五道河子、东老台、桓仁镇。4 个公社受灾，受灾农田 2.7 万亩，其中绝收 4000 多亩。

6 月 28 日，彰武县降雹 17 分钟，积雹 5 厘米厚，冰雹直径 10 毫米。受灾农田 2000 亩。

沈阳市于洪区降雹，冰雹一般像鸡蛋大。4500 亩玉米、2000 亩大豆、1000 亩高粱不同程度受灾。

辽阳市冰雹大的像鹅蛋，最大重量 400 克，积雹半尺厚，风力 8～9 级，降雨量150～160 毫米。7 个大队 59 个生产队受灾，受灾农田 30 万亩，其中绝收 11620 亩，打碎玻璃 5700 平方米。

彰武县降雹，冰雹大的像核桃，小的像豆粒。受灾农田95030亩，其中重灾5436亩，30户庭院进水。

7月4日，义县降雹14～17分钟，冰雹直径5毫米。受灾农田24800亩。

新民县降雹15分钟，一般如指甲盖大，大的像鸡蛋黄大，地面积雹2～3寸厚，伴有大风。受灾农田11300多亩，其中2450亩需毁种。100多株5～6年生的杨树被刮倒。

锦县降雹20分钟，冰雹一般如杏大，墙根积雹2寸多厚，降雨量50毫米左右。3个公社33个大队受灾，受灾农田64400亩，其中绝收21700亩。白台子公社灾情最重，受灾农田26546亩，占耕地面积的53%。

7月15日，抚顺县降雹，受灾农田2000余亩。

7月19日、20日，复县，新金县相继出现冰雹，雹块有鹅蛋大，一般鸡蛋大，小的蛋黄大。打伤果树110万棵，落果280万千克，打伤苹果3150万千克。同时遇风灾。

7月20日，喀左县降雹持续15～25分钟，冰雹直径20毫米，个别50毫米，地面积雹3.5厘米厚，冰雹最大重量10克。14个公社受灾。受灾农田101025亩，其中重灾13113亩，受灾果树6万多株，30%～50%水果被打落，余者50%的水果被打伤。大城子镇100多亩蔬菜大部分绝收，蔬菜塑料大棚和温室玻璃几乎全被砸碎，损失价值达30多万元。

7月21日，建昌县降雹，汤庙子公社3小时降雨量128毫米，降雹30分钟，最大冰雹如鸡蛋。受灾农田30万亩，其中重灾1万亩，绝收3000亩。冲走各类树木1700株和一些砖瓦水泥等物质，冲倒电线杆10根，冲坏塘坝18座，河堤3500米。127户房屋进水，河岸庄稼倒伏，造成农业大幅度减产。

7月23日，开原、西丰县降雹，冰雹直径15毫米，重量10克。两县共有8个公社受灾，受灾农田1.23万亩，成灾3600亩。

9月11、12、14日，盖县连续3次降雹，其中14日中午降雹80分钟，密度大、雹粒大，为历史罕见。阵风9～10级，降雨量80毫米。共有19个公社、农场受灾。柞蚕、葡萄和蔬菜基本绝收，2150万千克苹果因遭雹普遍降等，落地果370万千克。受灾农田684万亩，减产粮食395万千克，受灾柞蚕1600把。

岫岩县降雹，冰雹最大直径30毫米，平均重量4克。11个公社27个大队受灾。受灾农田3400亩，120多间房瓦被打碎。

宽甸县降雹30分钟，冰雹如卫生球大，地面积雹半尺厚。青椅山受灾农田1.1万亩。

北镇县高山子降雹，受灾农田1万多亩，减产粮食10万千克。

金县降雹，冰雹直径15毫米。二十里堡公社和国营农场受灾，打伤苹果25.5万千克。

复县8个公社降雹，受灾农田8490亩，打毁菜田2176亩，打坏苹果3381万千克、葡萄30万千克、柞蚕1608把，总计经济损失约1120万元。

海城县降雹30分钟，最大直径40毫米。减产粮食20万千克，91亩蔬菜全部被砸烂，损失苹果1万千克、梨5万千克。

凤城县降雹，受灾农作物9万亩、烟草600亩、蔬菜1700亩、柞蚕400把。

10月1日，北镇县降雹，受灾农作物3000～4000亩，损失粮食7.5万千克。打坏白菜5万千克。

1984 年　5 月 27～30 日，全省 22 个县 134 个乡降雹，雹灾面广，密度大，风雹交加，灾情严重，全省受灾农田 184 万亩，其中重灾 50 万亩。

朝阳地区的 5 个县 45 个乡，27 日 14～22 时北票县大三家子乡 5 次降雹，地面积雹 3～4 厘米厚，冰雹直径 30～40 毫米。全区有 67 万亩农田受灾成灾 17 万亩。其中北票县受灾最重，全县有 30 个乡 50 多万亩农田受灾，成灾 12 万亩，1.5 万亩菜田基本绝收。

锦州地区义县、黑山、北镇 3 县的 30 个乡，义县 14 个乡降雹持续 35 分钟，头道河子等地出现龙卷，黑山 27 日 20～21 时降雹。全区受灾农田 36 万亩，需要毁种补种的有 18 万亩。义县受灾最重，受灾农田 23.7 万亩。其中重灾 12.4 万亩，大部分大树被拦腰折断，伤 78 人。

阜新地区 2 个县 15 个乡镇，29 日 13 时 0～15 分降雹，最大冰雹蛋黄大，积雹 2 寸厚。受灾农田 24 万亩，毁种 5.6 万亩。

铁岭地区 6 个县的 26 个乡镇，全区有 47.5 万亩农田受灾，其中 8 万亩较重，1.5 万亩毁种。大豆 60%的生长点被打掉，严重的被打成光杆。

沈阳于洪新城子区 15 个村，5 月 28 日 1 时 20 分开始降雹，持续 20 分钟。降雹范围长 12 千米，宽 4 千米。最大冰雹如鸡蛋大，一般如蛋黄大。总计全区受灾农田 19.35 万亩。新城子区成灾 16050 亩，于洪区受灾 3085 亩。

辽阳、新宾、清原、本溪、桓仁等县的部分乡村，辽阳县 5 月 29 日 15 时 30 分至 16 时 3 个乡降雹；清原县 5 月 30 日 15 时 30 分至 17 时 4 个乡降雹，同时降雨强度较大。清原县成灾农田 4669 亩，水冲沙压农田 3172 亩，冲走人参 100 帘，冲坏鱼池 2 处。

6 月 9～11 日，6 个市 14 个县区降雹，农田受灾近 70 万亩，一些果产区水果受灾较重。

朝阳地区喀左、北票、建昌 3 个县的 15 个乡降雹，喀左坤都营子乡、平房子乡部分村 9 日 11 时 40 分至 12 时出现龙卷风。受灾农田 14.3 万亩，其中毁种 1.9 万亩，受灾果树 15.2 万株。

阜新县 11 个乡镇，6 月 9 日下午降雹持续 15～20 分钟，最大雹粒如鸡蛋黄大。全县有 13 万亩农作物受灾，其中毁种的有 4.8 万亩，水冲沙压农田 400 亩，有 2000 多株树被刮倒冲走，损坏房屋 30 多间，受伤 3 人。

大连地区新金县、复县 8 个乡镇降雹，11 日新金县 20 时 10 分降雹 10～20 分钟，最大如鸡蛋黄，四平街积雹 1 寸厚，伴有 7～8 级大风。受灾果树 169 万株，其中较重的有 29.7 万株，落果 650 万千克，受伤果 1000 万千克，损失价值 249 万元，受灾农田 1.5 万亩。

鞍山市、海城县、台安县的 11 个乡镇降雹，受灾农田 1.6 万亩，其中重灾 13 万亩，大豆、土豆全部砸毁，各类果树的果实有 70%被打掉或打伤。

铁岭地区 6 个县的 18 个乡镇降雹，受灾农田 18.3 万亩，其中重灾 8.8 万亩，毁种 8322 亩。开原县有 3 根高压线电柱被刮倒，5 眼机电房被刮坏，20 户民房盖被揭。

本溪地区桓仁县 5 个乡镇，受灾农田 10842 亩，其中成灾 3357 亩。

7 月 5 日，大连市 5 个县（市）区出现冰雹，最大蛋黄大，一般橡子大，时间 10～20 分钟，打伤苹果 2572 万千克，蔬菜 6279 亩，打死家禽 3523 只。

7 月 15 日 10 时至 13 时，大连市有 5 个县 65 个乡（镇、农场）先后遭到短时雷阵雨、冰雹、大风袭击。普兰店的双塔乡降雨最大为 51 毫米，冰雹最大有蛋黄大，一般有橡子大。瓦房店个别地区冰雹有鹅蛋大，降雹时间约有 5 分钟，阵风 8～10 级。据目击者反映，有一村民捡了一最大冰雹称重为110克，在雷雨、冰雹同时伴有8～10级阵风，复州盐场气象台，观测阵风35米/秒。受灾具体情况：死亡2人，建筑物损坏2298间，倒塌52间，农田作物受灾101万亩，绝收20.9万亩，刮倒刮断果树56.7万棵，其中刮断和连根拔的有3433棵，刮掉、打掉苹果1836万斤*，打伤苹果5144万斤，刮倒、刮断各种树木1914万棵，其中刮断19万棵，刮坏刮走塑料大棚98个共100亩，其中刮走77个共40亩，刮断各种线杆1265根，其中高低压线杆66棵，并造成6.6万伏特线路，停电8小时，广播线杆945根，电话线杆254根，打伤蔬菜6279亩，打死家禽3523只，河堤决口152处，总长1.1万米，被海水冲走柱桩200根。

9月7日12时至12时30分；瓦房店北部的李官、许屯、土城和永宁四乡出现了暴雨、冰雹和大风，30分钟内土城子降雨量70毫米，永宁63毫米，在降雨同时伴有短时大风和冰雹，雹粒一般有黄豆粒大。受灾具体情况：死亡1人，农田作物受灾1900亩，农作物绝收400亩。瓦房店的土城乡损失苹果607万斤，（碰伤400万斤，破皮150万斤，击落57万斤）高粱减产27万斤，向日葵刮倒300亩，减产3万斤，2头牛被雷击死。

9月13日12时，庄河降冰雹2～3分钟，14日桂云花降冰雹。14日11时普兰店的连山、双塔和安波降雹，1小时降2次，雹粒有玉米粒大。15日11～13时，瓦房店境内降冰雹。受灾具体情况：农田作物受灾11600亩，受灾果树33万棵，打伤苹果3200万斤，打坏蔬菜1600亩，粮食减产390万斤，价值400万元。

1985年　6月9～11日，朝阳、阜新、锦州、大连、营口、鞍山、辽阳、抚顺、本溪、丹东10个地区的22个县（区）降雹，总计受灾农田204.2万亩，其中需毁种的82万亩。水果、林木、水利设施、房屋、交通、电讯、畜禽等也遭到了不同程度的破坏。仅大连、朝阳、营口3市统计，果树受灾594万株，损果率达80%以上。

6月2日，盖县南部的9个乡镇降雹20～40分钟，雹粒大的像鸡蛋，小的如玉米粒。重灾区积雹2寸厚，最大降水量40毫米。受灾最重的是果树。仅重灾区6个乡镇的苹果约减产2917万千克，21万株葡萄减产200万千克。1000亩苗木受灾。受灾柞蚕112把，其中绝收32把。冲毁农田2000亩。

新金县14个乡镇降雹一般10分钟，最长达30分钟，雹粒一般如豆粒大，大的似鸡蛋黄，最大的如鹅蛋，伴有8级阵风。仅安波、同益、俭汤3个乡就有30.7万株苹果树叶被打落，幼果被打坏。受灾春蚕160把，农田3.7万亩。

庄河县7个乡镇降雹，苹果减产146.5万千克，损失春蚕205把，大田作物受灾10万亩，菜田1万亩。

沈阳市于洪区8个乡降雹，雹粒一般如豆粒，大的如鸡蛋，地面积雹1寸厚。受灾农田5000亩，玉米、高粱叶子被打成条状，毁种2200亩，一些房屋玻璃被打坏。

兴城县7个乡降雹最长20分钟，直径5～10毫米，最大25毫米，瞬间最大风速9级。全县受灾农田7万余亩，其中水冲沙压1.1万亩，毁种3612亩。

阜新县城及镇郊3小时降雨90.2毫米，冰雹最大直径20毫米。有56992亩农田被淹，其中重灾26890亩，绝收9326亩。12家工厂程度不同受灾，损坏房屋300多间，倒

* 市制重量单位，1斤=500克

塌 145 间。

法库县 9 个乡降雹，最大雹粒像鸡蛋黄，地面积雹 2 寸厚。受灾农田 15 万亩，其中重灾 1.5 万亩。

清原县降雹 40 分钟，雹粒一般玻璃球大，最大如鸡蛋黄。蔬菜被砸毁，果树落果，受灾农田 5813 亩，毁种 1925 亩。

6 月 10 日，阜新、彰武两县 28 个乡镇降雹持续 20～30 分钟，冰雹直径 10～20 毫米。彰武县双庙子乡明水村 65 分钟降雨 150 毫米，低洼地积水 1 米多深。受灾农田 50.4 万亩，其中重灾 21.1 万亩，毁种 1.08 万亩，农田积水 2700 亩，水冲沙压 3300 亩，折断树木 1500 株。

6 月 11 日，岫岩县降雹，冰雹如鸡蛋黄大，受灾农田 26808 亩。本溪县降雹，冰雹大小如鸡蛋，受灾农田 9150 亩。

6 月 12 日，建昌县降雹持续半小时，冰雹像鸡蛋大。汤神庙乡普遍降雹，高粱、玉米叶面全部被打成条状，减产 3 成，棉花、大豆等叶面被打落，全部绝收。

6 月 21 日，朝阳县羊山降雹，农作物遭受程度不同的灾害，棉田大面积毁种。阜新县降雹，受灾农田 17260 亩。

6 月 28 日，开原县降雹，受灾农田 17510 亩。

6 月 30 日，锦县降雹 5 分钟，平地积雹 2 寸厚，雹粒最大如鸡蛋黄。受灾农田 24892 亩，其中绝收 1772 亩，经济损失 50 多万元。

建昌县降雹，4 个乡受灾农田 3.1 万亩，占 4 个乡总耕地面积的 27.3%，其中毁种的有 7134 亩，减产水果 50 万千克，刮倒树木 500 多株，冲毁河坝 250 米。

7 月 7 日，建平县西北部的 13 个乡镇，降雹 8 分钟，冰雹直径 30 毫米。受灾农田 17 万亩，其中绝收 5 万多亩，一些房屋树木也受到损失。

1986 年　6 月 2～3 日，锦州、营口、铁岭、丹东、沈阳、本溪、辽阳等 7 个市 14 个县 64 个乡镇降雹，不完全统计，有 60 万亩农田程度不同受灾。

营口县和盖县的 12 个乡镇降雹，47389 亩农田严重受灾。两县共有 583500 株果树受灾，伤果率重者达 70%左右。刮断嫁接果树苗 6000 株，刮坏蔬菜大棚 30 万平方米。

义县稍户营子 4 个乡镇降雹，受灾农田 2 万亩。

北镇 10 个乡镇降雹持续 10～15 分钟，冰雹直径 10～20 毫米，最大 50 毫米。受灾农田达 30 万亩，其中重灾 5.7 万亩，毁种 2750 亩。受灾果树约 31 万株，全县经济损失 317 万元。

黑山县 9 个乡镇降雹 10～25 分钟，冰雹直径 20～30 毫米。全县受灾农田 8.3 万亩，其中需毁种 9300 亩。黑山镇有 58 亩菜田绝收，24 平方米蔬菜大棚被打坏。

西丰、开原、法库、铁岭 4 个县 17 个乡镇 53 个村降雹，西丰县郜家店降雨量 97.4 毫米，冰雹直径 15 毫米，最大风力 6～7 级。11 万亩农田程度不同受灾，其中毁种 7802 亩，西丰县有 9000 米河堤被冲毁。

丹东市区、宽甸、凤城县降雹持续 6～10 分钟，冰雹直径 20～30 毫米。受灾农田 32091 亩，受灾作物主要有玉米和大豆。

6 月 29 日，营口县的高坎、大石桥、虎庄、官屯 4 个乡镇 36 个村降雹一般 5～6 分钟，冰雹走向自西南至东北东方向，最大雹粒如手指甲大。受灾水田4万亩、旱田1.4万亩、果树14万株，多数菜田被破坏。其中1万亩水稻叶子被打光，500亩棉田几乎绝产，一些果树落果。

7月5日，朝阳县17个乡镇降雹3～4分钟，最长15～20分钟，冰雹最大直径50～60毫米。受灾农田25.5万亩，其中重灾17.5万亩，毁种12.4万亩。受灾作物主要有棉花、大豆、芝麻和其他经济作物。灾情重的地块作物全部被打光。有近万米护岸堤被冲毁，40多户房屋院墙倒塌，有4人被冰雹砸伤，1人被砸死。

锦州市义县、锦县、锦西、兴城、北镇县的49个乡镇75个村降雹，受灾严重的义县红墙子乡最大冰雹如鸡蛋，降雹持续20分钟，锦县翠岩乡积雹达5～6厘米厚。受灾农田66.6万亩，其中绝收6.9万亩，损失水果约570万千克。其中锦西市灾情严重，受灾农田34万亩，绝收2.5万亩，损失水果约500万千克。

法库县7个乡20个村，降雨量达60～100毫米，降雹10～30分钟，冰雹直径10～30毫米，局部阵风8～10级。受灾农田40850亩，其中重灾20657亩，估计减产3～5成。受灾作物主要是玉米、高粱、大豆、小麦及瓜果、烟草等经济作物。

阜新、彰武两县25个乡镇，降雹持续25分钟，冰雹最大直径20～30毫米。受灾农田80580亩，其中严重受灾需毁种9320亩，主要受灾作物有高粱、玉米、大豆、向日葵。

7月10日，鞍山降雹持续15分钟，冰雹直径一般5～10毫米，最大直径20～25毫米。受灾农田2310亩，其中全部被毁850亩。

7月14日，建平县北部98个乡，降雹12分钟，雹粒密度大，最大如鹅蛋。受灾农田11.3万亩，其中绝收4.1万亩。受灾严重的向日葵有75%～90%的葵花头被打掉。

7月22日，喀左县3个乡镇降雹20分钟。受灾农田2.9万亩，其中绝收7600亩。海城市高坨镇降雹，受灾农田近万亩，其中水、旱田各占一半。

8月6日下午3时30分，普兰店的安波降水60毫米，阵风7～8级；并夹有小冰雹。7日、9日和10日普兰店局部地区遭受大风、冰雹、暴雨的袭击。雨量一般在60～90毫米，阵风7～8级，冰雹最大的有鸡蛋黄大，一般的为黄豆粒大。9日15时左右：瓦房店部分乡镇降冰雹，并伴有9级大风，持续时间均在10分钟左右。赵屯乡最大直径为1厘米。瓦房店、复州城、西阳乡、东岗乡、驼山乡、赵屯乡受灾严重。受灾具体情况：农田作物受灾24214亩，农作物绝收1420亩。刮倒树木1400棵，苹果落果11.6万斤，河堤决口34处，5910米，公路冲毁4处40米，渠道冲毁1处31米，社员家进水40户。

8月30日，锦西县5个乡降雹，受灾粮食作物4.5万亩，其中重灾2.4万亩，总计减产粮食175万千克。蔬菜、烤烟、棉花、花生等经济作物重灾0.4万亩，蔬菜基本绝收，打落打伤苹果150万千克。

9月11日，盖县2个乡降雹15分钟，冰雹直径一般40～50毫米，最大60～70毫米，地面积雹半尺厚，风力7～8级。损失各类水果7216万千克、柞蚕25把、蔬菜380亩、苗木670万株，减产粮食123万千克。

10月9日0时和11时10分至40分，金州部分乡镇冰雹，平均直径10毫米，最大直径30～40毫米。9日12时：普兰店降冰雹，直径7毫米。受灾具体情况：266万千克苹果遭受冰雹的危害，损失159.4万元，打坏塑料大棚、温室775亩，损失38.75万元；打坏大白菜22亩，损失31万元；合计损失229.15万元。

1987年　6月19日，北票市9个乡镇，凌源县3个乡镇，降雹10～12分钟，冰雹直径一般20毫米，最大45毫米。时值大田作物处于苗期至拔节期、蔬菜处于开花生果期，遭灾对农作物生长影响较大。北票县受灾农田达92139亩，其中绝收5000亩。重灾乡有土城子、五间房、姜家窝铺、章古营。受灾较重的棉花、大豆叶片被砸光，生长点被砸掉。一些在田间劳动的群众和耕畜被砸伤。

阜新县5个乡降雹5～10分钟，冰雹直径5～10毫米。受灾农田18163亩，其中重灾6000亩，高粱、玉米叶子被打成条，大豆、葵花叶被打落，有的葵花被打掉头，打伤1人，打死马1匹。

锦西市张相屯、暖池塘、钢屯、缸窑岭4个乡降雹2分钟，冰雹直径一般10毫米，最大40～50毫米。总计减产粮食9000千克，减产水果156万千克。其中张相屯乡娘娘庙村8000亩农田需毁种，5万株果树无收成。

6月28日，义县6个乡39个村、锦县2个乡部分村，先后两次降雹，累计降雹40分钟，地面积雹20毫米厚，冰雹直径30毫米。义县九道岭等6个乡受灾农田总面积30500亩。

抚顺县及抚顺郊区的部分乡镇降雹，冰雹最大直径30～40毫米。遭雹灾农田26853亩，其中重灾3233亩，绝收1000亩。蔬菜受灾严重，一些温室玻璃和塑料大棚被打坏，黄瓜、西红柿、豆角被打下架。果树有2/3果实被打落。

本溪市西湖区石桥子5个村，降雹18分钟，最大雹粒如鸡蛋。受灾农田6685亩，其中大田3630亩，菜田2300亩。

阜新北部6个乡降雹20分钟，冰雹最大直径30～40毫米。受灾农田40630亩，其中绝收100亩，伤1人。

复县降雹，冰雹最大直径40毫米，走向为西北至东南向，降雹范围约40千米、宽2～10千米。7个乡镇遭受不同程度的灾害。

6月末，由于受冷涡影响，29日11时05分至29日11时40分，瓦房店的西北部、中部地区受冰雹袭击，冰雹直径为1～4厘米，重灾区冰雹覆盖厚度8厘米。影响范围：瓦房店的闫店、西扬、驼山、东岗、复州、太阳升、赵屯和得利寺。受灾具体情况：农田作物受灾15.1万亩，农作物绝收20000亩，受灾区成带形，东西走向，长约40千米，宽约2～10千米不等，8个乡镇受灾的村共有60个村，392个居民组19605户。受灾果树79.4万棵，平均农业减产3～5成，粮谷作物减产2150万斤，直接经济损失1700万元。其它经济损失200万元。

7月4日，绥中县8个乡降雹35分钟，其中35分钟内降雨量48毫米，是30年气象记录所未有的，冰雹最大直径60毫米，最大重量400克。受灾农田18万亩，其中重灾5.8万亩，绝收1.6万亩，全县农业损失1914万元。

兴城县降雹40分钟，最大冰雹直径30～40毫米。17万亩农田程度不同受灾，果树被打落果80%，部分家禽被打死。

7月5日，阜新地区西北部，降雹20分钟，冰雹直径10毫米，积雹3～6厘米厚。受灾农田40714亩，绝收1000亩，损坏房屋4间。

7月12日，建昌县降雹40分钟，冰雹大的似鸡蛋，小的像豆粒。受灾农田4.8万亩，绝收2万亩。打落水果30万千克，打伤5万千克，损失26万元。刮倒树木2000棵，打死家禽1500只。

7月17日，昌图县降雹持续2分钟，冰雹最大直径40毫米，一般20毫米，平地积雹3厘米，伴有6～7级大风。受灾农田6.5万亩，重灾1.7万亩，绝收3000亩，打落水果2.75万千克，一些房屋门窗玻璃被打坏。

7月19日，新宾、清原县降雹，新宾北四平乡2小时降雨量为87毫米，冰雹最大直径30毫米，积雹10厘米厚。清原县湾甸子乡降雨量79毫米。受灾农田4780亩、人参1600帘，暴雨冲毁农田200多亩，新宾县绝收在1600亩、玉米1008亩、杂粮300多亩、过水水稻800多亩，击坏人参膜1600多帘。冰雹造成损失466338元。

阜新县、彰武县降雹5～10分钟，冰雹最大直径30～40毫米。受灾农田35417亩，绝收0.3万亩。

8月4～5日，法库、彰武、凤城、北镇、盘山、鞍山郊区及新民县和沈阳所属郊区，降雹10～20分钟，冰雹一般直径10～20毫米，最大直径30～50毫米，伴有短时大风，最大风力8级。受灾农田达40万亩，刮落一些水果、柞蚕，打坏部分民宅玻璃，并打伤8人。新民县有15万亩农田遭雹灾；法库县有3个乡30个村15万亩农田程度不同受灾，伤7人；鞍山受灾农田2000亩，损伤水果5万千克，刮坏蔬菜塑料大棚51个；北镇庄稼倒伏4.3万亩，受灾果树18万株，减产水果150万千克。

8月29日，大洼县降雹持续15分钟，冰雹最大直径12毫米，一般10毫米。全县受灾10.2万亩，减产约96.5万千克。

8月30日，沈阳市东陵区降雹，冰雹直径10～20毫米，最大直径40毫米。受灾农田31500亩，其中水稻23300亩、玉米7200亩、白菜1000亩。

9月18日，抚顺县降雹10分钟，冰雹最大直径35毫米。2个乡15个村受灾，受灾农作物面积2.6万亩、蔬菜647亩、果树1.5万株。损失水果2800千克。

9月19～20日，清原、新宾县降雹，冰雹直径9毫米。受灾农田77600亩，其中水稻2.2万亩、蔬菜9500亩。

9月29日，东沟县降雹，冰雹最大直径15毫米，平均重量1克。受灾农田22.8万亩，减产水稻680万千克。

1988年　5月31日，阜新县降雹，冰雹一般如玉米粒大。受灾农田5800亩、牧草20亩、沙棘40亩。玉米、高粱叶片不同程度被打碎，一些向日葵、大豆生长点被打落。

6月10日，义县7个乡降雹15～20分钟，雹粒一般如手指甲大，最大如鸡蛋黄大。受灾农田5.4万亩，其中毁种1.9万亩。20多人被打伤。阜新、彰武县6个乡降雹，受灾农田2.4万亩，其中重灾8199亩，毁种2579亩。

6月16～17日，全省部分地区降雹，不完全统计，受灾农田总面积52.7万亩，其中成灾面积21.9万亩，绝收万余亩。果树、蔬菜、人参、柞蚕也受到程度不同损失。

辽阳市郊和灯塔县8个乡镇降雹，受灾农田面积23万亩，成灾11.5万亩。其中辽阳县刘二堡受灾最重，有3.2万亩农作物、5600亩蔬菜受灾，蔬菜温室大棚被打破露地蔬菜基本打光，大豆茎杆被打断40～50%，水稻叶子大部被打破。

凤城县降雹10分钟，最大冰雹直径80毫米，积雹8厘米厚。受灾农田4.7万亩，其中有3950亩大豆、烟草、蔬菜需毁种，62把柞蚕被打下山，250亩耕地被冲毁。

清原县降雹最长40分钟，雹粒大的如鸡蛋，小的像玉米粒，重灾区积雹15厘米。受灾农田375000亩，有3700帘人参被打坏或被风吹跑，210只家禽被打死。

新宾县降雹20分钟，冰雹最大直径35毫米，最大积雹厚度10～15厘米厚。受灾农田6980亩，其中绝产1000亩。有12500帘人参和200亩蔬菜程度不同受灾。

本溪县降雹，受灾农田3900亩，1740帘人参被打坏，刮倒树木18株。

法库县降雹5～20分钟，冰雹最大如鸡蛋黄，小的像黄豆粒。受灾农田12万亩，其中4万亩玉米减产3成以上，蔬菜减产20%左右。

彰武县降雹10分钟，冰雹直径12毫米，积雹1～2厘米厚。24875亩农作物程度不同受灾。东六家子120亩西瓜被砸毁。鞍山市降雹，225亩黄瓜和西红柿被击毁。

7月10日，阜新县降雹20分钟，雹粒一般如鸡蛋黄大。受灾农田20124亩，其中重灾14095亩。

8月21日，宽甸县降雹，29600亩农田绝收。

8月23日13～14时，瓦房店炮台镇松木岛和陈屯降冰雹10分钟，最大蛋黄大，积雹半尺深，到24日才化完。23日14时10分至14时27分，大连凌水镇庙领村降冰雹，小的手指盖大，最大的蛋黄大。灾情：瓦房店的炮台镇松木岛和陈屯，菜和玉米被打。大连凌水镇庙领村，白菜7～8亩，损失蔬菜100多吨，秋菜35亩4～6片叶被打碎，7.5亩云豆70%叶片打碎，改种黄瓜，黄瓜一片叶有二十几个眼，苹果损失60～70吨，一个苹果有20～30个洞。早块秋菜绝收。

9月4日，受高空槽和地面冷锋共同影响，9月4日半夜至5日凌晨，大连部分地区降冰雹。实况如下：4日22～24时：瓦房店有8个乡镇和苇套农场共36个村降雹。具体地点有：永宁、西杨、闫店、李官、许屯、万家岭、驼山、赵屯。其中永宁、西扬、闫店三个乡较重。冰雹大的如鸡蛋黄大，小的有卫生球和豆粒大。25日1～2时：庄河桂云花、步云山、横道河、光明山和大英子等乡镇降小冰雹。25日1～2时：大连营城子东西小麦村、东前木和辛寨子等有雷雨伴随冰雹。瓦房店打坏苹果树60.3万棵，打坏苹果675万千克，间接影响200万千克，打坏菜田700万亩，打坏经济作物1200亩。直接经济损失550万元。庄河苹果被打出疤，等级下降。营城子白菜叶被打出孔，程度是13个叶中有1～2叶有孔。

9月7日，岫岩县降雹，受灾农田2万多亩，蔬菜1000亩，果蚕损失价值100万元。绥中县降雹，农作物损失严重，经济损失近10万元。

1989年 4月26日，辽中县降雹20分钟，冰雹最大直径8毫米。水稻苗床塑料布打坏700床。

5月13日，丹东市东沟县降雹10分钟，冰雹最大直径20毫米。共有2万亩蔬菜受灾，重灾地块达3000亩，蔬菜减产130万千克。

5月18日，阜新县降雹，萝卜沟乡45分钟降水量33毫米，冰雹直径20毫米。仅萝卜沟乡有2014亩玉米田地膜被冰雹砸坏，7000亩向日葵受灾，被打掉头30%。

6月5日，绥中县降雹，约有1万亩地瓜、大豆、棉花严重遭灾，有2100亩毁种，262万株结果树程度不同受灾。

建昌、朝阳县的15个乡镇降雹，最大风力8级以上，最大降雨量40分钟达26.3毫米。雹粒大的如玻璃球，小的如玉米粒，个别地方积雹 2 寸厚。受灾农作物 43 万亩，玉米、高粱叶子被打坏，部分植株折断。其中建昌县有 10 个乡降雹，仅大屯乡受灾农田达 2 万亩，占全乡耕地的 50%，3400 亩棉花全部绝收。

绥中县戈家等 10 个乡镇及义县红墙子乡降雹，一般持续 10 分钟，最长达 25 分钟。最大雹粒似核桃，小的如玉米粒。同时伴有 7～8 级大风。绥中县受灾农田 6.1 万亩，其中绝收 6000 多亩。果树成灾 140 多万株，打落水果 2900 多万千克。打死家禽 150 多只，打坏 100 多间房屋的玻璃。义县红墙子乡有 4500 亩农作物遭雹灾。

6 月 26 日，抚顺县、清原县北部 8 个乡，降雹 5 分钟，冰雹最大直径 50 毫米。抚顺县受灾农田 7500 亩，清原县 33165 亩农作物遭雹灾。大豆、烟草受灾程度较重。

彰武县四合城乡降雹 10～17 分钟，雹粒如鸡蛋黄大，伴有大风。受灾农田 2.7 万亩，有 40 株树被风刮倒。

鞍山市降雹 10～15 分钟，冰雹直径 10 毫米，短时大风 7 级。大田作物和蔬菜受灾较重。

建昌县杨树湾、杨马甸子、雷家店 3 个乡，凌源县四官营子、河坎子乡，降雹 8～10 分钟，冰雹直径 20 毫米，伴有大风。杨马甸乡受灾最重，高杆作物全部刮倒，并刮倒树木 500 余株；凌源河坎子乡有 2 个村受灾较重，400 亩大田作物受灾，菜田损失较大。

由于受东北冷涡影响，6 月 29 日 16 时 40 分至 20 时，瓦房店市东岗乡达营、韩庙两个村降冰雹，40 分钟降暴雨 50～60 毫米，雨伴冰雹 15～30 分钟，冰雹为乒乓球大，地面降雹最大厚度为 10 厘米。大连站从 19 时 46 分至 20 时降阵雨或雷阵雨，并伴有飑线和短时大风。7 月 1 日傍晚，瓦房店由北向南再次降阵雨和雷阵雨，18 时 15 分至 18 时 27 分，李官、土城子、永宁 3 个乡 19 个村降冰雹，30 分钟降雨为 57 毫米，雨伴冰雹 15 分钟左右，冰雹大的如蛋黄大，小的如杏核大。瓦房店市东岗乡达营、韩庙打伤 5.05 万株果树，苹果树被打裂，最多的一个苹果被打伤 15 处。3100 亩玉米叶子被打成绺，1000 亩大豆叶被打光，部分地瓜、大豆被冲跑。羊被冲走 3 只，桥涵被冲毁 4 座，一农民在山上放羊，被雷击昏，牛、羊身上多被打成鸡蛋大小的包，有些居民家玻璃被击碎，经济损失 1.8 万元。7 月 1 日晚 6 时，李官、土城子、永宁 3 个乡 19 个村受灾，有 8654 户，348 万人，受灾面积 5.0 万亩，其中玉米 3.18 万亩，大豆 1.07 万亩，其它 0.9 万亩，受灾果树 68.46 万株。李官乡较重，全乡 13 个村全部受灾，成灾 10 个村，玉米叶被打碎，葡萄被打伤。苹果减产 269 万千克，葡萄减产 40 万千克，经济损失 216 万元。

7 月 1 日，盖县、营口县的 12 个乡镇，降雹 15～20 分钟，最大冰雹如鸡蛋黄。盖县有 9.6 万亩农田和 35.7 万株苹果，10 万株葡萄、650 亩西瓜程度不同受灾。

北票市马有营乡降雹 5～10 分钟。1700 亩大田作物叶子被打成碎条，果树全部受灾。

7 月 2 日，台安县降雹 10 分钟，冰雹一般像核桃大，大的似鸡蛋。受灾农田 2000 亩。

抚顺市区、丹东北部、岫岩县降雹，岫岩县 6 个乡受灾，受灾农田 2.9 万亩。

7 月 8 日，凌源县河坎子乡降雹，受灾农田 4439 亩，其中绝收 1813 亩，受灾果树 10100 株，有 1000 多间房屋被砸坏。

7 月 9 日，昌图、康平、法库 3 县的 17 个乡镇，降雹 15～20 分钟，最大冰雹直径 45～50 毫米，伴有大风。农作物受灾面积 27 万余亩，绝收 2.4 万亩，受害果树 11530

株，折断树木 830 株，并砸坏很多房屋玻璃。

抚顺、清原降雹，受灾农田 1923 亩。阜新县 17 个乡降雹，受灾农田 11 万亩，冲走 4 名小孩，其中 1 人死亡。

7 月 14 日，抚顺市降雹，受灾农田 3281 亩。

8 月 28 日，法库县 2 个乡降雹，冰雹最大直径 30 毫米。受灾农田 73245 亩，减产粮食约 1～2 成。

9 月 27 日，阜新县东梁、王府、七家子、化石戈 4 个乡降雹 20 分钟，雹粒一般黄豆粒大，小的如杏核，局部积雹约 3 寸厚。受灾农田 47945 亩。其中东梁乡占 3.1 万亩，受灾严重地块的高粱叶子被打乱如麻，高粱籽粒被打掉一半，成熟的豆荚被打落 40%。

10 月 11 日，台安县降雹，受灾农田 1.7 万亩，受灾严重的水稻将减产 2～3 成，仅黄沙镇水稻减产 100 万千克以上。

受高空冷涡影响，10 月 11 日 11 时 50 分至 13 时，大连地区所属甘井子、金州、普兰店分别遭到冰雹的袭击。实况如下：营城子、革镇堡冰雹为玉米粒大，南关岭的上沟、中沟、下沟、海茂村冰雹密度大，鸡蛋大小，持续 1～2 分钟。金州的二十里堡、董家沟、弯里、亮甲店、向应、三十里堡、四十里堡、农场 8 个乡镇、39 个村冰雹大的有鸡蛋大，小的有豆粒大，持续 25 分钟左右，地面积雹层约 10 公分。普兰店的瓦窝、四平、乐甲、沙包的 32 个村、28 个居民组降雹，其中瓦窝、四平最重，降雹时间最长，密度大，持续 20 分钟左右，大的有鸡蛋黄大，一般有橡子大小。甘井子区：大白菜损失 380 亩，其它各类秋菜为 400 亩，苹果 2370 亩，直接经济损失 400 多万元。金州区：果树受灾 3.2 万亩，结果树 80.4 万株，损伤苹果 8000 吨，打碎 2000 吨，损失商品菜 3200 亩，另外有蔬菜大棚、民房瓦、玻璃等，损失折款约 1000 万元。普兰店市：苹果砸伤 2500 万斤，砸裂果 500 万斤，蔬菜受灾 30000 亩，减产 1600 万斤，总的经济损失 760 万元。

1990 年 5 月 29 日 17～21 时，朝阳县冰雹持续 10～30 分钟，最大直径 50 毫米，一般 20～30 毫米，个别地方地面积雹 10 厘米厚，至第二天早晨尚未化完。降雨约 1 小时，降水量达 30 毫米左右。

全市受灾农田 93000 亩。重灾区在朝阳县西北部和龙城区，两县区重灾 5 个乡，受灾面积达 74550 亩，占全市受灾总面积的 80%。其中北沟门乡 8650 亩，冲毁石坝 150 米，石坊 380 立方米；十二台乡受灾 12000 亩，重灾 8000 亩；下三家乡受灾 9000 亩，其中 2000 亩绝收；西五家乡受灾 14000 亩，重灾 9400 亩。朝阳市客运站有一班车在西五家乡遇到山洪，有 5 人被洪水冲走，落水死亡，另冰雹砸伤 10 多人。

6 月 3 日 18～19 时，黑山县降雹，有 4 个乡受灾，受灾面积 80000 亩，受灾作物有大豆、苹果、梨、玉米、高粱、谷子、葡萄等，有 20 万株果树受灾，李屯乡冰雹伴有大风，把直径 30 多公分的树刮折 30 多棵。

6 月 6 日 17～18 时，锦县降雹，雹粒大的如鹅蛋，一般如杏大。有 2 个乡遭灾，受灾面积 11896 亩，其中棉花 386 亩，大豆 900 亩，高粱 250 亩，250 亩玉米绝收，2 万株果树的果实打落。

17 时 01～45 分，义县降雹持续 30 分钟，冰雹直径 20～50 毫米，最大重量 75 克。有 3 个乡 15 个村受灾，受灾面积 36350 亩，125150 株果树遭灾，有 80%的果落地。头道河乡有9人被冰雹打伤，牲畜也有损失，打碎玻璃2000多块。

6月9日16时0～30分，锦西降雹持续30分钟，降雨40毫米，冰雹大的如鸡蛋，小的像玻璃球，地面积雹16厘米。受灾面积11450亩，其中高粱、玉米2440亩，谷子438亩，大豆1950亩，棉花1316亩，花生888亩，果树7万株。

16时30分至17时20分，新金县降雹，冰雹直径25毫米，平地积雹3厘米，降雨量50～60毫米。有8个乡遭冰雹袭击。其中严重的有四平、乐甲、安波、磨盘4个乡。受灾面积46630亩，重灾400亩；水淹地1000亩，水冲沙压550亩；果树受灾33万株，小河决口96处。

17时49分至18时05分，复县得利寺镇，降雹3～13分钟，大的像蛋黄，小的如玉米粒。全镇有8个村受灾，受灾面积大豆1000亩，玉米8000亩，打坏春蚕96把，全镇52万棵树受灾44万棵，苹果减产800万斤，全镇损失737万元。

庄河降雹10～20分钟，大的像蛋黄，一般如豆粒，同时伴有9～10级大风。有4个乡受灾，受灾面积49067亩，绝收12000亩，苹果因打掉打伤约减产100万斤左右，柞蚕也有一定损失。

15时58分至16时21分，鞍山市降雹，冰雹最大直径20毫米，一般10毫米，平地积雹2厘米，最大厚度4厘米。鞍山市的汤岗子镇及汤岗子农场，海城市的腾鳌镇受灾，总受灾面积20839亩，其中重灾11000亩，有2229亩菜田受灾，700亩蔬菜生长点被打坏，经济损失约248.1万元。

17时40分，岫岩降雹持续15分钟，冰雹最大直径10毫米，地面积雹4～5厘米，有12000亩农田受灾，烟草、柞蚕受灾也较重。

6月10日下午，沈阳市东陵区、新城子、辽中县8个乡镇，降雹持续18分钟，直径一般为15毫米，最大达29毫米，局部积雹6厘米；辽中境内局部降暴雨，40分钟雨量达53.4毫米。受灾大田作物面积52800亩，蔬菜6200亩。玉米叶片打成条状，部分茎被打断，一些塑料大棚被砸破，露地生产的蔬菜叶片、果实被不同程度砸伤，生长点被打断。

6月11日，沈阳市苏家屯、新民县4个乡有25000亩大田作物遭冰雹袭击。

6月13日14时40分至15时50分，朝阳市龙城区、双塔区和朝阳西北部降雹，朝阳西北部冰雹直径20～30毫米，最大达50～80毫米，持续20～30分钟，伴有急雨，降雨量为20～30毫米；双塔区降雹5～8分钟，且密度较大。据统计：有23个乡镇111个村受灾，受灾农田面积为267200亩，果树100万株，双塔区蔬菜受灾3000亩，重灾区的棉花、大豆、芝麻、西瓜等基本绝收，玉米、高粱等将减产3～7成，果树、蔬菜严重受灾。朝阳县菠罗赤乡境内山洪暴发，使锦承铁路在菠罗赤站附近洪水仅差不到7厘米漫过铁路路基。

6月22日4时24～29分，建平降雹，冰雹大的如鸡蛋，小的如杏仁，地面积雹10厘米。有2个乡16个村受灾，受灾面积62938亩，其中减产5～8成有14000亩，需要翻种或补种的有17700亩，其中罗卜沟乡谷子80%被砸断，向日葵全部受伤，重的90%被砸断。

6月22日17时至23日5时，沈阳市内、于洪、苏家屯、新民、辽中县（区）的部分乡镇及市区内降雨量48.5毫米。于洪区降大暴雨，降雨量达113.4毫米，并间有冰雹，雹粒大的似鸡蛋，小的如玻璃球。市区内有23处高压电线断落，触电和雷击死8人，11座立交桥下和多处交通干线积水，交通严重受阻，几条公共交通线路一度中断；全市有45处7000多间低洼平房进水，10000户民房门窗玻璃被砸坏，受灾农田17.5万亩，其中绝收近2万亩。

6月29日，大连的金州区、瓦房店市降雹，冰雹持续10～15分钟，最大直径20毫米。金州有11个村受灾，受灾农田面积2985亩，蔬菜1599亩，打坏塑料大棚27个，打坏果树近4000亩，水淹大田10亩，淹种子田4亩，有20户门窗玻璃打碎，总计损失300万元。

8月9日午后，凌源县降雹，冰雹直径20～50毫米，持续10分钟。受灾面积1400亩，有330户房屋进水，22间房屋倒塌，冲倒大树130棵，淹机电井15眼。

8月11日、14日，受雹灾范围从建平县老哈河岸向阳乡到朝阳县东部山区的根德乡，总长150千米，宽10～20千米，斜跨2县31个乡镇259个村。降雹持续时间一般为10～20分钟，最长达40分钟，冰雹直径一般为20～50毫米，最大达100毫米；并伴有大风、暴雨，最大阵风9～10级。受灾农田92.8万亩，其中绝收23.9万亩，受灾果树151万株，水果减产500万千克，冲走刮倒树木4万多株，砸死、冲走畜禽1.1万只，砸伤396人，死1人。水利、公路、输电等工程设施遭到严重破坏，直接经济损失超过1亿元。

8月24日18时30分至19时30分，义县罗家屯等4个乡降雹，风力7～8级，冰雹一般杏仁大。受灾面积17万亩，其中玉米2.25万亩，谷子2万亩，高粱11万亩，杂粮3000多亩。20时前后，康平降雹20分钟，风力达7～8级，雹粒一般像黄豆粒大，最大像蛋黄大。受灾达59575亩，平均减产2～3成，受灾严重的有两个乡，主要作物是玉米、高粱，有的折断，有的倒伏。

8月30日，阜新市的彰武、阜新两县共有23个乡（镇）受灾，受灾面积716026亩，主要作物是高粱352643亩，谷子83974亩，玉米114099亩，大豆26868亩，向日葵66858亩，其中绝收13000亩，高粱受灾最重，出现成片倒伏现象。昌图、西丰降雹持续15～20分钟，风力达7～8级，冰雹最大似蛋黄，小的像黄豆粒。总受灾面积378105亩，其中昌图县东戈乡受灾面积41495亩，玉米、高粱、水稻平均减产1～2成，1000亩黄烟和700亩菜田绝收；古榆树乡受灾面积为50000亩，占全乡面积的45%，最严重的黄烟有600亩绝收，8700亩高粱减产650万斤，玉米、高粱、大豆、谷子减产1500万斤。

9月14日，瓦房店降雹持续7分钟，直径为10～15毫米，主要受灾的乡镇有交流岛、谢屯、复州湾，共打伤苹果80万斤，落果30万斤，打坏蔬菜1000多亩，共损失100万元。

1991年 6月3日14时，凤城降雹持续40分钟，直径一般为20毫米，积雹3厘米。受灾面积4278亩，重灾2个村，洪水冲毁路面、水利设施和民房，总计损失150万元。

6月6日17时30分，建平县马厂、黑水、热水、老官地、太平庄5个乡56个村降雹，受灾面积78100亩，其中减产3～4成的有35000亩，5～6成的20000亩，绝收面积18000亩。受灾最重的作物是西瓜、香瓜、大豆和刚出苗的糜黍。

6月17日17～18时，开原县李家台、八棵树、杨木林、业民等4个乡镇30个村，降雹3～5分钟，雹粒最大直径10毫米。受灾面积22825亩，其中玉米13440亩，大豆

4570亩，水稻930亩，高粱600亩，烟草2745亩，其它540亩。受灾程度：叶片打破，生长点无损，严重地块减产2～3成的有7300亩，其余1成左右。

6月20日17时24～45分，凤城县4个乡镇14个村，降雹20分钟左右，最大直径35毫米。受灾面积3000多亩，其中蔬菜1000多亩，砸坏塑料大棚80多个，损失价值37.2万元。

6月21日15时30分至16时20分，庄河县北部降雹10～20分钟，30分钟降雨量33毫米。受灾作物主要是玉米、蔬菜、苹果、柞蚕。其中玉米受灾面积7500亩，重灾4500亩；受灾果园35个，果树21000株，每个果上受3～5处伤，因伤果降等损失189万元，柞蚕15把，约损失3000茧，损失2.4万元。

6月23日，喀左十二得宝、太沟林乡降雹，受灾面积2000亩，成灾1710亩，其中粮谷1364亩，减产3～5成的有649亩，5～7成的有715亩；经济作物96.2亩，全部减产8成以上，其它250亩，水果损失减收2.3万元。

6月28日8时30分至9时，朝阳市喀左县官大海、六官营子、坤都营子等6个乡降雹。冰雹持续时间7～10分钟，冰雹直径20毫米，农作物损失严重。

7月2日14时35分至16时05分，鞍山市的海城市12个乡镇和台安县的旧堡区降雹，海城市降雹一般5～9分钟，局部达15分钟，冰雹最大直径50毫米，有的蛋黄大，一般玉米粒大，局部垄沟积雹15厘米厚。全市总受灾面积17.5万亩。其中海城市15.3万亩，台安县1万亩，旧堡区1.2万亩。受灾作物主要有玉米14.6万亩，水稻1万亩，大豆0.9万亩；果树受灾1.5万株，减产粮食3500万千克，经济损失1300万元。

7月5日14时，康平县沙金台乡，冰雹持续30分钟，一般鸡蛋大，风力12级。受淹农田37950亩，重灾22420亩，绝收4670亩，损坏房屋242户，有27人受伤，有20多人被雹打得浑身青肿。

7月8日12时53～56分，沈阳市东陵区古城子、深井子、高坟子10分钟降雨量29毫米，降雹3分钟，直径11毫米，重20克，瞬间风速达24米/秒。受灾农田13390亩，香瓜和西瓜1700亩，基本绝收，果园1130亩，孤家子一库一台25万元的吊车被风刮倒，刮倒刮断10年生的杨树50棵。

7月9日5时30分至7时30分，铁岭县平顶堡、镇西堡降雹，冰雹持续40分钟，直径大的50毫米，其余玻璃球大，2小时降雨147毫米。受灾农田55000亩，其中玉米30254亩，大豆1320亩，小麦770亩，损失粮食80万千克，经济损失达520万元，冲坏桥闸2处，乡村公路全部冲坏。

7月9日12时50分至10日2时，新金县四平、同益、莲山、城子坦、瓦窝、元台降雹6～7分钟，大的像蛋黄，一般如玉米粒大，小的如豆粒大，风力7～8级。玉米倒伏33650亩，大豆过水4500亩，冲毁水稻500亩，有11.77万棵果树被雹打，折断树木520棵，倒民房100间。

7月9日16～18时，朝阳市的凌源、喀左、朝阳县、北票4县的30个乡镇降雹，雹线路径：西起凌源三十家子镇，东到北票马友营，长200千米，宽20千米，跨凌源、喀左、朝阳、北票4县。降雹6～27分钟，风力7级以上。初步统计：受灾农田近20万亩，其中喀左8万亩，朝阳县6万亩，待收的小麦大面积倒伏，棉花枝叶落把，打成光杆，玉米、高粱像披蓑衣，部分房屋玻璃击碎，树木连根拔起。

当日夜间，新民县大柳河乡、新城子马刚乡降雹 15 分钟，风速达 18 米/秒，有4000～5000 亩玉米叶子打落，435 亩葡萄遭灾。

开原县中固镇，松山乡、三家乡、三棵树镇降雹。受灾面积 86349 亩，成灾 68255 亩，其中风灾 2092 亩，水冲沙压 1370 亩，雹灾 24695 亩，水灾 59562 亩。

昌图县下二台乡降雹，冰雹如蛋黄大，地面积雹 8 厘米，直径 40 毫米。受灾农田面积 1572 亩，其中高粱 195 亩，大豆 675 亩，甜菜 14 亩，西瓜和香瓜 148 亩，果树 660 亩，玉米、高粱将减产 5 成。

7 月 9 日 20～24 时，抚顺县 6 个乡 1 个农场降暴雨及冰雹，降雨量在 52～100 毫米之间，最大风力 10 级，冰雹最大直径 40～50 毫米。直径为 1 米的树 100 多棵连根拔起，冲毁河堤坝 4 处，冲毁桥梁 2 处，交通中断，倒房 5 处，进水 340 间，淹死 3000 多只家禽。受灾面积 25305 亩，水稻绝收 500 亩，水果减产 73 万千克。

7 月 10 日 16～17 时，锦西市降雹，冰雹直径最大鸡蛋大。受灾面积 13038 亩，果树 9620 亩，受伤株数为 379820 株，其中结果树 153522 株，幼树 24686 株，梨树 94025 株，李子树 43290 株，杏树 5591 株，苹果 116 株，山楂树 35176 株，总减产 64080 万斤，经济损失达 117.75 万元，其中南票区灾情最重，遭灾果树 2300 株，造成减产 75 万千克，此外还有 60 多人受伤，重伤 11 人，通讯线路、高压线路、房屋和家禽也有不同程度的损失。17～18 时新宾降雹，受灾面积 4077 亩。

7 月 11 日 15 时 35 分至 18 时 35 分，凌源县的河东、乌兰白、凌河、小城子、凌北、万元店等降雹，70 分钟降雨 84 毫米，风力 8～9 级，冰雹最大直径 35 毫米，其危害程度之重为百年所未见。凌源城区水深达 1 米，造成县城停电，部分工厂停产，商店停业。受灾农田 7.3 万亩，重灾 3.7 万亩，其中待割的小麦 1.2 万亩，伤 28 人，死 5 人。倒塌损失房屋 651 间，冲走猪、羊等家禽千余头（只）。有 3000 多户居民房屋进水，损失口粮 100 多万千克，减产粮食 1700 万千克，初步统计：直接经济损失 1500 多万元。

7 月 12 日，新民、新城子 5 个乡镇降雹，冰雹直径 10 毫米。受灾面积 10500 亩，其中有 10000 亩玉米倒伏，新城子造纸厂被雷击起火。12 日 23 时 30 分至 13 日 3 时 30 分，新金县四平镇，乐甲、双塔 3 个乡降雹 10 分钟，降雨量 68～97.8 毫米，风力 8～9 级，冰雹大的如蛋黄。受灾果树 5000～6000 棵，苹果打落，玉米倒伏 13300 亩，其中折断 20%～30%，水冲沙压水稻 523 亩，玉米 78 亩，杂粮 260 亩，蔬菜受雹灾 100 亩，河堤决口 122 处，总长 4680 米，大沙河河堤冲毁 30 米，梯田冲垮 40 亩，桥涵冲坏 5 座，县级公路冲坏 3 处，乡级公路 6 处，渠道冲垮 550 米，三线电杆倒 6 根。

7 月 13 日 3 时 30 分至 4 时 30 分，新金县邱家店降雹 10 分钟，直径一般为 3～7 毫米，最大 20 毫米，1 小时降雨量 97.8 毫米。玉米倒伏 3190 亩，水冲沙压 78 亩，大沙河主坝决口 4 处，长 110 米，其它小坝 3 处，长 1900 米，刮倒果树 250 棵，路面冲坏 17 处 2650 米，县级公路冲坏 2 处，致使交通中断。16 时 40～50 分，法库县叶茂台、杨家沟降雹 10 分钟，直径 10 毫米，最大直径 20 毫米。受灾面积达 3.2 万亩，受灾作物主要是玉米。

7 月 26 日 10 时 30 分，辽中降雹 5 分钟，冰雹直径鸡蛋大。受灾面积 5043 亩，其中玉米 4000 亩，其余为棉花、水稻。有 80 多户园田被毁，直径 10 厘米树木被折断 10 棵。辽阳冰雹如蛋黄大，风力 10 级，作物倒伏，绝收 800 亩。庄河县南尖乡冰雹直径 30～40

厘米，阵风10级，有12460亩农作物受灾，折断树木1500多棵。

9月5日，新民县芦家屯，大喇叭等5个乡降雹，冰雹鸡蛋大。受灾面积8000亩，其中大喇叭乡1000亩水稻有30%脱粒，70%倒伏。

黑山11个乡镇降雹，冰雹直径25毫米，积雹10厘米深，最大直径60毫米，1小时降雨量70毫米以上。受灾面积达50万亩，其中受灾严重的罗屯乡，有的地块高粱作物被打断，籽粒撒落满地，花生、大豆、荞麦、蔬菜等矮棵作物几乎被夷为平地。田头路边树木的叶子全部被打落。

9月7日16时30分至17时34分，朝阳市、建平县、北票市的18个乡镇降雹10分钟，一般如鸡蛋大，平地积雹10公分，最大风力9级。总受灾面积11.4万亩，主要是经济作物，果树和蔬菜将减产8成，经济损失约1000多万元。

19时15分，北镇6个乡降雹，风力8级，冰雹最大直径50毫米，持续15分钟。受灾果树2.7万株，损失水果600万千克，高杆作物成片倒伏，绝收6万亩，直接经济损失1000多万元。

9月19日14时，庄河降雹10～20分钟，最大直径30毫米，积雹1寸厚。打坏苹果180万千克，约损失51万元，光明山冲毁农田265亩。

金州区降雹5～6分钟，小的钮扣大。全区蔬菜、苹果受灾1876亩，重灾750亩，减产764000斤。刮坏大棚128亩，损失8.7万元。

瓦房店市降雹20分钟，最大直径30毫米，3小时才化完。受灾果树40.6万株，有1980万斤苹果因灾而降等，受灾农田4400亩。

海城市11个乡镇降雹，冰雹一般豆粒大，大的如蛋黄。受灾面积91000亩，其中水稻88000亩，高粱2000多亩，蔬菜1000多亩，大豆350亩，最重是水稻，减产1～2成，个别地方3成，水果受灾严重，损失水果120万斤。

锦县4个乡降雹，冰雹玉米粒大，持续30分钟。成灾面积2.92万亩，其中水稻1.12万亩，高粱5300亩。

岫岩4个乡镇降雹，冰雹最大直径20毫米，地面积雹15～20厘米。受灾农田8000亩减产1～2成，蔬菜2000亩减产6成，受灾果树15万株，柞蚕900把。

1992年　5月17日14时59分，西丰县15个乡镇降雹9分钟，冰雹直径27毫米，降雨量45毫米。全县有15个乡镇受灾。受灾最重的是西丰镇，地膜5300亩，蔬菜1530亩，烟草100亩，玉米1645亩，柞蚕150把，有30%幼蚕落地，损伤蔬菜大棚13个，果树53株，直接经济损失34万元。

6月3日18时15～35分，喀左县5个乡镇，降雹20分钟，冰雹最大直径30毫米。成灾农田面积8000亩，重灾4000亩，绝收2000亩，直接经济损失95万元。

6月13日11时40～46分，沈阳市东陵区降雹20分钟，冰雹直径14毫米，重2克，最大蛋黄大，积雹近7厘米厚。有7000亩西瓜、香瓜和玉米受灾，有600亩瓜类80%绝收，玉米叶子打成条状。

下午，宽甸县青椅山、双台子、灌水、宽甸镇4个乡18个村降雹20分钟。受灾农田面积1.72万亩，其中玉米1.3万亩，大豆1500亩，烟草1430亩，蔬菜1100亩，春蚕8把，果树2万株，损失近114万元。

6月15日，宽甸降雹，有400亩玉米受灾，40亩大豆打成光杆。

6月22日14时40～50分，建平县北部二十家子乡降雹，冰雹最大像鸡蛋大，一般像蛋黄大。受灾农田面积6.7万亩，重灾2万亩，毁种1.5万亩。受灾作物有玉米、高粱、籽麻，造成严重损失，砸死1人，砸伤21人，冲走羊21只，驴1头，牛1头，有400多间房屋砸坏，玻璃砸碎。

6月28日，辽阳降雹10分钟，最大直径10毫米。受灾农田面积2500亩，有550亩棉花需毁种。

6月30日至7月1日，黑山降雹10～20分钟，直径10～30毫米，个别地方积雹1尺厚。盖县降雹30分钟，冰雹直径50毫米。庄河降雹5～6分钟，直径10～30毫米。凤城冰雹直径50毫米，地面积雹4～10厘米厚。农作物受灾严重，一些村屯猪、羊被打死。

7月14日，营口县黄土岭乡茶叶沟村降雹，冰雹最大如蛋黄，持续10～12分钟。受灾农田面积250亩，果树3000棵，减产水果17.5万千克。

8月24日下午，瓦房店、普兰店、庄河降雹，冰雹最大直径25毫米，局部伴有短时大风。玉米倒伏3.9万亩，水稻倒伏1.1万亩，杂粮倒伏折断1.1万亩，蔬菜受灾1440亩，受灾苹果树1011万株，葡萄1.5万株，落地果占40%～50%，每个果平均雹伤10～15处，刮倒树木910棵，倒房一间，打伤家禽10只，伤100只。

8月29日15时22～29分，桓仁县六河乡、普乐堡、二棚甸子乡降雹，冰雹直径15毫米。受灾面积6816亩，其中粮食作物4357亩，蔬菜2459亩，蔬菜大棚损失棚膜价值33400元。

9月10日，沈阳降雹，冰雹最大直径如鹅蛋大，一般如乒乓球大。苏家屯：受灾农田面积5～9万亩，果园300亩，损失葡萄价值20万元。新民：受灾农田面积2.0万亩，其中水田1.2万亩，高粱4000亩，蔬菜4000亩，葡萄150亩。

丹东降雹，冰雹最大直径20毫米，积雹10厘米。受灾农田面积2万亩，其中水稻1.6万亩，玉米0.3万亩，其它0.1万亩，柞蚕受灾257把，162把打下山，果树310亩5620棵受灾，损失水果10.5万千克，估计损失100万元。

普兰店的双塔、城子坦、安波等8个乡镇76个村降雹，冰雹最大直径40毫米，一般10～20毫米，持续10～25分钟。主要是苹果受灾，受灾57.5万株，落果112万千克，其中伏果250万千克，减少收入8898万元，蔬菜受灾1.2万亩，减产718.5万千克；水稻受灾3.1万亩，减产124万千克；杂粮2700亩，减产10万千克。

9月28日，中午大连旅顺的龙王塘，金州的大孤山，国营农场和瓦房店的杨家降冰雹。最大如鸡蛋大，小的如豆粒大。其中金州有几个乡镇和国营农场积雹厚度达10厘米。40余万斤雪花梨全部受伤，18500棵丰产梨树叶全部脱落，45000棵新品种幼树皮被打裂；8600株葡萄90%以上受伤、掉地；苹果16000株被打成重伤，秋菜被打成碎片，共损失221万元。

1993年 6月6日午后，北票、朝阳、建平县的十二台等10个乡镇降雹，冰雹直径15毫米，持续30分钟，北票北部西沟山降雨50～60毫米。使西沟山村办的金矿被淹（水深达7米），造成8人失踪。

14时25分至15时15分，宽甸县石湖沟等6个乡镇降雹6分钟，冰雹最大直径70毫米，落地3～4厘米，为30年不遇。有1.5万亩温室大棚、露地蔬菜及4.5万亩玉米、大豆被毁，直接经济损失1000多万元，一些建筑物也受到了程度不同的损害。

16时至16时20分，沈阳市新城子、东陵、苏家屯区10个乡镇，降雹20分钟，最大直径25毫米，一般像蛋黄大。受灾面积15.4万亩，其中东陵区10万亩，新城子4.8万亩，苏家屯0.63万亩，其中东陵区有2万亩绝收。受灾作物主要有玉米、水稻、小麦、大豆、西瓜和葡萄。

15～17时，抚顺县的拉古、海浪、安家、夹河等7个乡镇降雹，冰雹如鸡蛋大。冰雹经过之处，树枝、树叶被打落，民房上的瓦及门窗被砸坏，仅夹河乡有30多人被砸伤。全县共有2.45万亩农作物受灾，有800多亩绝收，受灾作物主要有玉米、大豆、蔬菜和水果。

6月5日至7日，瓦房店的万家岭、徐屯、赵屯、杨家等6个乡降雹。5日18时30～40分万家岭降雹，最大直径30毫米，损失苹果3000万斤，受灾果树达75%，单个果受伤最多达11处，灾情最重的是幸福村和团结村，为历史罕见。

6月18日15时50分，黑山县2个乡降雹15分钟，冰雹直径20毫米。农作物受灾面积1.6万亩，受灾严重的是棉花，损失近一半，小麦损失2成左右，高粱、玉米损失2成，大豆损失3成。

16时10～22分，绥中秋子沟降雹，冰雹一般如杏大，最大的达0.5千克。冰雹打伤群众80多人，打死鸡鸭100多只，打伤大牲畜100多头，全乡1.7万户9000多间瓦房程度不同的受损，损失最严重的是果树，30多万株结果果树约30%～50%的果被打掉，减产800多万斤。

6月23日8～9时，锦县8个乡降雹，冰雹最大直径30毫米，积雹5～6公分，6小时后化完。受灾面积7.7万亩，受灾最重的是新庄子乡，绝收面积达8000亩，减产6成以上的1.3万亩，减产4～6成的2万亩，果树受灾2.2万株。

6月25日18时12～37分，康平县降雹，最大冰雹似鹅蛋。受灾面积3.2万亩，有6800亩绝收，砸坏玻璃2.1万块，30万块房瓦砸碎，1000卷油毡被毁，84台电表受损，若干家禽被打死，有的人被砸轻伤。

8月15日，康平县东升乡降雹，受灾面积1.5万亩，成灾0.98万亩。

8月16日，普兰店14个乡镇，降雹10分钟，冰雹最大直径30毫米，最大降雨量56.9毫米。玉米倒伏2.7万亩，其中折断1.4万亩，大豆成灾1000亩，杂粮受灾5000亩，苹果树遭雹击5.3万株，倒塌房屋3间，倒树64株，雷击昏3人，击死骡子3头。

8月18日，盘锦市降雹15分钟，西北风6～7级，冰雹最大直径40毫米，地面积雹7～10公分。受灾面积2.1万亩，水稻绝收1.1万亩，减产3～4成的6718亩，损失粮食800万千克，损坏变压器2台，倒电线杆15根。

9月1日17时30分至19时30分，建平县15个乡镇，降雹近20分钟，地面积雹10厘米，冰雹大如鸡蛋，一般如杏核。全县受灾面积27.42万亩，成灾26.9万亩，统计农业减收5000万元。灾情最重的北二十家子镇，全镇6.7万亩耕地6.2万亩成灾，成灾面积达92%，1.4万亩绝收。

9月3日11时30分和13时30分至14时30分，及14时59分至15时，普兰店、瓦房店局部降冰雹，其中普兰店最大冰雹如鸡蛋黄大，一般如橡子大。降雹时间最长为15

分钟，一般为3～5分钟，降雹厚度一般为3公分，降雹时伴有7～8级大风。瓦房店最大冰雹直径为24～25毫米，平均直径为12～13毫米，一般持续时间为10分钟。普兰店3个乡镇16个村有30万株苹果树受灾，最重的一个苹果受伤20～40处，受灾苹果750万千克，损失792万元，蔬菜受灾1325亩，损失6万元，这次总损失799.6万元。瓦房店的杨家乡八虎村，果树80%被打，地面有落果；白菜受到不同程度的损失，轻者叶片有眼，重者叶片被击碎只剩菜梗。

1994年 5月15日16时30分，黑山县6个乡镇，瞬间风速达17米/秒，冰雹最大直径50毫米，降雹15～20分钟。6个乡镇的11.8万亩农作物，8.3万株果树，340间民房受灾，约损失350万元。

6月12日15时10分，海城市的折木镇8个村降雹，严重的达道峪冰雹直径30毫米，降雹40分钟，地面积雹4厘米厚。农作物和水果严重受害，种子田玉米叶子打成条状，水泥厂仓库石棉瓦被风刮掉，80吨水泥被水淹，50厘米粗的大树被风刮倒，龙凤山庄新修的护河岸被水冲开40米长。全镇共有8200亩农田受灾，水冲沙压2133亩，绝产285亩，制种田5862亩，果树4.43万株，杂果1.83万株，经济损失达260万元。

6月14日，瓦房店李店镇13个村降雹，冰雹最大直径为蛋黄大。受灾果树39.6万株，玉米2.6万亩，塑料大棚3500亩，共损失约572万元。

6月17日15时至15时10分，岫岩县的洋河镇降雹，冰雹最大直径为蛋黄大。有5个村受灾，玉米4000亩，减产30%～40%；大豆1400亩，减产10%～30%，烟草42亩，减产30%，蔬菜280亩，减产50%，柞蚕19把，减产30%～50%，果树5000株，减产30%；大风刮坏房屋8间，电线杆刮倒7根，经济损失250万元。17时10分，鞍山市郊唐家房镇降雹20分钟，冰雹最大直径40毫米，伴有雷雨大风。有4个村受灾，有10万株果树受灾，严重的一个果上被击伤3～10处。全镇水果遭受损失有350多万千克，其中落果100万千克，其余失去商品价值。有5000亩农作物受灾，玉米打成条状，大豆、云豆、茄子叶打成洞。因雹灾直接经济损失300多万元。

6月28日20时至20时20分，义县3个乡镇降雹，冰雹直径3厘米。受灾面积7210亩，绝收310亩，减产3成的有3200亩，减产7成的有700亩，果树2.1万株。

9月29日14点24分，10月1日11点32分，大连市普兰店降雹18分钟，冰雹最大像鸡蛋，一般榛子大。普兰店市俭汤、安波、瓦窝、星台等8个乡镇63个村受灾，受灾最重的是苹果，其次是蔬菜，苹果受灾30万棵，打坏打伤落地果和树上果总计4万吨，蔬菜1万吨，总计损失达5400万元。

大连市金州区降雹，局部地区冰雹如鹅卵石大，覆盖路面。四十里堡600吨苹果打坏；石河乡北海村10吨苹果打坏。

大连市甘井子区夏家河、泉水、革镇堡、南关岭一带，降雹最长达70分钟，最短25分钟。有11万株苹果树受灾，苹果伤疤累累，落果2700多吨，秋菜被打成光杆，损失2000多吨，大棚打漏9000亩。

9月29日15时10～40分，营口市熊岳镇的归州、九龙地、陈屯一线降雹，冰雹直径30毫米，积雹1～2厘米。受灾最重的是熊岳镇，87万株果树中共有60%受灾，损失产量298万千克，蔬菜受灾面积30万亩，总计共损失约600万元。

10 月 2 日 14 时 40 分至 15 时 20 分，东港市 4 个乡镇降雹，冰雹最大直径 9 毫米。受灾农田 14 万亩，其中水稻 13.25 万亩，绝收 1.5 万亩，蔬菜 0.75 万亩，经济损失约 3560 万元。

1995 年　5 月 28 日，绥中县 11 个乡镇，建昌县杨树湾子乡，连续 3 次降雹，降雹持续 20～25 分钟，地面积雹 10 厘米，大如核桃，冲积冰雹 20 小时后还未化完。绥中县受灾农作物 10 万亩，毁种 1.65 万亩，受灾果树 127 万株，伤落果经济损失可达 200 万元以上。建昌县杨树湾子乡受灾棉田 2000 亩，重灾需毁种 600 亩。

5 月 28～29 日，大连市金州区 4 个乡镇 26 个村，全区普降大到暴雨，同时伴有冰雹，冰雹最大直径 3 厘米，持续 2～3 分钟。受灾面积 2.6 万亩，绝收 240 亩。陆地菜叶被打伤、打掉，严重的减产 20%～30%，一般减产 5%左右，果树上部和外围的果实被打伤，过雹面积 1.2 万亩，坡耕地因水冲沙压大田作物绝收 240 亩。

6 月 3 日 5 点 30 分，康平县二牛乡 5 个村，降雹持续 28 分钟，大的如玻璃球，积雹约 4 厘米深，降雨 70 毫米。受灾面积达 9000 亩，严重地块 4000 亩，玉米叶片打碎，有 120 亩大豆叶片被打光，需毁种，另有 100 只小鹅被打死。

6 月 14 日 18 时 15～35 分，抚顺市西部，冰雹最大直径 7～8 厘米，小的约 1 厘米左右。降雹较大的高湾特区和蔬菜园艺所 20 分钟内，地面积雹 10 厘米。农作物受灾面积 2000 多亩，大多数是菜田，约 1700 亩，其中绝收 1100 亩，打坏蔬菜大棚 44 座，玻璃温室 2 座。

东陵、新城子降雹，东陵区受灾面积 4200 亩，损坏塑料大棚 50 个。新城子受灾面积 6500 亩，其中风灾 1000 亩。玉米秃杆，水稻倒伏，蔬菜毁种。

6 月 22 日午后，建平县 9 个乡 19 个村降雹，受灾面积 75383 亩，成灾 69202 亩。

6 月 23 日，本溪市石桥子、本溪县清河、火连寨、东风镇降雹，受灾面积 14595 亩，其中蔬菜 3020 亩，绝收 410 亩，打坏温室 22.5 亩，打死羊一只。14 时至 17 时 30 分，朝阳县大小凌河流域降雹，冰雹直径 10～20 毫米，持续 5～15 分钟，冰雹粒密集，范围广、单体大。致使遭灾严重地块棉花、芝麻、大豆、玉米、高粱叶片基本被砸光，小麦大面积倒伏、落粒，果树大量落果，造成巨大损失，其灾情之重，为朝阳县历史所罕见。全县受灾面积 15.08 万亩，成灾 10.98 万亩。受灾作物以经济作物最重，减产 8 成至绝收 2.98 万亩，全县果树损失 120 万株，雹灾造成的经济损失仅果树一项达 450 万元。

6 月 23～25 日，大连地区所属各市县降雹。金州地区降冰雹 15 分钟，大小鸡蛋黄大。普兰店市降雨量为 30～100 毫米，阵风 8～9 级，降雹最长时间为 30 分钟，最大鸡蛋黄大，直径为 1 厘米。庄河市连续多次遭受狂风、暴雨、雷电袭击，平均风速 7～8 级，阵风 10 级（26.5 米/秒），平均降水量达 100 毫米。大连市区降雨 90 毫米，并伴有大风和冰雹。

金州区有 4 个乡镇受灾，因山洪暴发冲走 1 人，工业损失达 105.32 万元，水利设施损失 68.5 万元；公共设施损失 158.75 万元；农作物损失 3521.72 万元，共损失 3854.29 万元。

普兰店市共有 16 个乡镇受灾，受灾面积 17.1 万亩；果树受灾 222.6 万株；毁坏塑料大棚 224 座；毁坏房屋 27 间，林木倒伏、折断 1.7 万株，三线杆倒 88 根，断线 780 米，蔬菜受灾 8700 亩，杂粮受灾 5300 亩，小麦受灾 4135 亩。

庄河市有 33 个乡镇遭受袭击。大批民房遭破坏，倒塌房屋 55 户，大风掀坏房屋 1528 户，过水 3800 户，倒墙 2000 多间；玉米倒伏 52 万亩，小麦倒伏 9612 亩，水稻过水 12 万亩，水冲沙压旱田 5 万亩，绝收 4.4 万亩；果树折断 1.4 万棵，倒伏 100 万棵；毁坏渔船 7 艘；冲坏渠道 21.5 千米，土渠 70 处 18.5 千米，河堤决口 35 处；化肥厂厂房全部水浸，被迫停产，直接损失 80 多万元；盐场被水淹损失 55 多万元；乡镇企业厂房，产品被淹损失 18 万元。

瓦房店有 16 个乡镇受灾，较重的 2 个。受灾面积 30 万亩，其中玉米 20 万亩；苹果受灾 300 万株；经济作物受灾 1 万亩，有 3000 亩绝收，造成直接经济损失 6700 多万元。市区内的沙河口区，中山区电线冲断，因触电死 2 人。

1996 年　5 月 19 日，沈阳市于洪区陵东乡 2000 亩蔬菜两成遭雹灾。

6 月 11 日，大连地区局部受冰雹和雷雨大风袭击后，农作物受灾约 1.5 万亩；水果受灾约 53 万株。

6 月 14 日，抚顺市 3 个乡降冰雹，最重的 1 个乡受灾面积为 1 万亩。

6 月 22 日，朝阳地区、兴城、建昌降冰雹，其中朝阳伴有短时降水，造成洪水暴发，有 2 人死亡。

6 月 29 日，朝阳、旅顺降冰雹。旅顺粮食作物受灾 7995 亩，蔬菜受灾 525 亩，水果受灾 3 万亩。

6 月 30 日，朝阳、锦州受雹灾。锦州义县受灾 1.5 万亩，果树受灾 3000 株。

7 月 1 日，丹东宽甸县 5 个村受雹灾，受灾面积共 1.5 万亩。

7 月 6 日，朝阳、鞍山、盘锦降冰雹，其中鞍山伴有暴雨，造成仓库等建筑损坏 300 间，农作物受灾 8 万亩，绝收 6 万亩，公路损坏 310 米；盘锦 1600 亩绝收。至此朝阳共出现 4 次雹灾，受灾面积达 234.8 万亩，直接和间接经济损失达 3352 万元。

7 月 11 日，沈阳东陵有 4000 亩受雹灾。

7 月 12 日，铁岭昌图县有 6 个乡受灾，成灾面积 6.2 万亩。

7 月 22～23 日，鞍山 8 个乡受大风伴冰雹袭击，农作物受灾 4.2 万亩，绝收 6500 亩。

9 月 5 日，北票市发生冰雹灾害，受灾面积达 16 万亩。

9 月 6 日 16 时 10 分，庄河的三架山乡降冰雹，降雹时间 30 分钟，地面积存冰雹达 4 厘米，最大的为 150 克。蔬菜受灾 180 亩，减产 165 万斤，价值 12 万元。柞蚕 60 把，减产 480 千粒，价值 21 万元。水果 10 万株，减产 60 万斤，价值 80 万元。总共损失 153 万元。

1997 年　受冷锋过境影响，普兰店 21 日 14 时 20～22 分，14 时 55 至 15 时和 15 时 28～30 分；先后 3 次降冰雹，冰雹为玉米粒大小。降雹时伴有 8～9 级大风和雷雨，雨量为 63 毫米。果树刮倒 70 万棵，损失 315 万元。本次过程共损失 400 万元。

7 月 5～8 日 10 时 40 分，宽甸满族自治县 3 次遭受雹灾。至此，丹东农村至少有 8 个乡镇不同程度受到大风、冰雹的袭击，最大冰雹直径为 5 厘米，损失严重。据不完全统计，受灾农田 2.8 万多亩，其中绝收 2600 多亩，直接经济损失 1700 万元。灾害中有农民 1 死 1 伤。

7 月 7 日 15 时 30 分，庄河市三架山降冰雹，玉米受灾 1000 多亩，蔬菜 6 万亩，水稻 8 万亩，果树 2000 多棵。塔山镇 17 时 20 分降雷阵雨伴冰雹，受灾农田 3000 亩，重灾 1152 亩，果树 9000 多棵。

9 月 8 日，晚康平县飑线过境，遭受大风冰雹袭击，瞬时最大风速 10 级，44.5 万亩农作物倒伏，减产 2 成，减少粮食 4020 千克，倒折树木 73350 株，最粗直径达 90 厘米，造成道路堵塞。高低压电线杆倒折 391 根，变压器损坏 9 台，损失电量 60 万度。250 余根通讯线杆刮断，部分地区通讯中断。民房损坏千余间，砸死、刮失家禽 8000 多头，所受灾害为百年不遇。

1998 年　5 月 19 日，朝阳地区的 32 个乡镇不同程度遭到大风和冰雹袭击，受灾农田 35.3 万亩。其中喀左受灾最为严重，全县有 13 个乡镇 64 个村 362 个村民组受灾，农作物受灾 20.35 万亩。由于山洪暴发，冲走 6 人。

6 月中旬，受冷涡天气影响，全省西部朝阳市、阜新市和葫芦岛等地区遭受冰雹袭击，不完全统计有 17 万余亩农田受灾，刮倒树 400 余株，伤 4 人。其中绥中县的明水乡 3 次降雹，11 个村受灾，其中 4 个村受灾较重，直接经济损失 100 万元。

6 月 29 日，朝阳市的喀左有 2 个乡降雹，最大直径 4～5 厘米，损失较大。

7 月 2 日，锦州的北宁共 10 个村受风雹袭击，最大冰雹直径 3.5 厘米，风速达 8 级以上。农作物受灾 1 万亩，葡萄损失 1 万亩。直接经济损失 1500 万元，间接损失 3000 万元。

7 月 3 日，葫芦岛、小市、康平、昌图降冰雹，不完全统计有 7 个村镇，15 万多亩作物受灾，最大冰雹直径 6～7 厘米。康平 1 个乡受灾 1 万多亩，玉米叶片只剩筋，大豆生长点有的被打坏。

7 月 20 日，朝阳市凌源的 3 个乡和葫芦岛白马石乡、沈阳市康平县降雹。白马石乡降雹 20 分钟，最大直径 6 厘米，大田作物受灾 3000 亩。康平飑线过境，风力超过 12 级，冰雹最大有鸭蛋大，通讯中断，电力设施受损。小康矿矿区部分物品被冲走，直接经济损失 400 多万元。部分建筑物受损，2000 亩作物绝收。

8 月 3 日，朝阳建平 11 个乡受雹灾，冰雹最大直径 3～4 厘米，农作物受灾 20.66 万亩，绝收 0.48 万亩。

8 月 10 日，朝阳的喀左县 4 个乡遭受大风冰雹袭击，冰雹最大直径 1.5 厘米，农作物受灾 0.9 万亩，电力、电信线路被损坏 200 米，直接经济损失 500 多万元。

8 月 13 日，受强对流天气影响，全省大部降阵雨或雷阵雨，朝阳、大连、锦州、鞍山的部分地区伴有冰雹。45 个村镇受灾。鞍山经济损失 230 万元。锦州和大连共有 3.2 万余亩作物受灾，冰雹最大直径 6～7 厘米，最大风力 11 级以上，雷击死亡 1 人，牲畜死亡 429 头。

8 月 15 日，桓仁 2 个乡镇受风雹袭击，受灾农田 7540 亩，减产 30%～70%，250 亩绝收。

8 月 18 日，朝阳市喀左 2 个乡降冰雹，其余 20 个乡刮大风。冰雹最大直径 3～4 厘米，风速 18 米/秒，作物减产 10 万亩。

8 月 26 日，丹东凤城 4 个村受雹灾，冰雹直径最大 3～4 厘米，积雹 10 厘米。1125 亩农作物受灾，柞蚕受灾 85 把。

8 月 28 日，新民市木柳镇出现局地暴雨，伴冰雹大风。冰雹最大直径 2～2.5 厘米，积雹 5 厘米，4 个村受灾。4600 亩作物受灾，玉米减产近 4 成，大豆只剩光杆。8000 多棵葡萄藤皮被打伤，1150 平方米鸡舍受损，6500 只鸡死亡。14 棵 20 多年生大树及两根高压电杆被刮倒，停电两天，直接经济损失 60 万元。

9 月 3 日，沈阳市的东陵区及苏家屯区遭冰雹袭击，最大直径 2～3 厘米，农作物受灾 7.2 万亩，1100 平方米民房玻璃破碎，170 栋大棚损坏，3140 亩蔬菜受灾。

9 月 5 日，锦州义县刘龙镇飑线过境，持续 20 分钟，伴雷雨、风、雹，主要是风灾，受灾 2 平方千米，受灾较重作物 2000 亩，刮断树木 4300 株。电力、通讯线路中断。不完全统计，直接经济损失 200 万元。

1999 年 6 月 1～2 日，建昌、喀左降雷阵雨伴冰雹。建昌有 11 个乡镇 37 个村近 6 万亩农田受灾。喀左有 10 个村 0.2 万亩农田受灾。

6 月 4 日，昌图、岫岩降冰雹，灾害为中等程度。昌图受害农田 2.8 万亩，岫岩 0.5 万亩。

7 月 3 日，庄河受雹灾，冰雹最大直径 9 厘米，受灾面积 2.3 万亩，灾害为中等程度。

7 月 5 日，海城遭受冰雹、大风袭击，降雹 10 分钟，最大直径 2 厘米，2000 亩作物受灾，同时 40 千亩玉米受中等程度风灾，20 万亩玉米遭受轻度风灾。新民 1.1 万亩玉米受重度风灾。

7 月 15 日，新民市 3 个乡、鞍山的千山区 7 个乡镇和大石桥 3 个镇 14 个村，海城市 9 个乡镇、法库县遭受风雹袭击，18 日法库县再次受风灾。持续 20 分钟的狂风夹着鸡蛋大的冰雹，使新民市 742 公顷农作物受灾，其中 303 公顷玉米、西瓜绝收，风暴将 400 多棵 10～20 年树龄的大树拦腰折断或连根拔起。鞍山最大风速 9 级，最大冰雹直径有玻璃球大。全区 23 万亩农作物受灾，绝收 1200 亩，果树 174 万株，经济损失 2500 万元。大石桥市鸡蛋黄大小的冰雹持续降 12 分钟，4000 多亩作物受灾，重者叶片被打光、倒地。果树受灾近 1000 万株。另有十几根电线杆折断，几十棵杨树倒地。两场大风暴使法库县 16 个乡镇 5300 多公顷玉米不同程度受灾，其中 8 个乡 2000 多公顷玉米绝收。

受高空冷涡影响，7 月 23 日下午庄河的三架山、步云山和蓉花山降冰雹。23 日 14 时 31 分，步云山降冰雹，15 时 05 分冰雹颗粒全面增大，最大直径为 20 厘米，重达 1.1 千克，一般为 5 厘米以上。这次冰雹和以往不同的最大特点：一是个大，二是表面四棱八角，最严重的地方冰雹有 7 厘米厚，降雹时间为 45 分钟。农田作物受灾 23000 亩，粮食减产 6 成以上，损失 300 万千克，损失 240 万元。水果受损 223626 棵，损失 1200 万千克，损失 1140 万元。损失柞蚕 24 万元。打死打伤家禽 3000 只，损失 4 万元。打死野生飞禽 1000 多只。有 3000 余栋房屋瓦及玻璃被打破，损失 30 万元。120 部电话被雷击坏，电线杆倒 40 根，线折 4000 米，损失 10 万元。2 台变压器被打坏，15 条电杆倒伏，1500 米电线打折，损失 5 万元。30 部电视机被打坏，打坏放大器 6 个，打坏小型插转台 2 处，损失6万元。树木刮倒2万棵，价值20万元。总损失1800多万元。

9月8日夜间到9月9日夜间，沈阳各县区普降雨水，局部地区伴有大风和冰雹，冰雹直径约有5毫米。辽中县受灾作物共计4.1万亩，其中玉米2.2万亩，减产4成；水稻1.4万亩，减产2成；大豆5千亩，减产1成多。苏家屯12个乡3.666万亩作物倒伏，减产1～2成。

9月9日，岫岩降雹30分钟，冰雹最大直径3厘米，6000亩农田中度受灾。

2000年 5月18日，朝阳市的建平、喀左降暴雨伴冰雹。喀左20分钟降雨21毫米，冰雹最大直径4.2厘米，造成农田幼苗、幼果受伤严重，同时山洪暴发，引发泥石流，冲走死亡1人。

6月8日、10日、11日，庄河市的6个乡镇43个村、223个屯遭受冰雹袭击。尤以8日下午仙人洞的灾情最重，降雹时间约40分钟，颗粒大，直径为2～7厘米。3天共有106.5万亩农田受灾，绝收380亩。

6月11日，东港2000亩农田受轻度雹灾，降雹时间5分钟，最大直径1厘米；岫岩受轻度雹灾，降雹30分钟，最大直径1厘米，8000亩农田受灾；庄河1.1万亩农田受中度雹灾，降雹40分钟，冰雹最大直径7厘米。

6月30日，北宁市5个乡、35个村、86000户农民、4万亩农作物受暴雨夹冰雹袭击，冰雹最大直径超过2厘米，直接经济损失7000万元。主要集中在葡萄主产区，旱灾加雹灾，损失之重在北宁的历史上少见。

7月23日，凤城市的部分乡镇遭受冰雹袭击，持续30分钟，冰雹最大直径5厘米，3万亩农田受灾，直接经济损失2000万元。

岫岩6个乡镇46个村遭受一场大风冰雹袭击，全县农作物受灾6万多亩，绝收1.1万亩，直接经济损失1500万元左右。其中高低压电杆折断10根，38间房屋倒塌，倒折树木1500棵，刮坏吊桥1座。近8成农作物被打烂，水果、柞蚕大部分落地，食用菌大棚被刮倒。

盘山县出现雷阵雨天气，伴冰雹。降雹时间约20分钟，最大冰雹直径15～20毫米，有2个镇、6个村受灾。其中高升镇受灾最重，4个村受灾，大田受灾8300亩，水田受灾面积7000亩，各类经济作物受灾面积2200亩，直接经济损失1100万元。

铁岭市清河区降雹近10分钟，其中葡萄专业区受灾最重。受灾面积3000亩，直接经济损失360万元。

8月1日下午，康平、法库两县境内受雹灾。法库县持续降雹30分钟，最大冰雹直径40毫米。康平县降雹40分钟，最大冰雹直径25毫米。康平县农作物成灾15万亩，7万亩经济作物绝产，10万余只家禽被打死、打伤。

铁岭市西丰县2村庄降冰雹，直径最大3厘米，持续13～14分钟，受灾面积3平方千米，受灾农田1900亩，柞蚕15把，大约经济损失30万元。

8月2日，灯塔降冰雹，持续15分钟，冰雹最大直径1厘米，5000亩玉米受灾。

8月24日，葫芦岛市连山区部分乡镇受冰雹、大风袭击，其中2个乡受灾最重。大田倒伏4538亩，倒树2400株，落果141.3万斤，经济损失501万元。

8月25日，昌图县部分乡镇降冰雹，900多亩黄烟受灾，其中200亩绝收。

9月23日16时10～40分，普兰店的大田、同益、乐甲、沙包、莲山5个乡镇遭受冰雹袭击。最严重的是莲山，最大冰雹为鸡蛋黄大，一般的为橡子大。瓦房店的赵屯降冰雹，得利寺、李官的5个村降冰雹，金州的华家降冰雹。农田作物受灾3000亩，其中最严重的是苹果和蔬菜。苹果最严重的90％落果，轻的30％落果；蔬菜最严重的只剩下菜芯，轻的叶面碎；杂粮最严重的叶被打落，荚被打破。受灾损失：水果4200亩，1.6万株，蔬菜2000亩，杂粮3000亩。经济损失：水果200万元（500万斤）；杂粮45万元；蔬菜55万元。总经济损失300万元。

第五章　寒潮风雪

第一节　概　　述

在冬半年（9月至翌年5月），聚积在高纬度地区的强冷空气气团会暴发南下侵入辽宁，带来剧烈降温、大风，常伴有雨雪天气，称为寒潮风雪。

一、寒潮

1. 寒潮标准　影响辽宁的寒潮标准定为：日最低气温等于低于5℃，同时24小时降温等于大于10℃或48小时降温等于大于12℃，凡达到上述标准，即算为一次寒潮天气。

2. 寒潮次数　寒潮是大规模的冷空气活动，因此，选用辽宁西部的朝阳、中部的沈阳和东南部的丹东三个代表站冬半年的日最低气温资料进行统计，见表5.1。

表5.1　朝阳、沈阳、丹东寒潮出现情况（1955—1985年）　　单位：次、℃

地名	项 目	9月	10月	11月	12月	1月	2月	3月	4月	5月	合计
朝阳	总次数	12	41	32	19	26	43	41	47	14	275
	平均次数	0.3	1.1	0.8	0.5	0.7	1.1	1.1	1.2	0.4	7.2
	48小时最大降温	16.8	19.1	24.0	16.9	16.2	23.3	17.4	18.1	15.7	
沈阳	总次数	2	18	25	32	33	30	7	5	1	153
	平均次数	0.1	0.5	0.6	0.8	0.8	0.8	0.2	0.1	0.0	3.9
	48小时最大降温	14.3	15.9	18.0	19.8	19.7	19.4	16.6	14.5	12.0	
丹东	总次数	2	19	32	20	21	18	4			116
	平均次数	0.1	0.5	0.8	0.5	0.5	0.5	0.1			3.0
	48小时最大降温	11.5	14.7	15.6	15.0	15.5	14.0	12.5			

冬半年的寒潮次数以朝阳较多，平均达7次，1965年冬半年（即1965年9月至1966年5月）最多达15次；沈阳次之，平均为4次，1956年冬半年最多达9次；丹东较少，平均为3次，1965年冬半年最多也达8次，仅丹东1975年冬半年未出现寒潮。此外，东部山区的清原寒潮出现次数最多，冬半年平均可达10次以上。

3. 寒潮时间分布　朝阳和沈阳在9月至翌年5月各月均可出现寒潮，但朝阳9月和5月较少出现，沈阳9月和4、5月极少出现；丹东则在9月至翌年3月出现寒潮，其中9

月和 3 月极少出现。

寒潮最早出现日期：朝阳在 9 月 8～10 日，沈阳在 9 月 18～20 日，丹东在 9 月 24～26 日，即朝阳比丹东早出现半个月。寒潮最晚出现日期：朝阳在 5 月 25～27 日，沈阳在 5 月 9～11 日，丹东在 3 月 23～26 日，即丹东比朝阳早结束两个月。

4. 寒潮强度　一次寒潮侵袭，一般可使辽宁连续降温 2～3 天，少数只降温 1 天，朝阳、沈阳最长连续降温可达 6～7 天，清原达 8 天。一次过程最大降温值，朝阳（清原）可达 33.4℃，沈阳达 27.2℃。48 小时最大降温值，朝阳可达 24.0℃，沈阳达 19.8℃，丹东为 15.6℃，清原 24 小时最大降温曾达 28.7℃。

当冷空气侵入西部朝阳时降温比较剧烈，有多半数冷空气在 24 小时内降温就已达到寒潮标准；沈阳有 1/3 次在 24 小时达到寒潮标准；而丹东仅有 1/5 次在 24 小时内达到寒潮标准，其中有 4/5 次是在 48 小时才达到寒潮标准。

东西部山区寒潮次数多，强度大，中部平原（沈阳）次之，东南部沿海（丹东）寒潮次数少，强度弱。这与地理位置、地形等条件的影响，及冷空气团在南下过程中往往会变性减弱有关。

5. 寒潮路径与天气　寒潮冷空气的源地和路径不同，出现的天气也有所不同。影响辽宁的寒潮主要有 3 条路径。

（1）北路寒潮　冷空气源地在泰梅尔半岛以东北冰洋沿岸及号称世界寒极的东西伯利亚地带，经黑龙江、吉林侵入辽宁。此类寒潮约占总次数的 24%，空气干冷，降温强度大，雨雪少，可出现 5～7 级偏北风。

（2）西北路寒潮　冷空气源地在西西伯利亚、新地岛及鄂毕河下游一带，经蒙古侵入中国辽宁。此类寒潮最常见，约占总次数的 65%，冷空气强，影响范围广，常出现雨雪天气，有时可出现大风雪，偏北风 6～8 级，沿海和海上最大可达 10～12 级。

（3）西路寒潮　冷空气源地在里海、咸海一带，经新疆东移侵入辽宁。此类寒潮约占总次数的 11%，降温强度和风速较前两类弱，但多雨雪天。

6. 寒潮灾害　寒潮入侵，剧烈降温，将会造成人畜、果树、蔬菜等受冻害。如 1950 年 3 月 6 日，由于强寒潮袭击，使凤城、宽甸冻死牛 1000 多头，其中宽甸八里区死耕牛 605 头。1966 年 10 月 27 日，辽宁中、东部遭寒潮袭击，其中桓仁县最低气温达零下 11.5℃，秋白菜受冻害。1976 年 4 月 22 日傍晚寒潮风雪袭击丹东，菜苗、果木受冻害。此外，寒潮伴随大风雪，将造成更大的灾害。

二、大风雪

1. 大风雪基本状况

（1）大风雪标准　凡日降雪量等于大于 5 毫米或连续两日降雪量之和等于大于 8 毫米；观测中出现风速等于大于 10 米/秒或瞬间风速达 8 级；在全省范围内，相邻两个市中有 3 个站达上述标准，即算为一次大风雪天气过程。对 1955—1985 年 11 月至翌年 3 月的观测资料进行普查，在统计中对雨雪天气的处理，一般 12～2 月多以降雪为主，均按雪量统计，而 11 月和 3 月的降水性质较难以判断，故未按降雪量统计。

（2）大风雪次数及时间分布　1955—1985 年的 31 年中，有 19 年出现大风雪，共 27 次大风雪过程，年平均出现 0.8 次，1956 年和 1971 年最多，各出现 3 次。以冬半年（11

月至翌年3月）来看，有18个冬半年出现大风雪过程，1970年11月至1971年3月冬半年出现的次数最多为4次，1957年和1965年的冬半年次之为3次。其中1971年2月15日至3月2日不到20天中出现3次大风雪过程；1957年12月17日至1958年1月20日也发生3次大风雪过程。说明大风雪天气有连续出现的特点，但多数仍是单独出现的。

大风雪过程最早出现在1968年11月18日，最晚为出现在3月，一般多为雨雪同时出现。1月出现次数最多，为9次；12月和2月次之，各为5～6次；11月和3月较少，各为3次（见表5.2）。

表5.2　历年大风雪出现的频数　　单位：次

年份	1月	2月	3月	11月	12月	年份	1月	2月	3月	11月	12月
1956	1	1			1	1970					1
1957					1	1971		2	1		
1958	2					1972	1				
1959	1					1977					1
1962		1			1	1978		1			
1965					1	1979	1			1	
1966	1		1			1981	1		1		
1967		1				1985	1				
1968				1							
1969				1		合计	9	6	3	3	6

大风雪过程的旬分布，以12月中旬和1月中旬出现次数最多为4次，1月上旬和2月下旬次之为3次（见表5.3）

表5.3　大风雪旬分布　　单位：次

月	11月			12月			1月			2月			3月		
旬	上	中	下	上	中	下	上	中	下	上	中	下	上	中	下
次数	1	2	1	1	4	0	3	4	2	1	2	3	1	1	2

（3）**大风雪的地理分布**　大风雪过程的地区分布特征：平原和沿海多于东西部丘陵山区，以辽河中下游和辽东半岛最多，沈阳共出现14次，居全省之首，东北部和西北部山区较少。日降雪量大于等于10毫米的暴风雪日，草河口、抚顺、岫岩、凤城最多，冬半年平均为0.4～0.5天。

（4）**大风雪的强度**　大风雪过程中降雪量大于10毫米的占总次数的90%，大于20毫米的占45%。大风雪过程日降雪量大于5毫米的影响面积平均约为5万平方千米，1962年2月10日最大影响面积14万平方千米。大于10毫米的影响面积平均为3万平方千米。大风雪过程日降雪量大于5毫米的站数（观测站）平均为12个站，大于10毫米的站数平均为6个站。达到大风雪标准的站数平均为5个站。

大风雪过程出现的大风风向均为偏北风，最小风速的平均值为16米/秒，最大风速为24米/秒。

大风雪过程的降雪中心值与降雪范围的关系，一般是降雪量中心值大时，降雪范围也大，反之则小（见表 5.4）。

表 5.4　降雪中心值与降雪范围相关表

中心最大雪量（毫米）	大于 5 毫米站数	中心最大雪量（毫米）	大于 5 毫米站数
5～10	≤5	20～30	10～20
10～20	5～10	>30	>5

2. 山区风雪天气　辽东山区是省内降雪日数、降雪量和积雪最深的地区，也是受灾最重的地区。由于山区地形复杂，出现大雪天气时，大部分公路不能通车，铁路运输受阻，林木也会被压坏，如果出现大风雪交加的天气则危害更重。因此，重点统计和分析辽东山区 13 个气象台站 1961—1985 年冬半年（10 月至翌年 4 月）大雪和大风雪出现的情况。

（1）辽东山区大雪　辽东山区大雪日数（指日降雪量等于大于 5 毫米，地面积雪深度等于大于 1 厘米的日数。）的分布：辽东山区中、东部多，南和西北部相对较少。其中抚顺和本溪地区以及丹东地区东北部较多，25 年中共出现 75 天以上，冬半年平均为 3 天以上；新宾和宽甸最多，分别达 10 天和 11.3 天，平均为 4～4.5 天，是全省大雪日数最多的地区；其他大部地区冬半年平均 2～3 天。大雪的年际变化较大，抚顺和本溪地区，丹东地区北部及西丰县冬半年最多可达 7～9 天，清原在 1980 年冬曾出现 11 天大雪天气，其他地区最多可出现 4～5 天；各地最少为 0～1 天。冬半年各月均可出现大雪，大部地区以 11 月或 3 月最多。大雪最早出现日期：清原、本溪在 10 月上旬，其他地区在 10 月中旬末至下旬。最晚出现日期：丹东地区在 4 月上旬末至中旬，其他地区在 4 月下旬。

大雪具有连续出现的特点，各地都曾在一个月时间内连续出现 3～4 次大雪天气。在 1980 年 12 月 2 日至 1981 年 1 月 1 日的一个月时间内，辽东大部地区同时出现 3 次大雪或大风雪天气；新宾和宽甸曾在 1971 年 2 月 15～17 日连续 3 天下大雪。大雪还具有区域性出现的特点，一旦出现大雪天气过程，常是全区域或某一片地区同时出现大雪，很少是个别地方降大雪。

表 5.5　辽东山区大雪总日数及最早最晚出现日期（1955—1985 年）　　单位：日

地　名	10 月	11 月	12 月	1 月	2 月	3 月	4 月	冬半年合计	冬半年平均	最早日期（日/月）	最晚日期（日/月）
西　丰	11	17	7	3	4	17	13	72	2.9	19/10	30/4
抚　顺	4	19	15	5	10	12	9	74	3.0	1/10	22/4
清　原	7	22	12	9	9	19	16	94	3.8	3/10	22/4
新　宾	7	18	14	11	11	20	19	100	4.0	19/10	30/4
本　溪	7	22	11	5	7	16	13	81	3.2	3/10	22/4
草河口	6	10	15	13	13	20	13	90	3.6	21/10	28/4
桓　仁	4	16	15	9	9	10	11	74	3.0	21/10	22/4
振　安	1	6	12	9	10	15	2	55	2.2	27/10	10/4
凤　城	1	5	16	12	13	17	3	67	2.7	27/10	10/4
岫　岩	2	6	12	11	11	9	2	53	2.1	27/10	10/4
宽　甸	3	13	20	18	24	25	10	113	4.5	24/10	19/4
东　沟	1	5	12	10	14	9	1	52	2.1	27/10	17/4
盖　县	2	9	11	3	5	6	3	39	1.9	24/10	22/4

在大雪日数中，日雪量等于或大于10毫米的暴雪日数占30%～45%。辽东各地暴雪日数在0.5～1.5天之间（见表5.6）。

表5.6 辽东各地等于或大于10毫米暴雪总日数（1955—1985年） 单位：日

站名	10月	11月	12月	1月	2月	3月	4月	冬半年合计	冬半年平均
西丰	7	5		2	1	5	6	26	1.0
抚顺	4	6	4	1	2	5	6	28	1.1
清原	5	8	4	2	3	4	7	33	1.3
新宾	6	6	5	1	3	5	10	36	1.4
本溪	6	8	3	1	3	7	8	36	1.4
草河口	4	3	8	3	4	6	6	34	1.4
桓仁	3	7	4	2	5	5	7	33	1.3
振安		2	5	3	4	4		18	0.7
凤城	1	2	9	6	5	5		28	1.1
岫岩		2	4	5	4	4	1	20	0.8
宽甸	3	5	9	4	6	7	4	38	1.5
东沟	1	2	5	2	5	4	1	20	0.8
盖县	1	2	4		1	1	2	11	0.5

一次降雪过程的最大纯雪量，辽东大部分地区都在20毫米以上，其中抚顺地区和本溪大部地区可达30～40毫米，本溪市1962年2月10～11日达41～42毫米，仅次于大连1971年3月2日的46毫米。如果包括雨雪量（即分不清雨量或雪量），则抚顺东部、本溪和丹东大部地区，其过程雨雪量可达43～59毫米。

辽东地区最大积雪深度：东沟、抚顺、西丰和盖县为20～30厘米，其他地区均达30厘米以上。草河口在1958年1月达49厘米，宽甸在1957年3月达41厘米，是全省积雪最深的地区。

（2）*辽东山区大风雪* 通过对辽东的调查统计，当降较大的干雪时，风速7～8米/秒以上就可出现吹雪现象，而处于迎风的山区和河谷一带的风力一般要比其他地方大3级，这些地区更易出现吹雪和雪，因此，根据辽东山区的具体情况，确定在大雪日数中，同时出现风速等于大于8米/秒，即算为一个大风雪日。

辽东山区大风雪日数，与大雪日数的地区分布几乎相反，是南部和西北部多，中、东部少。山脉的南部包括本溪市南部、丹东地区大部和盖县一带以及山脉北部的抚顺、西丰一带，在25年中共出现20天以上，其中草河口最多达34天，抚顺达32天，是南北两个大风雪中心，大风雪日数占大雪日数的30%～50%；山区腹地，风速较小，所以大风雪日数很少，其中新宾和本溪县最少，只有7～8天，不足大雪日数的10%（见表5.7）。

表 5.7　辽东山区各月大风雪总日数及最早最晚出现日期（1955—1985 年） 单位：日

地名	10 月	11 月	12 月	1 月	2 月	3 月	4 月	冬半年合计	冬半年平均	最早日期（日/月）	最晚日期（日/月）
西　丰	3	5	2	1	1	7	3	22	0.9	27/10	30/4
抚　顺	1	6	4	1	4	9	7	32	1.3	24/10	22/4
清　原		1		1		2	7	11	0.4	9/11	23/4
新　宾		2		2	1	1	1	7	0.3	7/11	23/4
本　溪		1	1		1	1	4	8	0.3	9/11	16/4
草河口	3	3	8	7	5	4	4	34	1.4	21/10	28/4
桓　仁	1	3	1	3			3	11	0.4	27/10	22/4
振　安	1	3	3	5	5	4	1	22	0.9	27/10	6/4
凤　城	1	1	4	6	5	5	1	23	0.9	27/10	6/4
岫　岩	2	3	3	6	6	5	1	26	1.0	27/10	10/4
宽　甸	1	2	2	5	4	3	1	18	0.7	25/10	6/4
东　沟		2	7	6	7		1	23	0.9	3/11	17/4
盖　县	3	5	3	2	5	4	2	24	1.1	24/10	22/4

大风雪的年际变化很大，山脉南部和西北部有 1/2 以上的年份可出现大风雪天气，冬半年最多可达 3～5 天；其他地区约有 1/3 的年份出现大风雪，冬半年最多可出现 2 天（仅宽甸 4 天）。最早出现日期：清原、新宾、本溪及东沟在 11 月上旬，其他地区均在 10 月下旬。最晚出现日期：凤城、丹东、振安、岫岩、宽甸在 4 月上旬，本溪、东沟在 4 月中旬，其他地区在 4 月下旬（见表 5.8）。

表 5.8　辽东山区各月大于或等于 10 毫米暴风雪总日数（1955—1985 年） 单位：日

地　名	10 月	11 月	12 月	1 月	2 月	3 月	4 月	冬半年合计
西　丰		3			1	2	3	9
抚　顺	1	2	2		2	4	3	14
清　原							2	2
新　宾					1		1	2
本　溪		1	1		1		2	5
草河口	2		4	2	3	1	2	14
桓　仁	1	1					2	4
振　安		1		1	3	2		7
凤　城	1	1	3	3	3	1		12
岫　岩		2	2	4	4	2	1	15
宽　甸	1		2	2	2	1		8
东　沟		1	4	2	3		1	11
盖　县	2	1	1		1		2	7

3. 辽东山区暴风雪 在大风雪日数中，日雪量大于等于10毫米的暴风雪日数，以草河口、岫岩和抚顺等地最多，25年中达14～16天，其次是凤城和东沟，为11～12天，约占大风雪日数的一半；清原、新宾、本溪和桓仁等地最少，仅为2～5天；其他地区为6～10天。暴风雪天气出现次数虽然不多，但造成危害最严重。

4. 风雪灾害 大风雪常可使人畜、果树、人参、柞蚕、蔬菜等受冻害，林木遭破坏，并可造成通讯和输电路线中断，使工厂、矿山停工，交通中断等。

1957年12月16～19日，辽东山区、辽北及中部平原出现大风雪天气，覆盖面积达7万平方千米，降雪中心在沈阳，雪量达31.3毫米，积雪深度达20厘米；抚顺、草河口降雪量也达30毫米，积雪深度达15～19厘米。风力达5～7级，形成严重雪阻，造成交通中断。

1964年2月10～11日，辽东和中部平原出现大风雪天气，偏北风5～6级，最大8级。辽宁中、东部地区降雪量达30～40毫米，降雪中心在本溪雪量达42毫米，积雪深度达33厘米，抚顺地区雪深26～30厘米，形成严重雪阻，交通中断。

1968年11月18日，东沟突发大风雨转雪，气温由5.9℃急降至零下，在沿海滩涂作业的270余人被风雪低温围困，死2人。

1971年3月1～2日，除辽北降小到中雪外，全省大部地区降大到暴雪，其中黄海沿岸降雪量达20毫米以上，雪深达20厘米以上，降雪中心在大连雪量达45.8毫米，积雪深度达37厘米，偏北风5～6级，最大8级。大风雪造成严重雪阻、交通中断，其中复县公路停运5～7天。

1980年10月23～26日，全省大部地区出现大风雨转雪天气，辽南风力达6～8级。辽东大部地区雨雪量为16～33毫米，其中清原、新宾、本溪、草河口为45～59毫米，积雪深度为23～27厘米（据调查，有些地方深达60厘米以上）。由于雨转雪量大，出现时间早，且持续时间长，造成辽东山区历史上从未有过的严重灾害。如抚顺、本溪地区及新民、营口、海城等地秋白菜受冻害或被雪埋在地里；清原、新宾有15%～20%的庄稼被雪埋在地里，一些草垛上冻有一层大冰盖。风雪冻雨压断树枝和电线杆，造成通讯中断，交通堵塞，如抚顺地区人工林受灾面积达14.9%；新宾县雪后3天没电没水；从苇子峪至大堡10多千米的电线杆全部被压倒，电线上的冰溜子有胳膊粗。清原县除一个乡通电话外，其余乡都中断。

第二节 古代（公元645—1855年）寒潮风雪

唐 贞观十九年（公元645年） 冬，十月丙申朔，唐军上至蒲沟（今蒲石河），遭风雪，士卒死者甚多。

明 成化十三年（公元1477年） 夏，四月，开原大风雪，天大寒，畜多冻死。

明 弘治十四年（公元1501年） 冬，十一月，金州（卫治在今金县）辽东等卫大雪，压军民房屋，塞道路，冻死人畜无算。

明　嘉靖二年（公元 1523 年）　冬，辽金、复州大雪，深丈余，人畜冻死。

明　嘉靖四年（公元 1525 年）　冬，辽阳（今辽阳市）、金、复（今复县复州城）、辽东等州大雪，冻死人畜。

明　嘉靖二十七年（公元 1548 年）　冬，金州大雪，深丈余。

明　万历十二年（公元 1584 年）　春，正月，努尔哈赤攻兆佳城，途遇大雪，众请还。

清　崇德六年（公元 1641 年）　冬，十一月，辽东大雪丈余，清人粮刍俱尽。

清　顺治十一年（公元 1645 年）　十一月金、复州大雪盈丈。

清　顺治十一年（公元 1654 年）　冬，十一月，辽阳州（治今辽阳市）大雪，深盈丈，雉、兔避入人家。

清　道光十一年（公元 1831 年）　冬，十二月，绥中县雪深三尺，飞鸟冻死多数。

清　咸丰五年（公元 1855 年）　夏历，十一月三日至十二月十二日，奉天连续阴风雪，倒房五百六十间，部分城垣坍塌。

第三节　近代（公元 1860—1931 年）寒潮风雪

清　咸丰十年（公元 1860 年）　十月凌源大雪，人畜冻毙累累。

清　光绪元年（公元 1875 年）　八月，开原大雪。

清　光绪三年（公元 1877 年）　正月，凤城降雪，深二尺，春，大饥。

清　光绪九年（公元 1883 年）　五月开原大雪。康平阴雨连绵辽河涨发。

清　光绪十一年（公元 1885 年）　冬，辽阳大雪，人畜有冻死者。

清　光绪二十九年（公元 1903 年）　二月二十一日，赤峰县降大雪一昼夜，地面积雪三尺半厚。

清　光绪三十三年（公元1907年）　十二月二十一日，安东北风降温，又封江。二十三日至二十四日大风雪，平均积雪深一尺到数尺，为前所未有。火车受阻三天。

清　宣统三年（公元1911年）　四月十九日大风雪，鸭绿江上流失木排三千联，损毁大小船只五十余艘，死四十四人，其中二艘舢板载苦力四十人，均沉没。

民国三年（公元1914年）　一月十三日，凤城自早七时至晚上降雪一天。入冬以来天暖少雪，此次降雪被认为是丰年之兆。十四日安东降中雪，大风吹倒元宝山公园碑亭，居民茅屋全被吹倒，为历来冬时未有之奇灾。

二月二十一日前后，安东天暖，江冰融化，道路泥泞。

三月六日至七日，安东降大雨，日雨量三十七毫米。十一日，鸭绿江冰开通，船支初入港，晚六时天气骤变，风雪交加。三十日午后急降大雨二十九点二毫米，街道成河。

八月十二日，安东遭寒潮袭击，北风凛冽，寒冷异常，老人均谓“天道变化，为从未见”。

九月凌源气如暑，忽大雪，人畜冻毙无数。

十一月九日夜到十日，凤城大雪盈尺，寒冷异常。

民国四年（公元1915年）　一月九日至十日，安东降大雪十二点五毫米，平地积雪尺余，雪后寒风凛冽，七道沟等处冻毙乞丐六七人。一月三十一日至二月一日，降大雪十九毫米。二月十九日、二十六日，分别降大雪十毫米、十五点三毫米，地面积雪均盈尺。冬雪之多，为历年少见。凤城入冬以来，也是三日一雪，五日一雪，降水量甚多，积雪成山。

去冬，昌图积雪甚深，今春未化，春水暴涨。

民国五年（公元1916年）　一月八日午后至九日晨，凤城降大雨，而后转雪，至傍晚起北风，晴。安东降雨十八点五毫米。岫岩先雪后雨，再雪，起北风而晴。入冬以来天气异常温暖，为历年少见。

三月初，凤城春雨绵绵，道路泥泞。三日午后降雪半尺。

四月二日上午十一时，凤城突然阴云闭合，大雪下降，到晚十时停。雪深盈尺，异常寒冷。三四月天气极反常。

民国六年（公元1917年）　三月，安东一冬无雪，农民盼雨，二十二日夜降大雪。

民国十二年（公元1923年）　十一月十二日安东各县降特大雪，安东降水量为二十七点九毫米。雪阻，交通中断。

民国十六年（公元1927年）　一月十四日午后三时至十五日午后三时寒风凛冽，又降特大雪，安东降水量十四毫米，平地雪深二尺，道路阻绝。

三月八日转大雪，至九日安东降水量为四十七点二毫米。湿雪边下边化，仍积雪尺余深，又起大风，电线被雪压断甚多，安东至奉天长途电话中断，市内二百多户电话不通。

民国二十年（公元1931年）　五月十日奉天狂风又作，弥漫天日，建筑物损失不详，昨日上午八时许，风又特别加紧，阴云密布，寒冷异常，至十时大雪纷飞，阅二时始止。五月飞雪，为历年未有之事云。

第四节　现代（公元1951—2000年）寒潮风雪

1951年　2月17日，丹东、宽甸大雪封路。

2月21日，抚顺、丹东、宽甸等市县降雪，宽甸大雪封路。

1953年　1月17日，丹东市降大至暴雪，市内积雪20厘米深。

1954年　2月25～27日，辽东山区降雪量20毫米，积雪超过16厘米深。

1956年　2月27日，新金县皮口镇为数十年少有的大风雪。形成雪阻，交通停运3天，个别民房被雪埋没。黑山县平均风速20米/秒，降雪量24.4毫米。县农场冻死牛、猪5头，高山村冻死驴2头；镇西门外路上有2人被雪埋没。

1957年　2月16～19日，辽东山区及辽北、中部平原大风雪覆盖面积达7万平方千米。降雪中心在沈阳，日降雪量达31.3毫米，积雪深度达20厘米。出现严重雪阻，交通中断。辽东山区风力5～7级，降雪量在10毫米以上，抚顺、草河口最大达30毫米，积雪深度15～19厘米。雪阻严重交通中断。台安县降雪量达13.9毫米，伴有大风，交通运输受到影响。

3月3日，本溪、丹东、抚顺地区降雪量一般为10～20毫米。草河口岫岩风力5级左右，雪深9厘米以上；宽甸积雪深度40厘米；清原、草河口达32～38厘米；丹东降湿雪，物体积冰雪，电线被压断。

12月17～19日，辽东地区暴风雨转雪，风力5～7级，降雪量在10毫米以上，抚顺、草河口最大达30毫米，雪深15～19厘米。雪阻严重，交通中断。

1958年　1月14日，本溪、抚顺、丹东地区降大或暴雪。丹东北风6级，降雪量6～13毫米，清原和草河口降雪量22～27毫米。出现雪阻，掩埋铁路。

1960年　11月21日，抚顺、本溪地区及西丰县降水量10毫米以上，抚顺、清原、本溪县达20～26毫米。本溪最大积雪深度19厘米。大部分公路不通车，火车受阻。

1962年 2月10～11日，辽东及中部平原大雪，偏北风5～6级，最大8级，中东部地区降雪量达30～40毫米，本溪为42毫米，积雪深度达33厘米。西丰、清原、新宾、抚顺日降雪量30～41毫米，积雪深度26～30厘米。抚顺、本溪地区和西丰县形成严重雪阻，交通中断。

4月12日，台安县降雪量8.4毫米。风大形成吹雪，路被埋没，雪深达50厘米，影响交通正常运行。昌图县降雪，公路积雪，汽车、火车停运6小时。

公元1963年 12月5～7日，辽东山区东沟县降雪量22毫米，各地积雪12厘米，东沟、凤城、宽甸达24～25厘米。严重地段造成雪阻，停运2天。

1964年 1月11～12日，辽东山区及辽中大雨夹雪，降水量在20厘米以上，丹东达54毫米，凤城46毫米，大部分地区积雪深度10～30厘米。电线结冰，压断电线，造成停电事故。

4月1日，桓仁县大雪，降水量17毫米。全县输电线路、电话线大部压断。

1965年 2月13日，丹东地区出现大风雪，风力6～7级，丹东、东沟降雪量达17～21毫米。丹东市电话局有150台电话因积雪中断，电业局有227处输电线被压断，公路交通受阻，停运2天，铁路晚点，一些旧房倒塌，市储运公司1300平方米的仓库被雪压塌。

公元1968年 11月18日，东沟县突发大风雨转雪，雨雪量6毫米，气温由5.9℃急降至零下。在东沟沿海滩涂采集水产物的270余人被风雪围困，死2人。

公元1970年 2月11日，东沟县出现雨凇（冻雨），电线积冰如手指粗，挂冰3厘米厚。电话线被压断，树枝被压折。

12月11～12日，辽东山区（主要抚顺、本溪、草河口）发生暴雪，一般降雪量15毫米，伴有5～6级大风。本溪市、清原降雪量达26～31毫米，雪深30～38厘米；抚顺、西丰、新宾、草河口、宽甸及凤城雪深11～21厘米；其他地区雪深2～9厘米。东沟11～15日出现雨凇，使电线冻上1～2厘米厚或小手指头粗的冰壳，挂冰柱长30毫米。上述地区由于雪大形成雪阻，造成火车晚点，大部分公路不通车，草河口汽车停运一周。电线被压断，并折断电线杆40多根，使通信中断。树枝也被压断，严重影响农活安排。

1971年 2月15～17日，辽东山区北风6级，降雪量10毫米以上，本溪市和宽甸达26～27毫米，雪深达30～31厘米；清原、新宾、桓仁降雪量18～20毫米，雪深22～28厘米。造成大部分地区交通中断。

3月1～2日，全省大部分地区除辽北降小至中雪外，全省大部分地区降大至暴雪。黄海沿岸降雪量达20毫米以上，暴雪中心在大连，日降雪量45.8毫米，积雪深度达37

厘米。大风雪造成严重雪阻，交通中断。绥中县严重雪阻，铁路停运 1 天，全县公路停运 2 天，局部公路路段堆雪达 5 尺厚。庄河县降雪持续 26 小时 18 分。降雪量 27.4 毫米，最大雪深 28 厘米。公路受阻，停运 3 天。复县降雪量 9.6 毫米。由于雪阻，使公路停运 5～7 天，火车停运半天到 1 天。新金县降雪量 28.2 毫米。伴有 5～6 级，最大 8 级偏北风，平均积雪深度 22～35 厘米。全县公路交通中断 3 天。辽东山区及盖县东沟、丹东降雪量达 22～29 毫米，本溪市丹东北部和西部及盖县降雪量 12～19 毫米。

1975 年　12 月 2 日，抚顺、本溪西部、辽阳、鞍山地区大部地区降雨转雪或雪，降水量一般为 17～24 毫米，海城达 32 毫米。造成程度不同的雪阻，一度使通讯中断，交通中断。

1976 年　4 月 22～23 日，辽东山区降大雨雪，大部地区出现 5～6 级风，雨雪量10～20 毫米。丹东的果木和菜苗受冻害。

1979 年　4 月 12～13 日，辽东山区降大雨夹雪，伴有 5～6 级风，大部地区降水量 12 毫米，本溪县、桓仁、宽甸达 21～28 毫米（丹东东沟降雨），本溪市降雪量 18 毫米，最低气温达零下 1℃，刮 6～7 级偏北风。本溪市郊蔬菜遭受冻害，定植的 400 亩甘蓝受害较重，倒塌塑料大棚 109 亩，郊区有些较大的空心大棚骨架被压沉，菜苗被压坏。

1980 年　1 月 6 日，阜新县降雪量 7.1 毫米。路面结冰，给交通运输带来影响。

10 月 23～26 日，全省大部分地区降雪，辽南地区风力 6～8 级。辽东大部分地区降雪量为 16～33 毫米，其中清原、新宾、本溪、草河口为 45～59 毫米。清原积雪深度为 27 厘米，本溪市、西丰县积雪深度 23～25 厘米，个别地方积雪 60 厘米深，新宾县、本溪县雪深 13～14 厘米。暴风雨转雪造成各地不同程度受灾。抚顺地区灾情最重，连续 4 昼夜降雨雪，降水量达 61.6 毫米。镇内积雪深 27 厘米，草市、湾甸子等积雪超过 60 厘米深，高山背风坡雪深 1 米左右，降雪之早，持续时间之长，雪量之大和灾情之重是历史上从来未有的。清原、新宾县有 15%～20%的秋白菜被雪埋在地里，风雪和冻雨压断许多树木，其中清原县有 300 万千克大白菜被雪埋在田间，人工林被雪压断、压倒 10%，由于雪阻全县各条公路车辆停运，最大电线积雪 100 毫米，造成停电和电讯中断事故。抚顺县人工林受灾面积达 28.6 万亩，占总面积的 14.9%，损坏树木 194.5 万株。苇子峪至大堡 10 多千米区间的电线杆全部被压倒，电线上冰溜子有胳膊粗。3 个县的通信线路中断，交通堵塞，新宾县雪后 3 天停产停电，清原县电话基本不通。24 日至 25 日本溪地区大风雪。各地降雪量，23 日本溪县为 17.8 毫米，本溪市 26.6 毫米；24 日本溪县 45.6 毫米，本溪市 33.9 毫米；25 日本溪县 11.4 毫米。形成雪阻和冻害，其冻害程度是 30 年所未见的。低温和大雪形成结冻雪灾害，使电杆倒伏、交通中断、大白菜大量被雪埋在地里冻坏。其中本溪市白菜损失 30%。新民县降雪持续 3 天，积雪深度 2 厘米。秋白菜灌蜡，损失较重。海城县 23～25 日总降水量 73.6 毫米（23 日 42.9 毫米，24 日 28.4 毫米）。使全县未收获的蔬菜及粮食作物受到不同程度的灾害。营口市雨转雪，积雪深度 6 厘米，温度降低形成冻害。造成地区内的大白菜受冻害。

12月31日至1981年1月1日，辽东大部分地区和盖县北风6～7级。大部分地区降雪量11～15毫米。东沟降雪量达21毫米，积雪深度22厘米以上，有的地方雪深达30多厘米。造成丹东地区交通中断1～3天。其中岫岩中断4天，压塌简易房12间，刮坏粮囤尖14个。新金县降雪量12.4毫米，伴有8级以上大风，持续时间长达24小时之久，最大风速23米/秒。造成金州至普兰店，金州至城子坦铁路雪阻，影响交通2天。

1981年 2月20～22日，铁岭地区降雪量10.5毫米，积雪深度18厘米。形成雪阻，全县汽车停运两天。

3月14日，铁岭地区降雪量24.8毫米。24日和26日降雪量30.4毫米，积雪深度16厘米。造成公共汽车停运两天。

3月23～25日，全省辽西大部分地区降水量达30～40毫米，其他地区20毫米以上。部分地区伴有6～7级偏北大风，为辽西地区30年同期所罕见。

1982年 1月3日，岫岩县降雪量8毫米，积雪深度8厘米，北风5～6级。造成全县交通停运一天。

11月9～10日，复县雨转雪，降雪量一般为20～40毫米，积雪深度11厘米，是近几十年少见的大雪，并伴有8级北大风。造成雪阻，对交通运输影响较大，铁路客货停运达12小时，汽车客货停运2天，并发生几起翻车事故。

11月10～11日，抚顺市降水量23.6毫米，积雪8厘米深，对交通运输有很大影响。

1983年 1月7日，复县降雪量1.3毫米，同时伴有大风和吹雪。因路滑，造成全县公共汽车停运1天。

2月14日、16日、17日，全省大部分地区辽河流域和东南部降暴雪。降雪量在10毫米以上，暴雪中心在庄河，降雪量达23.8毫米，是近几年同期罕见的大雪。全省大部分公路交通受阻，停运3～5天，长春至大连铁路的客货车14～19日一般都晚点2小时。复县14日降大雪伴有大风，16～17日再降大雪，两次降雪量一般为10～30毫米，积雪深度11～15厘米。受大风雪影响，部分地区出现雪阻，交通受到影响。庄河县两场大雪，降雪量为34.9毫米，积雪深度20厘米，有的地方深达1米。形成雪阻，严重影响交通。鞍山市降雪量28.8毫米，积雪深度27厘米。给交通造成困难。大洼县降雪量23.3毫米，为近20年来所少见。清原县降雪量18.3毫米，最大积雪深度19厘米。严重阻碍公路交通。岫岩县降雪量34.0毫米，积雪深度34厘米。全县中断公路交通8～12天。

3月16日，复县降水量12.5毫米，伴有偏北大风。全县公路交通中断1天。

1984年 2月23～24日，丹东、本溪地区和抚顺市降雪量为5～8毫米。交通一度受阻。

3月9～11日，抚顺市降雪量5.5毫米。因雪阻，抚顺到各地的汽车停运。

3月16～18日，抚顺市降雪量13.4毫米。因雪阻，抚顺到各地的汽车停运。

12月9～10日，凌源、建昌、羊山一带大雪，凌源积雪深度28厘米，降雪量16.7毫米，羊山降雪量15.2毫米，建昌15.4毫米。由于雪阻，建昌汽车停运3天，凌源县近一周中断通车。

1985 年　1 月 18～19 日，岫岩、凤城、宽甸、本溪县、草河口降雪量一般在 10 毫米以上，岫岩达 18 毫米，北风 5～7 级。由于雪大，全县交通阻塞 2 天。庄河县降雪量 9.5 毫米。由于雪大，使庄河至大连，庄河至盖县的公路客运线停车 2～3 天。

11 月 22 日，鞍山市大雪，气温急剧下降，电线结冰，给工农业生产造成一定损失。

12 月 5 日，朝阳县南部大雪，降雪量 7 毫米，积雪深度 11 厘米，积雪 24 天。雪后气温急剧下降，局部高压电线被冻断。

1986 年　11 月 24 日，建昌县由于雪大，积雪厚、山区公路坡陡路滑，全县客货汽车停运。

1987 年　3 月 29～30 日，丹东、本溪、抚顺地区及西丰、沈阳、鞍山等地大雪，风力 5～7 级，抚顺、本溪地区降水量 10～27 毫米，积雪深度达 11～21 厘米。特大暴雪使一些蔬菜保护地遭受破坏。仅沈阳、鞍山 6 个市统计，损坏塑料大棚 1600 亩，直接经济损失 400 万元，并使一些地区的铁路、公路、运输一度停运或晚点，仅沈阳铁路局所辖的路段内即有 171 辆客货列车因暴风雪运行受阻。抚顺地区降雪，清原 26 小时内积雪深度达 19 厘米，降水量 26.3 毫米，为历史同期降水量最高记录。抚顺市铁路、公路和矿区电铁普遍受阻，造成晚点或停运。西露天矿因积雪过深而停产或半停产。清原县交通中断两天，有 1500 台机动车停运，直接经济损失达 30 万元。粮食系统有 3250 万千克含水量大的粮食急需晾晒，水稻育苗期被迫推迟。由于春湿加剧，对春耕十分不利。因公路严重阻塞，给人民生活带来极大不便，对工农业生产影响较大。由于降湿雪，树木、幼林枝条被压弯或折断。桓仁县累计降水量 15.3 毫米，是该县 34 年来初春时期第 3 个降雪量多值年。县城乡地区有 31 户蔬菜专业户塑料大棚（计 29 亩保护地）被严重破坏，经济损失近 4 万元。

11 月 25～26 日，朝阳、锦州、阜新、营口、鞍山、沈阳、辽阳、本溪、抚顺地区先雨后雪，形成雨凇。降雪量一般 3～10 毫米，鞍山、辽阳达 10～15 毫米，伴有 6 级左右西北风，瞬间风力 8～9 级。受暴风雪的袭击，造成辽河油田停电、停水，100 多口油井停产，日产原油减少 1 万多吨。同时大部分地区交通运输一度受到影响。仅沈山线就有近 100 列客货列车受阻，26 日、27 日两天造成直接经济损失达 200 万元。

1990 年　1 月 27 日夜间至 29 日凌晨，全省各地降雪，锦西、营口、鞍山、辽阳、本溪、丹东、大连地区降暴雪，雪量一般为 10～15 毫米，大连南端达 26 毫米；其它地区在 4～10 毫米之间。大部地区伴有 6～7 级偏北风，局部达 8 级。由于风雪较大，形成雪阻，给交通运输带来不利影响。影响范围波及沈阳分局、大连分局、锦州分局、丹东分局一部分。主要线路有沈山线、长大线、锦承线、叶赤线、沈丹线、大郑线、沈梅线等 8 条线路。仅沈阳站有 40 列客车进不了站，其中 29～31 日客运正点率只完成 88.2%；29 日山海关分界口，只进来 6 辆列车，发出了 7 列车，仅完成正常的 10%。全省大部地区公路运输也一度中断，由于路面滑，摔伤人数也大大超过往年，仅大连市住进中医院达 26 人次。

10月30日至12月1日，大部地区降雪3～10毫米，中部平原达11～21毫米，积雪深度达20～40厘米，伴有6～7级偏北风。由于风雪较大，使铁路、公路、民航等交通一度受阻。据沈阳铁路局反映：该局管辖范围内的沈阳至大石桥一带铁路运输严重受堵，共有100多列客、货列车晚点或迫停；沈阳桃仙机场的班机当日被迫停飞；大部分市县的公路客货车辆受阻停运。

1992年 11月18～19日，全省大部降雪，除大连、丹东地区降中至大雨转雪外，其它地区降小雨转暴雪。降水量一般10～40毫米，积雪深度达10～20厘米，雨雪持续时间之长，降水量之多，积雪之深为80年代以来所未有。这场大雪给沈阳桃仙机场带来了一场空前的灾难：长3200米，宽60米的跑道被厚厚的积雪覆盖，飞机根本无法起降。机场从18日下午被迫关闭。当天上午从沈阳出港的12架麦道82客机无一返回，分别降在北京、大连、烟台、宁波和长沙。到20日下午机场开放时，已经取消进出港航班98个，滞留沈阳的旅客4000余人。中国北方航空公司班机所达的全国30多个大中城市和伊尔库茨克、哈巴罗夫斯克、香港等机场共滞留沈阳旅客2万多人。东北航空枢纽一度陷入瘫痪状态；沈阳铁路局管辖的9000千米范围内的运输也处于瘫痪状态，有238列客车晚点或停运，货车1000多列无法正常运转，大部地区的公路运输也受到很大障碍，仅沈阳市5天之内发生各种车辆剐撞百余起，有300多人摔伤。

1993年 4月9～10日，锦州、锦西、盘锦、营口、沈阳地区降小雨转大至暴雪，降水量一般为7～18毫米；锦县、黑山、台安、盘锦、大洼一带达21～25毫米，同时伴有5～7级偏北风。由于雨雪交加，气温下降，致使通讯，供电线路结冰，一般厚度达7～8厘米，造成线路中断，各地受灾情况如下：锦县初步统计，塑料大棚、地膜育苗受灾面积近2万亩，其中减产4～5成的占20%之多，绝收面积2100多亩，3万个水稻苗床全部压坏，280万棵早熟果树的树芽程度不同的冻坏或刮断，刮断各种树木200多棵，刮断刮倒高、低压线杆和电话线杆10288根，摔坏变压器32台，造成10个农村供电所停电，90%的农村通讯线路陷于瘫痪。部分乡镇企业停产。黑山，四家子乡损坏温室大棚3000多亩，直接经济损失160万元。锦西造成葫一线、葫二线供电系统跳闸，致使葫芦岛、龙湾、连山变电所全部断电，市区内大部地区停电。鞍山全市农业受灾5733亩，经济损失671.0万元。其中海城300多亩经济作物及桃、李、杏等果树受冻，经济损失500多万元；台安损坏塑料大棚1385个，严重的890个，损坏水稻苗床2380床，损失将近93.17万元；岫岩压倒塑料大棚15个，蔬菜冻坏，损失近3万余元，折断电杆416根。庄河三架山乡平地积雪50厘米，电线结冰达10厘米以上，其中267根高压线杆因超载而折断，全乡电力和交通基本中断。盘锦造成全县农用停运，16个乡镇的低压线路全部断电，三分之一的通讯线路中断，全县20万亩水稻苗床，700万蔬菜大棚也遭受严重灾害。初步统计：直接经济损失3500万元，间接损失600多万元。沈阳仅东陵、于洪两区定植西红柿受冻达623亩，其中138亩全部冻死，定植的甘蓝受灾面积2600亩，毁种200亩，同时给粮食晾晒、城市交通、电业、石油等行业的户外作业带来一定困难。

11月15～16日、19～20日，全省大部地区降雪量7～17毫米，辽阳、鞍山、本溪等地达20～35毫米。由于雪大，气温急剧下降，道路较滑，对交通运输造成很大影响。据初步反映：丹东17日南部降雨凇，影响电业线路10条，220万伏高压线路丹东至大连压倒3条；20日丹东大至暴雪，使交通中断，20～23日本应发车114辆，停发110辆，铁路个别停发，列车晚点，大连旅顺口区未收完的白菜，受冻15000吨，断裂电线杆68根，一条6000千伏输电线路刮断，39条10千伏线路瘫痪20条，两个变压器落地，造成局部地区停水、停电。沈阳由于大雪使桃仙机场16日全天关闭，从沈阳飞往各地的15架飞机停飞，飞抵沈阳的23架飞机暂缓降落。至17日午前机场尚未开启。由于大雪持续时间长，积雪深（最大积雪深度17厘米），造成客车几乎全部晚点，同时致使市内交通事故突增，仅16日一天就发生36起交通事故，造成不同程度的伤亡。

1997年　1996年12月31日14时至1997年1月1日20时，受强冷空气影响，全省普降暴雪，并伴有7～8级大风，沈阳等地还出现雷暴。此次过程累积雪量辽河流域以西及辽东半岛大部在10毫米以下（其中朝阳地区、阜新、大连不足5毫米），其它地区在10～28毫米之间，此次降雪对净化空气，增加水库库容和土壤保墒，消灭过冬害虫极为有利，但由于地面积雪较深，阻断交通，扰乱正常的生活秩序，给节日人们的出行带来影响。大部地区遭暴雪袭击，交通严重受阻。沈阳桃仙机场被迫临时关闭38小时，造成航班延误，大量旅客滞留。沈阳火车站也关闭28小时。1月1日沈阳市除南北向尚有公交车在很难运营外，东西向停运。

1月2日，电业系统共排除因风雪引起的351起故障。同时大雪期间沈阳各大农副产口批发市场货源紧张，蔬菜供应明显减少，仅为平时的1/3，造成价格上涨，最高涨幅110%，最低也有10%。

1999年　3月15～18日，沈阳市降大雪，过程雪量11毫米，桃仙机场早7时始关闭，24小时后开放，这是该机场第一次因春雪而关闭。

11月13～14日，中部和东部大部分地区降雪，过程雪量在10～19毫米之间，其余地区有2～9毫米降雪。

11月23～24日，全省大部出现大风降温、雨转雪天气。大部地区降雪在10～29毫米之间。各地降雪都造成机场关闭，给交通运输及人们生活带来影响，桃仙机场早6时关闭，次日17时30分开港，26个航班延误。沈城狂风夹雪使能见度极差，高速公路限速在30～40千米/小时，行人步履艰难，出租车身价倍增。桃仙机场取消当日14个航班，另44个航班延误，滞留旅客2000余人。为保证客车正点运营，24日长大线货车全部停运。接连的两场大雪，加之个别地段积雪清除不力，使路况变差，据不完全统计，辽阳市平均每天发生事故十余起，共发生死亡事故3起，死亡3人。

这次过程还使沈阳、鞍山等地电业系统遭遇历史上从未有过的大停电，7时左右沈阳电业局所辖的220千伏变电所辖29条线路先后跳闸150条次，涉及到的66千伏变电所有60多个停电，并且大部分线路反复多次跳闸。9时浑河一次变电所主变开关发生崩爆，3条66千伏线路跳闸，造成沈阳地区20%的负荷停电。致使全市17处水源相继掉闸，影响供水量235万立方米，使全市水压很低，直接影响居民生活、供暖和企业用水。仅惠天热力公司就有35个换热站因停电不能供暖，恢复供电后仍有14个不能供暖。大雪使交通运输困难，南五农贸产品批发市场的蔬菜批发量由前日的420吨下降到240吨，蔬菜价格平均上涨了15%～20%。

2000年 1月1日，全省大部分地区降大至暴雪，大洼雪量最大，为25毫米。大洼县有1627栋的蔬菜大棚倒塌，受灾面积达1612亩，直接经济损失达70多万元。同时铁岭市的开原、铁岭县也有12栋大棚受损。冬季冷空气入侵较频繁，1月1日大部地区降大至暴雪，地面积雪较深。沈大高速公路像个溜冰场，交通事故上升，高速公路路面结一层薄冰。13小时共发生车祸8起，造成3人死亡，10多人受伤。其中抚顺段6千米处，发生一起17台车追尾事故，1人死亡，3人受伤。

3月18日，沈阳市持续降雪7小时，总降雪量达10.2毫米，最低能见度为200米。沈阳市桃仙机场被迫于18日13点20分关闭，20个小时后恢复通航，共23个航班延误。

4月9日，全省自西向东出现先雨后雪的天气，大部地区降水量在5～28毫米之间，伴有5～6级偏北风，气温明显下降。本溪市因大雪压倒蔬菜大棚166栋，温室31栋，受灾面积185亩。桃仙机场因雨雪天气再次暂时关闭。

11月18～19日，全省受新疆地区冷空气和华北暖湿气流的共同影响，出现了1～12毫米降水过程，部分地区为雨转雪。由于降雪后气温骤降，路面结冰，人工、机械除雪都较难，市内交通不便。沈阳市为此在主要街道及桥梁抛撒200吨除雪剂。19日晚京沈高速公路锦州段一桥上发生一起13辆车相撞事故，车辆普遍损坏严重，1人死亡，2人受伤，数百辆车受阻，交通中断9个多小时。沈阳桃仙机场于19日晚关闭，次日晨开放，10余航班延误。

11月25日，沈阳等地降雨夹雪，14时沈阳桃仙机场开始关闭，次日9时重新开放。共有22架航班延误，千余名旅客滞留。

第六章　低温冷害、霜冻

第一节　概　　述

霜冻是指春秋季节气温急剧下降到0℃附近或以下，在作物叶面上结霜，或虽未结霜但由于温度迅速下降，使作物受到冻害的一种天气现象。低温冷害是由于作物生长季热量少，或作物某一发育阶段出现低温，引起作物生育延迟以致秋霜来临前不能完全成熟，或直接危害作物结实器官的形成，致使作物减产的一种灾害。辽宁地区低温冷害比较严重，具有灾情重、范围广的特点，灾情较重年份可使粮食产量减少1/3到1/2，严重时可造成绝收。

一、低温冷害

1. 低温冷害指标及发生规律　通常把历年日平均气温稳定通过10℃的初、终日间活动积温（以下简称积温）比常年少100℃或以上，且粮豆减产1成以上作为低温冷害年，若积温较常年少200℃或以上，且粮豆减产2成以上作为严重低温冷害年。或者6月和8～9月上旬的气温距平在－2.4～－1.5℃为低温冷害年；气温距平在－2.5℃或以下为严重低温冷害年。

1949—1985年，全省共出现10年低温冷害，即1954、1956、1957、1966、1969、1972、1974、1976、1979、1980年，发生频率为30%，平均3～4年一遇；其中严重低温冷害年有1954、1957、1969、1972、1976年，发生频率为12.5%，平均8年一遇。随着北半球气温的明显增暖，辽宁从70年代末至1985年未出现过大范围的严重低温冷害年。而且低温冷害年具有相邻几年连续的特点，如1954、1956年和1957年，1972、1974年和1976年，1979年和1980年，存在着2～3年、5～6年或10～11年的周期变化。

2. 低温冷害类型

（1）按气象条件分类　在农业生产上，低温冷害往往与其他气象灾害伴随发生形成不同的气候类型。

①低温寡照型　其特点是在作物生育期内，气温低，阴雨多，光照少。由于光照不足，加重了低温的危害，使作物出苗缓慢，苗势弱，病害多，发育期延迟，麦晚熟，属本型的有1954、1966、1976年。其中1976年大部地区积温较常年少200～300℃，中部平原少300～400℃。全省各地作物生长季的气温持续偏低（5月下旬除外），6、7两月偏低1～2℃；阴雨日数较常年多8～20天；日照时数较常年少150～200小时，沈阳、辽阳、

营口一带少200～300小时，导致作物生育期普遍推迟，直至秋霜来临尚未成熟，造成粮食减产，尤其对水稻危害较大，平均单产减产23.7%。

②低温干旱型　其特点是在作物生育期内，气温持续偏低，同时出现持续干旱，使作物植株矮小，穗短粒瘪。如1972年全省大部地区积温较常年少50～200℃，其中铁岭、沈阳、抚顺、本溪地区和丹东北部少400～550℃。4～9月降水量中部平原地区较常年少3～5成，其他地区少1～2成。尤其是6～7月大部地区降水量少5～8成，使作物在整个生育阶段遭受严重的低温干旱灾害，造成全省粮豆产量较上一年（1971年）减产11.3亿千克，减产率达15.5%。

③低温早霜型　其特点是在作物生长期内，气温持续偏低，初（秋）霜较常年提前出现，使贪青晚熟的作物未能成熟。如1969年全省大部地区积温较常年约少300℃，5月中旬至7月中旬气温持续偏低，作物生长缓慢，贪青晚熟，加之大部地区秋霜较常年提前5～10天出现，造成粮豆产量较1968年减产4.95亿千克，减产率达7.1%。

（2）按作物受害的机制分类　当气温降至生物学下限温度时，作物的生理机制则发生改变，产生冷害，造成对农业的危害。低温冷害对各种作物的危害程度不同，在4种主要作物中，对水稻、棉花的危害最重，高粱次之，玉米较轻。从低温对作物危害的机制分析，也可分3种类型。

①延迟型冷害　作物生长期间，主要营养生长期（有时是生殖生长期）遭受较长时间的低温，削弱作物生理活性，生理显著延迟，秋霜来临之前不能正常成熟而减产；或者前期温度正常，后期温度异常偏低，延迟开花、授粉、受精、灌浆、成熟，以致造成减产。通常把积温较常年少200℃作为延迟型冷害的指标，其典型年有1954、1956、1969、1972、1976年，这种冷害对棉花、水稻、花生、高粱危害较大。

②障碍型冷害　指导作物生殖生长期，主要从孕花分化期到抽穗开花期遭受短时间的强低温，使生殖器官的生理机制破坏，新陈代谢失调，造成孕花不充，空壳粒多，导致减产，通常把8月份最低气温小于等于17℃或日平均气温连续2天及以上低于20℃作为障碍型冷害指标，其典型年份有1969、1972、1976年，水稻多发生此型危害。

③混合型冷害　上述两种类型兼有，生育期遇低温延迟生育和成熟，孕穗期遇低温冷害，发生大量空壳粒。此型对农业危害最重，如1969年和1976年。

3. 低温冷害分区　根据低温强度，发生频率和积温多少等条件，计算出各地的冷害指数，将全省划分为3个冷害区。

（1）重冷害区　包括铁岭、抚顺、本溪地区和丹东北部地区。该区冷害指数达5.0以上，西丰最大达8.7。大于等于10℃活动积温为3000～3200℃，其中西丰、清原、新宾一带积温最少，仅有2730～2900℃，作物生长季雨水充沛，光照少，无霜期最短，为全省低温冷害的重发区。

（2）较重冷害区　包括丹东大部、鞍山、辽阳、沈阳、阜新地区及锦州北部，该区冷害指数为4.5～5.0。大于等于10℃活动积温一般在3200～3400℃，作物生长季大部地区雨水较充足，光照较少，无霜期较短，易发生低温冷害，但程度较重冷害区轻。

（3）较轻冷害区　包括沿海地区和朝阳大部地区。该区冷害指数为3.0～4.5。大于等于10℃活动积温为3400～3600℃，热量条件较好，作物生长季大部地区雨水较少，光照充足，江南无霜期较长，一般情况下作物能充分成熟，但当遇到严重低温年也会其危害。表 6.1 为辽宁省 10 个低温冷害年 5～9 月温度条件及冷害概况。

表 6.1　辽宁省 10 个低温冷害年 5～9 月温度条件及冷害概况

地区 年份	辽　西	辽　南	辽　北	辽　东	中部平原	全省评价
1954	偏低 4～6℃，除 8 月正常外，其余各月均偏低	偏低 6℃，作物生长季气温持续偏低	偏低 3～5℃，除 8 月偏高 0.5～0.8℃外，其余月均偏低	偏低 3～4℃，其中 5、6、7 月偏低 1～2℃	偏低 5～6℃，作物生长季气温持续偏低	温度条件差冷害严重
1956	偏低 1～2℃，其中 5、6 月低 1℃	基本正常	偏低 1～2℃	偏低 1～2℃，其中 5、6 月低 1～2℃	偏低 1～2℃	温度条件稍差局部有冷害
1957	偏低 3～6℃，其中 7、8、9 月低 1～3℃	偏低 4℃，其中 6、7、8、9 月连续低 1～1.5℃	偏低 3～4℃，其中 7、8、9 月低 1～2℃	偏低 5～7℃，其中 7、8、9 月低 1～2℃	偏低 3～5℃，生长季气温持续偏低	温度条件差冷害严重
1966	西部地区偏高 0.5～1℃，其他地区偏低 1℃	偏低 2℃	偏低 1～2℃	接近常年	偏低 1～2℃	温度条件较差局部有冷害
1969	偏低 2～4℃	偏低 1℃	偏低 4～5℃	偏低 2～4℃	偏低 2～3℃	温度条件较差，大部分地区出现冷害
1972	偏低 1～4℃	偏低 2℃	偏低 4～5℃	偏低 2～5℃	偏低 2～4℃	温度条件差冷害严重
1974	偏低 1～2℃	接近正常	偏低 0.5℃	偏低 1～2℃	偏低 0.5℃	温度条件较差局部有冷害
1976	偏低 4～7℃	偏低 6℃	偏低 4～6℃	偏低 4～7℃	偏低 5～6℃	温度条件差冷害严重
1979	偏低 2～3℃	偏高 1℃	偏低 1～2℃	偏低 2～3℃，作物生长季气温持续偏低	偏低 1～2℃	温度条件差部分地区有冷害
1980	沿海偏低 2～3℃，其他偏高 1℃，7、8、9 月偏低	偏低 2℃，7、8、9 月持续偏低	偏低 1～2℃，6、7、8、9 月持续偏低	偏低 2～3℃，丹东偏低 5℃，生长季持续偏低	偏低 2℃，7、8、9 月持续偏低	温度条件差局部有冷害

二、霜冻

霜冻分为轻霜冻或严霜冻，通常以日最低气温等于小于 2℃为轻霜冻的初、终日指标，等于小于 0℃为严霜冻的初、终日指标。轻霜冻表示作物轻度受害，大田作物还不至于停止生长。严霜冻表示一切作物停止生长或严重受害。秋季第一次出现的霜冻称为初

(早)霜冻，春季最后一次出现的霜冻称为终(晚)霜冻。

1. 霜冻分布

(1) 轻霜冻　初霜平均出现日期，朝阳、阜新、抚顺、本溪地区、铁岭、沈阳和丹东的北部地区出现在9月下旬；沿海大部地区出现在10月中旬，其中大连南部出现在10月下旬；其他地区出现在10月上旬。最早初霜出现在1969年9月8日，主要影响辽东、辽西山区和辽北平原地区。

终霜平均出现日期，辽东、辽西大部山区和辽北平原地区出现在4月底至5月上旬，其中西丰、清原、新宾及本溪东部出现在5月中旬；沿海大部地区出现在4月中下旬，其中长海出现在4月上旬；其他地区出现在4月下旬。最晚终霜出现在1969年5月20日东北部山区。

平均无霜期，辽东、辽西山区和辽北平原大部地区在140～160天，其中西丰、清原、新宾、桓仁、本溪县及建平县北部最短在140天以下，新宾仅124天；大连地区南部最长达190～211天；其他地区多在150～180天之间。

(2) 严霜冻　初严霜冻平均出现日期，铁岭地区东北部、抚顺东部出现在9月末；大连地区和丹东地区南部出现在10月下旬，其中大连南部较晚出现在11月初；其他地区出现在10月上中旬。最早初严霜冻出现在1967年9月10日至11日，西丰、清原、新宾及建平县北部受到冻害。

终严霜冻平均出现日期，西丰、清原、新宾、桓仁及建平县北部出现在5月上旬；大连地区南部较早，出现在4月上旬；其他地区出现在4月中旬。最晚终严霜出现在1984年5月29日，本溪县的草河口镇和桓仁县铧尖子等地遭受冻害。

2. 霜害分区

(1) 重霜害区　包括抚顺、本溪地区和丹东东北部、铁岭东部、朝阳北部以及阜新县的西北部。初霜平均出现在9月22日至28日，终霜平均出现在5月3日至17日，无霜期为124～153天，等于大于10℃积温为2900℃～3000℃，由于初霜早，终霜晚，无霜期短，热量条件较差，是省内重霜害区。

(2) 较重霜害区　包括辽北、辽西和中部平原大部地区。初霜平均出现在9月30日至10月6日，终霜平均出现在4月23～30日，无霜期为150～160天，等于大于10℃积温为3100℃～3500℃，该地区受霜害也较重。

(3) 较轻霜害区　主要是沿海地区，这些地区初霜较晚，终霜较早，无霜期较长，热量条件较为充足，作物一般能充分成熟，若遇早霜之年，受其危害程度也较轻。

3. 霜冻灾害　霜冻的危害与出现的季节有关。春季晚霜冻主要危害作物幼苗，定植后的蔬菜、开花后的果树以及上山的春小蚕。秋季早霜冻对农业影响最大，可使作物灌浆期缩短，粒重下降，种子含水率增高，米质变劣等，严重影响产量和质量。

清原县仅1964、1966、1978年和1980年的霜冻灾害，使粮豆平均减产7.8%，其中玉米减产13.0%，水稻减产8.2%。

1972年5月14～17日，辽东山区和凌源、建昌、阜新、新民、海城等县的大部地区最低气温达0℃以下，宽甸县八河川乡达零下2.5℃，新民达零下2.0℃，遭受严重的霜冻灾害是历史上少见的。其中，抚顺、本溪和丹东地区的庄稼幼苗、蔬菜、烟草、柞蚕受灾面积达200多万亩，其余地区主要是棉花和菜苗受冻害。

第二节　古代（公元1262—1833年）低温冷害、霜冻

元　中统三年　（公元1262年）　秋，八月，广宁路（路治在今北镇县）、北京路（今锦州、朝阳地区属北京路）陨霜，害稼。

元　至元二十四年　（公元1287年）　秋，九月，金源（今朝阳县西北喀喇沁村）、兴中（今朝阳市）等州县霜雹，伤稼。咸平（今开原县）、懿州霜雹为灾，告饥。十月，东京婆娑等地，霜灾。

元　元贞二年　（公元1296年）　秋，八月，金（今金县）、复（今复县复州城）州陨霜，杀禾。

元　至大四年　（公元1311年）　秋，七月，大宁路（今锦州、朝阳地区属大宁路）陨霜。

元　至治二年　（公元1322年）　夏，闰五月，辽阳路（治所在今辽阳市）陨霜，杀禾，免其租。

元　至正七年　（公元1347年）　秋，九月，辽阳霜早，伤禾，赈济驿户。

明　正德十三年　（公元1518年）　春，三月，辽东陨霜，禾苗皆死。

清　崇德六年　（公元1641年）　辽东禾谷未收，啾霜早陨，暂停沽酒。

清　康熙二十八年　（公元1689年）　辽东早霜，米谷不收。

清　道光十二年　（公元1832年）　秋，绥中县霜杀禾，岁大饥。

清　道光十三年　（公元1833年）　春，绥中县霜杀禾，斗米值市钱八千。

第三节　近代（公元1876—1948年）低温冷害、霜冻

清　光绪二年　（公元1876年）　凤城秋霜早，农业歉收。

清　光绪十年　（公元 1884 年）　本年辽东低温歉收。

清　光绪十三年　（公元 1887 年）　本年辽东低温秋收减半。

清　光绪二十八年　（公元 1902 年）　本年低温，秋收早，禾歉。

清　光绪二十九年　（公元 1903 年）　本年辽东低温，农业大歉。

清　光绪三十二年　（公元 1906 年）　十二月二十三日辽东寒潮降温。

民国十二年　（公元 1923 年）　九月二十八日辽东早霜严重，蔬菜霜后萎顿，柞蚕冻僵。

民国二十年　（公元 1931 年）　十月二十四日安东骤寒，青菜被冻，损失巨大。

民国二十二年　（公元 1933 年）　三月上旬安东奇寒，北风怒号，冻死牲畜无数，商民冻死数人。

民国二十七年　（公元 1948 年）　四至五月安东奇寒，牲口死亡，作物粉种四分之一。

第四节　现代（公元 1950—1996 年）低温冷害、霜冻

1950 年　3 月 6 日，凤城、宽甸县因霜冻，死 1000 多头牛，其中宽甸八河川 605 头。

1951 年　4 月 7 日，凤城出现严霜，烟草苗床上冻。

1952 年　4 月 16 日、17 日，丹东市的宽甸县结冰深度约半尺。蔬菜秧苗被摧毁。

1954 年　10 月 2 日，安东出现霜冻，作物受害。抚顺市生长季积温较常年少 111℃，宽甸少 189℃。抚顺地区粮豆减产 8％。

1955 年　10 月 1～8 日，全省 20 个市县发生霜冻。沈阳西部、北部和东部山区先后有霜冻，盖县、营口、复县、兴城 6 日有霜冻，新金、绥中、旅大 8 日早晨有霜冻。桓仁、辽阳 5 日晚至 6 日晨有霜冻。造成地瓜、花生、棉花、稻杆干枯、停止生育。对少数晚熟作物和柞蚕影响较大。法库县 26 个村洼地有 30％未割高粱受灾。黑山县约有 0.4 万亩棉花、0.2 万亩高粱贪青晚熟受害。桓仁县有 8％的秋蚕和 0.6 万千克芋草因霜冻降低产

量、质量。岫岩县汤沟区烤烟约减收1成。辽阳、清原县一般烟叶顶端二三个叶变黄硬化。

1956年　5月，全省大部分地区（辽南为重）阴雨多湿。大部分地区缺苗，其中复县一般缺苗10%，严重的缺70%；盖县有0.5万亩地因缺苗需毁种。

1957年　9月24～26日，全省大部分地区由于气温急剧下降，秋霜较常年提前5～10天，致使许多地区作物受害。本溪县连续出现霜冻3次，部分地区作物已冻坏。晚种水田和晚田作物减产严重，约减产一半左右，并有柞蚕710把因受冻，产蚕量大大降低。丹东市因霜害，全市晚水稻1.2万亩无收成，旱稻1.5万亩遭到严重减产，其中有0.6万亩收成无望。部分地区地瓜叶子干枯，产量将受到一定损失。北票县24、25日两次霜冻。部分地区棉花桃表皮组织及叶面已停止活动，水稻、地瓜危害较重。全县棉花受灾3.6万亩、地瓜0.5万亩、水稻0.2万亩、荞麦近万亩、高粱1.4万亩，谷子0.2万亩。建平、北镇两县受灾作物69.6万亩，严重减产。锦州、义县、海城等市县由于霜期提前，使部分作物减产。

生长季辽东山区清原县积温较常年少92℃，桓仁县少158℃，宽甸县少120℃，岫岩县少218℃。抚顺地区粮豆减产34.3%，水稻减产51.2%；本溪地区粮豆减产12.3%，水稻减产24.9%；丹东地区粮豆减产5.6%。

1960年　5月，绥中、盖县、桓仁县地温回升缓慢。由于地温回升缓慢，种子发芽率低，尤其花生较重。仅绥中县有3万亩种子坏种，其中严重的80%不能出苗，一般不能出苗的也在50%左右；盖县鲅鱼圈乡有500亩棉花受冻，其中有200亩需毁种；桓仁有1万亩早播玉米60%受冻害。

1961年　9月30日，昌图县地瓜叶子大部分冻死。

10月12日，昌图县白菜萝卜30%被冻伤，大部分农作物被冻死。

1962年　4月1日和17日，昌图、台安县两场雨雪，对春菜生产极为不利，泡死冻死一部分菠菜，普遍缺苗、断条。延晚上市时间，一般比1961年拖后10～15天。推迟春耕播种进度。4月1日大雪中断播种时间10天。17日雨雪又中断4～5天。影响产量、质量，菠菜在萌动以后由于受台风低温的影响，有的提前串苔，由于冻、涝，早串苔，平均减产30%左右，重的可达50%。

4月2日，长海县寒潮大风。电线结冰，部分线杆倒伏，50%的电话不通。复县雨淞大风，损失暖房玻璃174箱，电线杆倒10根，断线10处，冻死猪10头、羊5只、牛5头等。大连市雨淞，造成大批电杆折断，影响正常供电，损失较为严重。新金县（皮口）雨淞。一般电线刮断，电线杆刮倒，火车不通。

9月30日，除绥中、兴城及辽南地区以外的全省大部分地区，沈阳、鞍山地区秋霜比常年提前10天左右，其他地区比常年提前5～6天。由于霜期提前，使一部分贪青晚熟作物造成一定程度减产。阜新地区有49万亩遭受霜害，占应收面积的10%，其中收成无望的25.5万亩，占受灾面积的52%，受灾严重的主要是高粱和荞麦；锦州地区遭受霜害的有50多万亩；本溪一部分晚熟品种也未完全成熟；沈阳、抚顺等地一些晚高粱也都遭受不同程度的霜害。

10月4日，抚顺市出现霜冻。粮食作物及柞蚕受害。

1964年 9月23日，清原县、抚顺县最低气温达零下1.0℃。粮豆减产17.4%，其中玉米减产23.6%，水稻减产10.9%，清原全县减产粮食500万千克。抚顺县0.2万亩大豆、高粱减产。

1966年 5月4日，营口市郊区的部分地区有结冰现象。市郊区出现霜冻，柳树乡损失约16万棵菜苗（已定植40～50亩）。

生长季本溪地区积温比常年少230℃，桓仁少121℃。全区粮食豆类减产约22.9%，其中水稻减产9.1%。

9月22日，清原县霜降来得早，最低气温达零下0.1℃。粮豆类减产4.3%，其中玉米减产11.7%，水稻减产8.8%。

10月4日，抚顺县出现早霜冻。使粮食作物和柞蚕受害减产。

10月27日，桓仁县24小时降温15℃，最低温度达零下11.5℃。造成白菜冻害。

庄河气温骤降，最高气温由22℃降至4℃，风雨交加，长岭小学3名学生捡草被冻死在山上。

1967年 10月1日，抚顺县使粮食作物及柞蚕受害、减产。

1969年 5月19日，喀左县坤都营子棉花冻死300亩，官大海农场棉花冻死30%，车哨乡棉花冻死500亩，南公营子棉花冻死的多，需毁种296亩。

5月20日，西丰县最低温度为零下1.1℃。部分蔬菜和一部分幼苗冻死。

5至6月，全省大部分地区平均气温较常年低1℃以上。造成粮豆比上一年减产4.95亿斤，减产率达7.1%。

生长季辽东山区积温较常年少101～463℃，其中清原县较常年少463℃，其它大部分县少200～300℃，作物晚熟又遭霜害，抚顺地区粮豆减产16.3%；其中水稻减产23.8%；本溪地区粮豆减产11.9；水稻减产19.0%；丹东地区粮豆减产26.2%，水稻减产23.8%。

10月2日，辽东山区大部分地区霜冻。使丹东、东沟贪青晚熟的水稻、玉米及尚未作茧的柞蚕受害，减产严重。

1970年 5月12日，清原县最低气温－2～－3℃。湾甸子乡出现晚霜冻，使出土幼苗受冻。

10月26日，抚顺市最低温度零下6.4℃。蔬菜受轻度冻害。

1971年 10月11～14日，庄河县地瓜、水稻全部冻死。

1972 年 5 月 14～17 日，辽东山区、阜新、凌源、建昌、新民、海城等县降温，岫岩、凤城、宽甸北部最低气温达 0～－1.2℃，其中宽甸县八河川乡最低达零下 2.5℃；北部山区普遍降雪，深达 16 厘米，霜冻持续 3 天，为近 50 年所罕见的。15 日新宾县积雪 10 厘米，部分乡积雪达 40 厘米。16 日新民地区最低气温为零下 2.0℃，凌源为零下 1.6℃，地面最低气温为零下 5.7℃。丹东市受灾 62 万亩，柞蚕 3000 把。其中宽甸县八河川受灾最严重，受灾面积占播种面积的 80%，受灾作物主要是玉米、水稻、高粱、大豆、烟草以及柞蚕。抚顺、丹东受灾 200 多万亩，主要是大豆、蔬菜和 3500 把柞蚕。15～16 日桓仁、本溪县的高山地区受灾 3.1 万亩，主要是早播玉米、大豆等作物及菜苗。阜新县主要受害作物有棉花、茄子、黄瓜、甘蓝。新民县 60%的棉花受冻害，其他作物也有程度不同的冻害。建昌、凌源主要受灾作物是棉花、菜苗，其他作物程度不同受灾。

5 月 16 日，建平县遭霜冻，5 月上旬高温，16 日寒潮突然入侵，地面温度由 46.5℃急剧下降到零下 4.6℃。大面积作物冻死、受害。全区棉花 13.6 万亩受霜冻。

5 月 31 日，清原县为历史最晚终霜日。全县普遍受灾，受灾面积 14.7 万亩，占播种面积的 14.8%。

8 月 31 日，清原县地面最低温度达到 0℃以下，观测场出现霜。地瓜叶子出现冻害。

生长季全省大部地区（主要是辽东山区）8 月、9 月全省平均气温较常年同期低 1～2℃以上。生长季宽甸积温较常年少 547℃。其他地区较常年少 400～500℃。全省粮食减产 12.3 亿千克，减产 15.5%。由于生长季出现低温，使作物未能正常成熟，柞蚕未能正常结茧。抚顺地区粮豆减产 33.4%，水稻减产 44.5%；本溪地区粮豆减产 30.6%，水稻减产 37.8%；丹东地区粮豆减产 3.1%，水稻减产 30.7%。

12 月，本溪地区冻害多年不遇。冻死果树 16 万株，冻死人参占总栽植面积的 20%以上，冻坏细参占栽植 32 亩中的 30%，由于冻害引起翌年发生人参腐烂病和细辛菌核病。

1973 年 9 月 13 日，宽甸北部正在灌浆的玉米冻死（主要是八河川乡）。

1974 年 4 月下旬至 6 月上旬，全省大部地区，4 月下旬至 5 月上旬和 6 月上旬平均气温较常年低 2℃左右。时值大田播种和水稻苗床揭布期。省农科院调查，沈阳市水稻与 1973 年同期比较每穴分蘖少 4 个，植株矮 7～9 厘米，生长期晚 7～10 天。据沈阳、辽阳、抚顺、鞍山、朝阳调查，冬麦、油菜晚熟 3～5 天，春麦晚熟 5～10 天，棉花晚现蕾 7～10 天。

10 月 18～22 日，铁岭、抚顺地区及沈阳、本溪、阜新的部分地区，最低气温降到零下 1℃，伴有雨雪。铁岭、抚顺地区及阜新东部降水量 40～70 毫米，沈阳、阜新地区为 10～25 毫米。上述地区白菜不同程度受冻害。特别受雨雪影响，在白菜收获上市、运输过程中受到很大损失。

1975 年 5 月 16 日，本溪县霜冻，玉米、地瓜叶子受害。

1976 年 4 月 22～23 日，辽东山区大雨夹雪，风力 5～6 级，雨量达 10～20 毫米。丹东的果树和菜苗受冻害。

5 月 14 日，清原县枸乃甸乡受灾 0.1 万多亩。

4～9 月，全省大部地区春季回暖迟缓。大连、锦州、朝阳地区稳定通过 10℃初日在 4 月下旬，其他各地出现在 5 月 6 日前后，一般较常年晚 5～15 天，加之作物生长季气温偏低，使全年大于 10℃的活动积温，辽北、辽东为 2700～3000℃，辽南为 3300～3470℃，其他大部分地区在 3000～3300℃之间，普遍较常年少 200～300℃。日照少了 135～142 小时。属于严重低温年。由于严重低温，使全省大多数农作物遭受延迟性冷害，导致农作物生育期普遍推迟，霜前未能完全成熟，全省粮豆总产量仅为 108.7 亿千克。沈阳地区水稻 8 月 15 日安全抽穗的占 60%，生育期推迟 5～10 天。全省有 10%～20%水稻在 10 月 10 日成熟。全省 1300 万亩高粱有 85%生育进度延缓 7～10 天，2100 万亩玉米大部分地区在 7 月末至 8 月初抽蓼吐丝，生育进度较常年晚 6～11 天。全省 180 万亩棉花开花期一般较常年晚半月左右。棉花收获时，铁岭、阜新地区基本无霜前花，辽南、锦州、朝阳地区霜前花只有 20%。

冬季，辽南、辽西及中部部分水果产区，据熊岳气象站资料分析：10 月 21～31 日天平均气温 -1.1～-8.8℃，当时果树尚未进入休眠期，遭受冻害。1977 年 1 月平均气温为零下 19.9℃，较常年低零下 4.9℃，其中日平均气温低于零下 20℃的天数持续 19 天，极端最低温度为零下 28℃。大连地区苹果花芽普遍受到冻害，红玉苹果花芽冻死 32%～80%，国光品种花芽冻死 17%～30%，全市苹果将减产 20%左右，全市冻死苹果、梨、桃共 60 万株。营口地区果树花芽冻死率 41%，冻死初龄果树 11.8 万株，其中苹果树 7.7 万株。辽西地区梨树普遍发生冻害，仅北镇因冻害梨减产 100 万千克。中部和北部一些地区果树树干冻裂，有的新梢和多年生枝冻死。

1977 年　1 月下旬至 2 月中旬，大连市连续低温、冻害。金县播种的冬小麦冻死 5.5 万亩，苹果树芽冻坏很多。

5 月 13 日夜至 14 日，建平、喀左、建昌、北票、北镇、锦西县罕见霜冻和冰冻。14 日最低气温为零下 0.7℃，地面最低气温为零下 3.5℃。建平 60%～70%农作物冻死。建昌全县 60%以上的棉花受灾，面积达 3.5 万亩。喀左棉花受灾 2.2 万亩，蔬菜损失较大。北票受灾 16 万亩，其中大豆 7.6 万亩（翻种 2.2 万亩）棉花 7.5 万亩、蔬菜 3.7 万亩，北镇全县 7 个乡受灾 0.7 万亩，棉苗冻死 490 亩。锦西全县受灾 2 万亩，其中棉花 0.7 万多亩。

9 月 20 日，新民、锦西、建平、清原县出现霜冻，清原最低温度零下 2.4℃。锦西霜冻是建站以来最早的一次。新民：全县受灾 10 几万亩，估计减产 250 万～500 万千克。锦西棉花部分种子田受害。建平使农作物全部死亡，损失很大。清原粮豆减产 3.6%，玉米减产 6.6%，水稻减产 10.5%。

1978 年　4 月，丹东地区春寒，播种推迟。

1978 年朝阳、辽阳、鞍山、营口、锦州、阜新、抚顺等地区，全省霜冻受害面积为 59 万亩。

1979 年　4 月 29 日，复县 4 月份气温较 1978 年同期低 2.5℃，比历年低 1.6℃。造成全县早播玉米烂种粉种 2.3 万亩，严重的有 1.1 万亩。

4 月中旬至 5 月中旬，全省大部分地区平均气温较常年偏低 2～3℃。朝阳地区偏低 3～4℃。日平均气温稳定通过 10℃始日出现在 4 月末和 5 月初，较常年晚 7～10 天。到 5 月 20 日大于 10℃积温，辽北、辽东较常年少 80～110℃，其他地区少 130～200℃，出现较严重的春寒。复县 4 月份气温较 1978 年低 2.5℃，比历年低 1.6℃。由于春季回暖慢，积温少，使大田作物播种期普遍推迟，到 4 月底大田作物播种面积只完成 40%（1978 年同期完成 72%），大田作物出苗期普遍较常年晚 5～7 天。低温寡照（大部地区日照时数较常年少 40～60 小时）使各地稻苗生育迟缓，苗小苗弱多病，水稻秧苗较往年同期少1～1.5 片叶。造成插秧期拖后（截止 5 月 28 日统计），水稻插秧面积比 1978 年同期少 209.5 万亩。复县早播玉米烂种粉种 2.3 万亩，严重的 1.1 万亩。

7 月中下旬，全省大部分地区降雨量 100～200 毫米，局部地区达 200～600 毫米，平均气温较常年同期低 1～2℃，日照时数少 20～50 小时，空气相对湿度达 80%以上。由于这一时期出现多雨、低温、寡照，高湿的气象条件，使玉米大斑病发生蔓延，全省发病面积 725 万亩。较严重地区丹东市 196 万亩玉米普遍发生大斑病，叶枯、棒小，全市玉米将减产 2 成以上。铁岭地区 447 万亩玉米有 300 多万亩发病，其中严重的有 40 多万亩。昌图县玉米几乎全部发病，全县减产粮食 500 万千克。锦州市、锦县、锦西、义县、北镇、黑山等县有 35 万亩玉米发生大斑病，严重有的 11 万亩。鞍山市 92 万亩玉米有 1/2 程度不同地发生大斑病。

9 月 23 日，建平县出现霜冻，农作物全部冻死。

11 月 12～14 日，大连地区受强寒潮影响，最低气温降到零下 10～零下 12℃，大连降大雪，雪量达 10 毫米。48 小时降温 14～20℃。有 4.9 万吨未上市的白菜冻在地里，未砍倒的白菜质量好的冻 3～4 层帮，质量最差的冻 6～7 层帮，砍倒的白菜已冻透；应上市的萝卜有 4000 吨冻在地里；有 4830 吨未摘的苹果全部冻坏，冻坏苹果 1150 吨。冻在地里白菜 100 万千克。

1980 年　5 月 15～16 日，岫岩县地面温度普遍降到 0℃以下。全县农田作物、蔬菜都遭受不同程度的冻害，北部重于南部。

5 月上中旬，宽甸、建昌县少雨，底墒差。宽甸县持续低温对作物生长发育不利。建昌县全县 32.3 万亩作物需毁种、补种。截至 5 月 15 日已毁种 4 万亩，补种 6 万亩，还有 8 万亩需毁种，13.7 万亩需补种。毁种作物主要是高粱、油类作物。

9 月 22 日、23 日晨，辽东、辽北的大部分地区，朝阳地区和阜新部分地区，日最低气温达 0～零下 2℃，地面最低温度零下 2～零下 4℃。受霜冻危害，这些地区的大部分作物基本致死或停止生长。建平部分晚熟作物受冻害，全县庄稼冻死 73.3 万亩。岫岩部分晚熟作物受冻害。凤城有 0.8 万房烟叶受冻害，全县 20%的柞蚕受害。阜新市有 10 万亩晚熟作物（高粱）未成熟被冻死。西丰、法库、昌图晚熟庄稼大都被冻殆。抚顺县粮食、柞蚕受害减产。

9 月，辽东山区生长季积温较常年少 200℃左右。抚顺地区粮豆减产 3.2%，本溪地区减产 1.1%，丹东地区减产 19.5%。宽甸县早霜比常年早 9 天。对大田作物及秋菜生长有所影响。

9月20日，清原、抚顺县霜冻，清原最低气温达零下0.5℃。清原粮豆减产5.7%，其中玉米减产9.9%，水稻减产2.4%。抚顺县粮食、柞蚕也减产。

1981年 5月上中旬，辽东地区及盖县平均气温为11～13℃，上旬较常年低1～2℃，中旬低2～3℃，同时出现阴雨寡照天气，上中旬日照时数较常年同期少50～80小时。受低温寡照的影响，丹东、本溪、抚顺地区部分农田种子发芽率低，少数大田发生坏种，水田发生青枯病。东沟县玉米出芽率占87%。凤城县旱田坏种近万亩，毁种0.7万亩。抚顺地区部分乡村作物出苗率占80%～90%，有的仅占30%～40%。本溪县已补种0.7万亩，毁种0.3万亩。由于低温，水稻插秧进度也受到一定影响。

8月5日、6日早晨，除沿海各地和朝阳西部外，辽北、辽东大部分地区最低气温下降至8～11℃，其他大部分地区下降至12～15℃。据省水稻栽培研究所调查，由于前期气温偏高，使水稻开花期普遍提前。日前正是晚熟品种（以丰锦为代表）的开花期，花期低温，使一天中的开花时间拖后缩短，花粉粒少，花粉不成熟，并出现病害，发生程度不同的障碍性冷害。

1982年 5月14日，西丰县最低气温零下0.2℃，东南部的两个乡因低温使200余亩农作物重新播种。

10月23日、24日早晨，除沿海地区处，全省大部分地区最低气温下降到－5～－8℃，辽北、辽东的大部分地区及朝阳部分地区达零下10℃左右，抚顺24日最低气温达零下10.5℃。时值秋白菜收获上市的主要时期，降温使全省一些地区秋菜受冻，据抚顺、本溪、阜新、沈阳、鞍山、营口6个市统计，当时上市的3.4亿千克商品菜中，有2.3亿千克遭受程度不同的冻害。多数白菜冻2～3层菜帮，以后虽已缓冻，但不耐贮藏。抚顺、本溪地区受冻严重，轻者冻4～5层菜帮，重者冻透心，多数菜失去商品价值，本溪秋芝麻损失达50万元。

1983年 4月28日夜间，北镇县最低气温达0.5℃，并有大风雪。果树遭受冻害，树叶变色，果树落花，冻害严重地方落花率达70%左右。全县因这次冻害水果减产可达750万千克。

9月27日，建平县农作物全部冻死。

10月，盖县熊岳月内有4次较强冷空气入侵，出现3次大风日。连续2天出现冰冻，喜温作物全部冻死。

1984年 5月29日，本溪地区因霜冻，春蚕受害，本溪县草河口和桓仁县铧尖子乡等重点蚕区普遍受灾减产，薄茧率比常年增加10%以上。

9月18日、25日，建平县出现严霜，农作物全部冻死。

10月19日，法库县由于强冷空气侵入，较长时间降中至大雪。秋菜生长受到严重损害。

1985年 4～9月，全省大部分地区，辽东一带及大连地区东北部日照时数为950～

1200 小时，其他地区为 1200～1350 小时，大部分地区较常年少 100～250 小时，沿海地区少 240～340 小时，整个生长季中除 5 月下旬、6 月上旬和 9 月下旬日照时数较常年同期多外，大部分时间出现常年罕见的长期持续寡照天气。主要有两段时间：4 月上旬至 5 月中旬大部分地区日照时数较常年同期少 50～120 小时，6 月中旬至 9 月中旬，作物在主要生育阶段时间里，出现长达百天的持续寡照，加之 7、8 月暴雨频繁，气温日较差较小（大部分地区较常年同期小 2～3℃），对大田作物形成危害。新金县、长海县 6 月份阴雾天占一半以上。4 月上旬至 5 月中旬日照时数少，主要影响水稻苗床增温，使稻苗生长迟缓，生长量不足。如沈阳地区，稻苗生长进度较 1984 年推迟 7～10 天，少一片叶，2、3 类苗比重增大，并诱发一些苗期病害发生。朝阳县羊山 5 月份很多作物被水淹没，雨后气温明显下降。5 月 21 日夜间部分棉苗被冻死。宽甸由于多湿，使作物的播种期推迟。6 月中旬至 9 月中旬由于日照时数少，严重影响农作物正常开花授粉，导致籽粒空秕率增加，而且大大减弱光合作物，使作物组织脆弱，枝叶徒长，抗逆性差，影响灌浆期籽粒增重。

1986 年　1 月 1～10 日，西丰县连续 10 天最低气温在零下 30.0℃以下，1 月 5 日为零下 41.7℃，创建站以来最低记录。

4 月 18～25 日，辽北、辽东及中部地区先后 3 次降雨，雨量达 30～70 毫米，使农田耕层平均土壤湿度高达 23%～30%，日平均气温为 6～8℃，平均日照时数 5～6 小时（21～25 日平均只有 3～5 小时），气温稳定通过 10℃日期在 4 月 26 日，大部分地区较常年晚3～7 天。4 月下旬是全省大田播种和水稻苗床管理的关键时期，由于前期出现阴雨连绵和低温寡照天气，使光、温、水条件对春播十分不利，据省农牧厅反映：4 月 28 日全省大田播种面积仅占应播面积的 20%，常年同期可达 50%，播期拖后 7～10 天，并影响水稻苗床通风锻炼，造成稻苗徒长，沈阳地区有 20%苗床发生青枯病。

5 月 8 日，铁岭、抚顺、本溪、沈阳、辽阳、鞍山、阜新、朝阳地区气温骤降，大部分地区降雨，西丰降雪。9 日早晨上述大部分地区最低温度降至 3～－1℃，地面最低达零下 1～－3℃，西丰为零下 5.4℃，大部分地区地面出现结冰现象。这次霜冻主要加害于已在露地定植的蔬菜，未采取防寒措施的水稻苗床、秧苗和已出苗的大田作物以及部分果树、春蚕等。铁岭市西丰县有近 10 万亩玉米、3.4 万亩大豆受冻害，其中 0.8 万多亩幼苗被冻死。已放养的 814 把春蚕有 650 把受冻，有 46 万株梨、葡萄等果树幼果、花序程度不同受伤。昌图县有两个乡 8.3 万亩已出苗的玉米、大豆幼苗受冻，其中 1.6 万亩大豆幼苗被冻死。沈阳市郊区有 1.4 万亩蔬菜受霜冻危害，其中芸豆占 0.9 万亩，已毁种 660 亩，其余补种，将推迟 10 天左右上市。全市有 100 万床未采取覆盖灌水措施的稻苗全部冻死，其中有 20 万床冻害较重，受冻稻苗上部 2 片叶子尖枯黄 2～3 厘米，大部分稻苗出现滞长现象，青枯病由点到面发生严重。辽阳市有 395 亩蔬菜遭受冻害，鞍山市郊有 0.6 万亩蔬菜受冻害，其中严重受冻成灾（5 成以上）有 0.4 万亩。抚顺市受冻蔬菜 0.6 万亩，其中毁种 0.3 万亩，本溪市各类蔬菜受冻 0.7 万亩，由于温度骤变，使桓仁县 4 万床水稻苗床发生立枯病。人参病害加重，有 20%烂颅。大田三类苗增多。朝阳有 4 万亩作物幼苗受冻，其中棉田 3.8 万亩（占棉田面积的 21%），受冻棉苗轻者叶片变黄打蔫，重者叶片变黑干枯死亡。

7 月上旬至 9 月上旬，全省大部分地区的大多数时间出现阴雨连绵天气，降雨日数达

30～42天。特别是在大部分农作物开花授粉期的7月中旬至8月上旬，降雨十分集中，除辽西、辽南外，大部分地区降雨量达250～450毫米，比常年同期多4成至1倍。平均气温较常年低1～2℃，其中7月上旬至8月上旬低2℃左右，气温日较差比常年小2～3℃，并出现盛夏季节无高温天气的罕见现象。大部分地区大于10℃的活动积温较常年同期少100～200℃。其中西丰、抚顺、宽甸一带少200～300℃，大部分地区日照时数较常年同期少50～110小时，并出现严重寡照时段。由于在农作物营养生长和生殖生长的主要阶段出现持续性的阴雨、低温、寡照等不利农业气象条件，造成大部分地区农作物呈现程度不同的植株偏高、节间较长和营养过剩的贪青徒长现象，一些作物生育进度较常年晚5～7天，对开花、授粉和籽粒灌浆也带来不利影响，但9月中旬以后天气逐渐好转，对前期不利气象条件对作物生育造成的影响起到一定的弥补作用，加之严霜期未提前出现，作物霜前基本成熟。但部分地区受其影响，造成减产。其中抚顺地区粮豆减产37.1%，水稻减产37.3%，宽甸粮豆减产11.8%。

9月17日，建平因霜冻全部作物冻死。

1987年 3月中旬至4月上旬，辽北、辽东、中部平原的大部地区（除辽西、辽南外），降水量一般为20～50毫米，其中中旬大部分地区降3～4场中至大雪，旬降雪量较常年多2～7倍，局部多10倍。29～30日大部分地区降常年同期罕见的特大暴雪，降雪量一般达10～31毫米。由于降雪频繁，雪量特多，使上述地区大部分农田从3月中旬开始至4月上旬出现严重春湿。大部分农田耕层平均土壤湿度为15%～26%，沿河低洼地带达30%～37%，严重影响水稻作床等田间作业的实施，使水稻育苗时间较常年拖后一周左右，并贻误了一些地区的春麦播种时间。3月29日至4月3日的特大暴雪，使一些蔬菜保护地遭受破坏。仅沈阳、鞍山6个市统计，压坏塑料大棚等1600亩，直接经济损失400万元。一些地区的铁路、公路运输一度停运或晚点，仅沈阳铁路局所辖的线段内有171辆客、货列车因暴风雪运行受阻。

4月18～25日，出现少见的多雨天气，辽东及中部地区的降雨量多达50～100毫米。由于在大田播种关键时期降水异常偏多，致使辽东及中部地区大部分农田耕层平均土壤湿度高达22%～40%，部分农田积水，出现严重的春湿，使大田播种时间及播种高潮较常年拖后7～10天。但由于4月26日后长达20天中全省基本无雨，有利于大田突击播种，故大田播种结束时间接近常年。

5月，建平县月降水量为64.9毫米，比历年同期多1倍。降水多，温度低，对农作物生长很不利。

1988年 4月上中旬，辽东、辽北及中部地区的大部分农田，3月下旬至4月中旬上述大部地区先后5次降水，降水量一般达40～70毫米，较常年同期多1～2倍。由于降水异常偏多，使上述地区大部农田耕层（0～20厘米深）平均土壤湿度高达22%～32%，农田出现严重春湿，一度影响大田播种，4月下旬以后降东持续偏少，春湿逐渐缓解。

5月2日晨，朝阳北部、阜新、铁岭、沈阳及东部山区最低气温下降至0℃以下，沈阳市郊区地面最低温度一般为－3～－4℃，部分达－5～－6℃。大田尚未出苗，水稻苗床尚未揭膜，霜冻主要危害露地栽培蔬菜。仅沈阳市于洪、东陵区受冻害的地膜芸豆即达

0.8万亩，其中300亩全部毁种。早甘蓝受冻200亩，晚上市5～6天。有12万株蕃茄苗和3万株茄子苗冻死。

1990年　1月下旬，全省各地此期间日极端最低气温，铁岭、抚顺一带曾达零下33～零下39℃，沿海地区达零下21～零下24℃，其它地区达零下26～零下30℃。致使旬平均气温大部地区较常年低5～8℃，西丰偏低12℃，其冷空气维持时间之长，程度之重，为常年同期所罕见。由于气温持续偏低，给人们正常生活带来一定影响。仅大连市冻坏自来水表1345块，自来水管冻结或冻裂4000余处，煤气管道冻坏4100余处。

1992年　4月12～13日，大连地区地面温度降至－0.5～－3.1℃，旅顺口区三涧堡900多亩地膜覆盖芸豆有90%受害，其中40%受害严重；铁山镇有40多万棵菜苗受害；长城、水师等地蔬菜也程度不同受灾。

6月，各地气温持续偏低，其中上旬低2～3℃，中旬低1～2℃。全月大于10℃活动积温较常年同期少30～60℃，大于20℃积温少100℃，同时大部地区日照时数少20～50小时。低温寡照对农作物生长极为不利，尤其对水稻影响较为明显，使秧苗缓苗慢，分蘖少，植株矮，叶令小，叶片平均较往年少0.5～1片叶，发育期普遍拖后5～7天。

6月5～8日，彰武、康平、法库、昌图、开原、西丰地区出现霜冻，5日早晨阜新、铁岭地区最低气温一般为5℃左右，地面最低温度为2～3℃，其中法库、西丰最低气温只有2℃，地面温度达0℃。气温之低，为建国以来同期所未有。据农业部门反映：有68万亩农作物遭受冻害，严重的有50万亩，主要作物是玉米、西瓜和棉花，作物叶子已变黑色，有的生长点已坏死。其中：彰武有20个乡镇的30万亩农作物遭受冻害，受灾作物有玉米、棉花、大豆、地瓜等，其特点是低洼地块、铲趟过的地块、苗壮的地块受害较重。铁岭全区5个县（市）的36个乡镇的30万亩农作物受冻害而枯萎。其中法库县有1.2万亩，昌图县有1.2万亩，开原县有4.5万亩，康平县有1.1万亩。西丰县有0.5万亩农作物受害。受害作物主要有玉米、大豆、马铃薯。芸豆、黄瓜、烟草等。

8月上中旬，全省大部地区气温普遍偏低1～2℃，其中8月8～9日明显偏低，8日早晨最低气温铁岭东北部，抚顺地区降至10～12℃，阜新、沈阳、本溪、辽阳地区、锦州北部、铁岭大部降至12～15℃，其它地区在17～18℃之间。此时正值水稻抽穗开花期，低温天气对大田作物灌浆成熟不利，使一些地区水稻花期出现障碍型低温，将造成空壳秕粒的增多，影响产量的形成。

1993年　11月16日，受西伯利亚较强冷空气南下的影响，大连地区出现大风降温等天气。实况如下：本次24小时降温11℃，日最低气温为零下7℃，降温从16日20时至18日08时，并伴有降水和偏北大风。17日08时：大连12米/秒，瓦房店12米/秒，海洋岛12米/秒。17日20时：大连12米/秒。

旅顺未收完的白菜受冻15000吨，受灾面积2600亩，经济损失达500万元。断裂电线杆68根，有一条6千伏输电线路刮断，20条10千伏线路瘫痪。有2个变压器被刮落地，旅顺的西部、北部和老虎尾造成停电3天，致使2条供水线中断，造成全区停水48小时。据计算这次供电和停水损失85万元。甘井子水泥电线杆断50根，蔬菜大棚被压垮

100 多个。据电业局说，高压线断电跳闸达 100 多次。

1994 年　5 月 19 日，抚顺地区清原县 8 个乡镇，新宾县 8 个乡镇；本溪地区桓仁县 18 个乡镇，本溪县 4 个乡镇；丹东地区宽甸县 52 个乡镇出现霜冻。大部分地区最低气温降至 0.5～－10.2℃，地面最低气温降至－1.0～－3.6℃。大约有 90 个乡镇的 103.2 万亩农田受害。受灾作物主要是玉米、大豆及蔬菜和一些经济作物，轻的象开水烫过一样，叶片枯死，重的生长点冻死，植株全部变黄；正在开花的果树受冻，落花落果。抚顺受冻面积 1.8 万亩，主要是经济作物，西瓜、香瓜和蔬菜，水稻苗床受冻达 10 万床。本溪全区受灾面积 10 万亩，果树 2 万株，人参 1200 帘。受灾作物是玉米、大豆；经济作物有人参、草莓、果树。丹东受灾面积 78.4 万亩，其中玉米 61 万亩，大豆 10 万亩，蔬菜 4.5 万亩，烟草 2.7 万亩，瓜田 0.2 万亩，桑园 1.5 万亩，桑树叶片和嫩芽全部枯死，使 80%的小蚕因无桑叶放养生命受到威胁，柞蚕受害 18.5 万亩，果树 750 万株，直接或间接损失达 4189 万元。

1995 年　4～9 月全省除 4 月下旬，6 月上中旬和 8 月下旬气温较常年略高外，其余时间气温持续偏低。5 月份出现“倒春寒”天气。大于 10℃的活动积温普遍较常年偏少，其中铁岭、抚顺、本溪的大部地区少 210～270℃，已经超过延迟性冷害年的指标，与低温相伴随的日照时数明显偏少，全省平均少 163 小时，尤其是作物积极生长的关键时期（7 月中旬至 8 月中旬）平均少 95 小时。东西部山区秋霜较常年提前 8～18 天。春季的低温，致使水稻秧苗偏小，造成部分地区插秧推迟 5～7 天。大田作物生长缓慢，生长量不足，低温影响稻苗生长。根据农业部门反映，仅辽阳、沈阳、铁岭地区有 100 万亩水稻分蘖较常年少 10%～30%，基本茎数不足，封垄，抽穗普遍偏晚，作物生育期普遍较常年拖后 7 天左右，致使东西部山区在秋霜来临之前尚未完全成熟，有 400 多万亩作物遭受霜冻危害。

9 月 14 日，抚顺大部、铁岭东北部、朝阳西北部、阜新西部上述地区最低气温降至 0～2℃，出现初霜冻，普遍较常年提前 8～18 天。受其影响，上述地区有 400 多万亩农作物遭受霜冻危害，其中抚顺地区有 18 个乡镇受灾，重灾区是清原县南部敖家堡，大苏河和新宾县北部北四平。受灾面积 32.2962 万亩，其中水稻 3.1454 万亩，玉米 6.5256 万亩，大豆 4.7437 万亩，其它 1.8815 万亩，占水灾剩存面积 61.3%。

9 月 14 日、10 月 6 日，朝阳地区，建平县北部 9 月 14 日地面最低气温零下 3.9℃；10 月 6 日全市最低气温 0～2℃，地面最低气温－1.8～－5.1℃，其强度为历史同期罕见。受两次霜冻影响，全市受灾农作物总面积 520.2 万亩，占农田总面积的 83%，重灾面积 386 万亩，减产 3～5 成的 179.4 万亩；减产 6～8 成的 150.5 万亩，绝收面积 55.6 万亩。

1996 年　8 月 19～23 日，全省大部地区受冷空气影响，气温明显下降，23 日早晨最低气温，辽北、辽西、辽北大部及沈阳、辽阳地区为 7～10℃，除沿海外，其它地区为 11～12℃。此时正值作物对温度需求的敏感期，低温对作物开花、灌浆、籽粒形成有一定影响。

第七章　雷暴、龙卷、飑线

第一节　概　　述

强对流天气包括雷暴、冰雹、飑、龙卷风等天气现象。一般发生在强对流云系或单体强对流云块中，其水平尺度一般为100～300千米，有的仅几千米至几十千米。这几种天气常成群结队发生，构成灾害群，是气象灾害中历时短、气象要素变化剧烈、破坏性强的灾害性天气。

一、雷暴

雷暴是一种伴有雷鸣和闪电的局地对流性天气，多形成于垂直气流发展旺盛的积雨云中，由云与云或云与地之间产生放电所致。出现雷暴时，绝大多数天气都伴有降水，出现雷阵雨天气，有时降水强度相当大。在夏半年的降水日数中，有近半数出现雷暴天气。气象观测规定，在一日中，当听到雷声就算1个雷暴日。

（一）雷暴期

雷暴的初、终间日期称为雷暴期。平均雷暴期，辽西山区稍短，在160～170天之间；东南部地区和营口地区较长，可达180天以上，丹东达196天；其他地区在170～180天之间。最长雷暴期，全省大部地区超过200天，其中鞍山、本溪、丹东及复州城等地雷暴期可达250天。

1. *初雷日*　全省平均初雷日期都出现在4月下旬至5月初。最早初雷日期，辽东山区东部和辽东半岛南端稍晚，出现在3月末至4月上旬前期；本溪市最早曾于2月10日出现；其他地区都出现在3月中下旬。

2. *终雷日*　全省平均终雷日期，辽西地区较早，多出现在10月上旬至中旬初；丹东、凤城、东沟一带较晚，出现在11月上旬；其他地区多出现在10月中下旬。最晚终雷日期，除东南部地区出现在12月中上旬外，其他地区多出现在11月。

（二）雷暴日数及分布

全年平均雷暴日数，辽东山区、辽北和朝阳地区较多，达30天以上，开原达38天；其他地区多在30天或以下，大连较少，仅19天。年最多雷暴日数，除辽东半岛南端不足40天外，其他地区都在40天以上，辽东和辽北部分地区以及朝阳达50～55天。

雷暴集中出现在6～9月，占年雷暴日数的3/4以上。其中，辽东半岛南部以8月最多，其他地区以6～7月最多。表7.1给出1950—1985年雷暴期和雷暴日数。

表 7.1 雷暴期和雷暴日数（1950—1985 年）

地名	初雷日（月、日）		终雷日（月、日）		雷暴期（天）		全年雷暴日数	
	平均	最早	平均	最晚	平均	最长	平均	最多
开原	4.22	3.28	10.31	11.8	174.8	220	37.8	50
彰武	4.26	3.29	10.10	11.3	168.7	199	35.8	55
清原	5.1	4.3	10.19	11.15	171.2	220	34.6	50
阜新	4.25	3.22	10.8	11.9	167.6	223	28.6	42
沈阳	4.24	3.22	10.19	11.10	179.2	223	27.1	45
朝阳	4.29	3.25	10.8	11.9	162.8	197	34.1	51
叶柏寿	4.25	3.24	10.5	11.5	164.4	207	35.3	48
本溪	4.21	2.10	10.23	11.18	186.2	253	33.7	47
桓仁	5.2	4.5	10.22	11.19	174.1	212	31.6	47
锦州	4.20	3.14	10.12	11.20	175.9	224	28.8	42
宽甸	4.29	3.27	10.28	11.23	182.3	220	31.9	55
营口	4.23	3.22	10.26	11.21	186.7	227	28.2	47
绥中	4.23	3.14	10.9	11.20	170.1	220	30.1	44
丹东	4.25	3.18	11.6	12.14	195.9	251	26.9	42
复州城	4.29	3.14	10.24	11.21	179.4	250	28.6	44
大连	4.29	3.31	10.19	11.26	174.3	236	19.2	38

（三）雷暴灾害

雷电可造成输电、通讯中断，引起森林火灾，危及航空飞行及人畜安全等。仅据辽宁电力部门统计，电网内由于雷电灾害造成的事故约占总事故次数的 37%。1964 年 6 月 11 日法库遭雷击死亡 1 人，击死马 2 匹；1965 年 6 月 21 日至 22 日宽甸雷暴击死 2 人，岫岩哨子河落雷击死 1 人，击死牲畜 3 头；1976 年 8 月 31 日复县被雷击死 2 人等；1981 年 10 月 17 日 12 时 5 分，296 号三叉戟飞机在辽阳（二号走廊）2700 米高度上被雷电击伤，被迫降落。

二、龙卷风、飑

飑和龙卷风是强对流灾害群中最严重的天气，一旦出现，破坏力极大。根据 30 年气象灾情记载，全省共出现 46 次飑或龙卷风，平均每年出现 1.6 次，其中 1969 年和 1980 年出现次数较多，分别为 4 次和 5 次，而有的年份未出现。其地区分布趋势是辽东多于辽西，辽北和辽南的南部较少。

（一）飑

飑是排成阵列的雷雨云系统，其轴线方向为东北西南向。多数由西北向东南方向移动，与轴向垂直。飑的水平长度一般为 150～300 千米，宽度大于 10～20 千米，生命史 3～10 小时，个别可达十几小时。传播速度多在 30～50 千米/小时，有的可达 60 千米/小时以上。总的传播距离多在100～300千米，有的可超过400千米。飑过境时，风向突变，风速急增，瞬时风力超过8级，气温骤降，湿度陡涨，气压跃升，降水加大，常伴有雷雨、冰雹，发生强烈时有龙卷风或龙卷风群产生，造成重大灾害。

据30年气象灾害统计，全省共出现27次飑，影响51个市县次。其中本溪和岫岩出现的次数最多，达7～9次；抚顺、辽阳、海城、凤城次之，为3～4次；其他地区为0～2次。主要出现在5～9月，占总次数的85%以上。最早于1965年2月28日出现在本溪，最晚于1984年11月4日也出现在本溪。

（二）龙卷风

龙卷风是与强对流云相伴出现的小范围强烈涡旋，从对流云的底部或一侧伸出一个如同"象鼻子"的漏斗云，未及地面的叫做空中龙卷，伸到地面而引起灾害天气的叫龙卷风。出现在陆地上称陆龙卷，出现在水面上称水龙卷。

龙卷风的水平尺度很小，直径仅几米到几百米，平均为250米，最大可达1千米。寿命短的为几分钟到几十分钟，多数在15～30分钟之间。龙卷的移动路径多为直线，移速平均为15米/秒，最快曾达70米/秒。路径长度一般为5～10千米，短的只有300米，个别可长达300千米。龙卷风风速很大，最大可超过40米/秒，即可超过台风的风力。

1957—1985年，辽宁共出现25次龙卷风，影响31个市县次。其中凤城、北镇出现次数较多，为3次；宽甸、东沟、海城、绥中、北票、阜新县各出现2次；其他地区为0～1次。龙卷风主要出现在5～9月，占总次数的90%以上。最早于1982年4月9日出现在宽甸，最晚于1971年10月3日出现在凤城。

（三）飑和龙卷风灾害

飑和龙卷风的破坏力很大，能拔起大树，刮倒房屋，将地面物体卷入空中，龙卷涡管能卷走十几吨重的物体。

1969年8月24～25日，抚顺、本溪、岫岩、凤城、东沟、北镇等市县出现雷雨大风、冰雹、飑、龙卷风等强对流灾害群。8月24日，北镇县出现大风冰雹灾害，冰雹大如鸡蛋黄，最密的地区覆盖地面，受灾农田35万亩等。本溪、抚顺两市西部遭飑袭击，最大风力达10级以上，大树被刮倒，电线被刮断，庄稼倒伏。25日12～18时，飑袭击岫岩、凤城及东沟北部，伴有较大暴雨，黄旗6小时雨量达251毫米，最大冰雹如鸡蛋。在暴雨区南侧出现龙卷风群，自刁家坝附近形成，越过大洋河袭击东沟、凤城两县交界10余个乡，最大风速超过40米/秒。龙卷风摧毁了红心小学，掀翻石磨，拔起大树，把乒乓球台卷入空中，把人卷过山岗扔到沟里。仅凤城县被毁房屋达1000余间，死100多人。东沟县受灾农田9.9万亩，毁房570间，死49人。

1980年7月21日傍晚至22日凌晨，全省大部地区（除沈阳、抚顺外）遭受雷雨大风、冰雹和飑、龙卷风袭击，一般风力7～9级，最大冰雹直径30毫米，复县雨量达250毫米。21日20时左右，北镇、台安出现飑，21日夜间辽阳出现龙卷风，长度为2～3千米，23时0分至40分草河口风力达10～11级。雷雨风雹造成农田受灾面积达200多万亩，多年生大树被连根拔起，房屋被揭盖，高低压线杆、通信线路遭受不同程度破坏，如鞍山2条22万伏高压电线被折断，使工业生产和民用电受影响，沈阳至鞍山及郊区17对电话线中断等。

1983年9月14日午后，绥中出现龙卷风，路经8个村，长约1.5千米，宽1千米，历时10分钟。龙卷风所经之处，房屋倒塌，大树被拔起，家禽被刮走，1头骡子被卷入空中，吹毁3所学校，折断电杆204根，损坏变压器2台，伤105人，死5人。

1984年5月27日至30日，锦州等8个市的22个县在降冰雹的同时，义县头道河子等地还出现了龙卷风。龙卷所经之处，大树被折断，伤78人等。

第二节　雷　　暴

一、近代雷暴

清　同治十一年　（公元1872年）　十一月，绥中大雨震雷。

民国三年　（公元1914年）　十月二日晚二时，大雷雨，击碎浪头山顶旗杆。

民国六年　（公元1917年）　八月十一日午后二时，凤城大雷雨，击毁古树及附近房舍。

民国十一年　（公元1922年）　六月二十四日下午三时，凤城雷雨，南大街一酒坊烧锅两名工人被击伤。

八月三日凤城大雷雨，击毙五区关门山农舍中一少妇。

民国十七年　（公元1928年）　七月十七日宽甸大雷雨，上罗圈甸子吕家落雷，火球入室内唧唧乱叫，亟亟飞逃，削去木柜一角。

民国十八年　（公元1929年）　九月四日午后二时，安东大雷雨、冰雹，一火球飞入第七监狱织布科，击倒击毙各一人。

民国十九年　（公元1930年）　七月二十七日凤城大雷雨，镇东二区石桥村李家沟门合抱古树被雷劈，自树梢至树根呈螺旋迹纹，深七寸许。

民国二十二年　（公元1933年）　五月二十八日安东雷雨，在东尖山击毙商人尹某。

民国二十四年　（公元1935年）　七月二日午后，凤城、边门一带发生雷暴。南干河羊湖汀烟农四人被雷击倒，死一人。

七月二十一日午后，辽中天降大雨，雷电暴烈交加，击死邑南孙家岗子张国全一名，八区对头湾迟贵恩一名，在四区深井子调种田大岔张女一名，又阴阳先生吴珍一名，牲畜骡子二头，卫街电线中断甚多，邑南门外四、五区大道击碎线杆一棵，旋降冰雹，大如鸡卵，小者如豆，如榆钱。邑南一带打坏禾稼甚多，雨仅半日之久沟壑皆盈。低洼之土地皆被淹没，豌豆大小二麦，损失约一半。日下我邑粥锅林立之际，数十万灾民嗷嗷待哺，官民皆望旱田成收。以资救济，此次损失殆尽。除此无情冰雹，又复三日大雨，二日连阴，晚田不得耘耕，甚可忧云。

民国三十一年　（公元 1942 年）　十月一日宽甸雷雨大作，杨木川村电死人。

二、现代雷暴

1954 年　6 月 23 日，宽甸县降雷阵雨，雷击死 1 人，伤 3 人。
9 月 5 日岫岩镇西北营子雷击死 1 人。

1956 年　6 月 8 日，安东浪头镇临江街落雷，死伤各 1 人。

1957 年　6 月 22 日，岫岩镇雷阵雨，雷击死农场干部 1 人，伤 2 人。
7 月 27 日岫岩雷击死 3 人。

1958 年　5 月 3 日 16 时 59 分，凤城落雷，震昏 7 人。

1959 年　6 月 18 日，朝阳地区降雹同时出现雷暴，击死 1 人。
6 月 20 日，宽甸雷击打死 2 人，马 3 匹，牛 3 头。

1960 年　6 月 18 日，朝阳市内雷击死 1 人。

1961 年　6 月 29 日，喀左县降雹雷暴击死 1 人，击坏电话 15 台。

1962 年　6 月 22～25 日，黑山、铁岭等地遭雷击，死 2 人，伤 34 人。
秋，金县冰雹、雷击，死 1 人。

1963 年　6 月 23 日，阜新市遭雷击，死 1 人。

1964 年　6 月 11 日，法库县雷击死 1 人、马 2 匹。

1965 年　6 月 20～21 日，宽甸雷击死 2 人，岫岩哨子河落雷，击死 1 人、牲畜 3 头。

1966 年　4 月 28 日，庄河午山公社、金钱沟大队、盖屯小队因雷击死 1 人。
6 月 29 日，凤城叆阳落雷，击伤 2 人，死牛 2 头。
7 月 2 日，义县雷击死 1 人。

1967 年　4 月 30 日夜间，雷阵雨，杨树房供销社附近的高压电线被雷击断，引起一场火灾，烧毁 8 间瓦房和一些商品，损失 8000 多元。

7月15日，岫岩发生飑线，自龙潭移向洋河，雅河公社遭电击，2个小孩死亡。

1969年 7月5日，法库县雷暴击死3人，伤多人。

1970年 6月23日中午，安波公社单炉屯发生球状闪电，火球从一个社员家的后门进屋后钻到炕洞里发生爆炸，炸死一名妇女。

1971年 5月27日，宽甸灌水雷击死1人、牛11头。

9月8日，义县雷击死牛2头、驴1头，伤2人。

1974年 7月29日14时至15时，在凤城县大洼公社革新大队发生了一次落雷，打伤5个人，其中一个12岁的男孩周振和当时休克，舌头被震出口外，经抢救后头昏，胳膊抬不起。其母和另一个孩子被震晕。社员吕克品60多岁的母亲被震晕。屋内门框被打坏。社员扈广吉50多岁在玉米仓挑土豆被震晕。

1976年 8月31日，复县雷击使2人死亡。

1978年 4月5日，营口郊区降雷、冰雹，打死1人，伤2人。

1980年 9月10日晚，前阳大营大队落雷，击昏一社员，右眼失明，死一驴二鸡。

1981年 10月17日12时5分，296号三叉戟在辽阳（二号走廊）2700米高度上被雷击伤，被迫降落。

1982年 4月22日，岫岩县龙潭公社河北村落雷，一户农民房屋财产被烧光，伤一老妇。

5月19日，岫岩县前营公社雷击，两间草房起火，在野外击死2人。

1983年 6月29日14时至15时，在凤城县风山公社分别发生两起落雷。一起是在凤城气象站西方约15华里的风山公社头台大队第三小队蔬菜二组看菜的棚里，落雷当即打死菜农技术员黄振利（男，26岁），打伤了蔬菜公司的工作人员姜××。另一起在气象站北方，约15千米的风山公社三台子大队第三生产队的史振红家，由于电灯线路引雷，在隔壁的史永山家的保险盒内出现约10～20厘米直径的火球，落地后马上在史振红的两间房内起火，房屋全被烧毁。

6月30日晚，瓦窝果品站因雷暴引起火灾，烧毁果笼、果箱、箱板等包装备品，价值20多万元。

1984年 9月7日12时至12时30分，瓦房店土城乡发生雷击，死牛2头。

1986 年 9 月 15 日，复州城发生雷击，击坏变压器 1 台，电视机 1 台，录音机 1 台，吹风机 25 台。

1987 年 8 月 19 日 19 时，落地火球钻进地下，使沈阳市李官堡水源地地下管道爆裂，经济损失严重。

8 月 24 日，绥中降大暴雨，伴有雷暴，使离县城 9 千米的八三营地下油罐雷击起火，损失严重。

1989 年 7 月 1 日 18 时，瓦房店东岗乡韩庙村，一放羊农民被雷击昏，后经抢救生还。

1990 年 6 月 22 日，沈阳市区内冰雹、雷电致使高压线断落有 23 处，造成击死 8 人的惨痛事故。

12 月 21 日，丹东东沟 13 时出现 2 个火球，毁坏工具厂房屋 10 间，31 人被压，死 1 人。

1991 年 7 月 12 日，沈阳新城子造纸厂因雷击起火，损失严重。

7 月 29 日，风城因暴雨雷暴袭击，使电源和变压器 3 台遭雷击而毁坏，造成停产停电。

1993 年 7 月 20 日 19 时，抚顺上马乡发生雷暴，击死 1 人。

8 月 16 日，普兰店遭雷击，倒树 64 株，雷击死驴 2 头，击昏 3 人。

1995 年 6 月 23～25 日，大连市内中山区因雷电死亡 1 人。

1996 年 12 月 31 日晚，新城子区黄家水源因雷击坏输变电路，造成 11 眼水井停止运行。

1997 年 5 月 23 日，东港市北井子雷暴击死 2 人，重伤 1 人。

6 月 21 日，大连市郊区四平乡一民宅遭雷电击，起火烧毁。

1998 年 7 月 13～14 日，沈阳降大暴雨，发生雷击事件，南十马路附近高压线击断，电死 2 人，3 个泵站烧毁。

8 月 13 日，普兰店因降雹，雷击死 2 人。庄河雷电击伤 1 人。

8 月 16 日，普兰店市遭雷雹袭击，雷击昏 3 人，击死骡子 3 头。

9 月 3～4 日，大连地区出现强雷雨降水过程，雨量分布不均，在 25.5～93.8 毫米之间，伴有雷暴。有 8 人受伤，2 人死亡，13 头牛被击死。

1999 年 7 月 23 日下午，庄河市三架山乡有 120 部电话、40 根杆、2 台变压器、30 部电视机、放大器 6 个被雷电击坏。

第三节 龙卷、飑线

一、 古代龙卷、飑线

北魏 正史二年 （公元 505 年） 春，二月，有黑风羊角而上，所过拔树，至营州（今朝阳市）东入于海。

明 嘉靖四年 （公元 1525 年） 秋，七月，锦西雨雹，有物如龙，拽去二小庄房舍、庙宇三百余间，器械、林木无算。

二、 近代龙卷、飑线

清 光绪五年 （公元 1879 年） 八月一日安东，海上龙卷登上陆地，卷起沙石，吹折大树，刮倒房屋，掀翻石庙数处，禾苗倒伏。海水卷入空中，落遍全县，农民称为“下咸雨”。

清 光绪十六年 （公元 1890 年） 开原黑风折树。

民国十六年 （公元 1927 年） 五月十七日鹿岛海面起羊角风，卷起水浪极高。

三、 现代龙卷、飑线

1952 年 10 月 28 日中午，金县四区（现大李家乡）小冷屯遭龙卷风，风自西北方向来，如接天衔地一巨柱，隆隆有声，势如倒海，卷走农民林士才家场院 6 个玉米仓子，宅院里 1 口约 350 千克重的大酱缸和 1 头母猪、2 头育肥猪被风卷上天空摔落在附近河套。林家人口因抢先避居屋内幸免遇难。

1957 年 9 月 27 日，锦州市龙卷风，开始在小河上空，将河水吹起很高，并且进入陆地，约一千米后消失，二屯子房屋庄稼遭受损失。

1959 年 8 月 27 日 16 时 25 分至 16 时 42 分，盘锦农垦区大洼镇有龙卷风达地面经过观测场，将百叶箱及围棚拔掉卷走 10～20 米外，损坏房屋 8 间。

1960 年 9 月 11 日，锦西县发生龙卷风，在离县城 15 千米的东南方向，引起灾害（人、畜、农作物等）。

秋天东沟县于家坝水库发生一次龙卷风，东移十多里后消失，摧毁民房 2 间。

1962 年 7 月 18～19 日，建昌县遭飑线袭击，电线杆和高棵作物全部倒伏。

1963 年　5 月，台安县西佛公社由陈家窝堡至社址刮了龙卷风，风力达 12 级，灾情严重，大盆粗的大树连根拔起，房屋揭了不少。

6 月 22 日，辽阳发生飑线向岫岩、凤城方向移去，大风冰雹刮倒百年生大树，庄稼受灾严重。

7 月 15 日，台安县高力房公社由西到东出现龙卷风，西南大风达 10～12 级，灾情严重，作物全部倒伏并断根很多，断树几十棵。

秋季东沟县新农公社发生陆龙卷风，东移十多里后消失，摧毁一些庄稼。

1965 年　7 月 17 日，岫岩县苏子沟发生飑线，袭击东汤、凤城中部及宽甸南部，风力 8 级以上。受灾农田 1.8 万亩，毁民房 22 间。

1966 年　10 月 13 日 14 时 20 分至 14 时 30 分，庄河县桂云花公社，在测站西方约 700 米处于西庄附近出现龙卷风，经过西张、东张、丁向屯小队，过蛤蜊河到新开岭后消失，这次龙卷风的高度约 400 米，方圆 70 米左右，吹坏房屋 113 间，损失粮食 1500 斤，大茧 3000 把，摔伤一个小孩。

1967 年　5 月 11 日 15 时 50 分至 16 时，北镇县西门外出现龙卷风，自西向东移动，青堆子公社，六屯大队有五六间草房被吹坏，十来根电杆被吹倒。

7 月 17 日，飑线自海城袭击岫岩，风力 8 级，刮起房架，拔起大树，汤河公社作物全部被毁。

1968 年　8 月，台安县西佛公社由古洞至达牛金家出现龙卷风，风力达 10 级。灾情较重，苞米断棵的不少。

1969 年　8 月 25 日，东沟县刁家坝水库发生历史上罕见的陆龙卷风，行程达 50 余里，历时 2 小时 50 分钟，使该县新农、小甸子、向阳、红光、马家店、合隆、十字街、前阳等 13 个公社，60 多个大队，390 个生产队都遭受了不同程度的灾害，受害农田达 99000 余亩，倒塌房屋 570 余间，龙卷风刮到红心学校，掀翻石磨，把合抱粗的老梨树连根拔起扔到远处，乒乓球台卷入空中，23 间房全部盖揭墙塌。一学生被卷到空中越过山岗，摔到 300 米外的山沟里。全部过程约两分钟，最大风力超过 40 米/秒，死 49 人。

9 月 4 日 14 时，台安县城郊老边出现龙卷风，长 10 里、宽几百米，西南风达 12 级左右以后，下大雨，灾情严重，苞米棒刮掉不少，仓盖刮走，万斤树枝垛刮得一空。

1971 年　4 月 4 日，开原、沈阳出现龙卷风，最大风速 32～34 米/秒，持续 8 小时，是历史罕见。由于风大，地表干燥，产生大范围的沙尘暴，使全市能见度降低，停电，死 2 人。

7 月 17 日，北镇县降雹，并伴有 10 级以上大风和龙卷风，全县受灾 16 个公社，138 个大队 871 个小队，其中严重的 207 个生产队，受灾总面积 252404 亩，刮倒大树 1200 多棵，电杆27根。

9月3日，清原县遭龙卷风夹着冰雹袭击，7个乡80个村成灾，许多农民家房屋被掀掉。

10月3日，凤城15～16时，飑线、龙卷风在凤城南部一面山形成，袭击汤山城等地后过鸭绿江，风力8级以上。

1972年 4月15日，台安县城郊公社，西桓大队出现龙卷风，风力达10级以上，有的房盖被揭。

1973年 6月19日，复县遭大风暴袭击，农作物倒伏9.8万亩，倒塌房屋492间，畜舍185间，仓库43间，死1人。

8月21日，新民县遭飑线袭击，110间房盖被刮掉，伤4人。

1975年 5月28日，锦县西八千公社受龙卷风袭击。顾屯大队有四户社员房屋受损失，最严重的把房盖掀去。

1976年 8月31日至9月1日，丹东地区及辽阳遭飑线袭击，平均风速26米/秒，最大风速40米/秒。全地区毁房1000余间，受灾农田40余万亩，大部分农作物被刮倒，死1人。

1977年 7月23日，锦西县遭龙卷风袭击，新台门公社的高低压电柱被毁。农机三厂厂房二楼被风卷走，损失严重。

1978年 6月3日，海城县牌楼出现龙卷风，使房屋、人、畜受到危害。

6月16日，海城县出现龙卷风，持续约十几分钟，房屋和人受到危害。

7月9日，辽东大部山区出现强飑线、龙卷风自西部东移袭击辽东，鞍山、抚顺出现大风、暴雨、冰雹。抚顺降雹20分钟，清原大孤山家子雨量116毫米，铁岭、开原风速达33米/秒。

1979年 5月17日，龙卷风袭击海城，损坏房屋243间、树木13株、电线0.5万米、高压线7根，伤1人。午后海城县东四方台公社出现龙卷风，约10分钟，移动方向自西向东南，全程约4.5千米，共损坏房屋234间，树木13根，电线5000米，高压线杆7根，并伤1人。

7月16日下午，飑线袭击岫岩县及东沟县西部，杨家堡等地风力达10级，并有暴雨、冰雹。受灾面积5622亩，树木折断1280棵，倒房9间，揭房盖155间。

8月5日16～21时，飑线袭击岫岩县哈达碑等地，风力9级以上，倒房128间，冰雹有鸡蛋大，打死麻雀800多只，哈达碑降特大暴雨，6小时雨量232毫米，全县受灾面积2.5万亩。

1980年　6月20日，兴城县拣金公社遭受龙卷风袭击，持续时间达20分钟左右，吹毁房屋273间，载重汽车甩出12米以外，受伤12人，树木、电杆刮倒甚多。

7月21日21时20分，辽阳市甜水公社河沿大队六、七小队出现龙卷风，行程约2～3千米，房屋倒塌15间，其中有4间房屋全部揭盖，1000多只鸡刮没。丹东21日16时至22日6时，自辽阳入侵的飑线袭击丹东地区。风力8级以上，鸡冠山6小时雨量83厘米，灌水镇出现龙卷风。岫岩县西北部8个公社4万余亩农田受风害。风城县鸡冠山等公社风害、水害并行。宽甸县19个公社受灾面积15万亩。倒房50余间，揭房盖740间，通讯线路也遭损坏。全市65个公社受灾面积44.5万亩，玉米折断，倒房800间，十几年生大树倒1500余株。

7月22日，宽甸县遭受大风、暴雨的袭击（部分地区出现龙卷风），全县有19个公社，1457个生产队，受灾面积150000亩，其中有3万多亩作物茎杆折断。房屋倒塌51间，741间房屋揭盖，高、低压线杆、通讯线路都有不同程度的损坏。

9月25日，旅顺市三涧堡公社出现龙卷风，由韩家大队8队经五小工厂到土城子机场，由凤凰山移去，持续10分钟，最大风力达12级，刮走草堆4个（2000斤），门窗16个，大白菜4.5亩，玻璃4箱（1200片），果树折断和连根拔起各一棵，损失苹果940斤。

1982年　4月9日，宽甸县气象站附近出现尘卷风，卷走种子公司房瓦，手推车被卷离地面40～50厘米高，电线压断。

6月28日，辽中县发生飑线，风力11级，28米高铁塔被折断，大树被折断很多。上千户房屋瓦被揭，打伤数人。

1983年　7月21日4～14时，复县复州城受东北冷涡的影响，该县北部1个公社2个农场降了大暴雨，暴雨中心在永宁为127毫米，在降大暴雨时，西杨、苇套、得利寺农场，永宁、闫店、得利寺公社受到龙卷和冰雹的袭击，最强风力达12级以上，最大冰雹直径3～5厘米，雹灾涉及61个生产大队，287个生产队，共16万亩，打坏苹果110万株，刮倒电杆400根，刮坏房屋2千间及近万株成材林被刮毁。

9月14日15时10分起，绥中县高台堡乡遭受一次较强的龙卷风袭击。龙卷行程13.5千米，途经8个村，持续半个多小时，造成5人死亡、105人受伤，184户房屋破损，3000多棵三十多年生的果树和其它树木被连根拔起，大片农作物被卷光，200多根电杆被折断。据目击者反映，龙卷形成前的几十分钟，悬球状积雨云非常明显，云体下垂较长，发展得很旺盛。云体伸向地面的巨大云柱呈火红色，有时呈黄色，并可以看清云体上下翻滚，有些群众误认为失火。云柱经过的地方，树木等物体像用泥巴糊过一样。龙卷来临时，发出轰轰的巨大响声，犹如汽车爬坡时或飞机群低飞时发出的声响，好几千米以外都能听到。从破坏现场看，龙卷的平均直径大约为300米，在龙卷范围内，房屋变成瓦砾，大树连根拔起，房梁甩出几百米以外，3.7吨重的大渡槽被掀到十几米远。而龙卷范围外，物体安然无恙，破坏带边缘整齐。龙卷的吸吮作用明显，有个放骡子的青年社员，连人带骡子一起被卷上天空；还有一名中年男社员被卷上天空抛出了1.5千米之远，被泥土覆盖。龙卷呈气旋式旋转，所经之地树木呈有规则地倾倒；南风吹倒的树木在底层；东风吹倒的树木躺在其上；北风吹倒的树木在最上层。

9 月 14 日 12 时 30 分至 13 时 30 分，新金夹河庙、皮口、杨树房、大谭公社遭到龙卷风袭击。在夹河庙公社，狂风将约 1500 米夹河河段的河水卷起，顷刻间蘑菇状的水柱耸入天空，冷屯 150 户人家，有 70 间房盖被掀掉。2000 多棵苹果树上的苹果一扫而光。其中 600 多棵被连根拔起，30 多棵不翼而飞。一头大黄牛被风卷起，落到 500 米以外的地方。这次灾害十分严重，据统计，农作物受灾 519 亩，成材树被刮倒、刮断 24500 棵，倒塌房屋 477 间，过水 6480 间，死亡 5 人，伤 150 人。

1984 年　7 月 15 日下午，飑线袭击岫岩、东沟、凤城、宽甸各县及振安区，风速 18 米/秒。全市 44 个乡农作物受灾面积 20 万亩。刮倒树木 200 余棵，造成 5 条输电线路停电，死亡 1 人，伤 22 人。

1986 年　7 月 14 日 18 时 25 分前后，沈阳市苏家屯区官立堡、永乐、王刚乡一带出现龙卷风，风力约 10 级以上，降雷阵雨，伴有冰雹，持续 10 分钟，雹粒直径 2～3 厘米。受灾农田面积 23800 亩（包括该区 13 日 4 个乡风雹灾面积），其中重灾 5400 亩，有 50％葡萄果穗被打落。房屋倒塌 17 间，被刮掀盖 41 间；树木连根拔起 280 株，刮倒高、低压输电线杆 51 根，刮倒建筑用吊车一座，刮坏变压器 4 个，砖厂损失砖坯 100 万块。18 时 20 分前后，黑山县常兴乡的 2 个村受龙卷风袭击，10 分钟降雨量 22 毫米，风力不清。受灾农田面积 3000 多亩，刮倒刮断直径 20～30 厘米的树木 200 多株，损坏民房 10 间，部分房盖被掀起。

8 月 12 日，阜新县、彰武出现龙卷风，持续 2～3 分钟，东西走向，长 8.9 千米，宽 300 米。使 267 间房被揭盖，1000 多棵树木连根拔起或折断。高低电线杆倒 76 根，死伤 18 人。

1987 年　6 月 19 日 14 时 25～45 分，朝阳县十二台乡十二台村一带出现龙卷风，估计风力 12 级，在旷野农田上形成宽约 50 米，长约 4 千米的破坏地带。龙卷所经之处农田被毁，有两根水泥电杆被拔起；大凌河水被卷起十几米高，河岸上 40 余株直径 30 多厘米 20 年生的杨树被连根拔起或拦腰截断。伤 10 人，其中重伤 1 人。

1988 年　6 月 13 日 20 时至 20 时 30 分，北镇县罗罗堡乡的五峯、张巴村出现龙卷风，狂风大作，持续 10 分钟。袭击范围约 2900 亩。五峯村受灾严重。有 463 株果树被连根拔起，615 株果树折断树冠，另有 2150 株果树程度不同受灾。减产水果 40 万千克。张巴村有 450 株果树受害。

9 月 5～6 日，局部村屯遭龙卷风袭击。9 月 6 日 7 时 30～43 分大凌河沿岸的南八家、大板、长皋等 5 个村遭龙卷风猛烈袭击。龙卷漏斗云直插地面，持续 6～8 分钟，移动路径 4 千米，宽约 50 米。遭受龙卷风袭击的 6533 亩农田几乎全部绝收。长皋乡喇嘛洞村刮倒、折断 15～20 年生的树木 6200 株，各种线路杆 116 根。全村 2/3 房屋程度不同遭破坏，有 6 户人家的行李物品被刮得无影无踪。

6 日下午，局部村屯遭龙卷风袭击。18 时 40 分前后阜新县红帽子乡道力板村遭龙卷风袭击，危害宽度 50～60 米，长约 3.5 千米。道力板村遭龙卷风袭击，使 600 亩农作物全部伏地，刮倒大树 40 多棵，24 间房屋遭破坏。

6 日 18 时 10 分至 20 时 23 分，北票市南部、东部农村，一场罕见的龙卷风横扫而过，一时间，电光闪闪，惊雷震荡，狂风呼啸，摇撼大地，一片片庄稼、树木扑倒在地，一幢幢建筑物被夷为平地。龙卷风 18 时 10 分进入八家子乡四家板村，接着一直向东留下一片废墟之后，18 时 37 分进入大板镇境内。之后，窜过波台沟村，受地势影响，向北调头，奔金岭寺村而去。龙卷风在这转了个弯，沿着大凌河一直向东，越过了两个村。但是到康家屯村又起灾祸，洗劫之后跨过了大凌河，19 时 20 分奔长皋乡喇嘛村，20 时 20 分进入常河营乡常河营村，最后进入庙子沟村，调头逐渐消失在南方。八家子乡村民包福堂是这次龙卷风的第一位目击者。据他说："这天天气一直很好，下午 5 点多钟西边突然阴了上来，先打了雷，接着下雨和雹子，雹子和雨约摸有一分钟就停了。我向西边一看，远处飘过来一团黑云，上边大下边小，越飘越低，到嘎岔沟河边变成了一个大黑柱子，上顶天，下足地，还呜呜地响。穿过河边的树林子，一直向四家板村方向过去，我回头一看那片树林子，可糟了，檩子那么粗的树折的折，断的断，一片树林子都完了"。

四家板村的包相金是这次龙卷风的第一位受害者。据他回忆："刚开始下雨和雹子，我赶着 22 头牛跑到树林子里，听到呜呜地响，我以为翻地的拖拉机失火了，就跑出来看，刚一出来，风就到我跟前了，我就走不动了。当时我穿着一件雨衣，大风一下子把我卷起来，一开始只觉得迷迷糊糊，两脚离开了地，后来就什么都不知道了。当我醒来时，牛正在地里，我的雨衣不知道那里去了，我的身上、脸上打的都伤了。"

四家板村民韩国强说："龙卷把我们家四口柜盖、行李、炕席都卷走了，屋里放的一个小箱子也没有了，箱内放着 570 元钱和不少证件等。后来在车站东边沟里，离家 1 千米的地方，有人拣到我儿子的照片，刮过风第 3 天，我去波台沟村，在艾树沟大桥头的一棵桑树边上解手时发现树上挂着一个纸片，我拿下来一看，是我上年交棉花的单据，只剩下半截了，上边还有我的名字。这地方离我家大约有 2 千米"。

四家板村党支部书记韩世田介绍说："9 月 16 日 18 时 10 分，我村刘玉祥正在家里和妻子包饺子，突然敞开的窗户被大风刮得来回乱摿，他 7 岁的女儿怎么也关不上，再去关时，玻璃全碎了。眼看风越刮越大，天空一片漆黑，全家四口紧紧抱在一起，躲在炕头的墙角下。这时只听轰的一声，房子落架了。当刘玉祥再睁开眼睛时，发现砖瓦、檩木到处都是，妻子离落地梁柁不到一尺远。值得庆幸的是全家人除刘玉祥头部受轻伤外，其他人安然无恙。刘玉祥买的一台南京嘎斯载重汽车，一直停在家门口，大风过后，两个前轮与汽车分了家，被刮出 20 多米，车的主体被刮出 60 多米。"

这次龙卷风造成 1 人死亡，43 人受伤，1453 间房屋受到破坏，9.9 万株树木受到严重摧残。毁坏低压线路 17.06 千米，线杆 270 根，变压器 6 台。毁坏邮电通讯线路 75.8 千米，线杆 1596 根。公路、水利设施严重受损。

9 月 7 日 8 时 30 分至 9 时 40 分，大连市甘井子、金州、旅顺口区遭飑线袭击，降暴雨伴有冰雹，最大风速达 26 米/秒。仅甘井子区冰雹打坏苹果 1 万余千克，8%～10%的白菜严重遭灾。金州区大孤山乡捕捞场一条机动船被吹翻，死亡 15 人。

1989 年　5 月 18 日，阜新县罗卜沟、张家营子、杨树岭、向阳 4 个乡的部分村出现龙卷风。罗卜沟乡 45 分钟降水量 33 毫米，冰雹直径 20 毫米。杨树岭、张家营子乡的部分村遭龙卷风袭击。罗卜沟乡有11个村的2014亩玉米田地膜被冰雹砸坏；7000亩向日葵受灾，掉头率达30%。杨树岭、张家营子乡的部分村屯遭龙卷风袭击，有180间房瓦被揭，600棵杨树被刮倒，3个高压电柱和10个电线杆被刮倒或折断。

6月24日14时前后，阜新县八家子乡宅上土村的龙卷风持续10分钟左右。破坏范围长1500米，宽150米。有70多株大小树木被连根拔起，其中有9株大树，树径约40厘米左右，刮断低压线杆3根。有4户民房屋顶被揭开，庭院果树果实全部被刮掉。200多亩农作物被刮倒折断。

1990年　6月22日6时05分，锦县受龙卷风袭击，风力9～10级，大风刮倒高压水泥线杆4根，低压线杆26根，30～40年生柳树259棵。农田受灾面积7.3万亩，其中减产5成以上的2.1万亩，绝收11320亩。冲坏房屋12间，大有农场对虾育苗室房盖掀掉20平方米。

8月12日，辽阳县受飑线袭击，瞬间风速达24米/秒以上，现场调查最大风力可达10～11级。仅辽阳县受风灾面积7800亩，其中高粱5000亩，玉米1300亩，大豆1500亩；辽化原料厂一个200立方米的甲醛罐遭雷电袭击，其顶部被冲开起火，并将临近一个100立方米甲醛头罐引燃，135.6吨甲醛和8吨甲醛头全部损失；辽化供销处35吨龙门吊遭受风灾袭击，1.5寸钢丝绳被吹断，龙门吊在铁轨上被吹走30多米，冲断限制器，冲下铁轨近10米，市木材公司近170吨的龙门吊在铁轨上被冲走60多米，将地下1.3米深的自来水管线轧坏，预计损失30多万元。

12月21日，东沟县发生龙卷风，冬至前一天，全市出现雷阵雨、强风暴、冰雹，东沟于13时55分出火球两个，毁农机工具厂房屋10间，31人被压，死1人。

1991年　7月5日3～6时，阜新市23个乡镇遭受飑线，风力9级以上，冰雹最大直径35毫米，一般为杏核、蛋黄大，降雹5～7分钟。据不完全统计：全市受灾面积26万亩，成灾面积5.9万亩，绝收1.5万亩，大风刮断，拔出树木4万株，损伤果树1.3万株，其中葡萄1.2万株，损坏房屋100多间。彰武县受灾较重，有12个乡镇受灾，受灾面积8.2万亩，成灾5.7万亩。其中有6200亩农作物绝收，2.8万株成林树被龙卷风刮断、刮倒，电话线和供电线路被刮倒100多空，田间劳动的农民被打晕多人。

1992年　7月5日14时30分，新金出现龙卷风，降雹5分钟，风力9～10级，刮倒刮断30年生杨树825棵，柳树61棵，槐树100棵，雷击坏变压器1台，受灾果树500棵，估计减产40%，玉米受灾面积200亩，约减产4成。

8月10日18～20时，黑山县胡家、二道沟、五粮店乡，2小时降雨量157毫米，降雹40分钟，冰雹最大直径30毫米。大风把50厘米粗的大树连根拔起，40厘米粗的大树拦腰折断，6米高的电杆刮断，造成供电中断，大部分农作物倒伏，直接经济损失1310万元。

1993年　8月12日，康平县沙金乡发生龙卷风，冰雹大如蛋黄，持续15分钟。据统计：减产5成以上的农作物有1200亩，砸死牛3头，掀掉房盖2个，有3棵大树连根拔起。

1996 年　9 月 19 日 13 时 30～32 分，庄河遭受龙卷风袭击，造成果树折断，拔起共 2100 棵，水果减产 20 万千克。损坏变压器 2 台，家俱 450 件，总损失 255 万元。

1999 年　7 月 29 日，康平飑线过境，飑线中心风速 24 米/秒，5000 公顷庄稼倒伏，数百棵大树拦腰刮断，全县大部分地区停电 12 小时，经济损失 2000 多万元。一些简易房被刮倒，商店牌匾被刮掉，1 个电话亭被刮出 50 多米。

2000 年　4 月 6 日，沈阳等地出现沙尘暴，沈阳瞬时最大风速 24 米/秒，部分地区建筑物和树木受损，医院眼科和呼吸道病人增加明显。沈阳市 17 小时内发生火灾 140 起。

8 月 23 日 16 时 45 分，黑山县白厂门镇三道沟村和谭屯村发生龙卷风，当时最大风力超过 12 级。有 42 户民房遭受龙卷风袭击，其中 31 户房屋屋顶油毡纸被卷走，4 户屋顶被掀露天，8 户窗扇刮掉，2450 块玻璃被刮碎。电线杆、电视天线被折断，10 年生大树被连根拔起。50 亩成片树林被折断，130 亩高粱、140 亩玉米被刮倒，70 亩果树绝收，30 亩葡萄果粒被刮掉，经济损失达 87 万元。

第八章　赤潮、风暴潮、海啸、海冰、海雾

第一节　概　述

一、赤潮

辽宁省是一个海域辽阔、海洋资源丰富的省份，海岸线长达2620千米，横跨黄、渤两海，近海海域面积达5340平方千米。近年来由于近岸海水收纳来自陆地的大量污染物以及近海水产养殖业的发展，海水呈现较强的富营养化状态，致使适宜条件下的海洋浮游生物迅速发展，形成灾害性的赤潮，严重影响近海渔业与海洋环境。据统计，仅1990—2000年黄渤海地区就发生赤潮28次，且赤潮面积逐年增加，频率逐年升高，造成直接与间接的经济损失无数，同时还危害沿海渔民的身体健康。目前，赤潮已成为海洋环境中最严重的灾害之一。

赤潮灾害的形成有着多方面的因素，是人类工农业污染、沿海水产养殖业发展以及天气条件等综合的结果。目前在近岸海水富营养化日趋严重的情况下，天气条件正成为赤潮的形成与消失的重要诱发因子。一般赤潮前有大量的陆面降水，赤潮开始日气温剧升，赤潮期间持续高温，气温剧降并伴有降水则消退赤潮。

经过对多次赤潮天气过程进行分析，发现几次赤潮的天气条件有着共性，即赤潮前有陆面降水、赤潮开始日气温剧升、赤潮期间风速较小、天空少云并持续高温，气温剧降与再一次的大量降水可消退赤潮，其中天空晴朗少云在赤潮的初期形成阶段更为明显。因此可以说赤潮发生前后的天气条件与赤潮的形成、发展、消失有着密切的相关。

赤潮发生前大量的陆面降水导致入海的淡水量增加，使海水淡化，盐度下降，淡水所携带的大量陆源污染物及有机物也同时入海，使近岸海水的富营养化程度加剧，这是赤潮形成的主要有利条件之一。气温急剧上升与充足的光照，使得喜爱这种气候变化并对营养盐有强利用能力的赤潮生物受温度刺激而迅速繁殖起来，形成赤潮。一旦温度下降，赤潮生物繁殖受阻，并随着一场降雨将赤潮区冲淡，赤潮减弱并消失。此外，海域风速大小对赤潮发生也有重要关系。赤潮发生期间风速较小，不利于海水自身的交换，为赤潮的形成与维持提供了良好的条件。风向与陆岸的交角对赤潮的形成也有一定的关系，如向岸风与离岸风所造成的效果是不同的。

由于赤潮发生时海水出现局部异常高温现象，这样就可以利用NOAA卫星的海温场

资料，通过监测近海的海温异常高温区判断赤潮的发生、发展、流向与消退。利用卫星监测海洋环境污染现象，对于改善我国现有的监测技术水平、减轻海洋灾害、促进海洋经济发展具有着重要意义。

二、风暴潮、海啸

风暴潮是由强烈的大气扰动（如强风和气压骤变）所导致的潮位异常升降现象。当较大的增水恰与天文高潮相遇时，常使水位暴涨，海水浸溢陆地，给人民的生命财产带来威胁。

辽宁各主要河流都汇入黄、渤二海。当江河发生水灾时，江河口受海潮顶托急剧增水，加重了江河洪水灾害。风暴潮对黄海沿岸河流及鸭绿江下游影响较大，该地区发生风暴潮的频率在中国北方各海湾中也是较高的。

1. *黄、渤海暴潮出现次数及分布*　从渤海和黄海北部各海湾出现次数可看出，鸭绿江口西部海湾（东沟）发生的次数与渤海湾（大沽）接近，其发生频率仅少2%；而辽东湾（鲅鱼圈）特别少，近百年只出现一次（台风引起），见表8.1。

表8.1　各海湾风暴潮出现次数比较　　单位：次

海湾（代表站）	统计年限	春、秋季次数	夏季（台风）次数	合计	频率
鸭绿江西部海湾（东沟）	1870—1985年	4	17（7）	21	0.17
辽东湾（鲅鱼圈）	1891—1985年	0	1（1）	1	0.01
渤海湾（大沽）	1891—1985年	4	11（8）	15	0.19
莱州湾（羊角沟）	1891—1985年	7	4	11	0.12

从东沟发生的风暴潮历史看，在近百年中东沟共发生21次风暴潮，平均5～6年发生1次。其中民国二年（1913年）和民国十二年（1923年）发生最多，各发生过2次。50年代以后，共出现5次，其中50年代和60年代基本无风暴潮，从70年代开始增多为2次，80年代达3次。东沟发生的21次风暴潮中，有17次出现在夏季，4次出现在春、秋季。

2. *主要灾害性天气系统*　辽宁省濒临黄渤两海，受地理位置及气象条件的影响，极易产生风暴潮现象。影响辽宁沿海风暴潮主要灾害性天气系统有3种。

（1）寒潮　寒潮是强冷高压由北向南（或东南）侵袭的天气过程，在其运动过程中，常伴随着7～8级持续偏北大风，受风场的强制作用，导致水位显著下降。

（2）气旋　春、秋季节，冷暖气团（气旋或反气旋）交汇频繁，在其相对移动过程中，常常导致黄渤海7级以上偏北大风，造成海区水位的异常变化。

（3）台风　资料统计表明，台风进入北黄海和渤海时，对辽宁省沿海地区的水位变化有显著的影响。1949—1985年的36年中，影响辽宁省的北上台风共出现19次，平均每两年出现一次。该类台风大都出现于7～8月的盛夏季节，可见辽宁省沿海地区夏季受台风侵袭的可能性较大，尽管台风次数较其他沿海省份少，但危害却甚大。1985年第9号台风所产生的特大暴潮使辽宁省海区，特别是黄海北部沿海受到相当大的损失。由于台风使水位升高，若天文大潮（或高潮）同台风相遇，则很可能形成大的高潮位。如1972年第3号台风正值7月26～27日（农历六月十六至十七日）天文大潮，营口、葫芦岛等港均出现历史最高潮位。

3. 风暴潮灾害　辽宁省海岸线东起鸭绿江口、西至山海关老龙头长达2178千米，历史上屡遭风暴潮袭击，形成灾害。其中黄海沿岸比渤海沿岸频次较高，灾情较重。

风暴潮主要是加剧了沿海江河口附近的灾害程度。如1983年7月13～14日，受江淮气旋影响，辽宁东南部地区降暴雨和大暴雨，东沟县洋河雨量最大达191毫米。东沟、庄河、新金、长海、复县等沿海地区东南风7～8级，发生了60年间最强的风暴潮。特大海潮袭击使海水倒灌，海浪高达3米，东沟最高潮位达4.3米，使东沟镇内积水约达半米深，有1/3的房屋进水。沿海地区共有50多个村受灾，冲毁防潮堤坝170多千米，决口250多处，鱼港堤坝、养虾池、盐场及船只也遭严重破坏，农田被淹，死亡4人，经济损失严重。又如1972年7月26～27日大连、营口、锦州等沿海地区遭3号台风袭击，海边和港湾出现大暴潮，海水倒灌，造成严重灾害。

1949—1985年，辽宁风暴潮造成的经济损失当年价达35亿元，且损失随着时间的推移呈现上升趋势。50年代，辽宁累计损失4.19亿元；60年代上升至8.19亿元，接近50年代的2倍；80年代达到13.46亿元，比50年代增加3倍（详见表8.2）。

表8.2　辽宁风暴潮灾情简况表

年　份	主　要　灾　情　简　况	经济损失（亿元）
1949	受灾农田13万公顷，倒塌房屋3.89万间，损坏船只152艘。大连市交通、通讯、供电以及市政设施损失严重，死亡175人	2.38
1950	受灾农田0.012万公顷，倒塌房屋0.02万间，损坏船只8艘	0.51
1955	受灾农田0.3万公顷，倒塌房屋0.05万间，损坏船只28艘	0.67
1956	受灾农田0.1万公顷，损坏船只5艘	0.63
1960	受灾农田10.2万公顷，倒塌房屋1.4万间，损坏船只529艘，刮倒果树7.3万株，交通通讯、供电等损失严重	5.66
1962	受灾农田0.05万公顷，倒塌房屋0.04万间，刮倒果树0.9万株，水产业也遭受损失	0.31
1964	受灾农田0.04万公顷，损坏船只584艘，损坏各种网具2170件，死亡32人，交通、通讯也受到损失	2.22
1971	受灾农田0.001万公顷，水产受灾0.02万公顷，损坏船只172艘，死亡19人，果树也遭到严重损失	0.98
1972	受灾农田0.02万公顷，倒塌房屋0.05万间，损坏船只180艘，其中万吨级外轮2艘	1.48
1973	受灾农田0.01万公顷，倒塌房屋0.05万间，损坏船只21艘，溃决防潮堤61千米，通讯、交通以及各种渔具也受到损失	2.4
1974	受灾农田0.12万公顷，损坏船只107艘，冲毁防潮堤86千米，果树、通讯以及各种渔具也受到损失	1.5
1977	受灾农田0.01万公顷，损坏船只36艘，死亡13人	1.1
1978	受灾农田0.01万公顷，损坏船只63艘，受灾人口0.03万人	0.12

续表

年　份	主　要　灾　情　简　况	经济损失（亿元）
1979	受灾农田 0.01 万公顷，水产受灾 0.01 万公顷，损坏船只 17 艘，受灾人口 0.09 万人，渔具、果树以及通讯设施也受到损失	0.96
1980	受灾农田 0.01 万公顷，水产受灾 0.007 万公顷，损坏船只 81 艘，冲毁防潮堤 24 千米，渔具及通讯设施也受到损失	1.22
1981	受灾农田 0.03 万公顷，水产受灾 2.06 万公顷，倒塌房屋 0.02 万间，损坏船只 49 艘，冲毁防潮堤 79 千米，通讯及桥梁设施也受到破坏	1.8
1983	受灾农田 0.03 万公顷，水产受灾 0.94 万公顷，倒塌房屋 0.01 万间，损坏船只 107 艘，冲毁防潮堤 192 千米，死亡 7 人	1.95
1985	受灾农田 17.93 万公顷，冲毁虾池 0.27 公顷，损坏船只 717 艘，冲毁防潮堤 703 千米，倒塌房屋 1.93 万间，刮倒电杆 5.6 万根，刮倒果树 1400 万株，渔具、交通、通讯以供电等也受到损坏	8.49

注：此表摘自《辽宁水旱灾害》。

三、海冰

海冰是中国北方海区特有的自然现象，辽宁省又是我国海冰最严重的地区。每年冬季，由于受强烈冷空气的侵袭，气温急剧下降，致使表层水温降至冰点以下，又兼沿岸低温的江河淡水入海，造成每年出现不同程度的冰封现象。

海冰的生消活动，主要受制于当年的水文气象状况。不同的水文气象条件，海冰的轻重程度各异，即有一般冰情与特轻、特重之分。渤海和黄海北部每年冬季都有海冰出现，特别是在冰期严重的年份，大面积海域被厚冰覆盖。沿岸港口和航道被封锁，海上工程被迫停止，海上设施被毁坏。

1. 海冰的分布　渤海冰情以辽东湾最重，渤海湾次之。辽东湾冰期达 3～4 个月，海冰分布范围一般距湾顶 65～90 海里（1 海里≈1.85 千米），浮冰量可达 6～8 级（浮冰量为冰面积占整个能见海域的成数，分 10 级记录），冰厚 25～40 厘米，最大冰厚可达 100 厘米。海面常有堆积冰，一般高达 2～3 米，沿岸个别年份可达 6～10 米。渤海湾冰期约 2 个月，海冰一般距湾顶 15～35 海里，浮冰量变化较大，冰厚 15～30 厘米，堆积冰一般在 100 厘米，最高 2～4 米，最大堆积高度超过 8 米。

黄海南部冰期约 3 个月，海冰一般分布在 20 米等深线以内，距岸 15～25 海里，浮冰量达 5 级，冰厚 20～30 厘米。异常寒冷年份，海冰距海岸可达 30 海里以上，冰厚可达 80 厘米。鸭绿江口至大洋河口冰情较重（鸭绿江口主航道因上游水电站影响，冬季不结冰），堆积冰可达 2 米；大洋河口至常江沃一带，冰情逐渐减轻，堆积冰约达 100 厘米；常江沃至老铁山一带，海面一般无冰，但深入内陆港湾（如旅顺港和大连湾）结冰，除在寒冷年份外，一般不影响船只进出港。

2. 冰情的变化　黄、渤海区冰情，每年大致分为初冰期、严重冰期和融冰期 3 个阶段：11～12 月为初冰期，沿岸浅滩有薄冰，对船只活动影响不大；1 月上、中旬进入严重冰期，沿岸出现固定冰，冰量增多、冰层质坚、浮冰密集、堆积严重，对船只活动影响较大。据调查，在冰情严重的年份，海面上出现流冰，大者可达几平方千米至十几平方千米，冰厚 20～30 厘米。在辽东湾北部和渤海主要流冰方向都是垂直于海岸，而且从岸边流向外海的频率大于外海流回的频率。辽东湾南部海区主要流冰方向都是平行于海岸。黄海北部主要流冰方向，为偏西北和东南两个方向，其他方向较少；2 月下旬至 3 月上、中旬为融冰期，海冰从海上向岸边逐渐消失，仅辽东湾近岸有浮冰。在个别年份，由于强寒潮侵袭的影响，会再度出现较严重的冰情。表 8.3 给出各海域冰期和流冰速度。

表 8.3　各海域冰期和流冰速度表

项　目	辽东湾北部		辽东湾南部		渤海湾	黄 海 北 部	
	东　部	西　部	东　部	西　部		东　部	西　部
总冰期	11 月中旬至 3 月下旬	11 月下旬至 3 月中旬	12 月下旬至 3 月中旬	11 月中旬至 3 月上旬	12 月下旬至 2 月下旬	11 月下旬至 3 月中旬	12 月底至 3 月初
固定冰期	12 月底至 3 月中旬	1 月中旬至 3 月初	短期出现	1 月下旬至 2 月中旬	短期出现	1 月上旬至 3 月上旬	短期出现
严重冰期	12 月底至 3 月初		2 月上旬至 2 月中旬	1 月下旬至 2 月中旬	几天	1 月上旬至 2 月中旬	无
特别严重年冰期	超过 100 天		40 天	近 2 个月	超过 70 天	60 天	
流冰平均速度（米/秒）	＞0.7	0.3～0.5	0.1～0.2	0.1～0.2	0.2～0.3	0.2～0.3	
流冰最大速度（米/秒）	＞1.5	＜1.0	＞1.0	＜0.5	0.6～0.8	0.8～1.0	

注：①严重冰期条件：冰的厚度超过 5 厘米，即有薄冰或厚冰稳定出现；总冰量（浮冰量加固定冰量）等于或大于 8 级；

②辽东湾以菊花岛至复州角分为南、北两部海域。

3. 特殊年份的冰情　辽宁沿海海冰现象并不严重。但是，在特殊天气形势下，也会发生严重的冰封现象。20 世纪 30 年代以后，渤海区曾出现 4 次较大的冰封，分别在民国二十五年（1936 年）、1947 年、1957 年和 1969 年，以 1969 年最重。

1947 年，辽东湾最重在滦河口以北海区发现高 10 米、长 200 米、宽 70 米的小冰山。1969 年 2 月、3 月，出现特别严重的冰情，时间之长，危害之大实属罕见，终冰期较常年晚 20 多天。形成当年特大冰情的原因，同当年的水文气象条件异常有关。1969 年冬季，从 1 月 26 日至 2 月 1 日，有一次强冷空气侵入渤海，并连续出现 144 小时的 8～9 级北至东北大风，紧接着 2 月 3 日又有一次强冷空气侵入渤海，二次冷空气持续达 10 天之久，使气温急剧下降，从而加速了冰情的迅速发展，造成从 2 月 15 日起，冰封线从渤海中部迅速向东扩展，2 月 20 日至 23 日冻冰边缘线到达渤海海峡以西约 35 千米处。在 2 月 27 日至 3 月 15 日期间，除老铁山水道和猴矶水道外，整个渤海海面几乎被海冰所覆盖。沿岸都有堆积冰，一般堆积高度为 2 米，最高达 9 米以上，大沽口外形成了小冰山。黄海北部结冰范围到 30 米等深线附近，使海上建筑物受到破坏，海上交通造成极大困难，在一个月内，有 7 艘轮船被流冰推到浅冰区搁浅，19 艘轮船被浮冰夹住不能航行，5 艘万吨货轮螺旋桨被冰块撞坏，里、外长山列岛一带由于海冰障碍航行，影响了补给。渤海 1 号井钻井平台支柱拉筋全被割断，2 号井平台被海冰全部推倒。

四、海雾

沿海地区一年四季均有雾生成，总的分布是北黄海大于渤海。全年雾日数，北黄海岸段大约在 50～60 天，渤海在 15～20 天，大陆一侧的雾日数少于海面。海雾一般多发生在 7 月，渤海多发生在 12 月。

沿海雾在日落后或夜间生成，后半夜至清晨达到最强，中午前后减弱消失，在雾多的季节可持续数日不散。

沿海地区的雾有持续时间长、范围广、厚度大、浓度高等特点，对渔业、盐业及港口交通都有一定影响。特别是对海上交通影响最大，常发生船只碰撞事件。

第二节　赤　　潮

1972 年　8 月，在大连湾发生 20～30 平方千米赤潮，造成大量鱼、虾、贝类、藻类死亡事件，在国内受到震动。

1973 年　8 月，大连市香炉礁海域养殖贻贝突然发生死亡，仅 10 天损失 230 台筏，损失产量 460 吨，产值 4 万元。

1977 年　5 月，大连市在红土堆子湾出现，“红水团”水色呈粉红色。

1978 年　10 月 4～7 日，在大连湾至和尚岛以西海域，发生由红色中缢虫引起的赤潮，面积 30～100 平方千米，密度达 3200 个每毫升，引起贝类死亡。

1981 年　8 月 18～24 日，大连湾海域赤潮发生面积 70 平方千米，生物种是鞭毛虫，海水呈紫褐色，持续 7 天，棉花岛沿岸发现大量日本鲟呈昏迷状态浮于水面，海带大面积腐烂，贻贝大批死亡。

1984 年　3 月 14 日，大连甜水套海域发现大量贻贝死亡，达 500 余台筏，直接经济损失 35 万元；

4 月 8 日，发生 700 余台筏贻贝死亡，直接经济损失 50 余万元；7 月，大连湾发生赤潮引起贻贝和鲟鱼死亡，以鞭毛藻及骨条藻为优势种群。

6～9 月间，庄河海域发生罕见的海洋灾害。三次死亡四角蛤蛎、菲律宾哈仔、文蛤共 6333 公顷，重 10.3 万吨，直接经济损失 3420 万元，占资源面积 87%，贝类死亡灾情严重，其他海洋生物如牡蛎、青蛤、缢蛏、泥螺、玉螺等相继死亡，海面基本无生物，海水呈浅红色，粘状，有明显腥味，滩面变黑。

1985 年　6～8 月，在大连湾甜水套一带 40 平方千米范围内连续发生海面呈棕红色，是由异弯藻及裸甲藻为主要生物的赤潮，持续一周，海面有鱼死亡，特别是发现梭鱼死亡和蓝剑回避。

1986 年　4 月 23～26 日，大连市臭水套一带发生由诺登海链藻优势种造成 2～4 平方千米的赤潮，海水呈茶褐色，使 466.6 公顷贻贝死亡及食贻贝的群众出现腹泻，经济损失 1000 万元。

6 月 18～20 日，在甜水套、臭水套一带海面呈现灰褐色条状的骨条藻，形成 30 平方千米的赤潮。

7 月 8～13 日，在大连湾大部海面发生 50～70 平方千米的赤潮，优势种是由异弯藻造成。

7 月 22～24 日，在棉花、海茂岛形成 10 平方千米，骨条藻呈条状分布。

1987 年　6 月 18～20 日，大连市渔港、大化沿岸、石油七厂等海面、发生由异弯藻形成的 30 平方千米的赤潮，使养殖区贻贝减产。

7 月 20～23 日，大连市金光、五二三厂沿岸发生由异弯藻、骨条藻形成的 20 平方千米的赤潮。

1989 年　4 月，大连市臭水套一带海面出现 3～5 平方千米褐色絮状赤潮，优势种是诺登海链藻，使养殖区贻贝减产。

7 月，臭水套一带又发生同样赤潮。

8 月 28 日，大连市多光、油化厂发生由骨条藻造成的赤潮。

1990 年　4 月 10 日，在大连臭水套发生 1～2 平方千米的由诺登海链藻片状赤潮。

7 月 5～9 日，在臭水套发生 5～6 平方千米异弯藻赤潮。

7 月 8～10 日，在红土堆子湾发生 3～4 平方千米异弯藻赤潮。

8 月 31 日，在碧海山庄附近养殖区发生甲藻门种赤潮，面积约为 6～10 平方千米。

1991 年　7 月 14 日，在辽东湾北起大洼县二界沟，南至营口鲅鱼圈西北海域夜光藻，发生面积 100 平方千米赤潮。

5～7 月，先后在大连金州湾营城子沿岸，盘锦双台子河口、大连湾石庙沿岸均发生赤潮，持续到 7 月 13 日才逐渐消失，使沿海养殖和海洋生物遭到严重损失；同年，普兰店湾有 1066 公顷虾池发生赤潮，使虾大批死亡。

8 月，长海县大长山水域和大连金州甘井子区海域相继发生赤潮，造成 1333.3 公顷扇贝死亡，直接经济损失 4000 万元。

1993 年　5 月 16～24 日期间，在辽东湾底部蛤蜊岗以西海面出现大面积原油污染，从而使赤潮大面积发生，使渔业生产蒙受巨大损失并造成生物、水产品和海洋环境的严重污染，为追查肇事者，首先分析了风场和流场的变化情况，确定了污染海域范围，又根据污染区原油扩散，飘移运动趋势，推算确定了污染源，使调查取证工作得以顺利进行。

8 月 11 日开始，黄海北部南起大连，北至东沟大鹿岛一带的赤潮灾害，庄河以南及长海县广鹿岛东面石城岛和大连来虎滩南面海域仍有赤潮发生，给沿岸海水养殖业带来严重威胁，造成1333公顷扇贝死亡，直接经济损失4000万元。8月22日因一场大雨而消退，岸边发现死亡的石甲红螃蟹和虾爬子。

1995年　8月，普兰店市海洋近岸水域发生赤潮。发生赤潮的主要原因是，8月以来的大量降水注入大海，使海域中裸甲藻大量繁殖，密度超出极限，引起大量死亡。造成海水中的氧气锐减，硫化氢等有毒气体大增，致使海洋中的鱼、虾、贝死亡。

1996年　8月19～21日，大连市寺儿沟、甜水套、臭水套一带海面形成20～25平方千米红色赤潮。由中心园藻、硅鞭藻、单角凯角藻造成。使贻贝减产、牡蛎死亡、扇贝死亡。

1997年　7月16～18日，大连湾由异弯藻形成100平方千米的赤潮，使养殖损失40%。

1998年　8～10月，渤海海域发生大规模的赤潮，特点是范围大、持续时间长，分别波及辽东湾、莱州湾、渤海湾以及渤海中部部分海域。在菊花岛附近就形成了两条长约60千米、宽约40千米的赤潮带，总面积达3000平方千米，这是极为罕见的。持续两个月的赤潮已给渤海的海洋渔业造成了重大损失。

8月中旬，兴城市菊花岛一带的渔民就发现海水中出现了零星小块面积的水色异常，葫芦岛海洋办公室的同志怀疑可能是赤潮发生。但当时水色异常范围小，呈零星分布，又距海岸较远，因此没有及时的取样调查和分析。

9月18日，渤海锦州湾东部海面有大面积水色异常，呈棕红色，并以条带状分布，同时在葫芦岛以南的大面积海域上也发现了水色异常，并与锦州湾东部海面连成一片，估算范围有2000平方千米。此后，水色异常现象仍在继续加剧，颜色更深，多为褐红色或棕红色，形状也由小片状变为大面积的片状形态，水色异常、范围扩大，并缓慢地向南移动。通过采样分析，证实辽东湾发现的褐红色和棕红色水域确实是赤潮发生，赤潮生物为叉状角藻和倒卵形鳍藻。优势种为叉状角藻，最高数量达1.25×10^9个细胞/立方米，占整个浮游植物群落组成的99.95%，倒卵形鳍藻的平均数量为2.23×10^5个细胞/立方米，其中倒卵型鳍藻的危害极大，它在水中的数量已足以在贝类体内产生毒性，从而对人体产生危害。据9月22日的现场观察，当时的海水具有浓重的草腥味，无泡沫及漂浮物。直到9月26日赤潮才开始减弱，并以不规则的条带状分布，9月30日，赤潮的密度和分布范围已明显减少。之后，赤潮区移至天津新港以东海域。10月3日赤潮的面积约为800平方千米，呈酱紫色、条带状分布，主要赤潮生物为膝沟藻和叉状角藻，膝沟藻最大密度为808个/毫升，此时已处于赤潮后期，至10月中旬才消失。

1999年　7月7日，一次较大规模的赤潮发生在大连市旅顺口区的黄海附近海域，近百平方千米的海水变成了粉红色，使海水变质。

7日一早，大连市旅顺口区环境监测站就接到柏岚子湾渔政站的海水出现异常的报告。当天一早，柏岚子村渔政站的136号渔船出海，船上的人突然发现往日蓝蓝的海水变成了可怕的粉红色，像油漆泼在海面上一样，船驶地后翻起的海水显得粘乎乎的。遇到如此大面积的海水变色，还是头一回。据渔民说，几天前就发现海水变浑了，后来海水的颜色像啤酒一样。当时，渔民们并不知道赤潮已经发生了。

接到报告后，旅顺口区的环境监测部门赶到现场，发现从铁山到龙王塘湾几十千米的沿岸都出现了片状和带状的赤潮。技术人员对水样进行化验后很快得出结论，水中的微生物为不排放毒物的夜光藻。

大连市旅顺口区环保局一位负责人对本次赤潮出现的原因进行了分析。一是近年来生活污水排放到海水中，加上沿海的海水养殖较多，使海水中的污物无法被海流带走，滞留在沿海，特别是海湾水域，使海水中富含锌等物质，这些都是藻类生长繁殖的营养物。二是该年夏季来得早，进入 7 月份后的持续高温也为藻类的大量繁殖创造了条件。

据水产部门介绍，从 7 月 1 日起，沿海海域实行休渔，同时沿海养殖主要是鲍鱼、海参、赤贝等，都在深水中。因此，受赤潮的影响不大。但是，赤潮造成的危害有一个滞后期，海藻死后会沉到水下，对深水养殖还是有一定影响。因此，究竟这次赤潮的危害有多大，恐怕要过一段时间才能知晓。

第三节　风暴潮、海啸

民国　元年（公元 1912 年）　五月十八日海啸。自十七日晚八时阴云密布，风雨大作，至次日晨，南风猛烈，潮水汹涌呼啸之声远近震惊。大东沟街市尽成泽国，商店、住房、木排、苇垛冲失倒塌者十之五六。小寺、八棵树、新沟三牌濒海十余里尽成泽国，岗地水高四尺，禾苗枯萎；平垄漂种，人畜溺毙，房屋倒塌百余间。洋河两岸陆地十余千米，可以行船。孤山居民杨、张等三人出海捕鱼，遭风浪如山，船覆人亡。窟窿山盐场渍没存盐四百余石。宝龙沟一带翻船七支，死日本人六人。邮电局电杆刮倒无数。市区江湖横溢，商号粮、豆、油及各种怕水商品、器物损失无数，毁江艚两支。六道沟贮木场木材多被流失。铁路信号灯被冲走，回转桥梁停开。计毁房五百余间，死十二人，漂走芦苇二十万捆。

民国　二年（公元 1913 年）　四月初二（农历）海啸，大东沟尽成泽国，冲倒房屋无数。

七月十二日安东小寺、八棵树二牌淹地一千亩。

民国　三年（公元 1914 年）　八月二日至九日，安东连降暴雨，鸭绿江涨水。九日正值农历六月十八大汛潮，海水上涌，沿江水深数尺，房屋倒塌不可胜数。四乡农田也受水淹，一区报灾三千亩，其中百余亩农田已不堪耕种。凤城因久雨，民不聊生。

民国　十年（公元 1921 年）　八月四日海啸。该日安东雨量八十一点三毫米。暴雨大风，海潮顶托，小寺地方水势泛滥，异常浩大，倾刻水深数丈，横亘数十里，旧有堤坊均行冲毁，房屋倒塌甚多，禾稼多半淹没，受灾农田二千六百亩。

民国　十二年（公元1923年）　八月十三日，即农历七月初二，急风暴雨，海潮江水交相而至，埠内及沿江一带大水为灾。中富及县前街地势稍高，未受水灾，其余街巷，均以舟行。此次洪水海啸，倒房七千四百间，死亡三百九十三人，无家可归七千余人。

东沟查伪治安部潮位为五点二米，按现庙沟理沦深度基准面算得潮位八点六六八米。

民国　十五年（公元1926年）　七月十四日午后暴雨，宽甸县长甸河口发生啸山，有王氏兄弟二人家房屋被毁，家人六口及特畜全部丧生，唯二人外出幸免。十四日至十五日鸭绿江水上涨，又值大潮时期，安东江水出岸，粮市街水深二尺，后潮沟、市场一带深处八九尺，浅处三四尺，居民迁移一空。兴东街至兴隆街往来均以舟行，居民有退宿房顶，悬锅而炊者。沿江及后潮沟等处，倒房二百间以上，城郊淹地一万三千六百亩。

八月二十五日至二十六日降大暴雨，安东日雨量一百七十点二毫米，又值大潮，江水上岸溢入街市，除县前街及附属地有堤外，其余各街水深七八尺、二三尺不等，街巷均以舟行，八百余人避水天后宫。货物损失甚巨。一人牵马在中富桥，随桥坠入深水中毙命。兴东桥被冲走，桥上三人坠水而亡。江中船只、木排损失无数，在铁桥两孔处设软梯，使江中落水者四十五人得救；葬身江中者更多，无从计数。

民国　十八年（公元1929年）　七月中旬多雨，安东、庄河间之道路泥泞，汽车停运。岫岩山崩水涌，一、二、六、七、八等五区大水淹死男女八十五人。冲毁土地一万一千四百五十亩，沙压三千三百亩，倒房五百一十七间，死大牲畜一百二十二头。多日后，黄土坎、大洋河西岸钓螃蟹者发现滥泥中尸体数具，据查是此次岫岩关门山山崩时遇难者的尸体。

民国　二十六年（公元1937年）　七月三十一日至八月一日大暴雨大海潮，造成六十年来最高水位。堤坊决溃十九处、一千四百四十四尺。安东、新义州两市完全孤立无援，中岛居民三千因水急不能救出。上游九连城全部被淹，死伤甚多。叆河村一百六十余户、六百余人均为水淹，奔上房顶求救。沙河镇到蛤蟆塘之间铁路冲毁多处。大沙河堤决溃，一万余户房屋进水，全毁房屋五千三百间，半毁五千四百九十间，死亡一千人以上。第三小学死亡五十人。江水漂流木材极多，铁桥危险，禁止通行。

旧历三月初三，查伪治安部，按现庙沟理论深度基准面测高潮位七点九六九米。赵氏沟最高潮位，沙子沟站水位，一九二三年洪水位为九点一米，一九三七年洪水位为八点二米。

民国　三十七年（公元1948年）　六月九日海啸，狂风暴雨，大潮冲毁黑山子、双山子、花坨盐场堤坝，历时十日才抢修完毕。

1949年　黄海沿岸遭风暴潮袭击，造成严重灾害：受灾农田13万公顷，倒塌房屋3.89万间、损坏船只152艘。大连市交通、通讯、供电以及市政设施损失严重，死亡175

人，经济损失 2.38 亿元。

1950 年 全省沿海受灾农田 120 公顷，倒塌房屋 200 间，船只 8 艘，经济损失 0.51 亿元。

1955 年 沿海地区受风暴潮影响，受灾农田 0.3 万公顷，倒塌房屋 0.05 万间，损坏船只 28 艘，经济损失 067 亿元。

1956 年 沿海地区受风暴潮影响，受灾农田 0.1 万公顷，损坏船只 5 艘。经济损失约 0.63 亿元。

1960 年 全省沿海地区受风暴潮影响，受灾农田 10.2 万公顷，倒塌房屋 1.40 万间，损失船只 529 艘，刮倒果树 7.3 万株，交通、通讯、供电等损失较重。经济损失 5.66 亿元。

1962 年 沿海因风暴潮影响受灾农田 0.05 万公顷，倒塌房屋 0.04 万间，刮倒果树 0.9 万株，水产业也遭到损失。经济损失 0.31 亿元。

1964 年 全省沿海地区遭受 2 次风暴潮影响，受灾农田 0.04 万公顷，损坏船只 584 艘，损坏各种网具 2170 件，死亡 32 人。交通、通讯也受到损失。经济损失 2.22 亿元。

1969 年 7 月 15 日，复县胜利乡羊官堡发生海啸，潮水高 1 米，西南大风 7～8 级，盐场大坝、盐滩遭损失。冲毁外坝 1.5 千米，内坝 1.5 千米，经济损失约近百万元。

1971 年 黄海沿海受风暴潮袭击，受灾农田 0.001 万公顷，水产受灾 0.02 万公顷，损坏船只 172 艘，死亡 19 人。果树也受到严重损失。经济损失 0.98 亿元。

1972 年 大连沿海受风暴潮影响，受灾农田 0.02 万公顷，倒塌房屋 0.05 万间，损坏船只 180 艘，其中万吨级外轮 2 艘。经济损失 1.48 亿元。

1973 年 渤海沿海受风暴潮影响，受灾农田 0.01 万公顷，倒塌房屋 0.05 万间，损坏船只 21 艘，溃决防潮堤 61 千米。通讯、交通以及各种渔具也受到损失。经济损失 2.40 亿元。

1974 年 8 月 30 日，受 7416 号热带气旋袭击，大风持续 14 小时，最大风力 10 级以上，打坏船只 707 只，死亡 36 人，海潮冲毁农田 200 万公顷。冲毁防潮堤 86 千米。果树、通讯以及渔具也受到损失。经济损失 1.50 亿元。

1977 年 黄海沿岸因风暴潮影响受灾农田 0.01 万公顷，损坏船只 36 艘，死亡 13

人。经济损失 1.10 亿元。

1978 年　沿海因风暴潮影响受灾农田 0.01 万公顷，损坏船只 63 艘，受灾人口 0.03 万人。经济损失 0.12 亿元。

1979 年　11 月 24 日，渤海 2 号钻井船在狂风恶浪、风暴潮打击下翻沉，造成死亡 72 人的海难事件。该船系以 4000 万美元从国外进口，事故处理及船体残骸打捞费用近亿元人民币。

全省沿海受灾农田 0.01 万公顷，水产受灾 0.01 万公顷，损坏船只 17 艘、受灾人口 0.09 万人。渔具、果树以及通讯设施也受到损失。经济损失 0.96 亿元。

1980 年　全省沿海地区受灾农田 0.01 万公顷，水产受灾 0.007 万公顷，损坏船只 81 艘，冲毁防潮堤 24 千米。渔具及通讯设施也受到破坏。经济损失 1.22 亿元。

1981 年　全省沿海遭受强风暴潮袭击，受灾农田 0.03 万公顷，水产受灾 2.06 万公顷，倒塌房屋 0.02 万间，损坏船只 49 艘，冲毁防潮堤 79 千米。通讯以及桥梁设施也受到破坏。经济损失 1.80 亿元。

1983 年　7 月 13 日，夜间至 14 日 14 时，新金、庄河、东沟、长海、复县的沿海乡、场遭受 60 年来的最大一次海潮袭击。海潮发生对比正常潮位高出 1 米，海浪高达 3 米，并伴随 7～8 级大风和暴雨。东沟县刮 7～8 级东南大风，风助水势，潮随风涌，最高潮位达 4.3 米，浪高 3 米，发生潮水倒灌。长海县风力 7～8 级，复县海潮发生时潮位比平常时高 40 厘米，并伴有 6～7 级西南大风。庄河、新金县的沿海受海潮袭击，海水倒灌，海潮猛涨，使沿海沿河的 35 个公社受灾，共毁坏防潮堤坝 6.2 万米，决口 221 处，淹没农田 4 万亩，共有 589 间民房进水，死 2 人，毁坏木船 89 只，冲坏养虾池 0.3 万亩，冲走海盐 449 万千克。东沟县全县沿海 92 千米的防潮堤坝有 55 千米受潮水冲击，决口 33 处，冲坏闸站 13 座。全县有 6 个公社 5 个农场的 42 个养虾单位的二级虾苗受到严重破坏，经济损失 500 多万元。有 23 万亩玉米倒伏，0.7 万亩水田被淹，2.6 万株果树遭灾，潮水倒灌使东沟镇街道积水 1 尺多深。全镇约 1/3 民房进水。长海县海潮淹没农作物近百亩，冲毁海堤 780 米，冲垮渔港堤坝 280 米，晒场 7 处。打碎贻贝 350 台，贻贝脱落 35 万千克，打碎浮瓶 1.5 万个，损坏海边公路 300 米，经济损失 39 万多元，最重的石城公社损失 35 万元。复县沿海 4 个公社及农场、林场、盐场、养虾场受到 60 年来最大的海潮云南，经济损失达 285 万元，死 2 人。

7 月 14 日（农历六月初五），这次风暴潮是东沟县近六十年来罕见的一次。风速 20 米/秒，风向 SSE，实测潮位 7.72 米，波向东南，使东沟县大东镇太平湾 787 户居民屋内进水，部分住户水已漫了炕，直接经济损失达 4 万元。江海界线 3＃标界至上游至庙沟顶端海堤有 11 处决口，破坏堤坝 300 米长，虾场损失 8 万元，东港沿海堤坝 33 处决口。六个公社，五个农场 42 个养虾单位的虾苗 186 公顷，渔塘 41.3 公顷遭到严重破坏。仅虾一项经济损失达 500 万元，另有 280 公顷水田，266 公顷旱田被淹。东沟渔业队 16 条渔船遭到程度不同的破坏。

全省统计，受灾农田 0.03 万公顷，水产受灾 0.94 万公顷，倒塌房屋 0.01 万间，损坏船只 107 艘，冲毁防潮堤 192 千米，死亡 7 人。经济损失 1.95 亿元。

1984 年 8 月 9～10 日，8407 号热带气旋使锦州、锦西地区普降暴雨到大暴雨，风力 9～10 级，同时正遇农历 7 月 15 日大潮，兴城码头激起波高十几米，潮位高达 2.8 米，超过 1931 年历史最高潮位 2.6 米。因洪水冲毁耕地 0.86 万公顷，冲毁顺坝 140 座，县乡两级公路 771 千米，71 个工业企业因灾停产，毁坏倒塌房屋 1 万余间，大风刮倒农作物 2 万余公顷，刮倒果树 63 万株，摧毁 3 个海港码头，损坏 140 条渔船，4 个盐厂遭灾，冲走成品 1.45 万吨，锦州市造成经济损失 3.8 亿元，粮食减产 2.5 亿千克。

1985 年 8 月 18～19 日，8509 号热带气旋入渤海海峡中心经大连，形成大暴雨或特大暴雨，风向 SE，风力 9～11 级，最大 12 级，大风持续 6～12 小时，大连港实测水位 4.26 米，最大增水 1.14 米，造成大窑湾短时间增水，海平面可达 2.9 米，较常年平均海平面 2.16 米，升高 0.77 米。9 号热带气旋出现大风暴潮，东沟海堤 1/3 脱坡，船损坏 11 只，沉 3 只，死 13 人。受灾面积 4.6 万公顷。丹东 95 个乡镇受灾农田 16 万公顷。

8 月 25 日，台风暴潮，受灾农田 1580 亩，树木 851 万株，河流决口 4930 处，船只 828 艘。

全省沿海遭受强风暴潮影响，受灾农田 17.93 万公顷，冲毁虾池 0.27 万公顷，损坏船只 850 艘，冲毁防潮堤 703 千米，倒塌房屋 1.93 万间，刮倒电杆 5.60 万根，刮倒果树 1400 万株。渔具、交通、通讯以及供电等也受到损坏。经济损失 8.49 亿元。

1986 年 9 月 5 日，大连造船厂下水的 11.5 万吨油轮的缆绳在雷雨大风的作用下被拉断，使船首下部与附近停泊的白云号货轮相撞，油轮下部被撞凹，驾驶台被撞裂，货轮冷藏仓被撞破，直接经济损失 80～100 万元。三粮库粮食被淋湿 100 吨。

1987 年 7 月 10 日，东沟县发生海啸，毁堤 30 处，10 千米。

1989 年 6 月 8 日（农历四月三十日），大连地区沿海出现了历史罕见的温带风暴潮和巨浪灾害，正值天文大潮受气旋影响，老虎滩海洋站，实测平均波高 4.6 米，最大波高 5.9 米。在天文潮高潮、风暴潮和向岸巨浪综合作用下，造成沿海损失严重。大连化学工业公司工程的中档闸堤被向岸浪打坏 125 米，鲶鱼湾新港护岸工程设施中重达 148 吨的混凝土块，也被这种巨浪打入水中 3 块，8 个数百吨重的沉箱被巨浪冲走，移位几米至数十米，在巨浪的冲击下 1500 吨的“101 泥船”被巨浪打翻，海水养殖受到严重损失，仅皮口镇西城村虾场损失 600 万尾。据统计，大连地区带来经济损失 5600 万元。

10 月 31 日凌晨，气旋大潮在渤海和黄海北部掀起 5～6 米的狂浪，上海港务局 4800 吨“金山”轮遭浪袭击，于 3 时沉没于龙口市以北 48 海里处，船上 34 名船员全部遇难，经济损失 5000 余万元。台湾“茂林”号渔轮沉没于石岛东南方，8 名船员遇难。

1990 年　8 月，大连造船厂 20 万吨船坞围堰，遭到风暴潮袭击受损失严重。

1991 年　10 月 24 日，辽东半岛受入海弱气旋影响下，东海岸遭受岸风浪的袭击，渤海海峡和黄海北部有 2.5～3.0 米的大浪，使辽东半岛东海岸部分地区受灾，直接经济损失 100 万元，东沟县 2 艘渔船被浪击翻，大鹿岛、海洋岛大坝使冲垮 100 米，庄河县有 70 多条渔船被撞受损失共 15 万元，外尖大坝被冲开二个决口，近百米长，损失约 10 万元，老虎滩水产公司一条渔船被浪击沉，损失 10 万元。这是东沟地区 1923 年以来第三次大风暴潮。

1992 年　9 月 1 日，发生特大风暴潮，在天文大潮和 16 号强热带气旋风暴潮的作用下，辽东半岛沿海县（区）遭受到历史罕见的特大风暴潮袭击，平均波高 3 米，平均周期 6 秒。老虎滩 9 月 1 日 16 时最大波高 6.3 米，最大周期 10.6 秒，使普兰店碧流河防潮堤决口 8 处，长 140 米，淹没虾池 72 公顷，使庄河、长海、普兰店市、金州、旅顺口、甘井子区等地水产养殖海上捕捞、海上作业船只、港口设施受到损失。据统计，大连 6 县(区)经济损失 1.84 亿元，死亡 14 人，伤 2 人。

1999 年　11 月 24～26 日，受贝加尔湖南下较强冷空气影响，大连出现 7～8 级，阵风 10～12 级的偏北大风天气，同时出现寒潮天气。24 日 14 时：大连 14 米/秒，阵风 14 米/秒；旅顺 19 米/秒，阵风 26 米/秒；金州 14 米/秒，阵风 23 米/秒；长海阵风 21 米/秒。24 小时降温幅度：大连 12.3 度，旅顺 10.9 度，金州 13.3 度，长海 12.6 度，最低温度：大连零下 8.5 度，旅顺零下 6.2 度，金州零下 10.1 度，长海零下 9.1 度。灾情：山东烟台大轮船轮渡有限公司“大舜”号滚装船，11 月 24 日晚 23 时 45 分，因风大浪高，动力丧失，在山东牟平姜格庄附近海域搁浅倾斜后沉没。船上共有旅客船员 312 人，抢救生还 36 人。

2000 年　12 月 4 日，受高空槽及地面低压影响，4 日 14 时至 17 日，海洋岛和成山头出现 6～7 级西到西南大风。实况如下：4 日 14 时，海洋岛 13 米/秒，成山头 11 米/秒。17 时海洋岛 14 米/秒。长海县小长山乡死 1 人，失踪 1 人；獐子岛失踪 1 人，打碎 22 马力船只 10 条。

第四节　海冰、海雾

一、海冰

晋　咸康三年（公元 337 年）　海水冰。

1969 年　2～3 月，出现有记载以来，特别严重的冰情，终冰期较常年晚 20 多天。

2月27日至3月15日，渤海海面几乎被海冰所覆盖，在辽东湾1月30～31日，终冰厚为20～30厘米，沿岸有堆积冰，一般堆积高度为1～2米，近岸最高达9米以上，足有三层楼高，阻碍交通、挤压船只，造成严重破坏。黄海北部结冰范围到30米等深线附近，使海上建筑物受到破坏，海上交通造成极大困难，毁坏海产养殖和捕捞设施，给海洋开发造成影响和破坏，在一个月内有7艘轮船被流水推到浅水区搁浅，19艘轮船被浮冰夹住不能航行，5万吨货轮螺旋浆被冰块撞坏影响了补给，更有甚者，渤海湾一座海上钻井平台被冰推倒，海上油气工程损失严重。

这次海冰灾害由于党中央和周恩来总理亲自指挥，陆海空三军和沿海人民奋力抢救，未发生人员伤亡，但给国家造成的直接和间接经济损失是重大的。

1977年 1～2月，由于渤海冰封，进出秦皇岛港的船只有22艘被冰包围，“海4井”的烽火台被冰推倒。

1990年 1月底，有两艘日本5000吨级货轮在辽东湾受流冰障碍，随冰漂移。1月下旬至2月上旬，有的船只在流冰的作用下发生走锚现象，由于冰情使船舶航行受阻，石油平台受到威胁。

二、海雾

1968年 7月20日，辽宁省大连水产公司354号250马力钢壳渔轮，由140区赴上海港卸鱼，因雾与大庆25号相撞，354渔轮沉没。

1969年 3月20日，旅大市海洋捕捞纵队，317号250马力钢壳渔轮，由上海驶向212区，在浓雾中航行触礁，在拖往大长涂途中沉没，损失价值40万元。

1970年 1月2日，旅大市海洋捕捞纵队，278号200马力木质渔轮，因雾在赴上海港卸鱼与“上电”2号船相撞，7分钟后278号沉没。

8月10日，250马力钢壳渔轮353号，在转移渔场途中因雾，能见度差，23时10分在北纬32°01′，东经122°35′处与大庆15号油轮相撞沉没。12名船员遇难。

1990年 11月27～28日，造成渤海湾16艘外轮、10艘国内远洋轮，15艘其他各类船只推迟进港。海雾影响作业渔船及航行。

7月13日夜间至14日14时，新金、庄河、东沟、长海、复县的沿海乡、场遭受60年来的最大一次海潮袭击。海潮发生时比正常潮位高出1米，海浪高达3米，并伴随7～8级大风和暴雨。东沟县刮7～8级东南大风，风助水势，潮随风涌，最高潮位达4.3米，浪高3米，发生潮水倒灌。长海县风力7～8级，复县海潮发生时潮位比平常时高40厘米，并伴有6～7级西南大风。庄河、新金县的沿海受海潮袭击，海水倒灌，海潮猛涨，使沿海沿河的35个公社受灾，共毁坏防潮堤坝6.2万米，决口221处，淹没农田4万亩，共有589间民房进水，死2人，毁坏木船89只，冲坏养虾池0.3万多亩，冲走海盐449万千克。东沟县全县沿海92千米的防潮堤坝有55千米受潮水冲击，决口33处，冲坏闸站 13 座。全县有 6 个公社 5 个农场的 42 个养虾单位的二级虾苗受到严重破坏，经济损失 500 多万元。有 23 万亩玉米倒伏，0.7 万亩水田被淹，2.6 万株果树遭灾，潮水倒灌使东沟镇街道积水 1 尺多深。全镇约 1/3 民房进水。长海县海潮淹没农作物近百亩，冲毁海堤 780 米，冲垮渔港堤坝 280 米、晒场 7 处。打碎贻贝 350 台，贻贝脱落 35 万千克，打碎浮瓶 1.5 万个，损坏海边公路 300 米，经济损失 39 万多元，最重的石城公社损失 35 万元。复县沿海 4 个公社及农场、林场、盐场、养虾场受到 60 年来最大的海潮袭击，经济损失达 285 万元，死 2 人。

第九章　雨凇、雾凇、雾灾

第一节　概　　述

雾凇俗称树挂，是过冷却雾滴冻结成的一种白色固体物质，多在树枝、电线和其他物体的迎风面上形成。雨凇又称冰凌、冻雨，为过冷却的雨滴在物体表面或地表冻结而成，通常产生在微寒（气温在零下 3～0℃）有雨的天气。雾、雾凇、雨凇是主要天气灾害之一，对交通特别是海上运输影响极大，对通信工程的破坏和影响也是严重的。辽宁地区雾在一年中都可发生，特别在秋春季的沿海地区为多发区。

一、雨凇

年平均雨凇日数，辽南的营口、草河口、岫岩、皮口、大连较多，为 1～2 天；辽西大部地区和辽东东部边界附近，及沈阳、辽阳、本溪等地近 30 年来极少出现，在 0.1 天及以下；其他地区也不足 1 天（见表 9.1），雨凇也都发生在 10 月至翌年 4 月，以 10～11 月出现次数较多。一次最长连续时数多达 6 小时以上，熊岳最长连续 100 小时 40 分，出现在 1954 年 2 月 25 日至 3 月 1 日，草河口最长连续 88 小时 14 分，出现在 1954 年 11 月 29 日至 12 月 3 日。

表 9.1　雨凇日数及年内一次最长连续时数　　　　单位：日

地　名	10月	11月	12月	1月	2月	3月	4月	全年		年最长连续时数		
								平均	最多	时数	起止日/月	年份
开原		0.1	0.0			0.2		0.3	4	18^{10}	15～16/11	1965
彰武		0.1	0.0		0.0			0.2	2	7^{28}	18/11	1967
清原		0.1	0.0					0.1	2	13^{09}	25/12	1957
阜新		0.1						0.1	2	5^{48}	20/11	1961
沈阳			0.0		0.0	0.0		0.1	1	14^{55}	9/2	1955
朝阳	0.0		0.1			0.0		0.1	2	15^{20}	8～9/12	1968
叶柏寿			0.0					0.0	1	2^{11}	15/12	1977
本溪		0.1						0.1	1	9^{20}	25/11	1957
桓仁			0.0					0.0	1	6^{00}	1/12	1959
锦州		0.1		0.0	0.0	0.1		0.3	2	16^{02}	17～18/11	1959

续表

地名	10月	11月	12月	1月	2月	3月	4月	全年		年最长连续时数		
								平均	最多	时数	起止日/月	年份
宽甸		0.1	0.1	0.1	0.1	0.0		0.3	3	10^{17}	25～11/12	1957
营口		0.5	0.3		0.0	0.0	0.1	1.0	4	49^{20}	11～13/12	1970
绥中		0.3	0.1	0.0		0.0		0.5	4	43^{00}	14～16/12	1967
丹东		0.0	0.1	0.0	0.1	0.1	0.0	0.4	3	23^{10}	16～17/12	1967
复州城		0.1	0.4	0.1		0.1	0.1	0.8	6	87^{55}	26～30/12	1979
大连	0.0	0.3	0.1	0.0	0.3	0.1	0.2	1.0	8	50^{16}	29/11～1/12	1954

严重的雨凇，可使道路和电线结冰，造成交通、通讯中断，如 1969 年 10 月复县出现的雨凇直径一般为 6 毫米，最大达 20 毫米，厚度为 10 毫米，持续一小时，并出现 8～9 级偏北大风，使有线通讯线路全部中断，造成停电事故。

有时降湿雪的地区，或粘附在电线、树枝上，也会结成很厚的冰层，它的形成过程虽与雨凇不同，但危害与雨凇相似。如 1965 年 2 月 13 日，丹东降湿雪，电话线积冰 67 毫米，市话局 150 对线路被压断，电业局 227 处输电线被压断，公路停运 2 天，储运公司 1300 平方米仓库被压塌等。

二、雾凇

辽宁省年平均雾凇日数，辽东山区大部地区、辽河平原南部、黄海沿岸东部较多，在 5 天以上。抚顺和新宾最多达 11～13 天；辽西西部和辽东半岛南端最少，不足 1 天；其他大部地区在 1～5 天之间。雾凇都发生在 10 月至翌年 4 月，以隆冬时节出现最多。一次最长连续时数多达 10 小时以上，黑山最长连续达 62 小时 29 分，出现在 1979 年 1 月 1 日至 4 日。辽宁部分站点雾凇时数见表 9.2。

表 9.2　雾凇天数及年内一次最长连续时数　　单位：天

地名	10月	11月	12月	1月	2月	3月	4月	全年		年最长连续时数		
								平均	最多	时数	起止日/月	年份
开原	0.1	0.4	1.2	1.7	1.3	0.5	0.0	5.3	26	19^{40}	18～19/1	1965
彰武		0.6	1.3	1.6	1.0	0.3		4.7	19	46^{11}	1～3/1	1979
清原	0.0	0.4	1.3	1.9	1.3	0.3	0.0	5.3	36	16^{12}	31/12	1970
阜新		0.1	0.4	0.8	0.3	0.1	0.0	1.7	6	14^{55}	18/12	1955
沈阳	0.0	0.6	1.5	2.0	0.8	0.5	0.0	5.4	23	43^{02}	19～20/1	1965
朝阳		0.1	0.0	0.1	0.1	0.1		0.4	3	13^{50}	18/12	1961
叶柏寿			0.0	0.0		0.0		0.1	1	10^{15}	12/1	1958
本溪	0.0	0.2	0.7	1.2	0.3	0.0		2.6	22	12^{40}	25/12	1980
桓仁		0.3	1.4	1.0	0.2	0.0		2.9	18	37^{45}	20～21/12	1975
锦州		0.0	0.4	0.8	0.8	0.3		2.3	8	17^{54}	3/1	1979

续表

地　　名	10月	11月	12月	1月	2月	3月	4月	全　年		年最长连续时数		
								平均	最多	时数	起止日/月	年份
宽甸		0.5	3.8	3.0	1.4	0.2		8.9	36	15^{59}	23/12	1957
营口		0.3	0.7	1.2	0.5	0.4		3.1	11	18^{45}	16～17/1	1954
绥中		0.0	0.2	0.7	0.7	0.2		1.8	9	14^{55}	16/2	1965
丹东		0.1	1.2	1.7	0.7	0.7	0.0	4.4	11	16^{30}	21/1	1961
复州城		0.0	0.8	0.9	0.7	0.6	0.0	3.1	7	13^{10}	8/2	1977
大连			0.1	0.4	0.4	0.4		1.3	6	23^{00}	2～3/3	1969

注：最长连续时数 19^{40}表示 19 小时 40 分，下同。

严重的雾凇影响架空明线的绝缘性能和电气性能，甚至发生混线或压断电线，造成严重停电事故。

第二节　雨　　凇

1954 年　2 月 25 日，金州、大连受雨凇破坏，高压线压断，多处停电。

1955 年　3 月 12 日，大连雨凇，电业局发生 12 起线路事故，停电 110 小时，设备损失 180 多万元。

1962 年　4 月 1 日夜间至 2 日白天，普兰店、皮口草地出现雨凇，2 日偏北风加大到 8 级以上。电线因覆冰更不耐风力，不少线杆、电线被风刮倒、刮断，造成通讯、供电中断。公路、铁路停运一天。据维修通讯线路的工人反映，当时电线杆上都结了很厚的一层冰，上不去杆，电线覆冰 0.7～0.9 厘米，全县通讯一个月才恢复正常。

大连市雨凇，造成大批电杆断线，影响正常供电、损失严重。

1964 年　4 月 5～6 日，皮口、普兰店出现雨凇，一直持续到夜间。6 日出现偏北大风，14 时平均风速为 14 米/秒。皮口附近电线压断 20 多处，电线杆被刮断 60 多根，造成 8 小时的停电事故。这次灾害沿海重于内陆，其危害程度甚于 1962 年。

1969 年　10 月 10 日，大连市复县雨凇，直径一般为 16 毫米，最大达 20 毫米，厚度为 10 毫米，并出现 8～9 级北大风。使有线通讯线路全部中断，并停电。

1970 年　2 月 11 日，东沟县出现雨凇，电线积冰如手指粗，挂冰 3 厘米厚，电话线被压断，树枝折断。

12 月 11～12 日，东沟出现连续 4 天的雨凇，电线上冻结 2 厘米厚冰壳，电线折断，树木受损。

1993 年　11 月 15 日，因受西伯利亚强冷空气的影响，大连地区出现雨凇，使电线大量积冰，负荷加重，多处断裂。电讯部门受灾较重。

第三节　雾凇、雾灾

1967 年　1 月 24～26 日，皮口发生一次雾凇，持续时间长达 55 小时 18 分钟，造成严重混电事故。

1990 年　3 月 2 日，海城因大雾迷漫，在海城发生一起火车与汽车相撞，造成 16 人死亡，25 人受伤。

1998 年　2 月 26 日，全省大部地区有降雨，部分地区后期转为浓雾天气，能见度较差。27 日晨，沈大高速公路 77 千米处发生十余辆汽车追尾的交通事故，受阻 1 个多小时，塞车四、五千米。同时民航桃仙机场停开 20 小时，滞留乘客 3000 余人。7 月 2 日沈阳市降大雾，5 时能见度最差，仅为 100 米，对交通运营带来一定影响。

1999 年　1 月 2 日凌晨，沈阳被浓雾笼罩，能见度最低时只有 300 米，桃仙机场关闭 4 小时，所在航班延误到 11 点 30 分起飞。高速公路车辆时速被限制在 40 千米以下。苏家屯城乡能见度最低时只有十几米，仅上午就发生 8 起交通事故，致伤 3 人。

3 月 17 日，沈阳桃仙机场出现了一次大雾天气过程，从当日 07 时 21 分持续到次日 03 时 00 分，其突发性和连续性是少见的。据统计共延误航班 21 次，取消航班 22 次，返航和备降 5 架次，经济损失十分严重。

这次平流雾形成的原因是：3 月 16 日的大雪使地面产生较厚积雪，客观上存在了一个较冷的下垫面，这是形成平流雾的基本条件。低层适宜的风向、风速源源不断地将暖湿空气输送到较冷的下垫面，并产生一定强度的乱流，使较厚的气层冷却；上游平流过来的暖湿空气与冷下垫面之间的温度差异以及冷下垫面上沿气流方向的温度梯度较大，均有利于低层空气的冷却。

第十章　灾　　异

第一节　概　　述

本章起名为灾异，即是把出现次数较少，但对人类及环境仍有危害和影响的气象灾害或与气象有关的次生灾害合并述之。这里包括酷热、奇寒、大气污染、酸雨、低空风切变、海面上升等，以引起人们对新产生的灾害高度重视。

一、酷热

酷热即指大气温度超过规定的温度值，对人类及生态环境造成一定影响。

辽宁按多年气候统计规律，确定日平均温度≥30℃、≥35℃、≥40℃的日数，分别叫较热、炎热、酷热。

辽宁从历史志书中均可查到炎热、酷热造成的灾情。近年来由于少雨、干旱及人类温室效应的影响，酷热现象出现频率有增多趋势，如2000年辽西大部分地区出现37～43℃的极端值。严重影响了工农生产及人类生活。

二、奇寒

奇寒是指北方在冬季因受较强冷空气的影响，日平均气温降至低于零下30℃、低于零下35℃的极端温度值出现期的天气。在古代就有明万历十二年，努尔哈赤率军攻打兆佳城，途遭奇寒大雪、清军冻死冻伤无数，众将请还。

三、低空风切变

低空风切变是指近地空气层中垂直湍流活动强烈使风速增大，造成风向发生180度转换的现象。低空风切变对空中运输危害极大，如飞机在空中遭到风切变，飞机就会发生摇晃、颠簸以至坠机的严重后果。

四、大气污染

大气污染是指工业生产排放的废气中超标排放的氢化物、硫化物。在不利扩散的气象条件下，就会对人类及农业产生的污染事件发生。全省发生大气污染事件10多起，应引起人们的重视。

五、酸雨

酸雨是指在大气降水中的PH值小于6.0时即为酸雨。辽宁省酸雨发生的频次就全国来说并不严重，但也时有发生，特别是中部城市群及东部山区近年来有增多趋势。

六、海面上升

近半个世纪以来，世界气候明显变暖，使南北极冰雪大量溶化造成海平面上升。辽宁有着漫长的海岸线，海平面上升直接影响到盘锦国家级丹顶鹤湿地及鸭绿江同系级湿地的生态变化。据监测结果辽宁海平面正以每年0.4～0.5厘米的速度上升，这一现象应引起高度重视。

第二节 酷热、奇寒

明 天启七年 后金天聪元年（公元1627年） 酷热。夏，六月，锦州（今锦州市）天暑，攻明清军士卒死伤甚众。

清 康熙十七年（公元1678年） 酷热。夏，六月，绥中县热，暍死人畜甚多。

清 道光七年（公元1827年） 酷热。夏，六月初，绥中县酷暑，墙壁如炙，人畜多暍死。

清 光绪九年（公元1883年） 低温。安东地县低温年。

民国 二十二年（公元1933年） 奇寒。三月上旬安东奇寒，北风怒号，冻死牲畜无数，商民冻死数人。

四月，鸭绿江上冰块仍很多，不能通航。铁桥延至四月十五日开闭。

酷热。七月中旬鸭绿江流域奇热，十六日前后多人患病。下旬，下游水运岛、灯台北方，多日出现蜃楼，高低不等，淡紫之山、深绿丛林历历如绘，实为幻奇美景。

奇寒。入东以来，气候异常，一如幕春，鸭绿江久久不冻。一月十一日至十二日寒潮，最低气温零下二十六摄氏度，为入冬第一次奇寒，江冰封冻。冰上交通推迟半月有余。

民国 三十七年（公元1948年） 奇寒。二月六日严重冰封，大连港的香炉礁、甘井子作业区，冰厚三十厘米，周宽范围从大港作业区伸向龙头石直至大连湾一带，渤海海峡冰厚二十至四十厘米，最厚达八十厘米，最大冰块七十立方米，由于风和海流作用使冰块互相挤压。

四至五月阴雨连绵，春寒，牲口死亡，春播作物粉种四分之一。凤城县大堡、鸡冠山等地有吃虫、截虫、黑马褂等灾虫发生。

1961 年 酷热。6 月份朝阳地区气候干燥，温度高，气温曾达 39～42℃。全区中暑人数达 7100 多人，死亡 84 人。仅 6 月 10 日一天全区有 239 人中暑，死亡 49 人。

1997 年 酷热。夏季全省遭遇罕见的高温天气，从 6 月中旬开始，连续 8 旬气温偏高，各地各旬平均气温大部分为建国后第一到第三高值气温之高，持续时间之长，为全省近年少见。尤其 6 月中旬至下旬和 7 月份除沿海地区外，其余大部分地区≥33℃的高温天气分别达到 5～15 天和 12～19 天。与常年相比，6 月中旬、6 月下旬、7 月下旬偏高 2.1～5.1℃，7 月上旬、8 月上旬、8 月中旬偏高 0.1～2.8℃，7 月中旬、8 月下旬偏高 1.5～4.2℃。季内虽然各月的月初及月末有过降水，但由于间隔时间较长，雨量偏小，降温效果不明显，致使人们普遍感到不适应，真正体会到“七月流火”味道。

受高温天气影响，各种消暑食品畅销，纯净水、矿泉水、离子水等火遍沈阳城，各大商场风扇、空调等制冷设备也呈旺销势头，仅东亚商场此项日销售额就达 20 万元；而夏宫等大游泳馆更是客满为患，日客流量平均达 7000 人，较往年同期上升 30%。

夏季气温特高，闷热难耐，各类病菌繁殖速度加快，肠道及热伤风病人明显增多。仅医大二院每天来就诊的这类病人多达 100 余人，大多为抵抗力较弱的老人及儿童，并有增无减。同时这种天气使老人心脏病及高血压病增多，省医院、医大一院等内科门诊每天接诊的病人有三分之一是心脑血管病，其中多数是 60 岁以上。由于天气炎热，本已患病的老人食欲减退，进食量少，血粘稠度增加，形成梗塞。

2000 年 酷热。6 月以来，全省受高空暖高压脊影响，气温异常偏高。大部地区连续 5 旬气温持续偏高，辽西地区、辽南部分地区连续 6 月气温偏高。尤其 6 月中旬大部地区旬平均气温偏高 3.8～6.3℃，7 月上旬大部地区偏高 3～5℃，除辽西和辽东半岛以外的大部地区极端最高气温达到 34.8～37.7℃，而辽西地区 7 月中旬极端最高气温竟高达 37.7～43.3℃，气温之高为近年少见。丹东地区 6 月份极端最高气温≥30℃的日数为 3～14 天；本溪地区到 7 月上旬日最高气温≥30℃日数已到达 21～26 天，日最高气温≥33℃高温天气日数为 9～22 天。阜新地区至 7 月底≥30℃的日数为 53 天，比历年多 30 天，≥35℃的高温日数为 20 天，比历年多 19 天，7 月 13 日极端最高气温达到 40.9℃，平了阜新极端最高气温的历史记录；朝阳市 6 月 19 日极端最高气温为 40℃，7 月 13 日为 41.9℃，14 日升为 43.3℃。铁岭地区 6 月 15～23 日期间只有二天最高气温为 32.8℃和 32.5℃，其余均大于 33℃，6 月至 7 月日最高气温≥33℃日数为 23 天。

炎热的天气使各路销售制冷设备的商家大受其惠，各游泳馆更是人满为患。电扇、空调一路畅销，居民用电量相应增加，比上年同期增长 22.12%，其增加幅度是近年少见的。由于城市居民生活用电量开始显著增大，加之部分电路老化等原因，在高温和雨天里，电气火灾较上年同期明显增多，仅 7 月上旬沈阳市共发生电气火灾 38 起，其中 18 个大型变压器起火和爆炸，有 13 所建筑里电气设施起火，有 7 辆机动车因电路打火引起火灾。

第三节 低空风切变、大气污染、极光、酸雨、海面上升

1994年 高空风切变。5月17日，中国北方航空公司一架MD82型飞机执行6508温州至沈阳的航班任务，预计于北京时18时14分抵达沈阳桃仙国际机场。着陆时，在距离跑道3800米、高度200米处遇到低空风切变，掉高度120米。因机组正确采取措施，避免了一次严重事故发生。

1996年 高空风切变。5月30日，某航空公司的一架波音737型飞机执行6701至沈阳的航班任务，预计于北京时14时53分抵达桃仙机场。着陆时在距离跑道4900米、高度250米处遇到低空风切变，掉高度130米。

7月1日，某航空公司的一架MD82型飞机执行至沈阳的航班任务，预计于北京时17时00分抵达桃仙机场。飞机向236°方向跑道着陆。当下降到700米高度时遇到低空风切变，掉高度300多米。航班飞机在本场着陆时都发生了明显的飞机下坠、摇晃、有响声和上下颠簸现象。飞机操纵困难，指示空速改变20n mile/h左右。由于空管人员及时提醒机组注意低空风切变，加上机组人员判断正确并及时采取应急措施，才避免了事故的发生。

1971年 大气污染。6月18日，沈阳冶炼厂发生氯气泻漏，因当天无风，扩散条件极差，使上班骑车的人群多人中毒昏倒，送医院抢救。

7月13日，沈阳冶炼厂发生氯气外泻使厂区及周围群众683人中毒，三人死亡，市消防队，解放军防化部队紧急抢险。

1984年 大气污染。5月19日，辽阳市自来水公司，用汽车来沈阳运氯气，途经皇姑区委附近时发生泻漏，有492人受到伤害。当天SW风，风速3.7米/秒，使氯气顺着北陵大街漫延，造成严重污染事故，市救护队、消防队紧急出动抢险。

1988年 大气污染。8月，沈阳化工厂因电源发生故障，引起氯气外泻，使味精厂工地2人中毒，送医院抢救。

1990年 大气污染。8月，一辆停在抚顺城火车站的某化工厂的液氯槽车与正在作业的卸煤机相撞，使槽车安全阀损坏，造成氯气大量泻漏。致使2758人因氯气急性中毒而住进医院治疗，使大量的树木及农田受到污染，一些敏感作物如豆角、向日葵、韭菜等出现急性死亡，白菜、萝卜、水稻等不同程度的减产，造成直接经济损失达30多万元。由于事故发生时，缺少应急监测手段，不能获得有关现场监测数据。

1900—1980 年 海平面上升灾害。据统计资料，世界过去 100 年上升 10～15 厘米以上，中国在过去 100 年中海平面平均上升 14 厘米，年均上升 0.14 厘米。接近世界海平面上升值，辽宁过去 100 年海平面上升 4 厘米，年均上升 0.4 毫米，1952—1971 年营口海平面上升量 2 厘米/年，上升速度为 0.11 厘米/年，据预测，到 21 世纪海平面将普遍上升，渤海沿岸海平面如果上升 1 米，沿海将有部分地区被淹，淡水资源遭破坏，风暴潮灾害加剧，护堤工程效率降低，经济损失严重。

1988 年 极光。8 月 25 日 21 时左右，在彰武西北方向天空出现了极为罕见的极光。开始时极光像锅盖大小的圆盘，边缘整齐，整个光盘呈暗灰色，最外层边缘有点发亮。由于正好是农历七月十四日，在明亮的月光照耀下，光盘逐渐变得像是外观整齐的灰白色低云。后来光盘一边向东北方向移动，一边向天顶迅速增大，大约在 21 时 20 分消失。

极光是一种自然界中的天气现象，大多数出现在南北半球高纬地带天空，在中纬地区少见，而圆盘形极光更为罕见。据了解彰武及阜新市很多人都目睹了这一奇观。

1996 年 酸雨。1 月 18 日，新宾、永陵 6 个地点出现酸雪。当时 02～08 时从地面图上，辽宁大部处于弱西北气流中，08 时新宾有局地阵性降雪，从 850 百帕图上东北地区处于西北西南切变线的后部，沈阳至抚顺均为 12～18 米/秒西北风，700 百帕层上主要为强西风带。

这次新宾 6 个点酸雪，主要是云下冲刷，近距离污染物输送及当地源造成。

1997 年 酸雨。7 月 3 日，新宾、永陵等地出现酸雨。形成这次酸雨的天气过程是 08 时辽宁地面处于低压槽前，华北、东北有大面积降水。在 850 百帕图上表现为辽宁处于低压槽前，有较强的偏西气流，沈阳、抚顺高空风速大约为 15～18 米/秒。在 700 百帕天气图上也是在槽前有较强的西南气流，风速较大。

结合天气形势结合降水 PH 值分布场可看出，当天高层云，云高 2～3 千米，中部城市群排放的 SO_2 随偏西气流输送。在输送物质既有酸性的 SO_2，也有碱性的尘，这种中和作用，致使大部分地区未出现酸雨，只有新宾、永陵出现酸雨，这是云下冲洗作用所致，是本地源造成。

附录一　有关辽宁建置、地名、河流沿革资料

辽

按全国划分辽宁有五道，道以下设府、州、县。辽宁属于东京道、中京道和上京道。

东京道：以现辽阳为中心，辖辽河、浑河、太子河、鸭绿江和浑江流域诸地。

中京道：以现宁城为中心，辖西拉木伦河南、老哈河、大小凌河、六股河流域诸地。

上京道：以现林东为中心，辖域较广，昭盟大部分包括在其中。

女直五部（现桓仁、宽甸、本溪一带），耒州（现绥中）

辽州（现新民），显州（现北镇），乾州（现北镇）

成州（现阜新），懿州（现阜新），平州（现河北河上龙县一带）

锦州（现锦州），苏州（现金县），吉州（现复县、金县一带）

复州（现复县），铁州（现鞍山），渌州（现吉林省临江县）

通州（现昌图），辽州（现新民县境）。

金

金在地方设路、府、州、县各级政权，辽宁属于东京路、婆娑路、北京路和咸平路。

东京路：以现辽阳为中心，所辖区域大致与辽代东京道所辖区域相当。

婆娑路：以现丹东的九连城为中心，辖宽甸、凤城、桓仁一带。

北京路：以现宁城为中心，所辖与辽代中京道所辖区域相当。

咸平路：以现开原为中心，辽宁北部属其一部。

宜州（现义县），兴中州（现朝阳），咸州（现开原），广宁（现北镇）。

元

元朝建立行省制，下面分路、府、州、县各级政权，辽宁属于辽阳等处行中书省的辽阳路、沈阳路、广宁路、大宁路和开原路。

辽阳路：以现辽阳为中心，所辖区域与辽代东京道所辖区域相当，金之婆娑路也划归辽阳路。

广宁路：以现北镇为中心，辖北镇一带区域。

大宁路：以现宁城为中心，所辖区域与辽代中京道所辖区域相当。

沈阳路：以现沈阳为中心，辖沈阳一带区域。

开原路：以现开原为中心，辖域较广，辽宁开原一带的咸平府属其一部。

北京（现宁城），水达达部（辖区宽阔凡松花江、牡丹江、图门江流域以至东海的水达达人（渔猎民）都属它统管），沈州（现沈阳），盖州（现盖县），懿州（现彰武），

大定州（现宁城），婆娑府（现丹东、宽甸、桓仁、岫岩、庄河、集安等地），咸平州（现开原），武平路（即大宁路），武平州（现敖汉旗境内），豪州（现彰武），宁远州（现兴城），金州（现金县），利州（现喀左），和州（现锦西），金源（现建平），瑞州（现绥中）。

明

辽宁属“辽东都指挥使司”下辖二十五卫、二州，卫下设所。

定辽中卫、定辽右卫、定辽左卫、定辽前卫、定辽后卫和东宁卫以上六卫都设在辽阳；

广宁卫、广宁中卫、广宁左卫和广宁右卫以上四卫都设在现北镇；

广宁右屯卫设在现锦县境内；

广宁中屯卫和广宁左屯卫以上二卫设在现锦州；

广宁前屯卫设在现绥中境内；

广宁后屯卫和义州卫以上二卫设在现义县；

宁远卫设在现兴城；

三万卫和辽海卫以上二卫设在现开原；

铁岭卫设在现铁岭；

沈阳卫设在现沈阳；

海州卫设在现海城；

盖州卫设在现盖县；

复州卫设在现复州城；

金州卫设在现金县。

自在州：原设在开原后改设在辽阳；

安乐州：设在开原。

兀良哈（福余、朵颜、泰宁三卫称兀良哈三卫。地域宽广、西拉木伦河、松辽平原及洮儿河流域者是此三卫的牧地），三万（现开原），辽海（现昌图），海州（现海城），沙岭（现盘锦），前屯（现绥中），义州（现义县），西宁（现海城境），建州（现叶柏寿），承德（现沈阳），盛京（现沈阳），兴京（现新滨），宁海（现金县），河西（即辽河之西）。

清

清朝划全中国为十八省和四类特别行政区。辽宁属东北特别行政区的盛京，盛京所辖的奉天、锦州二府加上内蒙古的一部分，相当辽宁全境。1907 年改盛京为奉天省。

白旗堡（现红旗堡）；连山关（现本溪县连山关）

辽河：古名大辽水，中游亦名巨流河、枸柳河。上游西源为西拉木伦河，叫西辽河即古之潢水，又名湟水；东源赫尔苏河也称东辽河。

浑河：汉代叫辽水，唐称贵端，辽称贵德水，又名沈水后改称浑河。

太子河： 战国时期叫衍水，汉称大梁水或梁水。辽称车梁河，又名太子河。明代又有代子河之名，清代也有写作太资河的。

鸭绿江： 古名马訾水，后改称鸭绿江。

浑江： 古名盐难水，又名混江、佟家灌、通佳江。

大凌河： 古名白狼水，又名灵河。

老哈河： 古名上河、老河，又叫托纥臣水、土护真河。

西拉木伦河： 古名作乐水，又叫饶乐水、弱洛水、潢水。

附录二　历代时期地图

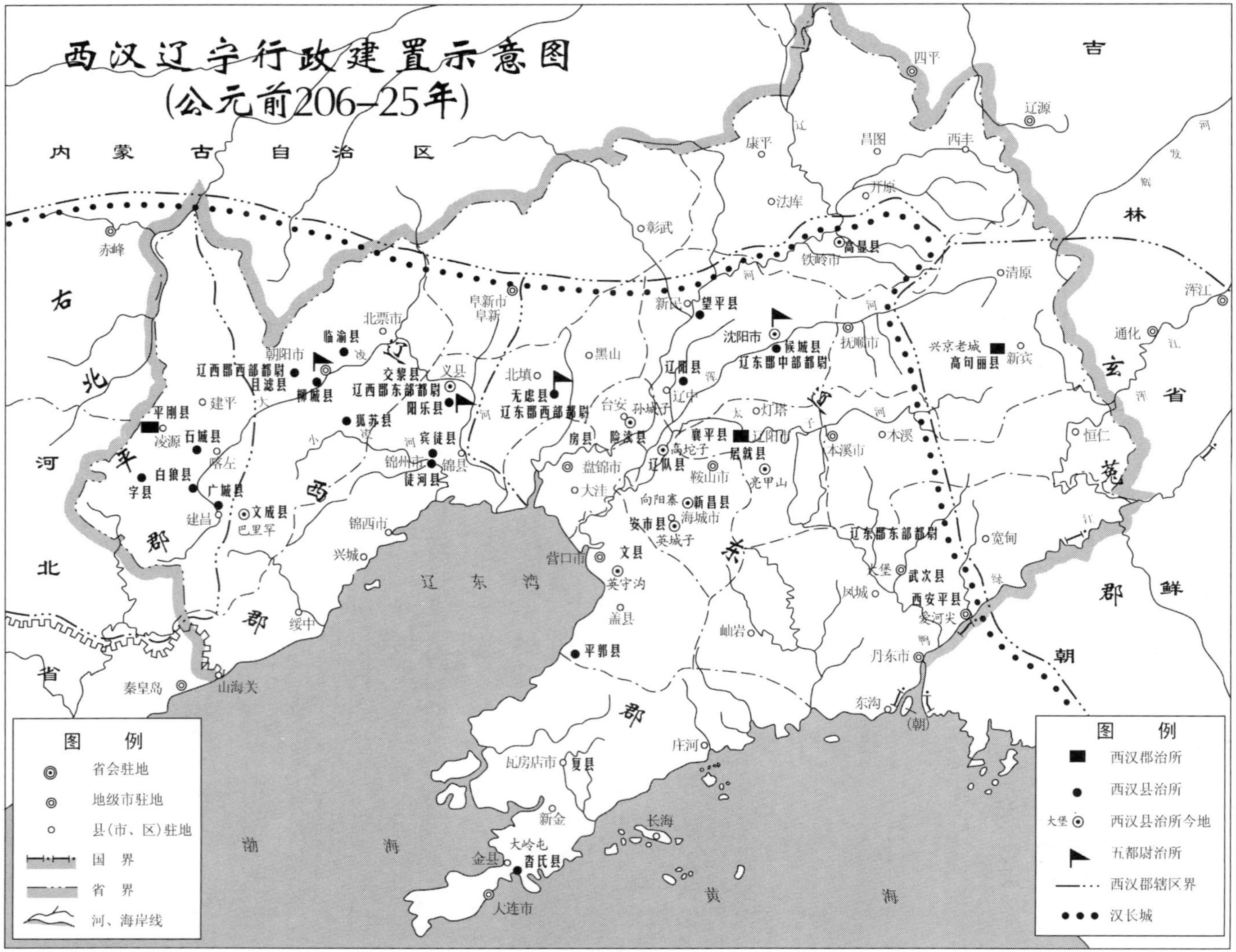
西汉辽宁行政建置示意图
(公元前206–25年)
内蒙古自治区
吉林省
右北平郡
辽西郡
辽东郡
玄菟郡
朝鲜郡
河北省
辽东湾
渤海
黄海
赤峰
四平
辽源
康平
昌图
西丰
开原
法库
彰武
铁岭市
高显县
清原
浑江
通化
新宾
兴京老城
高句丽县
恒仁
宽甸
沈阳市
候城县
辽东郡中部都尉
抚顺市
望平县
新民
辽阳县
辽中
本溪市
木溪
灯塔
辽阳市
襄平县
居就县
鞍山市
高坨子
辽队县
亮甲山
台安
孙城子
险渎县
房县
盘锦市
大洼
向阳寨
新昌县
海城市
安市县
英城子
文县
英守沟
营口市
盖县
岫岩
凤城
大堡
武次县
西安平县
辽东郡东部都尉
爱河尖
丹东市
东沟
平郭县
庄河
瓦房店市
复县
新金
长海
大岭屯
沓氏县
金县
大连市
黑山
北镇
无虑县
辽东郡西部都尉
阜新市
阜新
北票市
义县
交黎县
辽西郡东部都尉
阳乐县
宾徒县
锦州市
锦县
徒河县
狐苏县
锦西市
兴城
绥中
山海关
秦皇岛
朝阳市
临渝县
辽西郡西部都尉
且虑县
柳城县
建平
平刚县
凌源
石城县
喀左
白狼县
字县
广城县
建昌
文成县
巴里罕
图　例
省会驻地
地级市驻地
县(市、区)驻地
国　界
省　界
河、海岸线
图　例
西汉郡治所
西汉县治所
大堡
西汉县治所今地
五都尉治所
西汉郡辖区界
汉长城

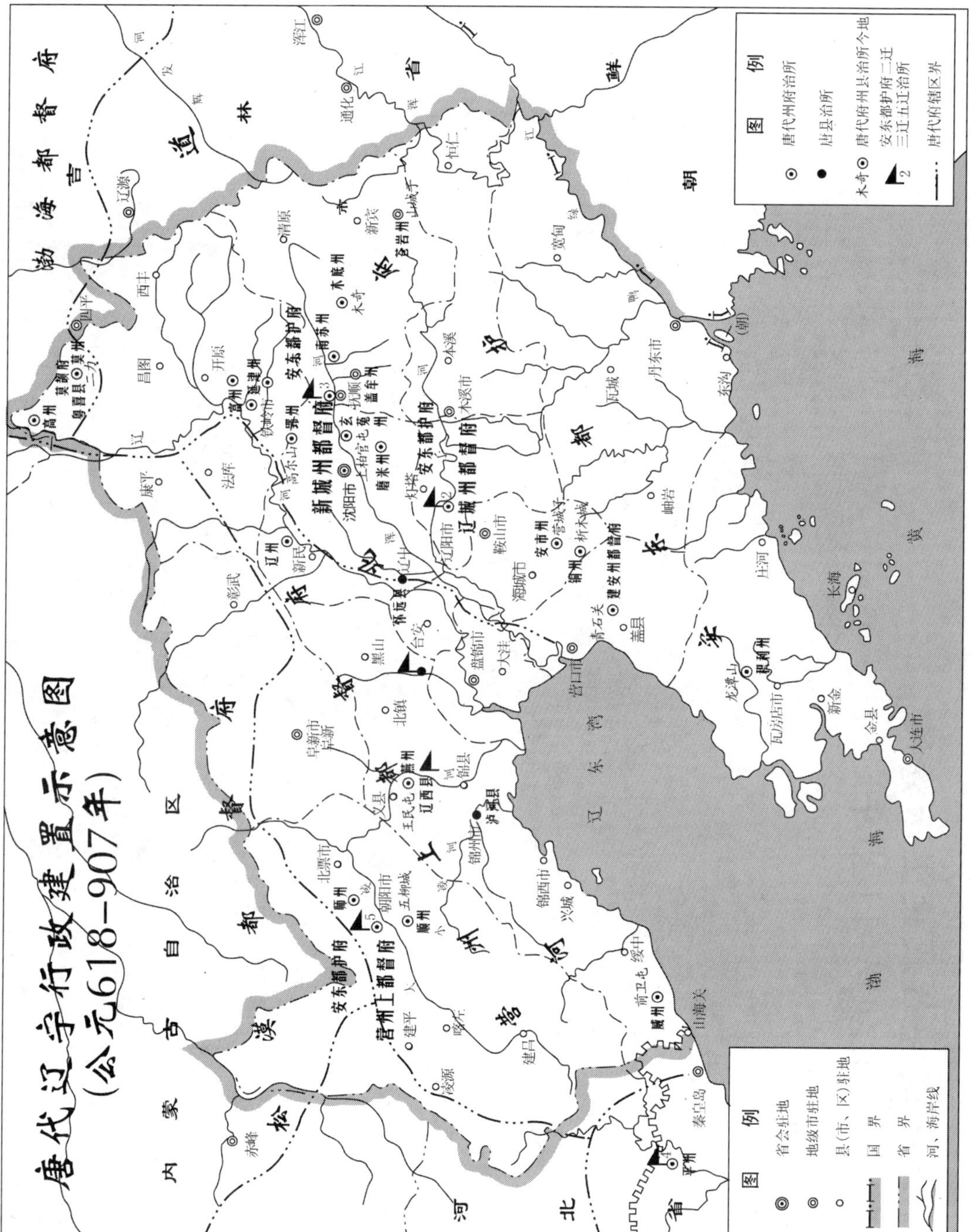
唐代辽宁行政建置示意图
（公元618-907年）
图例
省会驻地
地级市驻地
县（市、区）驻地
国界
省界
河、海岸线
图例
唐代州府治所
唐县治所
唐代府州县治所今地
安东都护府二迁三迁五迁治所
唐代府辖区界
渤海都督府
营州都督府
安东都护府
辽东湾
渤海
黄海
朝鲜
吉林省
内蒙古自治区
河北省

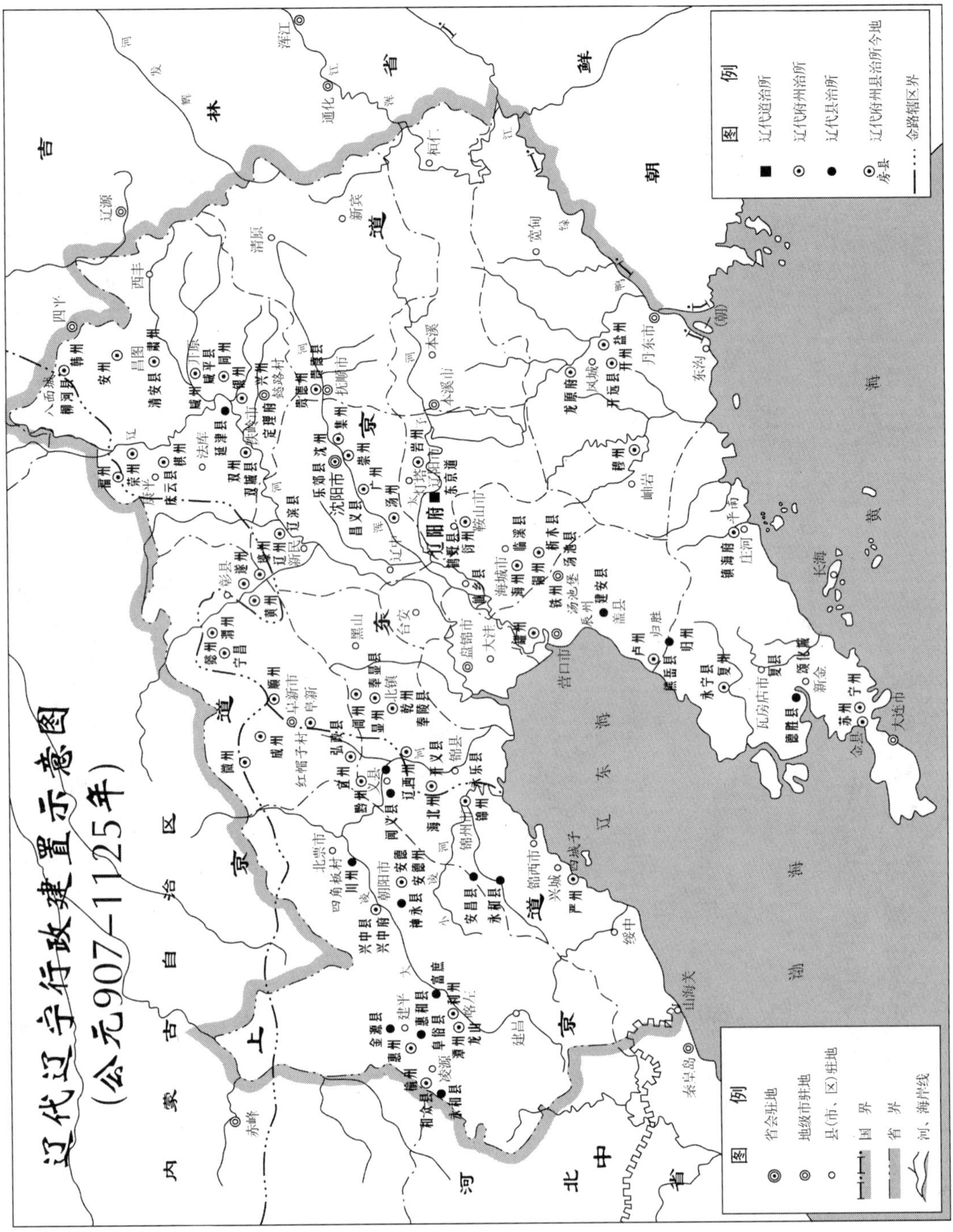
辽代辽宁行政建置示意图
（公元907—1125年）
图例
辽代道治所
辽代府州治所
辽代县治所
辽代府州县治所今地
金路辖区界
图例
省会驻地
地级市驻地
县(市、区)驻地
国界
省界
河、海岸线

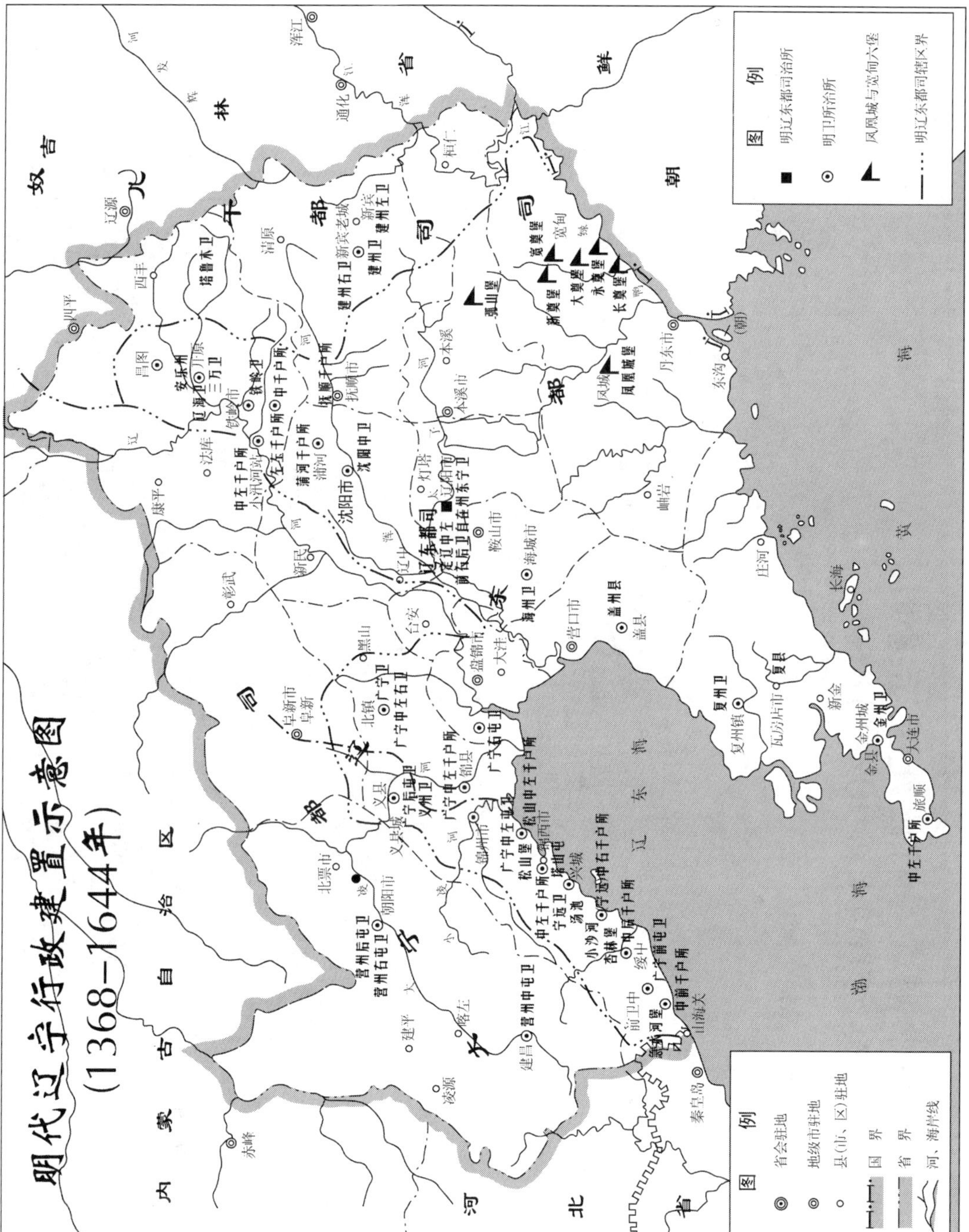
明代辽宁行政建置示意图
(1368—1644年)
图例
省会驻地
地级市驻地
县(市、区)驻地
国界
省界
河、海岸线
图例
明辽东都司治所
明卫所治所
凤凰城与宽甸六堡
明辽东都司辖区界

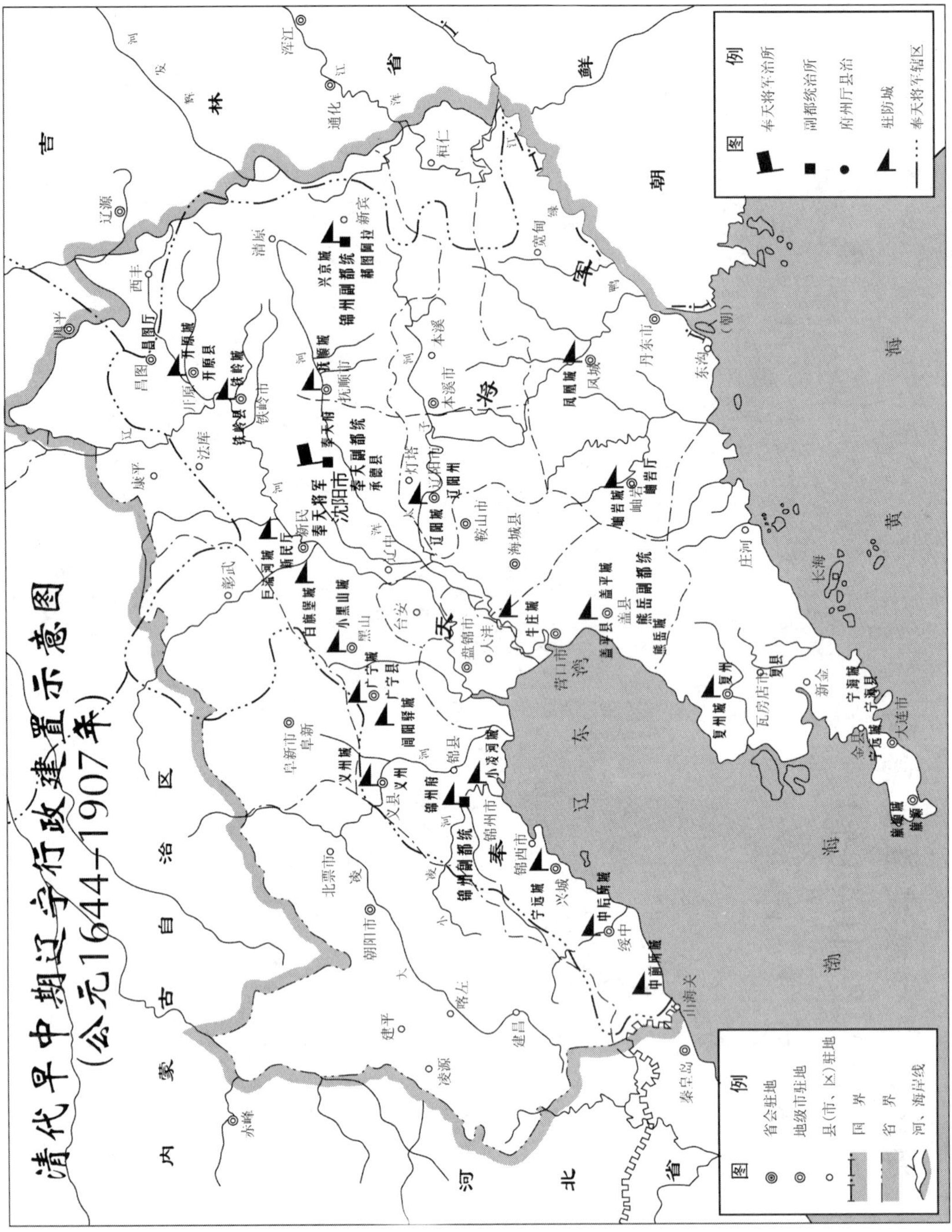
清代早中期辽宁行政建置示意图
（公元1644—1907年）
图 例
奉天将军治所
副都统治所
府州厅县治
驻防城
奉天将军辖区
图 例
省会驻地
地级市驻地
县（市、区）驻地
国 界
省 界
河、海岸线

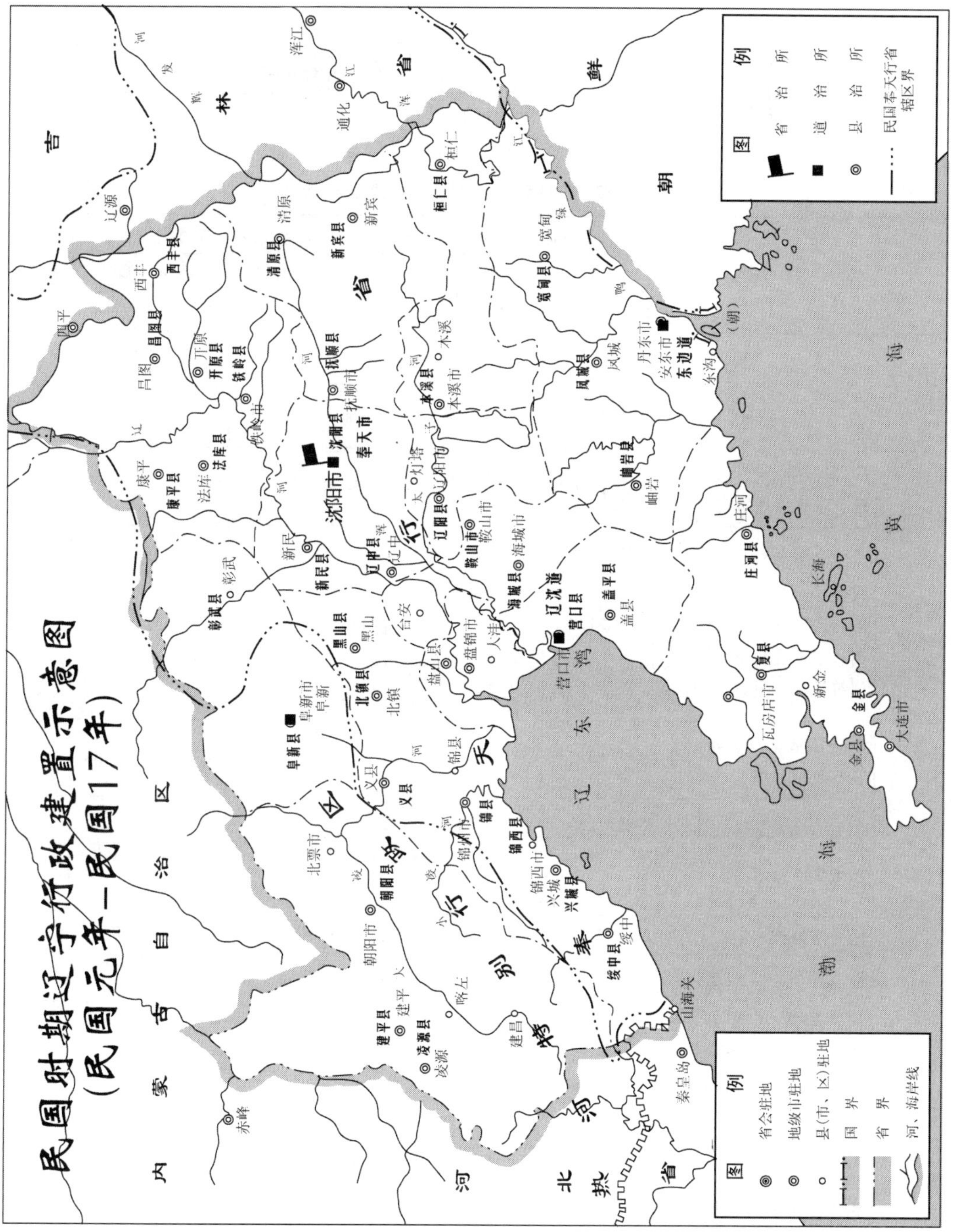
民国时期辽宁行政建置示意图
(民国元年—民国17年)
图例
省会驻地
地级市驻地
县(市、区)驻地
国界
省界
河、海岸线
图例
省治所
道治所
县治所
民国奉天行省辖区界

附录三　晚清、民国、伪满赈济年表

表1　晚清时期部分年份赈济银米数量表

年代	灾害地区与种类	赈济人口				赈济米银数量				备注
		旗人		民人		初赈		续赈		
		大口	小口	大口	小口	米(石)	银(两)	米(石)	银(两)	
合计		2522811	172150	3657927	947389	401573		842296	566800 大洋 4000元	
道光十五年	广宁、新民、宁海、宁远等地水灾	36000	24000	297127	118357	26438		77450	17132	
	广宁、巨流河、白旗堡、小黑山、闾阳驿、新民厅、金州、宁海、锦州所属等处旱水虫灾	172465	21955			45855		74482	48149	
	昭陵宗室觉罗总族长等处被旱灾	290703	34813			77027		65163	51188	
道光十六年	新民、广宁属大白旗大黑山被水虫灾	34276	3314	16757	6959	898		4780	268	
道光二十一年	昭陵等处被水灾	86025	7445			22446		17674	10607	
	承德、辽阳、海城、盖平、广宁五州、岫岩、新民两厅、锦县宁远州民地被水灾			78005	28859					蠲缓田赋
	辽阳、海城、广宁、盖平、岫岩、新民锦县等地被水灾	6064	661	307814	160489					蠲缓田赋
道光二十四年	岫岩、复州等地被水灾			528032	350995			95606		蠲缓田赋人丁
同治九年	辽阳所属城界居住庄头42座被水灾	6646	663					6806		

续表

年代	灾害地区与种类	赈济人口				赈济米银数量				备注
		旗人		民人		初赈		续赈		
		大口	小口	大口	小口	米（石）	银（两）	米（石）	银（两）	
同治十年	凤凰城、岫岩、盖平、复州、辽阳被水灾	515	61	4833	1703	852		47038	6802	
同治十二年	辽阳、海城、复州、金州、岫岩、新民、盛京等9驿、辽阳35座庄头被水灾	14892	1364	569712	166980	1205		126313	14858	
光绪元年	金州城界水灾，又金州界旱风			53116	16091	8184			2673	
光绪十一年	凤凰城、岫岩、宽甸、广宁、牛庄、开原、海城被水旱灾	348677	52471	8987	5235	36456		40384	10000	蠲免民人站丁田赋
光绪十二年	广宁、凤凰城、岫岩、宽甸、安东、海城、锦县，承德、金州、新民旗地被水灾	131548	25403			7012		48290	13472	
光绪十四年	承德、辽阳、盖平、岫岩、凤凰城、新民等地被水灾	645000		406755		135200		194610	14503	蠲缓田赋
光绪十八年	朝阳、建昌县被旱灾			186739	91721				77148	
	奉天府辽河一带被水灾			400000		40000		40000		免田赋十分之四
光绪三十年	奉天被水灾	750000		750000					300000	蠲缓田赋
宣统元年	奉天省南部及新民水灾			5000				1000		蠲缓田赋
宣统二年	新民被水灾			15000				700	大洋4000元	
宣统三年	新民、铁岭水灾			30000				2000		

注：附录三中表格均摘自《辽宁省民政志》。

表 2　民国时期部分年份赈济数量表

年　　代	灾　　情	中央拨赈洋	奉省自拨赈洋	备　　注
合计		银 15 万两，大洋 394420 元	大洋 20383 元 小洋 107580 元	
民国二年	扎肇两旗及昌图被难被灾	银 15 万两		
民国三年	新民、台安等 12 县水灾		小洋 23000 元	
民国四年	奉天省 20 余县水旱灾	大洋 33000 元		其中大总统捐大洋 3000 元
民国五年	盘山等 12 个县水旱虫灾		小洋 12000 元	
民国六年	奉省 30 余县水灾	大洋 20000 元	小洋 14600 元	士绅捐小洋 40000 元
民国七年	奉省辽中、新民、辽阳、台安水灾	大洋 10000 元		
民国十二年	奉天、台安水灾		小洋 17000 元	
民国十三年	台安等 9 县风雨成灾		小洋 13000 元	捐小洋 14900 元
民国十四年	台安水灾		小洋 27980 元	
民国十九年	辽西 10 县水灾	大洋 331420 元	大洋 560383 元	其中外省捐大洋 131420 元
民国二十年			拨冬赈粮 3.06 万石，折大洋 26 万元	

表 3　伪满期间部分年份拨奉天省赈济款表

年　　代	灾　　情	拨内帑金（万元）	拨伪国币（万元）	拨救济粮（新京万石）	备　　注
民国二十一年三月	灾歉	6			
民国二十一年七月	水灾	3			奉省自拨义捐金 30 万元
民国二十二年	水灾		0.3		扣薪助赈募集大洋 5 万元
民国二十三年三月	救恤难民	2.39			
民国二十三年七月	水灾	56.27	16.0		
民国二十三年八月	水灾	0.60			
民国二十三年十二月	灾歉			2.26	
民国二十四年一月	水灾		1.8		拨救灾贷款 200 万元

附录四　建国后灾赈年表

表1　辽宁省1949—1990年灾赈年表

年代	灾害种类	灾赈事项							备　考
		成灾面积（万亩）	成灾人口（万人）	倒塌房屋（万间）	死亡人口（人）	救济粮数（万千克）	救灾款数（万元）	受生活救济人数（万人次）	
1949年	辽东、辽西、辽南25个县遭大水灾，虫雹灾	481	154	30	542		123		
1950年	辽东、辽西局部水灾。辽西14个县雹灾，7个县虫灾	114	58	1.8	53	1953	519.5	276	春季发生严重饥荒，仅辽西缺粮人口达140万人
1951年	辽西11县范围较大水灾，辽东24县水灾，辽西、辽北7县范围较大旱灾、虫灾，辽中、建平雹灾	561	125	16.6	3948	8005.5	226.7	45.2	
1952年	安东、新宾、辽阳、海城局部水灾。凌源、北票范围较大旱灾。朝阳、建平雹灾。辽西、辽东、抚顺、本溪21县虫雹灾	609	179	4.6	83		85.2	99.9	
1953年	辽阳、海城、营口内涝。辽中、台安、朝阳、喀左、凌源21县范围较大水灾。辽西、辽北11个县范围较大旱灾。辽西10县雹灾（两次）	806	218	11.3	213	1451	298	75	
1954年	辽西6县及辽阳、海城等地遭受范围较大水灾。辽南、辽北、辽西局部旱灾。喀左、凌源、朝阳雹灾（两次）	1174	262	4.5	63	1555.5	185.2	99	

续表

年代	灾害种类	灾赈事项							备考
		成灾面积（万亩）	成灾人口（万人）	倒塌房屋（万间）	死亡人口（人）	救济粮数（万千克）	救灾款数（万元）	受生活救济人数（万人次）	
1955年	辽阳、新民、辽中、法库、铁岭县局部水灾。喀左、建平、北票、朝阳、安东局部旱灾。建平、凌源、北票雹灾。铁岭、昌图14个县虫灾	1002	272	0.4	34	1285	191.8	56	
1956年	局部水灾。局部旱灾。22个县151个乡雹灾。辽宁东部、西部部分县发生虫灾	329	65.4	0.6	104		128.8	65.4	
1957年	辽河流域各县局部水灾和内涝，全省性重大旱灾。建平等7县雹灾。全省性的早霜	897	243	0.3	16		53.2	64.8	
1958年	局部水灾。建平、凌源雹灾（两次）	99	11	0.5	132		39.7		
1959年	局部水灾，绥中大凤口、龙屯、八一、猴山4个水库决口损失严重。辽宁西部、北部局部旱灾、虫灾	332	67	3.9	843		526.8	66.2	其中绥中因水库决口死亡人数710人国家拨救灾款429万元
1960年	绥中、朝阳、海城等25县遭范围较大旱灾。全省大部地区遭近百年罕见重大洪涝灾害	2461	397	27.5	1625	拨返销粮65000	2732.2	168	
1961年	局部水灾，辽宁西部地区重大旱灾和20县遭雹灾间大风 沈阳、鞍山、锦州、营口、阜新、朝阳虫灾。朝阳早霜	1079	451	1.35	545包括：中暑死亡人口		2443.9	198	6月10日绥中、兴城、锦西、朝阳等县遭受灾害性的高温气候，气温高达39～45℃，中暑2752人，死亡361人

续表

年代	灾害种类	灾赈事项							备　考
		成灾面积（万亩）	成灾人口（万人）	倒塌房屋（万间）	死亡人口（人）	救济粮数（万千克）	救灾款数（万元）	受生活救济人数（万人次）	
1962年	朝阳、锦州、阜新、营口、安东、沈阳6市26个县遭范围较大水灾。12县遭雹灾。8县遭大风灾（八级）。朝阳虫灾和霜冻	1405	442	20.6	452		1177.1	183	朝阳德利吉水库决口，死亡129人
1963年	全省遭受范围较大水灾和内涝，西部、北部又遭范围较大旱灾，朝阳等地雹灾、虫灾	1123	246	7.3	193		667.6	108	锦州市内水淹
1964年	全省14个县遭范围较大水灾和内涝。朝阳地区遭雹灾（两次）	1388	332	8.5	147		602.2		
1965年	局部水灾。锦州地区遭范围较大旱灾。朝阳地区58个公社雹灾、虫灾	244					379.3		
1966年	局部水灾，朝阳全区雹灾（两次）、虫灾	93					525		
1967年	局部水灾。朝阳全区虫灾	58.7			67		20.1	120	
1968年	全省大部地区近100天未雨，遭范围较大旱灾。朝阳57个公社遭3次雹灾并遭虫灾	2150							
1969年	局部水灾。局部旱灾。低温寡照。朝阳地区2次雹灾，朝阳、凌源风灾、虫灾。岫岩、凤城、宽甸龙卷风	1370		1.5	211		508.9		其中岫岩、宽甸龙卷风是丹东有气象记录以来最严重的一次
1970年	局部水灾。朝阳、北票、建平、凌源雹灾。朝阳地区虫灾	115		0.1	14		224.8		

续表

年代	灾害种类	灾赈事项							备考
		成灾面积（万亩）	成灾人口（万人）	倒塌房屋（万间）	死亡人口（人）	救济粮数（万千克）	救灾款数（万元）	受生活救济人数（万人次）	
1971年	全省7月31日至8月上旬普降暴雨，遭范围较大水灾。本溪、抚顺4座水库冲毁，损失严重。局部旱灾。14县雹灾（两次），其中海城雹粒最大2.5千克。伴有飓风暴雨。朝阳虫灾加早霜	3240		3.0	644		500		其中本溪、抚顺4座水库决口，倒塌房屋1122间，死亡人口534人
1972年	全省大部地区去秋至本年7月雨水稀少，遭重大旱灾。又加低温寡照，农业损失严重。旅大、锦州、营口遭3号台风、阜新遭大风。沈阳、铁岭冰雹，抚顺、丹东、朝阳霜冻	4097		0.19	70	6750	931.4		这一年出现全省范围的夏荒，缺粮人口900万人，社队余缺调剂口粮3137万千克
1973年	局部水灾。辽宁西部春夏连旱，南部伏旱，全省遭范围较大旱灾。旅大、丹东大风。阜新雹灾	2173		2.4	68		1856.2		
1974年	局部水灾。范围较大旱灾。新宾、抚顺雹灾。旅大遭16号台风袭击	1009		0.7	58		93		
1975年	2月4日海城、营口一带发生强烈地震并发生范围较大水灾。朝阳地区雹灾（两次）	1006	400	7.7	134		2628.9不包括地震拨款		地震灾后中央拨救灾款3.5亿元，省拨2500万元，地方自筹7000万元。此款主要用于恢复城镇房屋建设。城乡死亡人口2041人未统计在内。

续表

年代	灾害种类	灾赈事项							备　考
		成灾面积（万亩）	成灾人口（万人）	倒塌房屋（万间）	死亡人口（人）	救济粮数（万千克）	救灾款数（万元）	受生活救济人数（万人次）	
1976年	全省性的低温寡照。建平、凌源、朝阳县雹灾（两次）	38					147.2		
1977年	7～8月全省大部地区4次降雨，发生范围较大水灾	372		3.57	196		122.5		
1978年	局部水灾。朝阳、辽阳、鞍山、营口、锦州、阜新、抚顺市部分县发生较大范围旱灾。朝阳、锦州雹灾。朝阳、北票虫灾。朝阳、鞍山、营口等7市部分县早霜	1385	459	1.02	13	3110	618.5	125.08	
1979年	局部水灾。宽甸集中降暴雨3小时，历史罕见。朝阳、锦州春旱，辽南地区发生范围较大旱灾。全省雹灾178万亩。虫灾164万亩。丹东、旅大、本溪低温寡照，粮食减产	922	400	1.26	61	3322.5	338	109.47	
1980年	辽宁西部地区大旱。6～8月发生两次大范围的暴风带冰雹并出现龙卷风。旅大等6市20个县虫灾	1498	478	0.25	16	2550	550.2	103.49	
1981年	辽南地区盖县、复县、新金、庄河降暴雨，山洪暴发，发生较大范围水灾。辽宁西部连续大旱并遭大风袭击	1299	517	1.31	689其中盖县死亡316人	20165.7	1644.8	197	
1982年	全省性的大旱。局部水灾。7个市部分县雹灾。鞍山虫灾	2074	710	2.33	101	21387.2	2981.7	192.46	

续表

年代	灾害种类	灾赈事项							备考
		成灾面积（万亩）	成灾人口（万人）	倒塌房屋（万间）	死亡人口（人）	救济粮数（万千克）	救灾款数（万元）	受生活救济人数（万人次）	
1983年	辽宁西部地区连续大旱。13个市县遭大风冰雹袭击。庄河、复县、东沟沿海遭特大海潮袭击	999	445	0.15	36	12000	2531.7	266.94	
1984年	辽西地区连续大旱。锦州、丹东、营口等5市遭较大范围水灾。全省11个县遭飓风冰雹（两次）袭击。辽东、辽西、辽南又遭大风、海潮灾害	1933	743	0.77	101	3571.4	1355.6	61.63	
1985年	8月18～19日，9号台风席卷大连全境。全省大部地区又遭大雨暴雨袭击。辽河、太子河大堤决口，全省大部地区遭受建国以来重大洪涝灾害，又加低温寡照，损失很大	2973	1279.3	17.19	240	15000	5667.9	140	
1986年	4～6月低温寡照，农田面积达2000多万亩。7～9月阴雨连绵，遭受重大洪涝灾害，全省有681个村，27万人被水围困	1688.9	755.8	4.25	70	30756.6	8045.6	240.61	
1987年	春季低温多雨遭冻灾。入夏局部遭大风冰雹袭击。7月中旬至8月中旬，遭受多年少见的伏旱。并出现高温气候。8月中旬以后丹东、锦州、大连等地遭暴雨、大风、冰雹袭击，致成水灾	2103.3	998	0.66	141		3569.1	98.42	

续表

年代	灾害种类	灾赈事项							备　考
		成灾面积（万亩）	成灾人口（万人）	倒塌房屋（万间）	死亡人口（人）	救济粮数（万千克）	救灾款数（万元）	受生活救济人数（万人次）	
1988年	春季朝阳、阜新、锦州和大连、营口部分县遭重大旱灾，7～8月又遭大面积的重大伏旱。入夏以后本溪、丹东等22个县152个乡遭风雹灾害。2月25日13时59分彰武城西发生5.2级地震	2274.2	1029.2	0.26	10		2187.6	71.95	
1989年	春播期间，全省受旱面积3100万亩，大连、营口、锦西、锦州6月中旬出现无雨高温达70余天，遭受重大旱灾。6～7月中旬，丹东、营口、阜新等12个市35个县220个乡先后遭暴雨、冰雹、洪水灾害。7月17～19日，丹东、朝阳等15个县240个乡镇又遭大风、洪涝灾害。7月以后全省有2100万亩遭病虫灾	3719.2	1533.4	1.11	65	拨返销粮110000	2565.0	99.26	
1990年	春播期间，低温冷害为近30年所未见。从5月29日至8月，全省14个市39个县434个乡镇先后两次遭受风雹灾害。6月22日台安县境内遭飓风，风力达12级。7月以后有13个县211个乡镇局部遭受严重伏旱。接近1989年的大旱。入夏以来全省2000万亩遭病虫害。丹东地区内涝	1845.9	637.97	0.64	31		4143.8	85.75	

注：此表摘自《辽宁省民政志》。

表 2　大连市 1949—1990 年自然灾害救济费一览表　　单位：万元

年　度	灾　类	救灾款			
		合　计	国家、省拨款	地方自筹	社会捐助
合计		4623.75	4272.2	233.25	118.3
1949	台风	7.3		1.7	5.6
1954	旱、水	154.7	154.7		
1957	雹	0.9		0.9	
1960	台风	100	100		
1961	水	316.5	316.5		
1962	水、雹	320	270	50	
1963	水、雹	152	152		
1964	大风	1.5		1.5	
1972	水	138.4	138.4		
1973	水	77.6	77.6		
1974	水	335.8	321	14.8	
1975	震、雹、水	31	30	1	
1977	旱	2		2	
1978	水	0.5		0.5	
1979	旱	24.75		24.75	
1980	雹	1		1	
1981	水	320	273	47	
1982	水、旱	49	49		
1983	水	205	200	5	
1984	水、旱	203.1	120	83.1	
1985	台风	1319.7	1290		29.7
1987	水	45	45		
1988	旱	115	115		
1989	旱	533	450		83
1990	旱	170	170		

注：此表由大连市气象局摘自《大连市民政局》。

主要参考文献

［1］沈阳中心气象台．1949—2000 年灾害天气简表．
［2］辽宁省气象志编委会．辽宁省气象志．辽宁民族出版社．2002.
［3］张廷治等．辽宁气象灾害．气象出版社．1994.
［4］潘兴远等．丹东自然灾害及减灾对策．气象出版社．1994.
［5］辽宁省气象科研所．辽宁五百年旱涝史记．
［6］辽宁省防汛抗旱指挥部办公室、辽宁省水文资源勘测局．辽宁水旱灾害．辽宁科学技术出版社．1999.
［7］辽宁乙丑水灾志编委会．辽宁乙丑水灾志．辽宁人民出版社．1988.
［8］辽宁省民政志编委会．辽宁省民政志．辽宁人民出版社．1996.
［9］辽宁省人民政府．1995 年辽宁省水灾志．方志出版社．1996.
［10］辽宁省水利厅．2000 年特大旱灾．辽宁科学技术出版社．2001.
［11］韩玺山等．辽宁核电厂区域设计龙卷风分析．辽宁省气象科研所．1995.
［12］韩玺山等．辽宁海洋气象灾害研究．辽宁省气象科研所．1992.
［13］韩玺山等．黄、渤海域赤潮遥感应用研究．辽宁省气象科研所．1995.
［14］王天成．辽宁古代自然灾害．辽宁省地方志办公室．1988.

说明：①未注明出版单位者，为内部刊物

②古代资料来自正史（三国志·魏、明实录、清实录、元史、金史、辽海丛书等）及各市县地方志。

③近代资料选自报刊、文献、档案及方志。

④1985 年、1995 年、2000 年的洪涝、干旱灾情照片均选自文献［6］、［7］、［9］、［10］。

后　　记

《中国气象灾害大典·辽宁卷》是中国气象局于2001年7月份下达的编纂任务。辽宁省气象局、大连市气象局领导非常重视，及时组成了编纂委员会，具体领导、指导编写小组的工作。经过3年的资料收集、整理、文字编写，经编纂委员会审查、修改，现已完成。

《中国气象灾害大典·辽宁卷》共分14个部分，22个灾种，共约50万字。选用资料最早为公元221年三国·魏黄初二年，下限至2000年，历史跨度1780余年。共查阅有关文献、方志、报刊、专著、档案约150余部，收集灾情照片200余幅及4800条灾害纪录。

气象灾害资料收集整理，过去有人做过大量的工作，如《辽宁500年旱涝史记》、《辽宁气象灾害》等，而把古代、近代、现代约1700多年的时间跨度的灾害资料，分多个灾种汇聚到一起整编出版，在历史上还是首次。

《中国气象灾害大典·辽宁卷》的整编出版，必定为减灾、防灾，进行灾害学科研工作者提供大量详实的基础资料，为建立灾害数据库，开展灾害应急救援决策的实施打下了基础。

在本书的编辑中得到辽宁省地方志办公室、辽宁省水利厅、辽宁省民政厅、辽宁省档案馆、大连市地方志办公室、大连市档案馆、大连市民政局、大连市水利局等单位的大力支持，辽宁省气象局及大连市气象局各职能处室及直属单位都为本书提供了大量资料和素材，图片设计由赵春莲同志完成。对此一并表示衷心感谢！

本书虽经几次修改，但因历史跨度大，内容涉及面广加之编撰人员水平有限，不足之处在所难免，望广大读者批评指正。

《中国气象灾害大典·辽宁卷》
编写组
2004年5月